D1754651

Gerd E. A. Meier (Hrsg.)

**Ludwig Prandtl,
ein Führer in der Strömungslehre**

Aus dem Programm
Strömungsmechanik

Grundwasserhydraulik
von I. David

Technische Strömungslehre
von L. Böswirth

Einführung in die Strömungsmechanik
von K. Gersten

Strömungsmechanik
von K. Gersten und H. Herwig

Ludwig Prandtl, ein Führer in der Strömungslehre
von G. Meier (Hrsg.)

PRANDTL-Führer durch die Strömungslehre
von H. Oertel jr. (Hrsg.) (in Vorbereitung)

Übungsbuch Strömungsmechanik
von H. Oertel jr., M. Böhle und Th. Ehret

Strömungsmechanik
von H. Oertel jr., unter Mitarbeit von M. Böhle

Numerische Simulation in der Strömungslehre
von M. Griebel, Th. Dornseifer und T. Neunhoeffer

vieweg

Gerd E. A. Meier (Hrsg.)

Ludwig Prandtl, ein Führer in der Strömungslehre

Biographische Artikel
zum Werk Ludwig Prandtls

vieweg

Die Deutsche Bibliothek – CIP-Einheitsaufnahme
Ein Titeldatensatz für diese Publikation ist bei
Der Deutschen Bibliothek erhältlich.

Alle Rechte vorbehalten
© Friedr. Vieweg & Sohn Verlagsgesellschaft mbH, Braunschweig/Wiesbaden, 2000

Der Verlag Vieweg ist ein Unternehmen der Fachverlagsgruppe BertelsmannSpringer.

Das Werk einschließlich aller seiner Teile ist urheberrechtlich geschützt. Jede Verwertung außerhalb der engen Grenzen des Urheberrechtsgesetzes ist ohne Zustimmung des Verlags unzulässig und strafbar. Das gilt insbesondere für Vervielfältigungen, Übersetzungen, Mikroverfilmungen und die Einspeicherung und Verarbeitung in elektronischen Systemen.

http://www.vieweg.de

Konzeption und Layout des Umschlags: Ulrike Weigel, www.CorporateDesignGroup.de
Druck und buchbinderische Verarbeitung: Lengericher Handelsdruckerei, Lengerich
Gedruckt auf säurefreiem Papier
Printed in Germany

ISBN 3-528-02561-1

Vorwort des Herausgebers

Dieses biographische Werk über Ludwig Prandtl beleuchtet anläßlich seines 125. Geburtstages im Jahre 2000 die vielen Facetten eines überragenden Gelehrten und seines umfassenden Lebenswerkes auf dem Gebiet der angewandten Mechanik. Um dem vielfältigen Wirken dieses genialen Ingenieurs und Physikers gerecht zu werden, sollen in diesem Buch Zeitzeugen und Fachleute mit einzelnen Beiträgen zu Worte kommen, die das Wirken Prandtls aus der Sicht des jeweiligen Autors beschreiben und würdigen. Auch wenn sich viele namhafte Autoren bereiterklärt haben, ihr persönliches Verhältnis zum Wissenschaftler Ludwig Prandtl eingehend und möglichst objektiv darzustellen, ist schon jetzt sicher, daß nicht alle seine Spuren in der wissenschaftlichen Welt in diesem Band nachgezeichnet werden können. Der Herausgeber möchte aber schon jetzt den Autoren für die aufgewendete Mühe danken und ist dabei sicher, daß viele Aspekte Prandtl'schen Wirkens in den Beiträgen zum erstenmal fachlich korrekt gewürdigt werden. Dem geneigten Leser soll dieses Buch neben der Lektüre Prandtl'scher Original-Literatur eine Hilfe sein, Zugang zum Wissenschaftler und Menschen Ludwig Prandtl zu finden.

Ludwig Prandtl wurde am 4. Februar 1875 in Freising, Bayern geboren. Nach einer Universitäts-Karriere in Hannover und Göttingen wurde er der Begründer und ein wahrer Führer der modernen Aerodynamik des vergangenen Jahrhunderts. Unter seinen Mitarbeitern und Studenten waren viele berühmte Wissenschaftler, wie z.B. Ackeret, Betz, Blasius, Blenk, Busemann, Görtler, von Karman, Ludwieg, Oswatitsch, Schlichting und Tollmien. Seine Ideen und Veröffentlichungen haben die moderne Aerodynamik geprägt und die Strömungsmechanik sowie die allgemeine Mechanik in vielen Teilgebieten beeinflußt. Sein wohl bedeutendster Beitrag in der Strömungsmechanik war die Erfindung der „Grenzschicht" für Strömungen mit verhältnismäßig kleinem Viskositäts-Einfluß. In der Aerodynamik hat er wesentliche Beiträge zur Tragflügel-Theorie, zur Gasdynamik, zur Windkanal- und Versuchstechnik und zu Strömungsmeßverfahren geleistet. Sogar auf den Gebieten der Meteorologie, der Aeroelastizität, der Tribologie und der Plastizität sind seine grundlegenden Ideen noch heute in Gebrauch.

Für die kritische Durchsicht des Manuskriptes danke ich Herrn Dr. P-.A. Mackrodt und für die sorgfältige Durchführung der Schreibarbeiten Frau B. Oppermann, Frau M. Binder, Frau E. Winkels, Frau K. Hartwig und Frau A. Nörtemann.

Der Herausgeber wünscht dem interessierten Leser bei der Lektüre dieses Buches angenehme Unterhaltung, vertiefte fachliche Einsichten, und eine Abrundung des Lebensbildes unseres Führers durch die Strömungslehre, Ludwig Prandtl.

Göttingen, im Februar 2000
Gerd E.A. Meier

Preface from the Editor

This biographical essay concerning Ludwig Prandtl on occasion of his 125th birthday in the year 2000 looks at the many facettes of a sovereign scientist as well as on an embracive life work in the field of applied mechanics. To do justice to the manifold work of this genius engineer and physicist in this book experts and witnesses of his time give seperate contributions, which explain and appreciate the activities of Prandtl from the authors personal views. Though many well known authors agreed to describe in detail and as objective as possible their personal relationships with the scientist Ludwig Prandtl, at this very moment it is absolutely clear that in this volume it will be impossible to follow all his traces in the scientific world. But the editor wants even now to express his thanks to the authors for the efforts they expended and he is absolutely certain that in these contributions many aspects of Prandtls activities will be described and appreciated for the first time in a professional and correct manner. Besides the reading of Prandtls original papers this book shall be helpfull for the gentle reader to find a way to the scientist and the human Ludwig Prandtl.

Ludwig Prandtl was born at Freising in Bavaria on February 4th, 1875. After an impressive university career at Hannover and Göttingen he became the founder and a true leader of modern aerodynamics of the century gone. Between his assistents and students were many famous scientists, e. g. Ackeret, Betz, Blasius, Blenk, Busemann, Görtler, von Karman, Ludwieg, Oswatitsch, Schlichting, and Tollmien. His ideas and publications have imprinted modern aerodynamics and influenced fluid mechanics and even common mechanics in many aspects. Doubtlessly his most significant contribution in fluid mechanics was the invention of the *Grenzschicht* (boundary-layer) in fluid flows with relatively small influence if viscosity. In aerodynamics he created important contributions to the theory of lifting wings, to gasdynamics, to wind tunnel and experimental techniques, and to measurement techniques of fluid flows. Even in the fields of meteorology, aeroelasticity, tribology, and plasticity his founding ideas are still in use nowadays.

The editor expresses his cordial thanks to Dr. P.-A.Mackrodt for the revision of the manuscripts and to Mrss. B. Oppermann, M. Binder, E. Winkels, K. Hartwig and A. Nörtemann for the careful execution of the paperwork.

The editor wishes the interested reader in reading this book plesent entertainment, emphasized professional insights, and a polishment of the picture of the life of our great leader through fluid mechanics, Ludwig Prandtl.

Göttingen, February 2000

Gerd E. A. Meier

Inhaltsverzeichnis

Ludwig Prandtl, Leben und Wirken (J. Zierep) 1

Review of Ludwig Prandtl's Scientific Life (K. Jacob) 17

   1. Introduction 17
   2. Prandtl's Professional Career and Personality 18
   3. Boundary Layer Theory 19
   4. Wing Theory 20
   5. Compressible Flows 23
   6. Experimental Investigations and Techniques 26
   7. Final Remarks 27
   8. References 28
   9. Notations 29

The „NEW" Mechanics of Fluids of Ludwig Prandtl (P. Germain) 31

   1. Introduction 31
   2. On the motions of a slightly viscous fluid along a wall 32
   3. Prandtl lifting line concept and its applications 35
   4. Conclusion 37
   5. References 37

Dimensionsbetrachtungen im Werk Prandtls (J. H. Spurk) 41

   1. Einleitung 41
   2. Dimensionsbetrachtungen im Versuchs- und Modellwesen 42
   3. Dimensionsbetrachtungen in den theoretischen Ansätzen Prandtls 46
   4. Epilog 50
   5. Literatur 50

Ludwig Prandtl und die Turbulenz (J. C. Rotta) 53

   1. Vorwort 53
   2. Geschichtlicher Rückblick 55
   3. Wichtige Beiträge Prandtls zur Erforschung der Turbulenz 67
   4. Anhang 115
   5. Schrifttum 120

Ludwig Prandtl und die asymptotische Theorie für Strömungen bei hohen Reynolds-Zahlen (K. Gersten) 125

1. Einleitung 125
2. Störungsproblem 126
3. Laminare Grenzschichten 127
4. Turbulente Grenzschichten 133
5. Literatur 137

Zur Bedeutung der Prandtl'schen Untersuchung über die Dissipative Struktur von Verdichtungsstößen (A. Kluwick) 139

Ludwig Prandtl's grundlegende Beiträge zur instationären Aerodynamik schwingender Auftriebsflächen (H. Försching)... 147

1. Einleitung... 147
2. Die tragende Wirbelfläche als Grundlage einer aerodynamischen Theorie des nichtstationären Tragflügels in reibungsfreier, inkompressibler Strömung 148
3. Weiterentwicklung der aerodynamischen Theorie der schwingenden Tragfläche in reibungsfreier, kompressibler Unterschallströmung 156
4. Abschließende Bemerkungen 169
5. Literatur 170

Ludwig Prandtl als Lehrer in Hannover und Göttingen 1901 - 1947 (W. Wuest) 173

1. Einführung 173
2. Gesamtüberblick über die Vorlesungen von Ludwig Prandtl 174
3. Die handschriftlichen Vorlesungsmanuskripte 181
4. Experimentelle und theoretische Forschungsaufgaben
   (von Prandtl angelegtes Verzeichnis für Vorschläge zu Dissertationen) 198
5. Persönliche Erinnerungen an Prandtl 202
6. Literatur 204

Prandtls „Führer durch die Strömungslehre" (W. Schneider) 205

1. Vorbemerkung 205
2. Erste Begegnung – aus der Sicht eines Studenten 205
3. Erste Neubearbeitung – Beobachtungen und Hilfstätigkeiten eines Doktoranden   210
4. Nochmalige Neubearbeitung – Erfahrungen eines „Mitarbeiters" 213
5. Schlussbemerkung 214

Ludwig Prandtl and Early Fluid Dynamics in the Netherlands (J. L. van Ingen) 219

1. Introduction 219
2. Dutch Applied Mechanics and Fluid Dynamics, 1914-1940 220
3. The National Aerospace Laboratory (NLR) 223
4. Delft Hydraulics and the Wageningen Ship Model Basin 224

5. The beginning of IUTAM 224
6. The Prandtl Film 225
7. A brief review of early contributions by J.M. Burgers to Fluid Dynamics 226
8. The Correspondence between L. Prandtl and J.M. Burgers 227
9. Closing Remarks 239
10. Acknowledgement 239
11. References 240

Prandtls Schüler in Aachen (E. Krause, U. Kalkmann) 245

Forscher an Prandtls Weg (K. Magnus).. 243

Ludwig Prandtl und die Gesellschaft für Angewandte Mathematik und Mechanik
(G. Alefels)... 277

Ludwig Prandtl und der Flugsport (W. Wuest) 295

1. Freiballonsport 295
2. Erster Göttinger Flugtag 1911 298
3. Erste Gleitflugversuche am Faßberg 298
4. Neubelebung der Gleitfliegerei in Göttingen ab 1926 299
5. Schrifttum 303

Ludwig Prandtl und die Erfinder (G. E. A. Meier)... 305

1. Vorbemerkungen 305
2. Ausgewählte Korrespondenz Prandtl's mit Erfindern 306

Ludwig Prandtl, Leben und Wirken

J. Zierep*

1. Ludwig Prandtl 1943.

Der 125. Geburtstag von Ludwig Prandtl (1875 - 1953) ist Anlaß, des überragenden Strömungsforschers des 20. Jahrhunderts zu gedenken. Es gibt eine umfangreiche Literatur sowohl was seine wissenschaftlichen Arbeiten als auch was sein Leben angeht. Ich komme darauf zurück. Seine gesammelten wissenschaftlich-technischen Schriften, herausgegeben 1961, füllen drei Bände von insgesamt 1620 Seiten [1]. Akribisch sind dort alle Veröffentlichungen und wichtigen Äußerungen von ihm festgehalten. Es handelt sich nach wie vor um eine wahre Fundgrube für den Fachmann. Daneben ist vieles von historischem Interesse, weil es die rasche Entwicklung der modernen Strömungsmechanik in all ihren Disziplinen verstehen läßt und von erster Hand beschreibt. Zwei grundlegende Entdeckungen, dargestellt in Arbeiten ganz unterschiedlichen Umfanges: die eine „Über Flüssigkeitsbewegung bei sehr kleiner Reibung" [2],

---

* Institut für Strömungslehre der Universität Karlsruhe (TU)

die andere über „Tragflügeltheorie" I, II [3], kann man mit Fug und Recht als Sternstunden - im Sinne von Stefan Zweig - der modernen Strömungsmechanik auffassen. Beide Arbeiten öffneten ein bisher verschlossenes Tor. Im ersten Fall geht es um den Reibungswiderstand eines umströmten Körpers. Prandtl zeigte, daß sich die hierfür entscheidenden Vorgänge in einer wandnahen „Grenzschicht" verstehen und relativ einfach berechnen lassen. Im zweiten Fall geht es um die quantitative Erfassung der Umströmung von Tragflügeln. Die verschiedenen auftretenden Wirbelanordnungen führen schlußendlich zu Integraldarstellungen für den Auftrieb und den induzierten Widerstand.

Beide Untersuchungen sind Ausgangspunkt von Entwicklungen geworden, die bis auf den heutigen Tag ihre Aktualität nicht verloren haben und mit Prandtls Namen für alle Zeiten verbunden sind. Dabei handelte es sich allerdings, zumindest im ersten Fall, nicht um eine Art Initialzündung, die sofort allgemein akzeptiert wurde. Wir wissen, daß die Grenzschichttheorie in den ersten zwanzig Jahren (1904-1924) fast ausschließlich in Göttingen betrieben wurde. Ich erwähne die Namen: Blasius [4], Boltze [5], Hiemenz [6] und Pohlhausen [7]. Erst danach breitete sich sozusagen der Grenzschicht-Virus weltweit aus - und ein Ende ist nicht abzusehen [8, 9].

Im folgenden wird eine kurze Vita von Ludwig Prandtl gegeben. Danach möchte ich, abweichend von allen anderen Biographien, die grundlegenden Entdeckungen, die mit seinem Namen untrennbar verbunden sind, anführen und kurz besprechen. Dies liefert natürlich keinen vollständigen Überblick über das Werk Ludwig Prandtls. Wir werden aber sehen: Es gibt keinen Forscher der Strömungsmechanik, mit dessen Namen so viele grundlegende Entdeckungen verknüpft sind.

Ludwig Prandtl wurde 1875 in Freising (Obb.) geboren, studierte 1894-1898 Maschinenbau an der Technischen Hochschule München. Der große August Föppl wurde sein fachlicher und persönlich bewunderter Lehrer. 1900 promovierte Ludwig Prandtl mit einer Aufsehen erregenden Dissertation über Kipperscheinungen, wohlgemerkt nicht an der Technischen Hochschule, da sie noch kein Promotionsrecht besaß, sondern an der Universität München. Nach einer kurzen aber wichtigen Industrietätigkeit bei der MAN wurde er 26jährig ordentlicher Professor in Hannover. Felix Klein, der große Göttinger Mathematiker, betrieb seine Berufung nach Göttingen. 1904 wurde er daselbst außerordentlicher Professor und 1907 Ordinarius. Prandtl blieb zeitlebens Göttingen treu, obwohl er 1923 ein verlockendes Angebot nach München - in seine Heimat - erhalten hatte. Die Errichtung der AVA (Aerodynamische Versuchs-Anstalt) 1907 [10] und die des Kaiser-Wilhelm-Institutes 1925 [11] gaben ihm die Möglichkeit zu umfangreicher Forschungs- und Entwicklungsarbeit. 1912 war er Gründungsmitglied der späteren DGLR (Deutsche Gesellschaft für Luft- und Raumfahrt) und 1922 der GAMM (Gesellschaft für Angewandte Mathematik und Mechanik). Prandtl wurde vielfach geehrt. Ehrendoktorate erhielt er von folgenden Technischen Hochschulen oder Universitäten: Danzig (1920), Zürich (1930), Prag (1932), Trondheim (1935), Cambridge (1936), Bukarest (1942) und Istanbul (1952). Darüber hinaus war er Mitglied oder Ehrenmitglied vieler der bedeutendsten Akademien des In- und Auslandes. 1951 überreichte ihm unser damaliger Bundespräsident Theodor Heuß das Große Bundesverdienstkreuz. Ludwig Prandtl hatte 83 Doktoranden. Ihr Namensverzeichnis sowie das seiner vielen weiteren wissenschaftlichen Mitarbeiter des In- und Auslandes liest sich wie das „Who is Who" der Strömungsmechanik der ersten Hälfte des 20. Jahrhunderts.

Ich gebe nun eine Aufstellung der wichtigsten wissenschaftlich-technischen Entdeckungen und Begriffsbildungen, die mit dem Namen Prandtls international verbunden sind und anschließend jeweils einige erklärende Sätze, Jahresangaben sowie Zitate.

* 1. Prandtlsche Grenzschichttheorie (1904) [2],
* 2. Prandtlsche Tragflügeltheorie I (1918), II (1919) [3],
  3. Prandtlsches Mischungswegkonzept (1925) [12],
  4. Prandtlsche Regel (1930) [13], Prandtl-Glauert Analogie (1928) [14],
  5. Prandtl-Meyer Expansion (1907) [15], (1908) [16]
  6. Prandtl-Busemann Charakteristikenverfahren (1929) [17],
  7. Prandtl-Relation beim senkrechten Verdichtungsstoß (1905) [19],
  8. Prandtl-Zahl (1910) [20],
  9. Prandtlsches Staurohr (1913) [21],
  10. Prandtlscher Stolperdraht (1914) [22],
  11. Prandtlscher Windkanal (Göttinger Bauart) (1908) [23],
  12. Prandtlsche Fließformeln der Rheologie (1950) [24, 25].

Alle diese mit Prandtls Namen verbundenen Entdeckungen, Begriffsbildungen und technischen Vorrichtungen zählen heute zum klassischen Bestand der Strömungsmechanik, ja oft bereits zur Routine. Sie zeigen insbesondere, in welcher Breite Prandtl erfolgreich in der Strömungsmechanik gewirkt hat. Ich möchte versuchen, jeweils mit ein paar Sätzen das grundsätzlich Neue der Prandtlschen Ideen aufzuzeigen und insbesondere denjenigen zu vermitteln, die Prandtl selbst nicht mehr erlebt haben.

Was die Idee der **Grenzschicht-** [2] und der **Tragflügeltheorie** [3] angeht, so wurde bereits einleitend etwas gesagt. Auf **acht** Seiten werden in [2] nicht nur die grundsätzliche Konzeption und die beschreibenden Differentialgleichungen, sondern auch die zukünftige Entwicklung einschließlich der Ablösung dargestellt. Skizzen und Photographien illustrieren das völlig neue Konzept. Jedem kann das Studium dieser vorbildlichen Arbeit auch heute noch nach fast 100 Jahren empfohlen werden (Fig. 2, 3, 4).

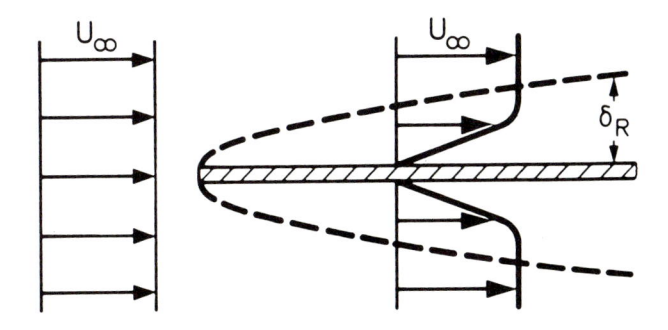

2. Plattengrenzschicht u_∞ = Anströmung, δ_R = Reibungsgrenzschichtdicke

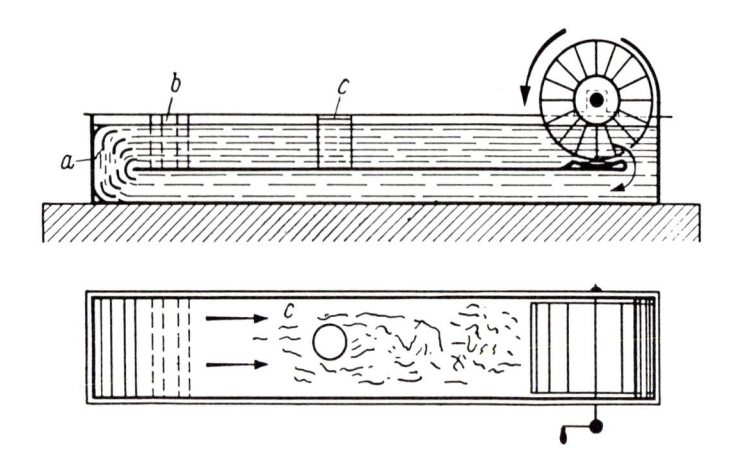

3. Prandtls Wasserkanal zur Untersuchung der Grenzschichten 1903 [2].

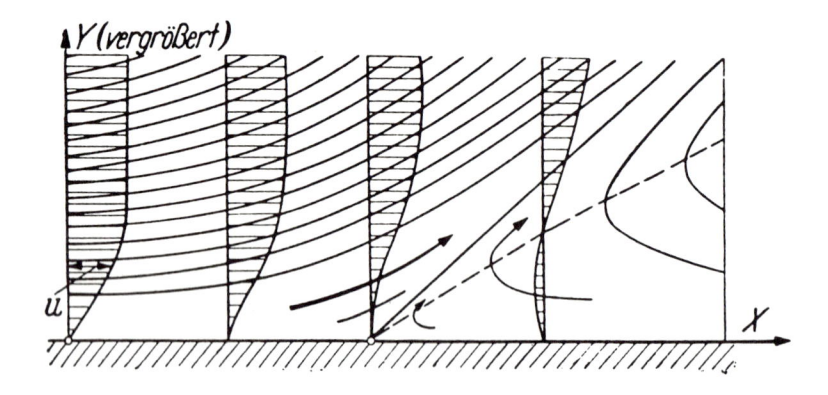

4. Grenzschicht mit Ablösung [2].

Die Tragflügeltheorie basiert auf dem Wirbelsystem der gebundenen Wirbel am Flügel und der freien Wirbel, ausgehend von den Flügelenden (= Hufeisenwirbel) (Fig. 5, 6).

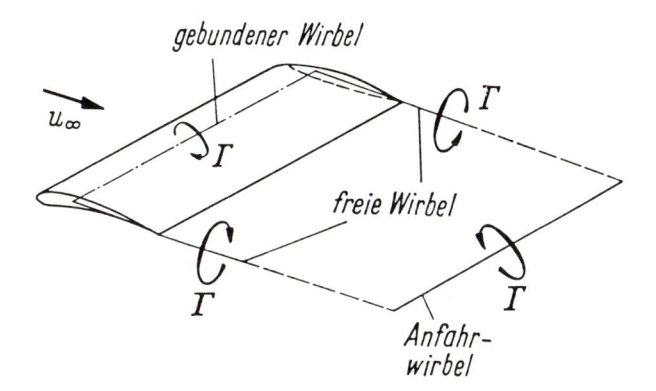

5. Wirbelsysteme der Tragflügeltheorie [3, 29, 38].

6. Freie Wirbel ausgehend von den Flügelspitzen [27].

Die Umströmung des Flügels wird durch eine Zirkulationsverteilung längs der Spannweite erfaßt. Wirbelsysteme dieser Art, insbesondere die abgehenden Wirbelzöpfe an den Tragflügelspitzen, wurden bereits von Lanchester [26] beschrieben. Prandtl kommt das Verdienst zu, diese Vorstellung in die mathematische Form der Tragflügeltheorie gebracht zu haben. Allein dadurch wurden Auftrieb und induzierter Widerstand quantitativ in Integralform dargestellt. Von Kármán [27] beschreibt in diesem Zusammenhang in sehr eindrucksvoller Weise zwei Grenzfälle, und zwar den Flügel großer und kleiner Streckung (Fig. 7).

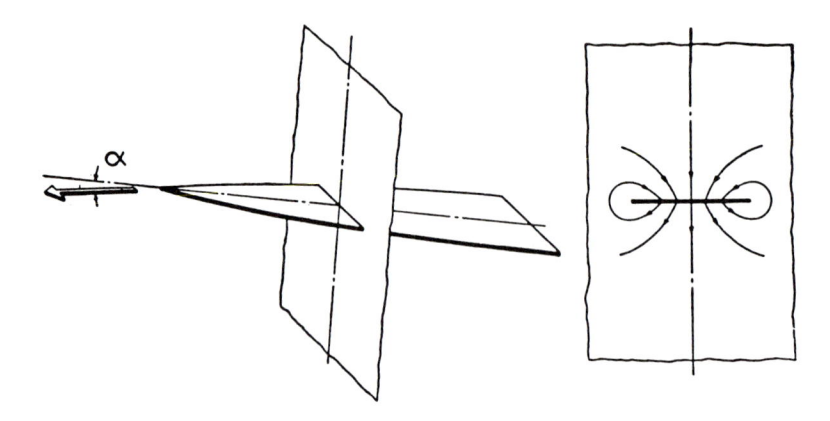

7. Umströmung des Flügels kleiner Streckung [27, 31].

Während im ersten Fall die Traglinientheorie [3] zutrifft, muß man im zweiten Fall wie auch beim gepfeilten Flügel [28] von einer echten Tragflächentheorie ausgehen [29, 30]. Hier handelt es sich jeweils um eine im wesentlichen zweidimensionale Betrachtung. Im ersten Fall in einer Ebene senkrecht zur Spannweite, im zweiten Fall in derjenigen senkrecht zur Strömungsrichtung [31].

Das **Prandtlsche Mischungswegkonzept** [12] führte erstmalig zu einer Darstellung der turbulenten Schwankungsgeschwindigkeiten in der Reynolds'schen Zerlegung. Der Grundgedanke ist die Analogie zur mittleren freien Weglänge der Gaskinetik (Fig. 8).

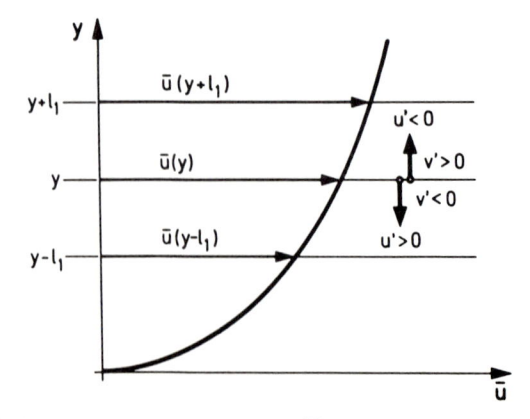

8. Prandtlsches Mischungswegkonzept. $\bar{u}$ = zeitlich gemittelte Geschwindigkeit, (u', v') = Geschwindigkeitsschwankungen, ℓ_1 = Mischungsweg

Die Reynolds'sche scheinbare Schubspannung wird dadurch proportional dem Quadrat des Gradienten der mittleren Geschwindigkeit. Eine interessante Konsequenz hieraus ist das logarithmische Geschwindigkeitsprofil in Wandnähe. Dieses Konzept hat eine weite Anwendung erfahren und war der Ausgangspunkt vieler Untersuchungen.

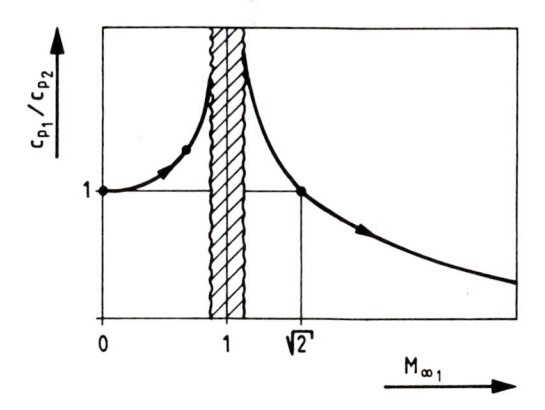

9. Prandtlsche Regel. Abhängigkeit des Druckkoeffizienten c_p von der Machzahl.

Die **Prandtlsche Regel** [13] oder die **Prandtl-Glauert Analogie** [14] stellen den Ausgangspunkt **aller** Ähnlichkeitsgesetze der Gasdynamik dar (Fig. 9). Die Berücksichtigung der Kompressibilität liefert den Einfluß der Mach-Zahl auf Auftrieb und Widerstand schlanker affiner Profile. Diese Untersuchungen betrafen zunächst **lineare** Differentialgleichungen zweiter. Ordnung für das Störpotential im Unter- und Überschall und wurden für die Flugaerodynamik von großer Bedeutung. Ähnliche Überlegungen führten später auch in Schallnähe und im Hyperschall zum Erfolg. Dabei ging es allerdings um **nichtlineare** Differentialgleichungen, deren Lösungen nach wie vor von großem Interesse sind.

Die **Prandtl-Meyer Expansion** [15, 16] beschreibt die Umlenkung einer Schall- oder Überschallzuströmung an einer Ecke (Fig. 10, 11).

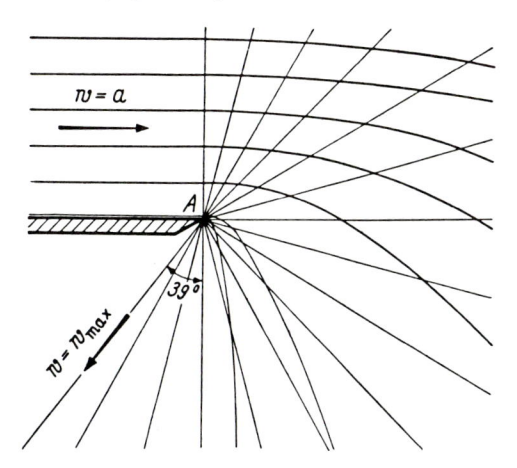

10. Prandtl-Meyer Expansion einer Schallparallelströmung (w = a) bis zur Maximalgeschwindigkeit.

11. Interferogramm einer **Prandtl-Meyer Expansion**. Die Umlenkung erfolgt im Gegenuhrzeigersinn.

Es handelt sich um eine exakte Lösung der nichtlinearen Grundgleichungen, bei der der Zustand auf radialen Strahlen durch die Ecke konstant ist. Diese Lösung enthält typische Eigenschaften einer Überschallströmung und weist auf grundsätzliche Unterschiede zu Unterschallströmungen hin.

Das **Prandtl-Busemann Charakteristikenverfahren** [17] ist ein numerisch-graphisches Differenzenverfahren zur Berechnung von Überschallströmungen um Profile und in Lavaldüsen. Neben der Strömungsebene tritt der Hodograph - mit den Geschwindigkeitskomponenten als Achsen - auf. Im Hodographen spielen sich die stetige Expansion und Kompression längs Epizykloiden ab (Fig. 12). Kommt es zu einem Verdichtungsstoß muß die Busemannsche Stoßpolare (Cartesisches Blatt) [18] zusätzlich benutzt werden.

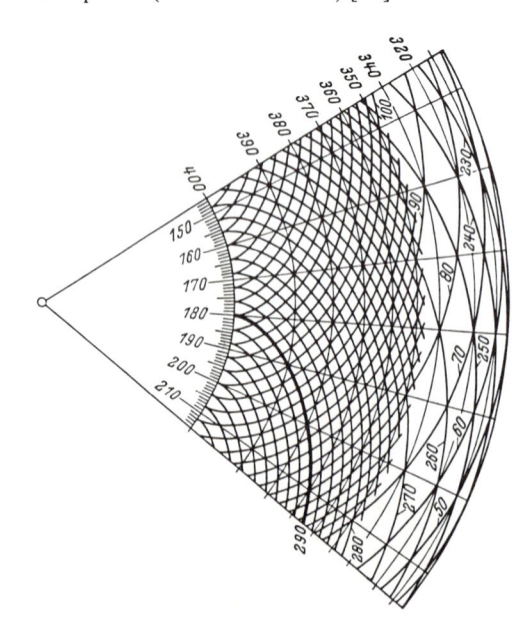

12.
Epizykloidendiagramm des
Prandtl-Busemann
Charakteristikenverfahrens

Die **Prandtl-Relation** beim senkrechten Verdichtungsstoß [19] besagt, daß das Produkt der Geschwindigkeiten vor und nach dem Stoß gleich dem Quadrat der kritischen Schallgeschwindigkeit ist. Da vor dem Stoß stets Überschall herrscht, muß danach also Unterschall vorliegen. Eine wichtige grundlegende Aussage der Gasdynamik!

Die **Prandtl-Zahl** [20] ist das Verhältnis der molekularen Transportgrößen von Impuls und Wärme (kinematische Viskosität / Temperaturleitfähigkeit). Sie spielt beim Wärmeübergang eine entscheidende Rolle und legt z.B. das gegenseitige Größenverhältnis der Grenzschichtdikken von Reibung und Temperatur fest.

Das **Prandtlsche Staurohr** [21] ist eine sehr nützliche Kombination von Pitot-Rohr und statischer Sonde (Fig. 13). Gemessen wird der dynamische Druck und damit die Strömungsgeschwindigkeit. Ein unentbehrliches Meßgerät!

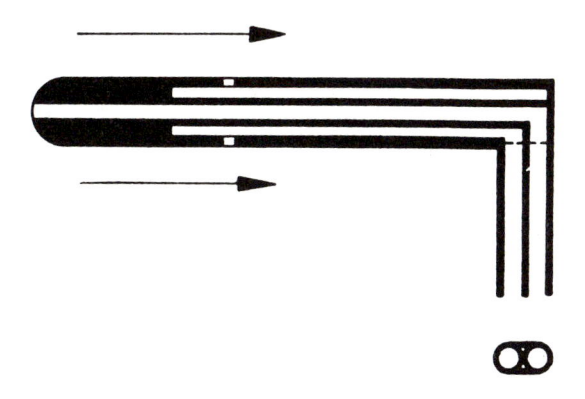

13. Prandtlsches Staurohr.

Der **Prandtlsche Stolperdraht** [22] spielte in Form eines Experimentum Crucis eine entscheidende Rolle bei der Aufklärung der rapiden Widerstandsabnahme der Kugel beim Umschlag der laminaren in die turbulente Grenzschichtströmung (Fig. 14a,b).

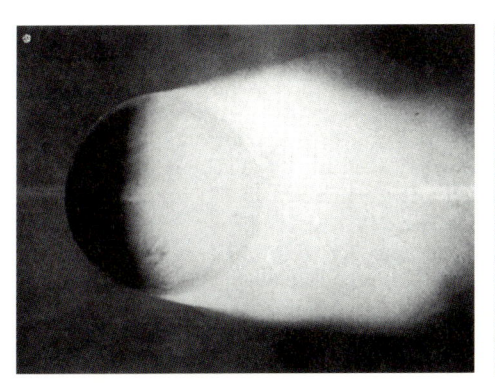

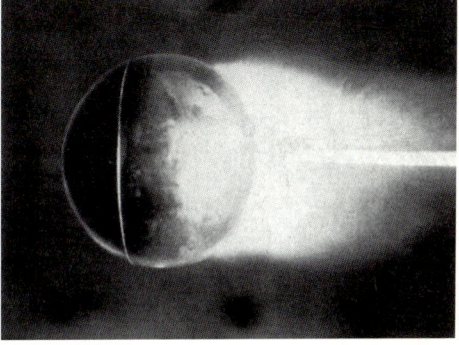

14 a,b: Prandtlscher Stolperdraht bei der Kugelumströmung. a) laminare Strömung, b) turbulente Strömung.

Ist die Reynolds-Zahl $R_e \approx 5 \cdot 10^5$, so tritt im laminaren Fall eine frühzeitige Ablösung vor dem Dickenmaximum mit erheblichem Druckwiderstand auf. Prandtl legte auf die Stirnseite einen Draht, der die Strömung turbulent machte. Die Ablösung verschob sich dadurch nach hinten, der Gesamtwiderstand nahm beträchtlich ab. Insgesamt ist es so, daß die **Ab**nahme des Druckwiderstandes die gleichzeitige **Zu**nahme des Reibungswiderstandes überkompensiert derart, daß der Gesamtwiderstand beträchtlich sinkt.

Prandtlscher Windkanal (Göttinger Bauart) [23]. Diese weit verbreitete Konzeption betrifft einen Kanal mit geschlossener Rückführung. Hier wird dieselbe Luft in einem Kreislauf durch ein Axialgebläse angetrieben. Die Meßstrecke kann dabei geschlossen oder als Freistrahl ausgeführt werden (Fig. 15). Daneben gibt es auch Windkanäle ohne Rückführung (Eiffelsche Bauart), bei denen aus dem Freien angesaugt und wieder dorthin ausgeblasen wird.

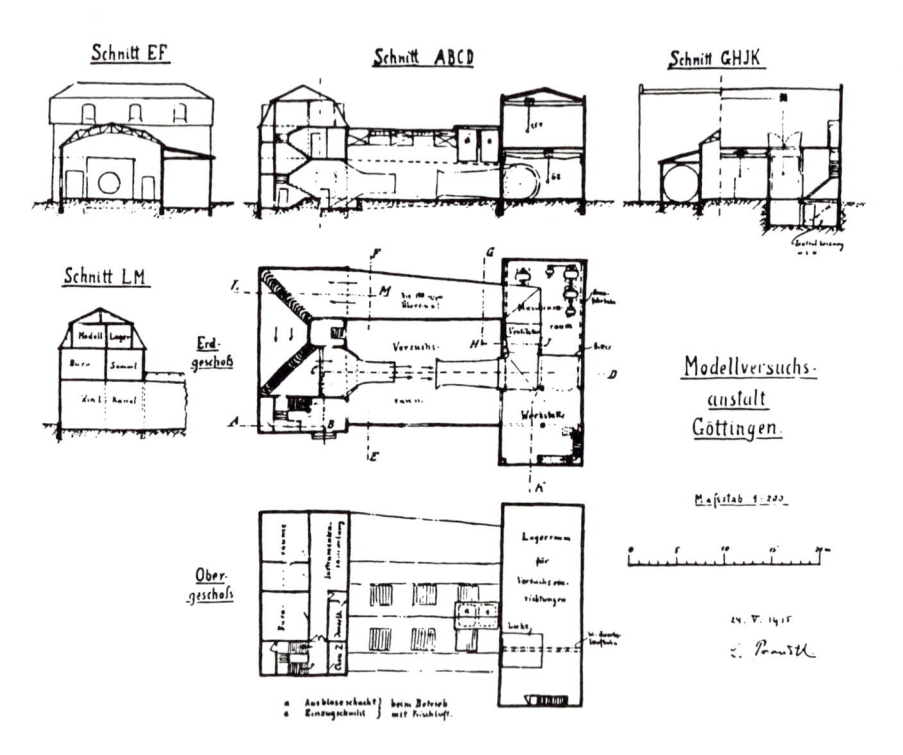

15. Eigenhändiger erster Entwurf von Prandtl für die Modellversuchsanstalt mit Windkanal [10].

Bei höheren Geschwindigkeiten wird eine Vielzahl von unterschiedlichen Konzeptionen verwendet. Besonders hervorzuheben ist die Pionierleistung von Jakob Ackeret - einem Prandtl Schüler - beim Bau des ersten stationär arbeitenden Überschallkanals an der ETH in Zürich [32] (Fig. 16).

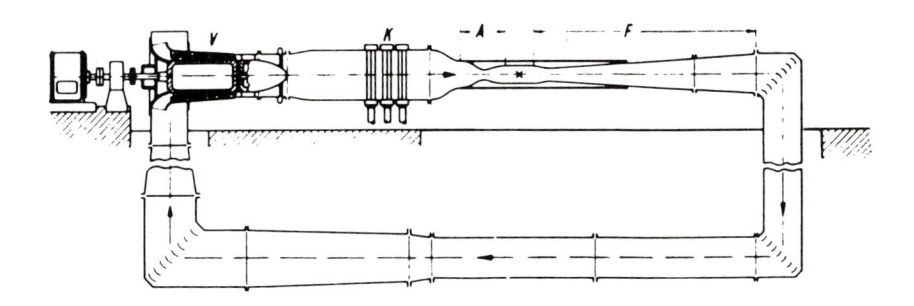

Züricher Überschallkanal; x Meßstrecke; V Verdichter; K Kühler; A Düse, F Diffusor

16. Züricher Überschallkanal.

Prandtlsche Fließformeln [24]. Prandtl hat sich über Jahrzehnte hinweg immer wieder mit der Mikrostruktur fester Körper [25] sowie allgemeiner viskoser Fluide beschäftigt. Die Ergebnisse sind als Fließgesetze von Prandtl bzw. Prandtl-Vandrey [24] bekannt.

Neben diesen unmittelbar nach Ludwig Prandtl benannten Entdeckungen gibt es viele Anregungen von seiner Seite, die maßgeblich die Entwicklung der modernen Strömungsmechanik beeinflußt haben.

Ich erwähne an dieser Stelle nur den Volta-Kongreß in Rom 1935 [32]. Dort trafen sich die bedeutendsten Aerodynamiker der damaligen Zeit und diskutierten über Theorie und Experiment bei hohen Geschwindigkeiten (Fig. 17).

17. Auditorium des Volta-Kongresses in Rom. Man erkennt u.a.: Prandtl, Busemann, Bénard, Wieselsberger, Carlo Ferrari, Maurice Roy, Crocco, ... [32].

Die Tagung wurde unter anderem zur Geburtsstunde des Studiums der Kondensationsphänomene von feuchter Luft in der Gasdynamik. Prandtl zeigte damals eine Schlierenaufnahme eines Kondensationsstoßes in einer Lavaldüse (Fig. 18) und löste damit eine intensive Forschung auf diesem noch heute aktuellen Gebiet aus. Die Aufklärung dieser komplexen Vorgänge der Strömungen mit Energiezufuhr liest sich wie ein Kriminalroman [33].

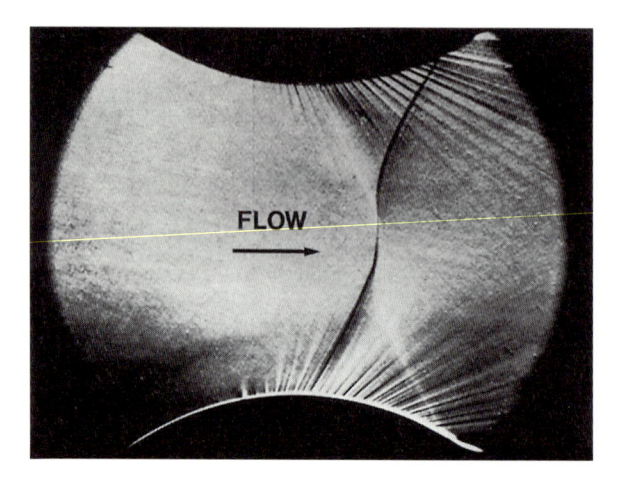

18. Schlierenaufnahme eines Kondensationsstoßes [32].

Dies sind einige grundlegende Beiträge in der Strömungsmechanik, die mit Prandtls Namen verbunden sind. Es ist immer wieder überraschend festzustellen, daß seine größten Entdeckungen mit Einrichtungen und Überlegungen von verblüffender Einfachheit gemacht wurden. Er selbst hat dies in einer seiner letzten Arbeiten „Mein Weg zu hydrodynamischen Theorien" [34] überzeugend beschrieben. Einer seiner oft erfolgreich benutzten Leitsätze war: „Beim Studium eines komplexen Strömungsproblems benutze man so wenig Parameter wie möglich, jedoch stets so viele wie unbedingt nötig!". Jeder Anwender weiß, wie schwierig dies in der Regel ist.

Ludwig Prandtl war bis ins hohe Alter wissenschaftlich äußerst aktiv. Er behandelte dabei viele Anwendungsgebiete der Strömungslehre. Stichwortartig erwähnen wir die Rheologie, die Meteorologie und nach wie vor die turbulenten Strömungen, für deren Berechnung er ein neues Formelsystem vorschlug. Immer wieder zeigte sich seine geradezu meisterhafte physikalische Vorstellung und Analyse selbst kompliziertester Strömungsvorgänge, wie etwa beim Schütteln von Gefäßen [35]. Daneben wurden auch klassische Fragen, z.B. über die Natur der Oberflächenspannung, erneut behandelt [36]. Das Ergebnis berichtigt diesbezügliche Aussagen in zahlreichen Physiklehrbüchern.

Bisher war vom überragenden Forscher Ludwig Prandtl die Rede. Jeder, der das Glück hatte, ihm zu begegnen, wird die stille Persönlichkeit mit der großen Ausstrahlung zeitlebens nicht vergessen. So ist es auch dem Verfasser dieser Zeilen ergangen. Ich hatte eine Doktorarbeit über Leewellenströmungen bei geschichteter Anströmung in der Atmosphäre verfaßt. Professor Prandtl lud mich im Herbst 1951 zu einem Vortrag ein. Ich behandelte das Problem als meteorologisch interessierter angewandter Mathematiker. Ein Störansatz führte die Grundgleichungen auf eine Art Wellengleichung zurück. Die Anfangs-Randwertaufgabe bei gegebener Anströmung und überströmtem Hindernis wurde von mir gelöst. Berechnete Stromlinien, die zugehörigen Aufwind- und Abwindfelder sowie die Druckverteilung am Boden erläuterten die Lösung und illustrierten die Bedeutung des Problems für die Meteorologie und die Luftfahrt.

Professor Prandtl hörte sich alles interessiert an. Danach ging er mit mir an die Tafel und trug alle bei meinem Problem auftretenden Kräfte in etwa maßstabsgerecht auf: Trägheitskraft, Druckkraft, Reibungskraft, Auftriebs- und Rückstellkraft, Corioliskraft, ... Mit seinen Händen deutete er die Teilchenbewegung bei der Überströmung des Bergrückens an und zeichnete die zugehörigen Stromlinien auf. Sie waren deckungsgleich mit den von mir berechneten. Mit Begeisterung sagte er mir: „Jetzt sehen Sie, daß Ihre Theorie richtig ist!". Im Augenblick war ich etwas irritiert. Der angewandte Mathematiker ist gewohnt sich auf seine Gleichungen zu verlassen und zweifelt nicht daran, daß sie die Wirklichkeit richtig beschreiben.

Die völlig andere Prandtlsche Denkweise hat mich seitdem fasziniert, sie ist mir später bei meinen Lehrern in der Aerodynamik Ackeret (Zürich) und Oswatitsch (Aachen) immer wieder begegnet und hat meine eignen Arbeiten und die meiner Mitarbeiter in den vergangenen Jahrzehnten wesentlich beeinflußt.

Ludwig Prandtl hat eine berühmte Schule begründet, deren Schüler in aller Welt nun schon in zweiter und dritter Generation seine Denkweise weitertragen. Seine Tochter, Frau Johanna Vogel-Prandtl [37], hat von ihrem Vater ein Lebensbild mit Erinnerungen und Dokumenten verfaßt, das uns die liebenswerte Persönlichkeit Ludwig Prandtls unvergessen bleiben läßt (Fig. 19).

19. Ludwig Prandtl.

Literatur

[1] Prandtl, L.: Gesammelte Abhandlungen zur angewandten Mechanik, Hydro- und Aerodynamik. 3 Bde. Herausgegeben von W. Tollmien, H. Schlichting und H. Görtler, Springer-Verlag Berlin, Göttingen, Heidelberg 1961

[2] Prandtl, L.: Über Flüssigkeitsbewegung bei sehr kleiner Reibung. Verhandlungen des III. Internat. Math.-Kongr. Heidelberg, 8.-13. Aug. 1904. Leipzig: Teubner 1905, S. 484-491

[3] Prandtl, L.: Tragflügeltheorie I. Mitteil. Nachr. Ges. Wiss. Göttingen, Math.-phys. Kl., 1918, S. 151-177; sowie: Tragflügeltheorie II. Mitteilg. Nachr. Ges. Wiss. Göttingen, Math.-phys. Kl., 1919, S. 107-137

[4] Blasius, H.: Grenzschichten in Flüssigkeiten mit kleiner Reibung. Diss. Göttingen 1907. Z. Math. Phys. Bd. 57 (1908), S. 1

[5] Boltze, E.: Grenzschichten an Rotationskörpern in Flüssigkeiten mit kleiner Reibung. Diss. Göttingen 1909

[6] Hiemenz, K.: Die Grenzschicht an einem in den gleichförmigen Flüssigkeitsstrom eingetauchten geraden Kreiszylinder. Diss. Göttingen 1911; Dinglers polytechn. J. Bd. 326 (1911), S. 321

[7] Pohlhausen, K.: Zur näherungsweisen Integration der Differentialgleichung der laminaren Grenzschicht. Diss. Göttingen 1921 [1922]; ZAMM Bd. 1 (1921), S. 252

[8] Tani, I.: History of boundary-layer theory. Ann. Rev. Fluid Mech. 9 (1977), p. 87-111

[9] Gersten, K.: Die Bedeutung der Prandtlschen Grenzschichttheorie nach 85 Jahren. Z. Flugwiss. und Weltraumforschung 13 (1989), S. 209-218

[10] Rotta, J.C.: Die Aerodynamische Versuchsanstalt in Göttingen, ein Werk Ludwig Prandtls. Verlag Vandenhoeck u. Ruprecht, Göttingen 1990

[11] Oswatitsch, K. und K. Wieghardt: Ludwig Prandtl and his Kaiser-Wilhelm-Institut. Ann. Rev. Fluid Mech. 19 (1987), S. 1-25

[12] Prandtl, L.: Bericht über Untersuchungen zur ausgebildeten Turbulenz. Zeitschr. Angew. Math. Mech. 5 (1925), S. 136-139

[13] Prandtl, L.: Über Strömungen, deren Geschwindigkeiten mit der Schallgeschwindigkeit vergleichbar sind. J. aeronaut. Res. Inst., Tokyo Imp. Univ. Bd. 5, Nr. 65 (1930), S. 25-34

[14] Glauert, H.: The Effect of Compressibility on the Lift of an Aerofoil. Proc. Roy. Soc. A, Bd. 118 (1929), S. 113

[15] Prandtl, L.: Neue Untersuchungen über die strömende Bewegung der Gase und Dämpfe. Phys. Z. 8. Jg. (1907), S. 23-30

[16] Meyer, Th.: Über zweidimensionale Bewegungsvorgänge in einem Gas, das mit Überschallgeschwindigkeit strömt. Diss. Göttingen 1908. Mitt. Forsch. Ing.-Wes. H. 62 (1908)

[17] Prandtl, L. und A. Busemann: Näherungsverfahren zur zeichnerischen Ermittlung von ebenen Strömungen mit Überschallgeschwindigkeit. Festschrift zum 70. Geburtstag von Prof. Dr. A. Stodola. Zürich: Füssli 1929, S. 499-509

[18] Busemann, A.: Vorträge aus dem Gebiet der Aerodynamik. Aachen 1929

[19] Prandtl, L.: Strömende Bewegung der Gase und Dämpfe. Enzyklopädie der mathematischen Wissenschaften Bd. V, Art. 5b (1905) Nr. 15-23, S. 287-319

[20] Prandtl, L.: Eine Beziehung zwischen Wärmeaustausch und Strömungswiderstand der Flüssigkeiten. Phys. Z. 11 Jg. (1910), S. 1072-1078

[21] Prandtl, L.: Regeln für Leistungsversuche an Ventilatoren und Kompressoren. Aufgestellt vom Verein Deutscher Ingenieure ... (1912), S. 35-68. 2. Aufl.: VDI-Verlag 1926, S. 13-18

[22] Prandtl, L.: Der Luftwiderstand von Kugeln. Nachr. Der Gesellschaft der Wiss. Zu Göttingen, Math.-physikalische Klasse (1914), S. 177-190

[23] Prandtl, L.: Die Bedeutung von Modellversuchen für die Luftschiffahrt und Flugtechnik und die Einrichtungen für solche Versuche in Göttingen. Z. VDI Bd. 53 (1909), S. 1711-1719

[24] Prandtl, L. und Fr. Vandrey: Fließgesetze normalzäher Stoffe im Rohr. ZAMM Bd. 30 (1950), S. 169-174

[25] Prandtl, L.: Contributions to the Mechanics of Solids. St. Timoshenko 60th Anniversary Volume, p. 184-196. New York: Macmillan 1939

[26] Lanchester, F.W.: Aerial Flight, Bd. I (Aerodynamics). Constable, London 1907, deutsch von C. u. A. Runge, Teubner, Leipzig 1909

[27] v. Kármán, Th.: Aerodynamik, ausgewählte Themen im Lichte der historischen Entwicklung. Interavia Genf 1956

[28] Weißinger, J.: Über eine Erweiterung der Prandtlschen Theorie der tragenden Linie. Math. Nachrichten 2 (1949), S. 45. Zuerst veröffentlicht als F.B. 1553 (1942)

[29] Truckenbrodt, E.: Tragflächentheorie bei inkompressibler Strömung. Jb. Wiss. Ges. Luftfahrt 1953, S. 40-65

[30] Weißinger, J.: Tragflügeltheorie. Handb. Phys. (Hrsg. S. Flügge) VIII/2, S. 385-437. Berlin, Göttingen, Heidelberg: Springer 1963

[31] Jones, R.T.: Properties of Low-Aspect-Ratio Pointed Wings at Speeds below and above the Speed of Sound. NACA Report No. 835 (1946)

[32] Volta, 1935, Reale Accademia D'Italia, Fondazione Alessandro Volta. Atti die Convegni 5. Le Alte Velocita in Aviazone. Sept. 30 - Oct. 6, 1935 - XIII Roma. 1st ed 1936 - XIV; 2nd ed, 1940 - XIX

[33] Wegener, P.P.: Nonequilibrium flow with condensation. Acta Mechanica (1975), S. 65-91

[34] Prandtl, L.: Mein Weg zu hydrodynamischen Theorien. Physikalische Blätter, 4. Jg. (1948), S. 89-92

[35] Prandtl, L.: Erzeugung von Zirkulationen beim Schütteln von Gefäßen. ZAMM Bd: 29 (1949), S. 8-9

[36] Prandtl, L.: Zum Wesen der Oberflächenspannung. Vervielfältigt (1944). Ann. Phys. 6. Folge, Bd. 1 (1947), S. 59-64

[37] Vogel-Prandtl, J.: Ludwig Prandtl. Ein Lebensbild, Erinnerungen, Dokumente. Mitt. Max-Planck-Institut für Strömungsforschung, Nr. 107, Göttingen 1993

[38] Truckenbrodt, E.: Fluidmechanik Bd. 2. Berlin, Heidelberg, New York (1980).

A Review of Ludwig Prandtl's Scientific Life

K. Jacob[*]

1. Introduction

I feel rather close to Ludwig Prandtl and his scientific heritage, having been a student and later on a co-worker of Professor H. Schlichting, one of Prandtl's most famous collaborators, and having worked in the field of Aerodynamics now for quite a time in Göttingen, where Prandtl lived and worked for almost 50 years.

Ludwig Prandtl is called the "father of modern fluid dynamics". He opened a new era of progress in the field of fluid dynamics by his "boundary layer theory" (published in 1904), his "wing theory" (published in 1918) and by many other brilliant basic ideas in the whole field of fluid dynamics, and by creating a research Institute with good test facilities, and last not least by teaching students and choosing good collaborators and stimulating their work. He was a living example of devotion to science and of the benefits of a close relationship between experiment and theory, and - being an engineer - he was also interested in technical applications.

Let me now first give a short survey of Prandtl's career (Fig. 1) and his personality, and later on we will briefly consider some of his most important scientific ideas.

1875, Febr.4	born in Freising,Bavaria
1900	Dr.phil.,University Munich
1900-1901	Engineer, MAN, Nürnberg
1901-1904	Professor,Technical University Hannover
1904-1947	Professor, University Göttingen
1907-1937	Director of the Aerodynamische Versuchsanstalt Göttingen (AVA)
1914	Member of the Academy of Science, Göttingen
1925-1947	Director of the Kaiser-Wilhelm-Institut für Strömungsforschung,Göttingen
1947	Emeritus Professor
1953,Aug.15	died in Göttingen

Fig, 1 Data of PRANDTL's professional career

---

[*] Deutsches Zentrum für Luft- und Raumfahrt e.V., Göttingen

2. Prandtl's Professional Career and Personality

Ludwig Prandtl was born in 1875 at Freising in Bavaria as the son of a professor of agriculture. He studied mechanical engineering at the Technical University of Munich and got his doctors degree there in 1900 with a thesis an elasticity theory (lateral instability of a rod under bending stress). After working for one year in industry (with MAN, Nürnberg) he became a professor of mechanics at the Technical University of Hannover in 1901, when he was 26 years young. Here he still dealt with elasticity theory, but also took increasing interest in fluid dynamics. After publication of his "boundary layer theory" in 1904 he was invited to occupy the chair of Applied Mechanics at the famous University of Göttingen, where so many well known scientists had been teaching, like the mathematicans Gauss, Klein, Hilbert, Courant, Runge, and the physicists Born, Planck, Heisenberg, Hahn, and many others. Prandtl remained faithful to Göttingen to the end of his life.

In addition to his duties as a university professor, Prandtl became director of the "Aerodynamische Versuchsanstalt Göttingen" (AVA), founded in 1907, which dealt mainly with practical applications of fluid dynamics and testing techniques, especially construction and operation of wind tunnels. In 1925 Prandtl became also director of the "Kaiser-Wilhelm-Institut für Strömungsforschung", which dealt primarily with basic research and theory of fluid mechanics. When approaching the Second World War airplane development and testing became very important, so the AVA grew considerably (from about 60 people in 1930 to almost 800 in 1940). In 1937 Prandtl gave the directorship of the AVA to his best collaborator, Prof. Albert Betz. At the end of the war in 1945 the AVA was closed down and most of the wind tunnels were removed. Not before 1953 the reconstruction of the AVA began, and to-day it is one of the 5 research Centers of the "Deutsches Zentrum für Luft- und Raumfahrt".

In 1947, in the age of 72 years, Prandtl retired and died some years later, in 1953. In the course of his life Prandtl received many honours. He was elected member of the Academy of Science and president of the society for applied mathematics and mechanics (GAMM). Among his students and collaborators in his research establishments there were many young people, who later on became rather well known scientists: Von Kármán, Betz, Ackeret, Blasius, Blenk, Busemann, Tollmien, Schlichting, Goertler, Oswatitsch, Riegels, Ludwieg, Wuest and others.

Prandtl's own publications reached the considerable total of 168, and the number of doctorates amounted to 83. The publications covered a great variety of fields, especially elasticity and plasticity, viscous flow, airfoil and wing theory, compressible flow, wind tunnels and testing techniques, and meteorology. A collection of Prandtl's papers is given in [1]. His famous book "Führer durch die Strömungslehre" (Essentials of Fluid Dynamics), [2], has been translated into four languages (English, French, Russian, Polish).

As to Prandtl's personality, generally he was a modest and reserved man, who liked simplicity and careful thinking before talking. But he could also be strong when provoked. He carefully observed everything and was able to listen patiently and ready to help whenever he could. Concerning Prandtl's lectures I want to quote von Kármán. He said: "I consider that Prandtl is one of those men from whom one can learn the most, even though one cannot, after all, apply to him the designation 'brilliant teacher'. His lectures lack external lustre. For this reason his lectures are less suitable for beginners, though he does not assume much prior knowledge. But he assumes the most difficult thing: a pleasure derived from the process of thinking and an eagerness to follow a trend of thought, particularly one flowing from intuition". From Prandtl's lectures the student could learn not only the pure facts, but also careful scientific reflection.

As to Prandtl's private life, he maried a daughter of his former teacher, Professor A. Foeppl, when he was about 40 years old. He got two daughters and some grandchildren. He liked to play the piano, and he is said to have had a special interest in mechanical toys. Besides all his professional activities he did not have much time left for his family. But it is said that at his 75th birthday he said to a reporter: "I am 75 years old, 45 years in Göttingen; I have children and they have also children already. These are the most essential matters of my life". He didn't want to talk about his great achievements. So other people have to do that ! In this connection I want to mention two papers about Prandtl, which were given on occasion of his 100th birthday by H. Schlichting [3] and H. Goertler [4]. I am using some of the figures from [3] in this paper I will now discuss briefly some of the most important results of Prandtl's investigations in the field of fluid dynamics.

3. Boundary Layer Theory

At the beginning of the twentieth century the general equations for a viscous fluid motion (the Navier-Stokes equations) were already known, but it was considered hopeless to try to solve these very complicated system of non-linear high order partial differential equations, especially as far as the problem of external flow about a body was concerned. However, theoretical hydrodynamics was well developed for the motion of the inviscid fluid, described by the Euler equations, obtained from the Navier-Stokes-equations by completely neglecting the friction terms. For the "potential flow" of the ideal fluid (inviscid, incompressible steady flow) explicit solutions for certain body shapes were obtained. But the potential flow theory principially yields a value of zero for the drag, whereas experiments show, that a body always produces a finite drag (d'Alembert's paradox). So, when practical applications of fluid dynamics were required, engineers were forced to rely an the purely empirical contemporary hydraulics. The discrepancy between theoretical and experimental fluid dynamics was removed at one stroke by Prandtl, when he demonstrated the existence of a "boundary layer". This is a relative thin layer near the body surface, in which the velocity goes down to zero at the surface with a strong gradient du/dy (see Fig.2). Prandtl recognized that, in view of Newton's law even for extremely low viscosity μ, the frictional forces must be taken into account within this boundary layer, whereas outside of it the flow can be considered inviscid. By simplifying the Navier-Stokes equations for the case of very low viscosity, Prandtl came up with his boundary layer equations, shown in Fig. 2.

There is still a rather complicated nonlinear, second order partial differential equation but compared to the complete Navier-Stokes equations the number of equations and unknown variables is reduced and the outer flow can still be calculated by means of potential flow theory.

With the boundary layer theory a drag, caused by friction on the body surface, is obtained and also the important phenomenon of flow separation can be explained. On the basis of Prandtl's boundary layer concept it now became attractive to many scientists, in view of practical applications, to develop exact and approximate methods to calculate boundary layers on one hand (see [5], and to further develop potential flow methods for more general cases, like airfoils, on the other hand. So Prandtl initiated a rapid progress in fluid mechanics by his boundary layer theory.

ρ = density of the fluid, μ = viscosity of the fluid
τ = tangential force per unit area in a viscous fluid

Newton's law of friction: $\tau = \mu \dfrac{du}{dy}$

Prandtl's boundary layer equations:

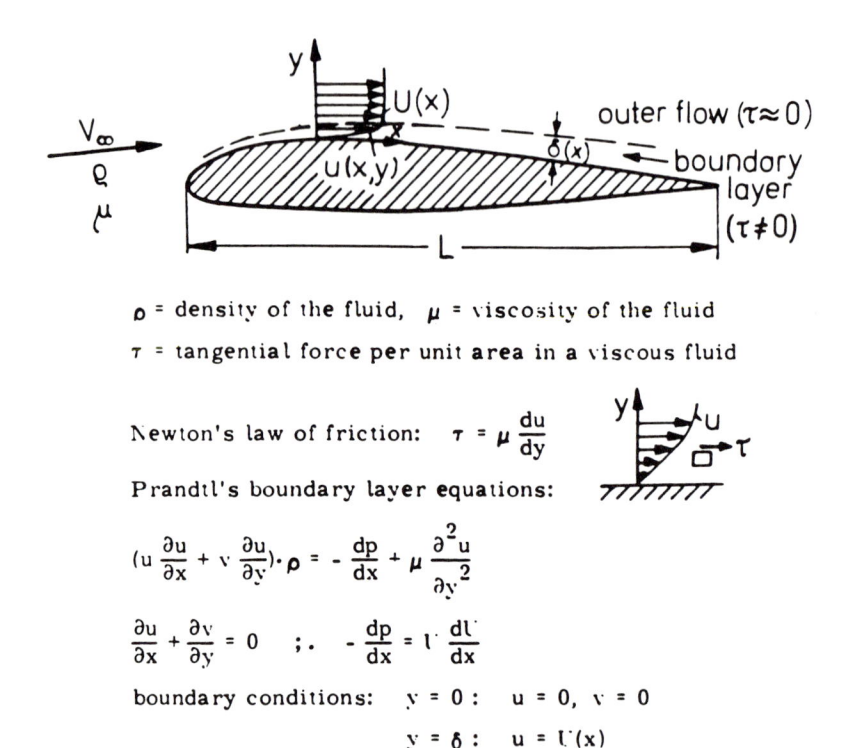

$$\left(u\dfrac{\partial u}{\partial x} + v\dfrac{\partial u}{\partial y}\right)\cdot \rho = -\dfrac{dp}{dx} + \mu \dfrac{\partial^2 u}{\partial y^2}$$

$$\dfrac{\partial u}{\partial x} + \dfrac{\partial v}{\partial y} = 0 \quad ;\quad -\dfrac{dp}{dx} = U\dfrac{dU}{dx}$$

boundary conditions: $y = 0:\ u = 0,\ v = 0$
$y = \delta:\ u = U(x)$

Fig. 2 Boundary layer theory

4. Wing Theory

It is well known, that the wing of an airplane produces a drag, which is dependent on the lift and the span of the wing. The so-called induced drag has its energetic equivalent in a vortex system behind the wing with a strong, well noticable vortex behind each wing tip (see Fig. 3). Physically this can be explained by the pressure difference between the upper and lower surfaces of the wing, which causes a flow around the wing tips. By this flow the pressure difference is reduced and the local lift goes down to zero near the wing tips.

To get a mathematical model for the wing flow Prandtl replaced the wing by a system of horseshoe vortices as shown in Fig. 4. On the basis of this model one gets a relation between the vortex distribution $\Gamma(y)$ and the induced downward velocity $w_i(y)$ at the location of the wing:

$$w_i(y) = \frac{1}{4\pi} \int_{-b/2}^{+b/2} \frac{d\Gamma}{d\eta}(\eta) \frac{d\eta}{y-\eta}.$$

By this downward velocity the local flow direction is changed, so at the wing section at y, the resulting aerodynamic force dR, which is perpendicular to the changed flow direction, has a component in the direction of the drag

$$dD = dR \frac{w_i}{V_\infty} \approx dL \frac{w_i}{V_\infty}.$$

By the rule of Kutta-Joukowski an the other hand, the lift is related to the circulation

$$dL = \rho V_\infty \Gamma dy.$$

Thus we have for the total Lift

$$L = \rho V_\infty \int_{-b/2}^{+b/2} \Gamma(y) dy.$$

and for the total drag

$$D = \rho \int_{-b/2}^{+b/2} \Gamma(y) w_i(y) dy.$$

Now, for the wing section at station y the real geometric angle of incidence $\alpha_g(y)$ is reduced by the induced angle $\alpha_i(y)$ to give the "effective angle of incidence" α_e, which gives the lift

$$dL = c'_1 \cdot \alpha_e \frac{\rho}{2} V_\infty^2 l(y) dy \text{ with } c'_1 = \frac{dc_1}{d\alpha_e}$$

as we know from twodimensional airfoil theory.

From

$$\alpha_g = \alpha_e + \alpha_i \quad \text{with} \quad \alpha_i \approx \frac{w_i}{V_\infty}$$

and some of the previous equations we finally get Prandtl's integro-differential equation (see Fig. 4) for the vortex distribution $\Gamma(y)$ along the finite span of a wing. By solving this equation one can determine the vortex distribution and than calculate the lift distribution, the induced drag and the bending moment of a wing with given geometry ($\alpha_g(y)$ and $l(y)$). Much simpler is the calculation of part of the geometry, for instance $\alpha_g(y)$, if the vortex distribution $\Gamma(y)$ and the rest of the geometry $l(y)$) are prescribed.

On the basis of his wing theory, Prandtl found that the induced drag is minimized if the vortex distribution has the shape of a half ellipse; a very important result for designing good wings. Prandtl also established the important relation between the induced drag D_i the lift L, and the finite span b of a wing (see Fig. 4).

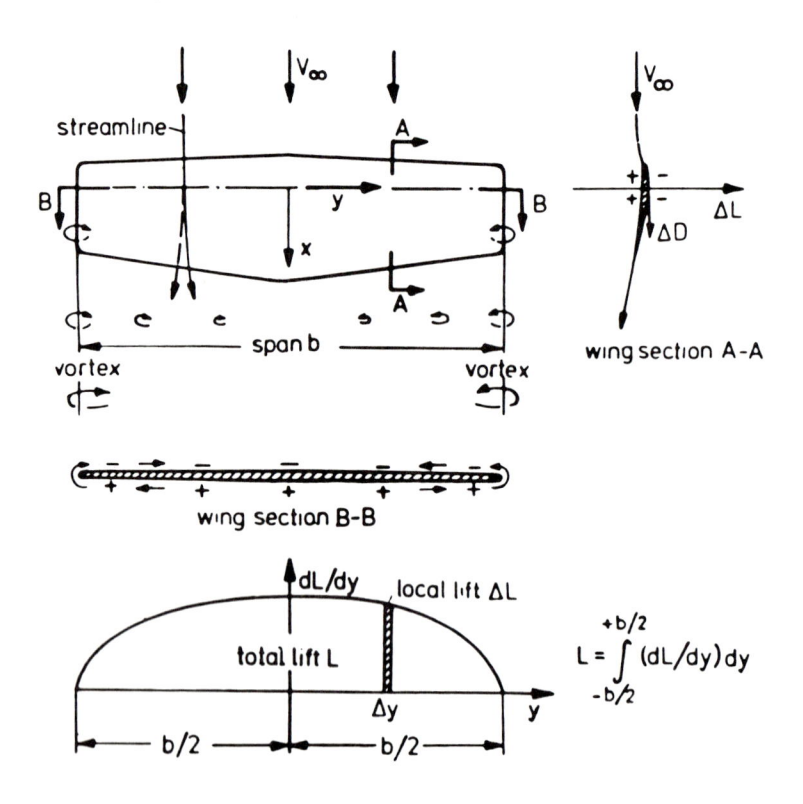

Fig.3 Wing theory

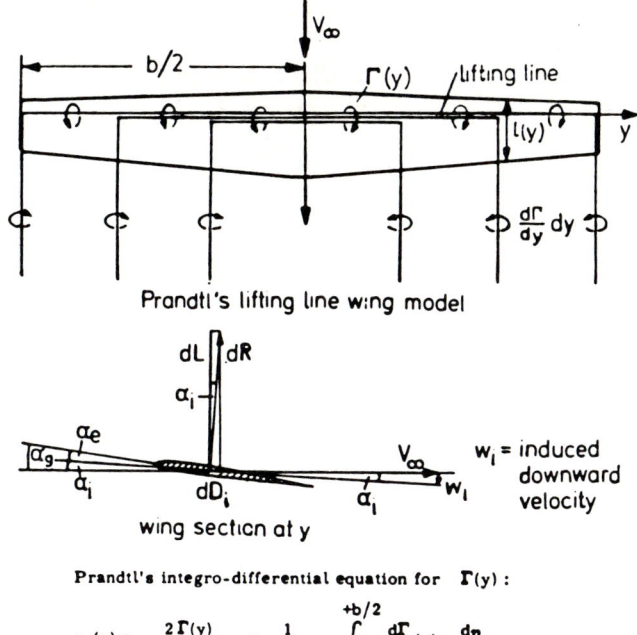

Prandtl's lifting line wing model

wing section at y

Prandtl's integro-differential equation for $\Gamma(y)$:

$$\alpha_g(y) = \frac{2\Gamma(y)}{V_\infty l(y) c_l'(y)} + \frac{1}{4\pi V_\infty} \int_{-b/2}^{+b/2} \frac{d\Gamma}{d\eta}(\eta) \frac{d\eta}{y - \eta}$$

Prandtl's formula for the induced drag: $D_i = L^2/(\pi \frac{\rho}{2} V_\infty^2 b^2)$

Fig. 4   Wing theory (continued)

The relatively simple "lifting line" wing model, of Prandtl gives good results for the lift and induced drag of untapered wings with high aspect ratios. For calculating also the moments and treating also tapered wings with low aspect ratios, the "extended lifting line theory" and various "lifting surface theories" have been developed later on by various authors an the basis of refined models [6].

5. Compressible Flows

So far we dealt with incompressible flows, in which the density ρ is constant. This is the case for all liquids. For gas flows it can be shown that density changes can be ignored if the "Mach number" $M = V/a$ is smaller than about 0.3 everywhere in the flow field. For higher Mach numbers, however, the fow field can be changed noticably by the effect of compressibility. In regions of low pressure the gas expands and needs more space and/or higher velocity.

For the compressible, inviscid, two-dimensional flow we have the "linearized potential equation" (see Fig. 5), which is applicable if $v/V < 1$, for example for airfoils if the relativ thickness, camber and the angle of attack are small.

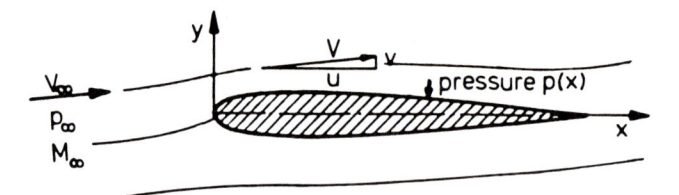

Linearized potential equation for compressible flow:

$$(1 - M_\infty^2)\frac{\partial^2 \Phi}{\partial x^2} + \frac{\partial^2 \Phi}{\partial y^2} = 0$$

with $M_\infty = \dfrac{V_\infty}{a_\infty}$; $\dfrac{\partial \Phi}{\partial x} = u$; $\dfrac{\partial \Phi}{\partial y} = v$

a_∞ = velocity of sound

Prandtl-Glauert rule (for subsonic flow, $M < 1$):

for the pressure at the surface

$$p(x) - p_\infty \approx \frac{1}{\sqrt{1 - M_\infty^2}} \cdot (p_i(x) - p_\infty)$$

and for the dimensionless lift coefficient

$$c_L = \frac{1}{\sqrt{1 - M_\infty^2}} c_{Li} \quad , \quad i \text{ indicating incompressible flow}$$

Fig. 5 Compressible flow

For subsonic flow ($M < 1$) the linearized potential equation of the compressible flow can be transformed into the well known potential, equation of the incompressible flow (index i)

$$\frac{\partial^2 \Phi_i}{\partial x_i^2} + \frac{\partial^2 \Phi_i}{\partial y_i^2} = 0,$$

if $x = x_i, y = y_i / \sqrt{1 - M_\infty^2}$, and $\Phi = \Phi_i / \sqrt{1 - M_\infty^2}$ is used.

From this Prandtl and Glauert finally derived, that for a relatively thin airfoil with low camber and small angle of attack, the pressure distribution at the surface and the lift at compressible subsonic flow can be calculated in good approximation very simply from the incompressible flow past the same airfoil, using the following formulas:

$$p(x) - p_\infty = \frac{1}{\sqrt{1-M_\infty^2}}(p_i(x) - p_\infty)$$
Prandtl-Glauert rule

and for the dimensionless lift coefficient $\quad c_l = L/((\rho_\infty/2)V_\infty^2 A)$

$$c_l = \frac{1}{\sqrt{1-M_\infty^2}} \cdot (c_l)_i.$$

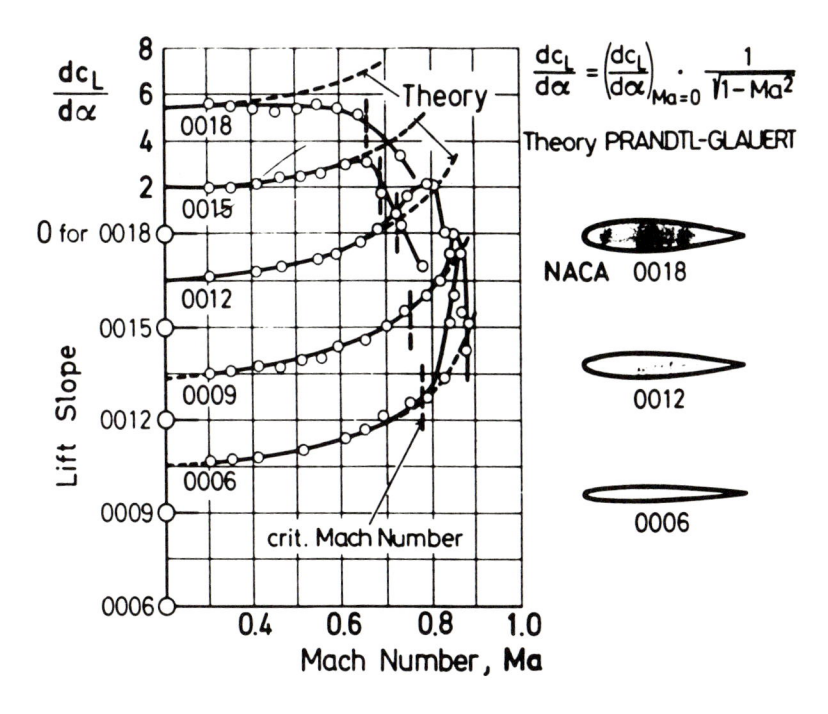

Fig. 6 Theoretical and experimental lift slope versus Mach number

Fig. 6 shows a comparison of theoretical and experimental data for the lift stope versus Mach number for airfoils of different thicknesses. One can see, that the Prandtl-Glauert rule gives excellent agreement with experiment, if Mach number and thickness ratio are not to high. Beyond the "critical Mach number" local supersonic flow and finally shock-induced flow separation occur, so then Prandtl's approximation for subsonic inviscid flow can not be valid anymore.

As to the supersonic flow $(M > 1)$, Prandtl did important work on this field, too, Long before practical application became visible. One of the highlights in this field was Prandtl's exact solution of the supersonic flow around a convex corner, which entered the literature under the name of the "Prandtl-Meyer expansion".

6. Experimental Investigations and Techniques

Fig. 7 Young Prandtl with his water channel (1903)

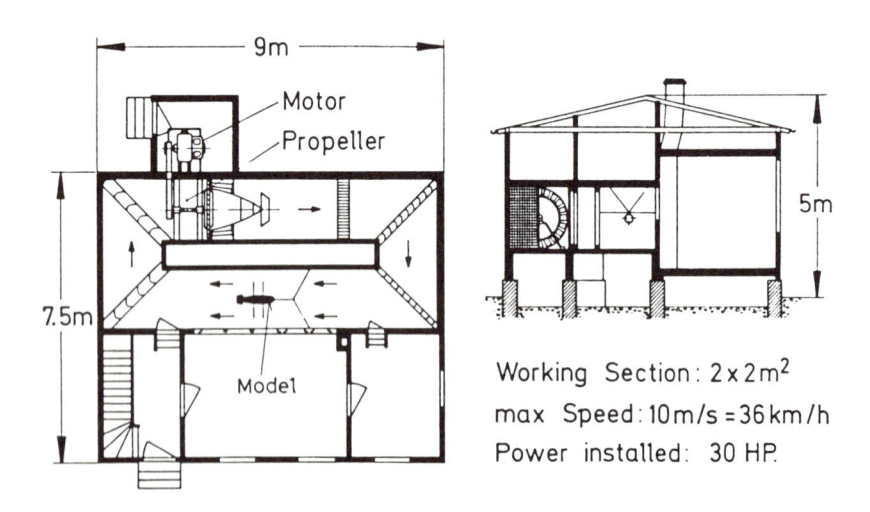

Working Section: $2 \times 2\,m^2$
max Speed: $10\,m/s = 36\,km/h$
Power installed: 30 HP.

Fig. 8 The first Göttingen wind tunnel (1908)

Fig. 7 shows the young Prandtl in 1903 with his small water channel which he built and operated with his own hands to investigate boundary layer formation and separation. Later on he invented the Prandtl-tube and the Prandtl-manometer for measuring dynamic and static pressures. One of his greatest achievements in this field, however, was the construction of the "Göttingen wind tunnels", the first of which was built in 1907 and is shown in Fig. 8. The most essential characteristic of this tunnel is, that the air circulates in a closed duct, thus saving energy in comparison with an open tunnel. This tunnel had already a rather large test section of 2×2 m^2, but rather low speed of 10 m/s. The second wird tunnel, built in 1917, also had a closed circuit for the movement of the air, but a circular nozzle ahead of an open test section with a diameter of 2,25 m and a maximum speed of 50 m/s.

7. Final Remarks

Ludwig Prandtl (Fig. 9) was indeed the "father" of modern fluid dynamics, who produced many scientific children: scientific ideas and scientists in the field of fluid dynamics. He was a most remarkable man, of whom we can learn very much: personal modesty, deep devotion to research and a pleasure in the process of thinking and of hard work. Moreover we can see, that scientific and technical progress is promoted best if there is a very close relationship and cooperation between theoretical and experimental research, and if research is carried to a point, where practical applications become visible. Lastly research serves two purposes: to increase insight in the phenomena of nature and to improve human life.

Fig. 9 Prandtl with his collaborators (1925)

8. References

[1] Prandtl, L.; Gesammelte Abhandlungen zur angewandten Mathematik, Hydro- und Aerodynamik. Springer-Verlag Berlin-Göttingen-Heidelberg, 3 Volumes (1961)

[2] Prandtl, L.; Führer durch die Strömungslehre. Vieweg-Verlag Braunschweig 1942, 1st edition (1965, 6th ed.). English Translation: "Essentials of Fluid Dynamics", London and Glasgow,1952

[3] Schlichting, H.; An Account of the Scientific Life of Ludwig Prandtl. Zeitschrift für Flugwissenschaften **23**, H. 9 (1975), S. 297-316.

[4] Goertler, H.; Ludwig Prandtl – Persönlichkeit und Wirken. Zeitschift für Flugwissenschaften **23**, H. 5 (1975), S. 153-162.

[5] Schichting, H.; Grenzschicht-Theorie. 1st edition Karlsruhe 1951 (5th ed. 1965); English translation "Boundary Layer Theory" by J. Kestin; 6th ed. New York 1968

[6] Schlichting, H.; Truckenbrodt, E.; Aerodynamik des Flugzeuges, Bd. 2. Springer-Verlag Berlin/Heidelberg/New York,2. Auflage 1969

9. Notations

a	velocity of sound
A	reference area of a wing element
b	span of a wing
c_l	dimensionless lift coefficient
c'	gradient of the lift coefficient with respect to the angle of incidence
D	drag
L	Lift
l	local chord of a wing section
M	Mach number
M_∞	Mach number, far away from the body
p	pressure
R	Reynolds number
dR	resulting force for a wing element
u, v	velocity components in x-respectively y-direction
V	velocity, far away from the body
w_i	induced downward velocity at the wing
x, y	Cartesian coordinates
α_e	effective angle of incidence
α_g	geometrical angle of incidence
α_i	induced angle of incidence
Γ	circulation
Φ	potential function, defined by $u = \partial\Phi / \partial x$, $v = \partial\Phi / \partial y$
ρ	density of the fluid

The „NEW" Mechanics of Fluids of Ludwig Prandtl

Paul Germain*

1.Introduction

The title of this short note comes from a survey lecture delivered at an AGARD Conference on Flow Separation by Schlichting 1975 in Göttingen, organized for the hundredth anniversary of Prandtl's birth. Among a number of reasons he alluded for accepting to prepare the lecture on an „account of the scientific life of Ludwig Prandtl" the most motivating one is as follows : „I was myself personaly close to Prandtl, because, since my student days, that is for almost fifty years, I have worked almost exclusively in the field of the new mechanics of fluids, whose foundation was erected by him".

The purpose of this note is to reassess, and possibly to amplify, this Schlichting's statement some twenty five years later. Is it true that Prandtl may be considered as the founder of a *new* mechanics of fluids ? Is it possible to characterize this new mechanics with respect to „the high degree of completeness attained by theoretical hydrodynamics at the beginning of this century, reflected in the standard works by Lamb, Love, Lord Rayleigh, Helmholtz and Kirchhoff", according to Schlichting.

Among Prandtl's achievements, the unanimously recognized, and, for me, the most important one, is connected to the phenomenon and concept of the boundary layer for flows of fluid of very small viscosity. With his unforgotten paper published in the proceedings of the third international congress of mathematicians, Heidelberg 1904, he described and accurately investigated flows with small viscosity, in the vicinity of unmoving walls, and succeeded in explaining and correcting the discrepancies found in the experiments with the prediction got by using the existing theories developed by the most famous scientists of the nineteenth century.

Aside to the boundary layer, to which he contributed so much, Schlichting emphasizes other aspects of Prandtl's work and, in particular, his efforts to explain the effect of finite span on the aerodynamical properties of the wing, and he states : „the continuous efforts expanded by Prandtl to understand the observed characteristics of flows, to describe them as far as possible theoretically and numerically" gave rise to two papers [Prandtl, 1918, 1919] submitted to the Göttingen Academy of Sciences, which contained the so-called Prandtl's theory of the lifting line for a wing of finite span. I notice that Schlichting adds : „this is an achievement of the same rank as his boundary layer theory of 1904".

---

* Laboratoire de Modélisation en Mécanique; Université Pierre et Marie Curie/CNRS UMR 7607/Paris

This very high appreciation is in agreement with the one delivered by Sidney Goldstein 1969 in his remarkable review of Fluid Mechanics during the first half of the present century. He delivers the highest praise to these three Prandtl's papers and convincely argues on their extraordinary influence on the further progress of aerodynamics despite their very restrictive diffusion through publications difficult to find.

It is suggested in the present paper that, with these discoveries, Prandtl appears to be the first visionary discoverer of we may, now, call "fluid dynamics inspired by asymptotics". For many decades, a number of prominent discoveries in the fluid mechanics, has been considered as of a by-product of a marvellous and intuitive imagination of his author. Of course every scientist believed that they were contained in the mathematical models that no one was able to solve explicitly. Nobody even dared to ask that one tried to establish some mathematically founded relation between the discovery and the mathematical model which was intend to be at its root. Concerning the two Prandtl's master works discussed here, such a connection with the exact mathematical model, which should support them, has been given nearly forty years after their publication. The tool which allowed this was the new, deep, asymptotic theory, suited to tackle with singular perturbations. Such a tool was invented precisely as a result of a deep thought about Prandtl's boundary layer theory. Its purpose is to build approximations to solutions of a mathematical model which is not accessible to an explicit and exact solution, while numerical simulation, at least at that time, was out of possibilities. I intend, in what follows, to describe the heritage of Prandtl's discoveries. The first section (chapter 2) will be devoted to the present understanding of the motion, around an airfoil, of a fluid with a very small viscosity. The second section (chapter 3) will deal with Prandtl's lifting line concept and the field of its applications. As a conclusion I shall try to show that the methods and concepts described in this paper may find many other applications in fluid dynamics and other fields of physics.

All that is presented in this note relies on a number of contacts with scientists, and I shall simply mention here Saul Kaplun and Paco Lagerstrom during the fifties when asymptotic methods were built, while, more recently I discussed related issues with Milton Van Dyke and Jean-Pierre Guiraud. The book „Asymptotic modelling in Fluid Mechanics" (Bois & al eds. 1994) provides a variety of topics illustrating what is „Fluid mechanics inspired by asymptotics". It opens with an introductory paper entitled „Growing up with asymptotics" by Van Dyke and closes with „Going on with asymptotics" by Guiraud. I should add that, during the preparation of this paper, I had several fruitfull discussions with the latter, whose help was decisive for rendering my own ideas more precise and adequated to the most recent publications

2. On the motions of a slightly viscous fluid along a wall

Prandtl's paper of 1904 is quite short : seven pages, but Goldstein has quite accurately emphasized what was brought by this paper for the understanding and predicting of the properties of these flows through the work of so many prominent scientist during many decades. One must stress that forty lines only are sufficient to Prandtl for delivering the essential of a number of great discoveries : the boundary layer concept itself, the equations which rule it and how they may be used, their self-similar solutions, the basic law that the boundary layer thickness goes like the square root of the viscosity. It is impossible to announce such major achievements in a shorter way. Very few short papers in the history of sciences have had such an influence and such an heritage. One may follow this trail by looking at the fourth edition of the classical Schlichting's „Boundary layer theory" 1960, and at the collective book „Laminar boundary layers" edited by Rosenhead 1963. Both have approximately 600 pages and the latest contains some 1080 references.

Abouth the middle of this century, Saul Kaplun, Paco Lagerstrom and their students at Caltech initiated profound studies about the ideas which underlie Prandtl's boundary layer theory. They were building the mathematical foundations of what I have proposed to call „Fluid dynamics inspired by asymptotics". Their initial and very promising achievement was their discovery that Prandtl's boundary layer theory is but the leading part of a hierarchy of approximations which may be built systematically through use of the technique they created and which is, now, known as the method of matched asymptotic expansions. Van Dyke 1994 has looked for the roots of their ideas in the nineteenth century, but they may be credited with the final form of this new mathematical theory. With a lot of simplification, I would say that they provide a systematic way of building a mathematical object which is, reasonably, a candidate to solve an untractable problem. The main ingredient is to provide hierarchically pieces of solutions by expansions, each piece being valid in part of the domain to be covered, and all the pieces fitting together thanks to the technique of matching. Once the basic idea was promoted, some variants have been proposed, with the goal to be best suited to the problem at hand. I shall mention here only a few basic references which were for me stimulating : Lagerstrom 1964, 1968, Van Dyke 1964, 1975, Eckhaus 1973, 1979. Let me come back to Kaplun's 1954 initiating paper. After a study of the effect of the coordinate system, used to solve the boundary layer problem, he was able to find an optimum one, which is uniquely defined. It has the rather surprising property that the boundary layer solution, when expressed with this optimum system of coordinates contains, when evaluated outside the boundary layer proper, the first correction to the so-called inviscid solution. I wonder whether some genious would be able to find such a property without a fully systematic support. I think that one may state the same, with the second approximation to the boundary layer, an approximation which was looked for by engineers, who wanted to estimate heat transfer at high altitudes, during the entry into the atmosphere. Van Dyke 1962-1964 got the right answer through use of matched asymptotic expansions.

The full heritage of Prandtl's paper of 1904 must involve the huge work about the difficult problem of separation. In his paper one may find an acute description of the results of many experiments, conducted by Prandtl himself, with a simple and ingenious apparatus built in his laboratory. With some surprise the reader who knows the historical development of mechanics in our century, gets the impression that Prandtl was more interested in these qualitative descriptions than with the theory which contained so much quantitative promises. Schlichting 1975 confirms that impression by quoting a remark made by Prandtl, when he told of his main concern, during an address to the technical University of Delft : „I cannot rid myself of the puzzle posed by the question as to why a stream separated from the wall instead of clinging to it. I did not clear up to the conundrum until three years later when boundary layer theory provided the solution". One is tempted to conclude that Prandtl invented the boundary layer concept, mainly in order to explain the separation phenomenon. One may notice that Goldstein 1969 suggests that separation was the main goal that Prandtl had in mind when writting his 1904 paper.

But separation was, with turbulence, one of the most challenging problems of Fluid Mechanics, and Prandtl's simple boundary layer theory, was not sufficient to provide a satisfactory solution. While its technicality discouraged, for a time, distinguished scientists, I think that it is now recognized that, at least for laminar steady flow, a satisfactory solution emerged from the „triple-deck" theory invented by Stewartson Williams 1969, and independently by Neiland 1969. It is easy, now, to notice that Goldstein 1930, gave a similar solution for the singularity, which appears just behind the trailing edge of a flat plate, within the framework of Prandtl's simple boundary layer theory, and that Lighthill resolved, by much ingenuity, the challenging problem of the upstream influence in supersonic flow, for example provoked by a not too strong shock wave, and that both works contained the $Re^{-3/8}$ stretching of the streamwise coordinate, which is typical of the „triple-deck". But, again, I express the view that, even a genious would not been able to build the whole of the triple-deck model without the help of the matched asymptotic expansions technique. Triple-deck theory is now a very important building stone in the new „Fluid dynamics inspired by asymptotics" and it may be fully included within the heritage of Prandtl, even if it would be futile to pretend he had foreseen it. A good review of different contributions issued from this theory may be found in Stewartson 1974 and Smith 1982. That one may include it in the heritage of Prandtl is provided by Sytchev 1972 and Smith 1977 contributions, who gave a quite satisfactory answer to Prandtl's query about separation. They showed that the coefficient in front of the square root singularity in the pressure surface gradient implied by the Helmholtz 1868, Kirchhoff 1869 models, vanishes in the limit of an infinite Reynolds number Re, but that, at very high Re, it goes simply like $Re^{-1/16}$. Even with very small viscosity, the influence of what arises, right at separation, on the inviscid flow outside, is not as small as one should expect, and one may understand why the genious of Prandtl was puzzled by such a challenging question. I want to add two points about the „triple deck"; the first one is that it is a mathematical model which emerges when one applies systematically the research for what Eckhaus 1973, 1979 calls „significant degeneracies". Such a technique was successfully applied by Germain 1973 for studying the M H D Flow inside a tube at very high Hartman numbers. As a matter of fact Mauss, in Bois & *all* 1994, showed that the „triple-deck"model is the one which arises when one tries to break the so-called „attached flow strategy" and that one looks for the simplest of the mathematical models which arise from this breaking. Finally, in order to stress the wide range of applications, I mention that Lagrée (Bois & *all* 1994) shows that a triple-deck structure comes out from the steady two-dimensional flow meeting an horizontal flat plate which is at a temperature differing from the one of the fluid. Again there is a Richardson number which must be compared to some power of Re and a triple-deck emerges when that power is -1/8.

I shall close this section by quoting a few lines extracted from a paper by Brown & Stewartson 1969 which was published a few months before the first announcement of the „triple-deck". „We want to make a final point about recent attempts to obtain theories of wake flows and interaction problems. These methods lay tremendous emphasis on massive computations and *ad hoc* arguments to lead to their results, little attempt being made to justify the assumption on mathematical grounds. While we recognize the need for such a computational effort in the end, it seems of great importance that a rational approach be adopted to make sure, for example, that terms neglected really are much smaller than those retained. Until this is done, and even now it is possible in part, it will be difficult to convince the detached and possibly skeptical reader of their value as an aid to understanding". Needless to say that I completely agree with these statements. They concern a very specific problem, a crucial one indeed, but they may be applied to other situations. At the very end of this century massive computations are capable to bring so much, even for understanding, but there seems to be no indication that they are in competition with asymptotics, both are useful and complementary. „Triple-deck" theory grew up from a lancinating query of Prandtl and only asymptotics rendered it possible and I wanted just to claim that it comes as a marvellous jewel in the heritage of Prandtl, but one might give many examples of fruitfull combination of asymptotics with hard computational difficulties. Just one example will be evoked here, namely Degani & *al* 1998, concerning violent eruptions of viscous flow into an inviscid one.

3. Prandtl lifting line concept and its applications

The aerodynamics of wings were a major topic during the first half of the century. Most of the important results got during this period may be found in Thwaites 1960 who devotes to wing theory nearly half of his impressive book of about six hundred pages. The first crucial discovery is due to Kutta 1902, who considers that lift is produced by circulation, itself created by viscous effects which are negligible almost everywhere except in the very vicinity of the trailing edge. Schlichting 1975 told us that during the first decade of the century Prandtl and Lanchester began to try determining the effect of finite span of a wing on its aerodynamic properties, and that, thanks to Carl Runge, both were able to meet in Göttingen. Then the two basic papers by Prandtl 1918, 1919, are the result of a long period of thoughts and discussions. Their influence on the development of aerodynamics is indisputable. The name under which most scientist know them now : *lifting line theory*, is much reducing. As a matter of fact it is a general thinking on the theory of wings and was the very founding paper of the *lifting surface theory* which raised later. One may find in these two papers the role of the vortex sheet behind the wing, the set-up of the mathematically formulatable model of horseshoes vortices, and last but not least the famous integral equation the solutions of which gives the circulation as distributed continuously along the span. Provided with this powerful tool, Prandtl succeeds in extending the airfoil theory of Kutta 1902 and Joukowski 1912 to unswept wings of large aspect ratio. He was able to find the pressure distribution all along the wing ; directly he had access to the global properties of the wing, lift and drag in particular. The solution of his famous singular integral equation was essential to get those. During more than two decades, this theory was the basis of many works and improvements by scientists and engineers working with the aeronautical industry.

The difficulty which gave rise to this theory was not of the same nature as the one met with the challenge discussed in the previous section. In the present case one has to deal with ideas which might appear as tractable mathematically. As a matter of fact the lifting surface theory was created, not too long after, it was mathematically sound and appeared to be tractable, and indeed it was when high speed computing grew up. The very huge gap, which prevents high speed computing to tackle directly complex flows with the Navier-Stokes equations, does not dominate the problem. Nevertheless, even if high speed computing is able to tackle directly with the mathematical model of lifting surfaces, the „lifting line"concept of Prandtl is worth keeping in mind and may give rise to interesting results.

Let us notice at first that it is possible to recover Prandtl's integral equation starting directly from the lifting surface theory as shown by Thwaites 1960 in his §VIII.7. One may observe that this process miss the fruitful interpretation by free and bound vortices. But what is more interesting is to remember the Van Dyke's 1964 basic idea. Whenever the lifting line is a good model for wings of large aspect ratio, it is best understood when considered as a singular per turbation of the lifting surface. As long as the latter is a consequence of Laplace's equations and mixed boundary conditions, Van Dyke thought of this, in terms of matched asymptotic expansions applied to a boundary value problem containing a small (the inverse aspect ratio A^{-1}) parameter in the boundary conditions. One has to stretch differently the coordinates according to the region considered and to find what Eckhaus calls „significant degeneracies". There are two of them. One gives rise to airfoil theory while the other leads to a schematic superposition of horseshoes vortices along the span. Both have to fit with each other and this is provided by the so-called matching conditions. What appears remarkable is that Prandtl's integral equation is no longer a difficult equation to be solved, and one knows that much ingenuity was developed to build efficient numerical algorithm for its solution. A second point is that each airfoil section has to be attacked by a velocity involving the induced one issued from the Prandtl's equation. Two facts arise : first one understand by a logical and systematic mathematical process, not simply by intuition, why the airfoil is under the wind associated to the field of the horseshoe system; then the second point is that it is possible to continue the process by a hierarchy of well coordinated approximations. Van Dyke, for instance obtains the expansion of the lift coefficient for large A, as an expansion including A^{-1}, A^{-2} LnA and A^{-2}.

After such a success scientists tried to extend the method to more complex situations. Thurber 1965 applied matched asymptotic expansions to curved wings of high aspect ratio. A decade later, Cheng 1978, then Cheng & Murillo 1984 successfully reconsidered straight swept wings (which give rise to a difficulty associated with the angle in the center line of the wing) and curved ones. The algebra is very cumbersome, especially with curved wings. This is not due to any conceptual difficulty, but rather to the fact that the very method necessitates to work with the Laplace equation written in arbitrarily curved coordinates.

Kida & Miyai 1978, for straight mean line, and a few years later Guermond 1990 (tackling the general problem of a curved wing) found a nice alternative to matched asymptotic expansions. Their basic idea was that matching, which is a conceptually subtle tool, is necessitated by a consideration of the boundary problem from the beginning. Starting from the integral equations arising from the lifting surface theory (the linear one), matching may be short-circuited. This unquestionable progress has a price : one has to deal with highly singular kernels, which become technically difficult to manipulate when going to higher approximations. But a nice mathematical tool exists, created long ago by Hadamard, and known as the finite part of a singular integral. Guermond obtains simple general expressions from which many physical results and interpretations may be extracted. The numerical results compare favourably with those got from full solution of the lifting surface integral equation but the time of computation is very significantly reduced. Full numerical simulation, starting from the exact lifting surface theory, do not give a simple and clear qualitative insight into the physical mechanism involved. Prandtl's lifting line concept remains, from this point of view, very useful, even nowadays, despite all the extraordinary achievements got with modern computing algorithms and high speed high storage computing facilities.

Just a word to mention the extension of the lifting line to unsteady flows, in order to show how wide the range of applications is. Most authors have considered harmonic perturbations of the boundary conditions. James 1975, Cheng 1976, Guiraud & Slama 1981, Cheng & Murillo 1984 have used the method initiated by the pioneering work of Van Dyke 1964 (in the steady case) with matched asymptotic expansions. Guermond & Sellier 1991 is the paper which, in my personal opinion, puts a final point to all the previous works in this field and investigations which found their origin in the two Prandtl's papers 1918, 1919, and as such belongs to his heritage.

4. Conclusion

I hope to have convinced the reader that Hermann Schlichting was right when he spoke, in 1975, of the „new mechanics of fluids whose foundation was erected by Ludwig Prandtl". I have only considered developments and achievements which, without any contestation, find their roots in three original papers due to Prandtl 1904, 1918-1919. There are many other aspects of the genious of Prandtl. This restricted one (Schlichting credits Prandtl of 6 other major contributions) deals with quite different problems in fluid mechanics : two-dimensional slightly viscous fluid, three-dimensional wing theory of large aspect ratio. Prandtl was successful, in both cases, by looking at them with a marvellous physical insight supported by some mathematics (after all, his singular integral equation is not an innocuous mathematical tool). Mastering both aspects of science he was able to derive, in each case, the dominant concepts and the dominant ingredients of a full solution. I suggest to call his ultimate heritage in this direction : „Fluid mechanics inspired by asymptotics". It is a new way to look at the problems, which was very useful in gasdynamics, supersonic and hypersonic aerodynamics, magneto-fluid dynamics, progressive waves, internal structure of shock waves, hydrodynamic instability, combustion with high activation energy, waves near breaking, and so on.

Let me close this paper by the following remark : quite often many powerful ideas and concepts in theoretical mechanics or mathematical physics may be found by looking and thinking to successful more or less empirical procedures and mimicking engineering practice, which is a kind of continuation of previously acquired knowledge. The ultimate goal is to find the mathematical key which explains the success. If these procedures and practice came from an intuitive glance by a physicist or an engineer, it is the latter scientist who deserves to be recognized as the first initiator of these ideas or concepts. Prandtl must be recognized as the founder of the field of fluid mechanics inspired by asymptotics, even if he has not used the word and, even, were not aware of the mathematics of asymptotic expansions.

5. References

BOIS P.A., DERIAT E., GATIGNOL R., RIGOLOT A. 1994. „Asymptotic modelling in fluid mechanics", Springer, Lecture Notes in Physics.

BROWN S.N., STEWARTSON K. 1969. „Laminar separation", Annual Review of Fluid Mechanics, **1**, 45-72.

CHENG H.K. 1978. „Lifting-line theory of oblique wings", AIAA Journal, **16**, 1211-1213.

CHENG H.K. and MURILLO L.E. 1984. „Lunate-tail swimming propulsion as a problem of curved lifting-line in unsteady flow", J. Fluid Mech., **143**, 327-350.

DEGANI A.T., WALKER J.D., SMITH. 1998. „Unsteady separation past moving surface", J. Fluid Mech., **375**, 1-38.

ECKHAUS W. 1973. „Mached asymptotic expansions and singular perturbations". North-Holland.

ECKHAUS W. 1979."Asymptotic analysis of singular perturbations". Studies in Math. Appl., **9**, North-Holland.

GERMAIN P. 1973. „Méthodes asymptotiques en mécanique des fluides"in Mécanique des Fluides. Eds. Balian & Peube, Gordon and Breach, p. 7-147.

GOLDSTEIN S. 1930. „Concerning some solutions of the boundary layer equations in hydrodynamics", Proc. Lamb Phil. Soc., **26**, 1-30.

GOLDSTEIN S. 1969. „Fluid mechanics in the first half of this century", Annual Review of Fluid Mechanics, **1**, 1-28.

GUERMOND H.K. 1990. „A generalized lifting-line theory for curved and swept wings", J. Fluid Mech., **211**, 497-513.

GUERMOND H.K. and SELLIER A. 1991. „A unified unsteady lifting-line theory", J. Fluid Mech., **229**, 427-451.

GUIRAUD J.P. and SLAMA G. 1981. „Sur la théorie asymptotique de la ligne portante en régime incompressible oscillatoire", La Recherche Aérospatiale, **1**, 1-6.

GUIRAUD J.P. 1994. „Going on with with asymptotics"in Asymptotic Modelling in Fluid Mechanics, eds. Bois P.A. *and al*, Springer, 257-307.

JAMES E.C. 1975. „Lifting-line theory for an unsteady wing as a singular perturbation problem", Journal of Fluid Mechanics, **70**, 753-771.

KAPLUN S. 1954. „The role of coordinate systems in boundary layer theory", Z. angew. Math. Phys., **5**, 111-135.

KITA T. and MIYAI Y. 1978. „An alternative treatment of lifting-line theory as a perturbation problem", Z. angew. Math. Phys., **29**, 596-607.

LAGERSTROM P.A. 1964. „Laminar flow theory"in High Speed Aerodynamics and Jet Propulsion, vol. 4, Princeton Univ. Press., 20-282.

LAGERSTROM P.A. 1988. „Matched asymptotic expansions. Ideas and techniques", Applied Mathematics Sciences, **76**, Springer.

LAGRÉE P.Y. 1994. „Upstream influence in mixed convection at small Richardson number on triple, double and single deck scales"in Asymptotic Modelling in Fluid Mechanics, eds Bois P.A. *and al*, Springer, 229-238.

LIGHTHILL M.J. 1953. „On boundary layers and upstream influence", Proc. roy. Soc. London A, **217**, 478-507.

MAUSS J. 1994. „Asymptotic modelling for separating boundary layers"in Asymptotic Modelling in Fluid Mechanics, eds Bois P.A. *and al*, Springer, 239-254.

NEILAND V.Ia. 1969. „On the theory of laminar separation in supersonic flow (in Russian), Izv. Ak. Naouk SSSR MJG, **4**, 53-57.

PRANDTL L. 1904. „Über Flüssigkeitsbewegung bei sehr kleiner Reibung", Proceedings III Int. Math. Congress, Heidelberg, 484-491.

PRANDTL L. 1918-1919. „Über Tragflügel Theorie I und II", Mitteilung Nach. der Kgl. Ges. Wiss, Göttingen Math. Phys. Klasse, 451-477 und 107-137.

ROSENHEAD L. 1963. „Laminar boundary layers", Oxford at the Clarendon Press.

SCHLICHTING H. 1960. „Boundary layer theory", 4th ed., Mc Graw Hill.

SCHLICHTING H. 1975. „An account of the scientific life of Ludwig Prandtl", AGARD Conference Proceedings on flow Separation CP 168, 1-30.

SMITH F.T. 1977. „The laminar separation of an incompressible fluid streaming past a smooth surface", Proc. Roy. Soc. London, **355**, 443-463.

SMITH F.T. 1982. „On the high Reynolds number theory of laminar flows", IMA Journal of Applied Mathematics, **28**, 207-281.

STEWARTSON K., WILLIAMS P.G. 1969. „Self induced separation", Proc. Roy. Soc. London A, **312**, 181-206.

STEWARTSON K. 1974. „Multistructured boundary layers", Adv. Appl. Mech., **14**, 145-239

SYCHEV V.V. 1972. „On laminar separation", (in Russian), Mekhnika Zhidkosti i Gaza, 47-59

THURBER J.K. 1965. „An asymptotic method for determining the lift distribution of a sweptback wing of finite span", Commun. Pure Apll. Maths., **18**, 733-756

THWAITES B. 1960. „Incompressible aerodynamics", Clarendon Press, Oxford.

VAN DYKE M.D. 1964 „Lifting-line theory as a singular perturbation problem", Appl. Math. Mech., **28**, 90-101

VAN DYKE M.D. 1964. „ Perturbations methods in fluid mechanics", Academic Press, New York; 1975, Parabolic Press.

VAN DYKE M.D. 1962-1964. „Higher approximations in boundary layer theory. I: General Analysis", J. Fluid Mech., **14**, 161-177. „II: Application to leading edge", J. Fluid Mech., **14**, 481-495. „IV: Parabola in uniform stream", J. Fluid Mech., **19**, 145-159.

VAN DYKE M.D. 1994. „Growing up with asymptotics" in Asymptotic Modelling in Fluid Mechanics, eds. Bois P.A. *and al*, Springer, 3-10

VAN DYKE M.D. 1994. „Nineteenth century roots of the boundary layer idea", SIAM Rev., **36**, 415-424

VAN HOLTEN T. 1976. „ Some notes on unsteady lifting line theory", J. Fluid Mech., **77**, 561-574

Dimensionsbetrachtungen im Werk Prandtls

J. H. Spurk[1]

1. Einleitung

Auf der Physikertagung 1947 hat Prandtl sich über seine Arbeitsweise geäußert. Die Stegreifrede Prandtls, gehalten in Erwiderung zur Glückwunschansprache Heisenbergs anläßlich Prandtls Wahl zum Ehrenmitglied der Deutschen Physikalischen Gesellschaft, hat er in den Physikalischen Blättern [1] in einem Aufsatz „Mein Weg zu hydrodynamischen Theorien" veröffentlicht.

In seinen Ausführungen, in denen er sich an die „jungen Fachgenossen" wendet, schildert Prandtl die Methoden, mit denen er sich zu allererst eine Anschauung „über die den Aufgaben zugrunde liegenden Dinge" verschafft habe. Die Gleichungen kämen erst später daran, wenn er die Sache verstanden zu haben glaube. Die Vorarbeiten, die Prandtl zur Veranschaulichung der Probleme empfiehlt, lassen sich übrigens heute auf dem Rechner so einfach erledigen, daß gerade den „jungen Fachgenossen" in der Schrift Prandtls ein Zugang zu wissenschaftlichen Methoden aufgezeigt wird, der zu seiner Zeit noch viel Mühe gekostet hat.

Für die wissenschaftliche Nachwelt sind die Gedankengänge besonders interessant, die der Grenzschichttheorie und der Tragflügeltheorie zugrunde liegen, seinen wohl wichtigsten Leistungen. Nach seinen Worten hat bei der letzteren Theorie eine irrige Vorstellung Lanchesters über das Wirbelsystem des Tragflügels ihn auf den richtigen Weg gebracht. Allerdings sind seine Äußerungen bezüglich der Lanchesterschen Arbeiten nicht widerspruchsfrei [2].

Auch bei dem Problem der Oberflächenspannungen hätten Zweifel an Behauptungen, wie sie besonders von Physikern vorgebracht würden, ihn auf die richtige Theorie gebracht.

Zur Grenzschichttheorie habe ihn die Erkenntnis geführt, daß eine Näherungslösung der Bewegungsgleichungen für reibende Flüssigkeit für sehr kleine Werte der Zähigkeit möglich sei, diese aber von der Lösung abweiche, die man erhält, wenn man die Zähigkeit von vornherein Null setzt. Die Größenordnung der Schichtdicke, in der die Lösungen voneinander abweichen, gewinnt er aus „Dimensionsgründen", und dies ist der einzige Hinweis in [1], daß Dimensionsbetrachtungen eine Rolle in seinem „Weg zu hydrodynamischen Theorien" gespielt haben könnten.

Die Theorie, auf die er sich hier bezieht, ist natürlich die um die Jahrhundertwende entstandene Arbeit „Über Flüssigkeitsbewegung bei sehr kleiner Reibung". Für viele markiert diese Arbeit die Wende von der klassischen Hydrodynamik, die weder den Widerstand noch den Ablösevorgang erklären konnte, hin zur modernen Strömungslehre. Sie hat die Entwicklung der mo-

---
[1] Technische Universität Darmstadt

dernen Strömungslehre wie keine andere Arbeit geprägt. In ihr hat Prandtl die Grundlagen der Grenzschichttheorie gelegt und, wenn auch nur für laminare Strömung, den Ablösevorgang erklärt, der zu einer völligen und bis dahin unerklärlichen Umgestaltung der gesamten Strömung führen kann. (Die Erklärung des turbulenten Ablösevorganges hat Prandtl bekanntlich 1914 geliefert). Er hat das Grenzschicht-Problem als ein, wie wir heute sagen, singuläres Störungsproblem erkannt, was im übrigen auch die Tragflügeltheorie ist und den Weg aufgezeigt für die Lösung singulärer Probleme und damit den Anstoß für eine sich immer weiter entwickelnde Disziplin gegeben.

Die Zeit um und nach der Jahrhundertwende hat die Geburt von Theorien gesehen, die das physikalische Weltbild völlig verändert haben. Diese Epoche ist auch zugleich die Zeit in der die Wissensgebiete der Strömungslehre erobert wurden, welche die Entstehung der Luftfahrt und schließlich die Raumfahrt ermöglicht haben und in anderen, unzähligen Anwendungen unser Leben beeinflussen. Die Erkenntnisse gerade in der Strömungslehre haben ihre Wurzel oft in Dimensions- und Ähnlichkeitsbetrachtungen. Zwei Namen kommen in diesem Zusammenhang unmittelbar in den Sinn: Baron John William Strutt, Lord Rayleigh, dem die Strömungslehre die profundeste Darstellung der mathematischen Akustik neben vielen anderen Einsichten verdankt und Osborne Reynolds, dem Entdecker der kritischen Reynoldszahl und des Reynoldsschen Ähnlichkeitsgesetzes. Beide haben Dimensionsbetrachtungen an den Anfangspunkt ihres wissenschaftlichen Denkens gestellt, und Lord Rayleigh hat sich ein Leben lang für die Akzeptanz dimensionsanalytischer Betrachtungen eingesetzt.

In dieser Arbeit will ich aufspüren, welche Rolle Dimensionsbetrachtungen bei den Ideen gespielt haben, die Prandtl zu seinen Erkenntnissen geführt haben, auch wenn „Mein Weg zu hydrodynamischen Theorien" dazu keine direkte Ermunterung gibt. Ich will dabei kein tiefschürfendes Quellenstudium betreiben und auch nicht auf die Grundlagen der Dimensionsanalyse eingehen.

2. Dimensionsbetrachtungen im Versuchs- und Modellwesen

Das erste in Druck erschienene Bekenntnis Prandtls zu Dimensionsbetrachtungen und zugleich ein Beweis des souveränen Umgangs mit ihr, scheint mir die 1910 veröffentlichte Arbeit „Bemerkungen über Dimensionen und Luftwiderstandsformeln" [3] zu sein.

Mit Beginn des Jahres 1910 wurde der Versuchsbetrieb im Windkanal der Modellversuchsanstalt aufgenommen. Diese Versuchsarbeiten, die Julius C. Rotta im einzelnen bespricht [2], machten es nach Meinung Prandtls notwendig, die Ergebnisse „.... in Angaben über Koeffizienten zu verdichten", weil dies das Resultat von Zufälligkeiten befreie und weiter, daß immer danach zu trachten sei, diese Koeffizienten in dimensionslose Form zu bringen, um sie der Willkür des gewählten Maßsystems zu entziehen. Damit ist schon das Hauptziel der Dimensionsanalyse angesprochen: die Reduktion eines dimensionshomogenen Zusammenhanges zwischen physikalischen Größen auf einen Zusammenhang zwischen dimensionslosen Größen. Prandtl begründet mit seinen Aussagen auch gleich den Nutzen dimensionsloser Größen. Freilich wird mit der Einführung dimensionsloser Größen auch die Reduktion der Veränderlichen im Sinne der Dimensionsanalyse geleistet, aber allzu oft wird ja die Reduktion der mathematisch interessierenden Veränderlichen nicht geschafft.

Prandtl erläutert die „Sache" am Beispiel des Widerstandes und benutzt die Basisgrößen Länge, Kraft und Zeit und die Einheiten m, kg (Kraft!) und s. Die physikalischen Größen sind der

Reihe nach der Widerstand W, die Fläche F, die Dichte γ (für deren Maß das Gewicht der Raumeinheit genommen wird) und die Geschwindigkeit v; „... die Beschleunigung der Erdschwere wird beigesetzt um den Koeffizienten dimensionslos zu machen". In der Tat, das Problem hat ohne die Einführung der dimensionsbehafteten Konstanten g keine Lösung: man überlegt sich leicht, daß in einer Formel, die den Widerstand als Funktion der anderen Größen darstellt, sich der Zahlenwert dieser Funktion bei Änderung der Einheit der Zeit ändern müßte, nicht aber der Zahlenwert des Widerstandes, der ja die Einheit der Zeit nicht enthält. Die Beziehung kann also ohne Einschluß der Beschleunigung der Schwere (Gravitationskonstante) aus Sicht der Dimensionshomogenität keinen Bestand haben, und der Koeffizient des Widerstandes machte nur Sinn wenn gleichzeitig das Maßsystem angegeben würde, auf das er bezogen ist.

Prandtl führt aber neben der dimensionsanalytischen zugleich auch eine physikalische Begründung an für die „innere" Notwendigkeit, g in die Liste der Veränderlichen aufzunehmen, wofür auf den ersten Blick ja keine Veranlassung besteht. Man mag den Ausführungen Prandtls entnehmen, daß er sich der Bedeutung dimensionsbehafteter Konstanten bei Dimensionsbetrachtungen bewußt war, die erst viel später von Bridgman [4] ausführlich gewürdigt wurde.

Prandtl erläutert weiter: „Wird ein Einfluß der Zähigkeit angenommen, so werden die Verhältnisse weit weniger einfach. Man findet, daß eine dimensionslose Kombination der Größen d, v, γ/g und der Zähigkeit k ... existiert, nämlich $\frac{\gamma dv}{gk}$". Und fortfahrend „... man kann demnach voraussagen, daß der Widerstand von geometrisch ähnlichen Körpern bei allen Geschwindigkeiten, Dichten und Zähigkeiten durch eine Formel von folgendem Bau dargestellt werden kann:

$$W = d^2 v^2 \frac{\gamma}{g} f\left(\frac{\gamma dv}{gk}\right)".$$

Klarer kann man das Reynoldssche Ähnlichkeitsgesetz nicht ausdrücken, auch wenn Prandtl nicht von der dimensionslosen Zahl als der Reynoldsschen Zahl spricht.

In diesem Zusammenhang sei folgender Hinweis gestattet: Rott [5] hat in einer lesenswerten Würdigung der Leistungen Rayleighs in der Strömungslehre auch über das Widerstandsproblem referiert und zitiert (in seiner Bezeichnungsweise) die Widerstandsformel

$$D = kbL^n V^{n+1}$$

mit Referenz auf die hier in Frage stehende Arbeit [3] („k ein von der Dichte und Zähigkeit sowie der Rauhigkeit abhängiger Koeffizient" [6]). Dabei entsteht leicht der Eindruck als habe Prandtl das Reynoldssche Ähnlichkeitsgesetz nicht gekannt. Davon kann nach obigem nicht die Rede sein. Auch hat Prandtl die zitierte Formel nicht in [3] sondern in der früheren Veröffentlichung [6] angegeben. Daß Prandtl mit dem Reynoldsschen Ähnlichkeitsgesetz vertraut war, geht aus seiner Veröffentlichung [7] aus dem Jahre 1909 hervor, in der er die Ähnlichkeitsregel angibt, der sich Reibungsvorgänge „streng einordnen": „Nach ihr müssen sich, die gleiche Flüssigkeit (in Modell und Großausführung) vorausgesetzt, (also gleiche kinematische Viskosität) die Geschwindigkeiten umgekehrt wie die Längen verhalten". Er schreibt die Priorität Reynolds zu: „sie ist wohl von O. Reynolds zuerst angegeben worden". In der Fußnote leitet er die Regel aus der Proportionalität der Trägheitskräfte und der Zähigkeitskräfte, also nicht aus Dimensionsbetrachtungen ab und merkt an, daß sich die Ähnlichkeitsregel leicht auf den Fall verschiedener Flüssigkeiten erweitern lasse.

Weil die Einschränkung auf dieselbe Flüssigkeit, d.h. dieselbe kinematische Viskosität bei den Versuchen (fast) immer gegeben war, findet sich bei Prandtl [8] die Aussage, der Luftwiderstandsbeiwert hinge nur von dem Produkt Länge × Geschwindigkeit ab, was ja i. allg. gleich in zweifacher Hinsicht falsch wäre. Dieses Produkt wurde in Göttingen als Kennwert E verwendet [9], „als praktisches Maß für den Gebrauch des Technikers ... anstelle der Reynoldsschen Zahl", wobei festgesetzt wurde, die Länge in mm und die Geschwindigkeit in m/s einzuführen. Da aber die kinematische Viskosität sich mit Temperatur und Druck ändert, wurde bei stark veränderlichen Werten der Viskosität dieser Kennwert mit dem Verhältnis einer Referenzviskosität zur tatsächlichen Viskosität multipliziert. Diese Komplikation macht deutlich, daß die konsequente Verwendung dimensionsbehafteter Kennwerte nicht durchzuhalten ist. Diese Unart findet sich aber auch bei anderen Kennzahlen, besonders im Zusammenhang mit Strömungsmaschinen; sie erfordert die Angabe des Maßsystems, i. allg. auch der Versuchsbedingungen und erschwert tiefere Einsichten.

Zurückkommend auf die Veröffentlichung von 1910 [3], soll zunächst noch erwähnt werden, daß Prandtl den Wert der Dimensionsbetrachtung auch darin sah, daß z.B. bei der damals üblichen Darstellung des Widerstandsbeiwertes als Potenz der Reynoldszahl, mit Angabe des Exponenten etwa der Geschwindigkeit, die Exponenten aller anderen physikalischen Größen in der Widerstandsformel festliegen. Auf diesen Vorteil der Dimensionsanalyse hat Buckingham erst 1914 in der weiter unten erwähnten Arbeit hingewiesen.

Schließlich muß auch auf die Anwendung der Dimensionsbetrachtung auf das Betriebsverhalten von Luftschrauben eingegangen werden, die sich ebenfalls in dieser Arbeit findet: Die den Schub P der Luftschraube bestimmenden Größen sind nach Prandtl der Durchmesser d, die Winkelgeschwindigkeit ω, die Fortschreitungsgeschwindigkeit v der Schraube und die Luftdichte γ/g. Die ebenfalls von ihm aufgeführte Steigung der Schraube entläßt er wieder aus der Liste der Veränderlichen, weil bei geometrisch ähnlichen Schrauben die Angabe des Durchmessers genüge. Der Zusammenhang zwischen den genannten fünf physikalischen Größen wird auf einen Zusammenhang zwischen nur zwei dimensionslosen Koeffizienten zurückgeführt nämlich die Schubbelastung $\psi = P / \left(F \dfrac{\gamma}{g} u^2 \right)$ und den Fortschrittsgrad $\lambda = v/u$, wobei u die Umfangsgeschwindigkeit und F die Schraubenkreisfläche ist. Genau dasselbe Ergebnis hätte man mit heutiger Kenntnis der Dimensionsanalyse erhalten. Die Frage nach der Abhängigkeit der aufgenommenen Leistung L von den vier unabhängigen Größen führt dann auf einen Zusammenhang zwischen der Leistungsziffer $\vartheta = L / \left(F \dfrac{\gamma}{g} u^3 \right)$ und dem Fortschrittsgrad λ und damit auch schon auf den Wirkungsgrad $\eta = \lambda \psi / \vartheta$. Prandtl weist darauf hin, daß seine Überlegungen nicht neu seien und schreibt sie Ch. Renard zu und „... in mehr gemeinverständlicher, doch unvollständiger Art" auch Dorand. Dessen Versuchsergebnisse an zwei geometrisch ähnlichen Schrauben mit verschiedenen Drehzahlen rechnet er auf die oben ermittelten Kennzahlen um und findet, daß die Werte für die Schubbelastung aufgetragen über dem Fortschrittsgrad sehr gut auf eine Kurve fallen; die Leistungsziffer dagegen nicht, was auf die Unsicherheit der Leistungsmessung zurückzuführen sei. Angesichts seiner Ausführungen über den Widerstand in derselben Arbeit ist es erstaunlich, daß der Einfluß der Reynoldszahl auf die Streuung unerwähnt bleibt.

Die in dieser Arbeit m. W. zuerst von Prandtl eingeführte Form der dimensionslosen Darstellung, er nennt sie später Kennlinien, beschreibt das gesamte Betriebsverhalten geometrisch ähnlicher Luftschrauben, wie überhaupt aller Strömungsmaschinen, ja selbst das Verhalten von Kolbenmaschinen. Sie hat sich besonders im Strömungsmaschinenbau als äußerst nützlich erwiesen.

Die Versuche Béjeuhrs mit dem Luftschraubenversuchswagen anläßlich des Luftschraubenwettbewerbes der ersten Internationalen Luftschiffahrt-Ausstellung 1909 waren vermutlich der Anlaß für Prandtl sich mit diesen Fragen zu beschäftigen. Prandtl hatte ja die Planung und wissenschaftliche Führung der Versuche übernommen. Die Ergebnisse der Versuche wurden anhand der Prandtlschen Kennzahlen ausgewertet [2] und wie bei den Versuchen Dorands, über dem Fortschrittsgrad aufgetragen.

Fast dasselbe Problem hat 1914 Buckingham zur Illustration des Satzes benutzt, den wir heute das Buckinghamsche Pi-Theorem nennen [10]. Es handelt sich hier allerdings um eine Schiffsschraube. Da Schiffsschrauben i. allg. Schwerewellen verursachen, tritt hier g selbständig und nicht nur in der Kombination γ/g auf, was Anlaß zur Froudeschen Zahl gibt. Außerdem berücksichtigt Buckingham die Viskosität, die Prandtl ja nicht beachtet hatte und daher erscheint die Reynoldszahl als zusätzliches dimensionsloses Produkt. Abgesehen von irrelevanten Zahlenfaktoren erhält Buckingham dieselben Kennzahlen wie Prandtl vier Jahre zuvor.

In diesem Zusammenhang sind auch die Regeln für Leistungsversuche an Ventilatoren und Kompressoren zu sehen, die Prandtl 1912 [11] vorgeschlagen hat und in denen er empfiehlt, das Betriebsverhalten durch dimensionslose Kennzahlen zu beschreiben. Wie erwähnt lassen sich die Überlegungen, die er im Zusammenhang mit den Luftschrauben gemacht hat, sinngemäß auf andere Strömungsmaschinen übertragen: Die Rolle des Schubes übernimmt hier das Gefälle und die der Fortschreitungsgeschwindigkeit der Volumenstrom. Wie im Fall der Luftschraube läßt sich der eindeutige Zusammenhang zwischen den fünf (wenn die Viskosität unberücksichtigt bleibt!) physikalischen Größen auf einen Zusammenhang zwischen nur zwei dimensionslosen Größen reduzieren, nämlich der Druckziffer (Druckzahl) ψ und der Lieferziffer (Durchflußzahl) φ. In dieser Arbeit führt Prandtl mit den Graphen $\psi(\varphi)$ bzw. $\lambda(\varphi)$ und $\eta(\varphi)$ die Kennlinien ein. Die Prandtlschen Kennlinien haben sich bis heute für Pumpen und Gebläse erhalten. Wenn die Volumenänderungen nicht vernachlässigbar sind, wird aber die isentrope Druckänderungsarbeit statt der von Prandtl bevorzugten isothermen Druckänderungsarbeit benutzt.

Die zwei Kennzahlen ψ und φ etwa lassen sich auf (unendlich) viele Weise zu zwei neuen unabhängigen Kennzahlen kombinieren und es ist ratsam, auch von dieser Möglichkeit Gebrauch zu machen, um dem jeweiligen Problem angepaßte Kennzahlen verfügbar zu haben. So ist besonders im Zusammenhang mit Strömungsmaschinen, eine Vielzahl von dimensionslosen Kennzahlen entstanden, was Verwirrung stiften kann zumal dieselbe Kennzahl mit verschiedenen Namen und derselbe Name für verschiedene Kennzahlen verwendet wird. Der Vorschlag Cordiers 1955 [12] die Durchmesserzahl und die Schnellaufzahl einzuführen wurde von Pfleiderer mit den Worten kommentiert „schon wieder eine neue Kennzahl, wir haben schon mehr als genug". Flugs wurde ein Ausschuß „zur Vereinheitlichung der Kennwerte" gegründet! Tatsächlich aber sind gerade die Cordierschen Kennzahlen besonders geeignet für eine einheitliche Darstellung der gesamten Arbeits- und Kraftmaschinen.

3. Dimensionsbetrachtungen in den theoretischen Ansätzen Prandtls

Kurze Zeit nach der Veröffentlichung „Bemerkungen über Dimensionen und Luftwiderstandsformeln" erschien noch im selben Jahr *Eine Beziehung zwischen Wärmeaustausch und Strömungswiderstand der Flüssigkeiten* [13]. Schon wegen der zeitlichen Nähe beider Veröffentlichungen ist es nicht überraschend, daß auch in dieser Arbeit der weitgehende Gebrauch dimensionsanalytischer Betrachtungen sichtbar wird. Diese theoretische Arbeit ist aus der Vermutung Nusselts entstanden, der zufolge der Wärmeübergang pro Rohrlänge die gleiche Abhängigkeit von der Geschwindigkeit haben müsse wie der Rohrwiderstand pro Rohrlänge dividiert durch die Geschwindigkeit. Diese Vermutung ist der Inhalt der Reynoldsschen Analogie. Insofern ist die Prandtlsche Arbeit auch eine Weiterentwicklung der Reynoldsschen Theorie des turbulenten Wärmeaustausches, die er allerdings in Unkenntnis der Reynoldsschen Arbeiten verfaßt hat.

Prandtl folgert aus Dimensionsbetrachtungen, daß der Widerstand pro Länge an einer Platte gleich dem Produkt aus Viskosität und Plattengeschwindigkeit ist, mal einer beliebigen Funktion, die nur von der Reynoldszahl abhängt (ohne das in Frage stehende dimensionslose Produkt hier schon „Reynoldszahl" zu nennen). Dann schließt er, mit der bereits aus der Struktur der Impulsgleichung und der Energiegleichung für Prandtlzahl eins begründeten Analogie, daß der Wärmeaustausch gleich dem Produkt aus der Temperaturdifferenz zwischen Wand und Außenströmung und der Wärmeleitfähigkeit mal derselben unbekannten Funktion der Reynoldszahl ist.

Der nächste Abschnitt, der den allgemeinen Fall behandelt, scheint mir aus der Sicht der Dimensionsanalyse besonders wichtig: „Zunächst kann man Dimensionsbetrachtungen heranziehen", so Prandtl, „Aus den Größen r, $\overline{w}$, ρ, k, c und λ lassen sich zwei unabhängige Größen bilden, nämlich die in der Hydrodynamik bekannte Reynoldszahl ... und das Verhältnis $v = \lambda/(ck)$" (das wir heute die „Prandtlzahl" nennen). Mit Angabe der größten Zahl unabhängiger dimensionsloser Produkte, die sich mit den physikalischen Größen bilden lassen von denen der (dimensionslose) Wärmeaustausch abhängt, ist die Aufgabe der Dimensionsanalyse erledigt. Die Aussage des Pi-Theorems, das Buckingham vier Jahre später veröffentlicht hat, geht, ohne die großen Verdienste Buckinghams schmälern zu wollen, nicht über diese Feststellung hinaus. Zwar hat Prandtl ein spezielles Problem behandelt, aber die Prägnanz der Aussage läßt kaum Zweifel, daß er sie für allgemein gültig hält.

Bekanntermaßen bestimmt das Pi-Theorem die Anzahl der dimensionslosen Produkte als die Differenz der Anzahl der physikalischen Größen und der Zahl der Basisgrößen. Diese Aussage ist nur richtig, wenn die Dimensionsmatrix nicht singulär ist, worauf als erster Bridgman in seinem ausgezeichneten Buch [4] aufmerksam gemacht hat. Ist aber die größte Zahl der dimensionslosen Produkte gefunden, die man aus der gegebenen Zahl von physikalischen Größen bilden kann, was Prandtl ja getan hat, dann ist diese Aussage des Pi-Theorems gegenstandslos geworden.

Um mit den Worten Bridgmans zu sprechen „The advantage of the theorem is one of convenience". In der Tat, es spielt keine Rolle auf welche Weise der Satz unabhängiger dimensionsloser Produkte gewonnen wurde, solange er vollständig ist. Die Schwierigkeit der Dimensionsanalyse liegt vielmehr darin, festzustellen, welche physikalischen Größen das Problem bestimmen. Wenn diese bekannt sind, ist Erraten oder Probieren oft der kürzeste Weg, die dimensionslosen Produkte zu erhalten. Schon die formale Frage nach den physikalischen Größen, die in das Problem eingehen, ist falsch gestellt „this question gets nowhere" sagt Bridgman. Wichtig ist, das Problem zu abstrahieren und soweit zu vereinfachen, daß man die „Bewegungsgleichungen" angeben kann, wenn auch nur in stark vereinfachter Form. Dann sind die physikalischen Größen und dimensionsbehaftete Konstanten erkennbar. Erst nach diesem schwierigsten Teil der Aufgabe führt die Suche nach den dimensionslosen Größen zu oft überraschend einfachen Ergebnissen. Das ist der Weg, der in Rayleighs Werk sichtbar ist und dem Prandtl so überaus erfolgreich gefolgt ist.

Sicherlich war Prandtl mit den Arbeiten Lord Rayleighs vertraut und daher auch mit dem Nutzen von Dimensionsbetrachtungen, aber es findet sich kein direkter Hinweis auf Lord Rayleigh im Zusammenhang mit Dimensionsbetrachtungen. Die Veröffentlichung Rayleighs [14], die ausschließlich Dimensionsbetrachtungen gewidmet ist, (Lord Rayleigh spricht immer von „similitude" bzw. „dynamical similarity") ist auch erst 1915 erschienen.

In diesem Zusammenhang darf daran erinnert werden, daß Lord Rayleighs Publikation, die ein Plädoyer für Dimensionsbetrachtungen darstellt, sich hauptsächlich an Ingenieure wendet mit der auch heute noch unverändert gültigen Aussage „... that results in form of laws are put forward as novelties on the basis of elaborate experiments, which might have been predicted after a few minutes consideration". (Heute würde er wahrscheinlich neben den „elaborate experiments" noch „elaborate numerical computations" anführen).

Unter den führenden Wissenschaftlern dieser Zeit aber waren dimensionsanalytische Betrachtungen anerkannt, und Prandtl kannte z.B. die Arbeiten von Reynolds und Froude, die beide Erkenntnisse von grundsätzlicher Bedeutung aus Dimensionsbetrachtungen gewonnen haben.

In chronologischer Folge der Veröffentlichungen erscheint der nächste eindeutige Hinweis auf Dimensionsbetrachtungen 1925 im „Bericht über Untersuchungen zur ausgebildeten Turbulenz". Dazwischen lagen der erste Weltkrieg mit umfangreichen experimentellen Arbeiten und der Aufbau der Modellversuchsanstalt der Universität Göttingen, in deren Eigentum die Modellversuchsanstalt der Motorluftschiff-Studiengesellschaft übergegangen war [2]. Das wissenschaftlich bedeutendste Werk dieser Jahre war aber die Tragflügeltheorie. In der reibungsfreien stationären Strömung, die der Tragfügeltheorie zugrunde liegt, fehlt die viskose Länge und wenn keine andere Länge in das Problem eintritt, sind alle Umströmungen geometrisch ähnlicher Konfigurationen ähnlich, unabhängig von Geschwindigkeit, Dichte und Druck, so daß in der Regel durch Dimensionsbetrachtungen keine neuen Einsichten gewonnen werden.

Auf dem Gebiet der Turbulenz aber haben sich Dimensionsbetrachtungen von Anfang an als sehr hilfreich erwiesen, so bei den bahnbrechenden Leistungen Reynolds [16]. Prandtl hat in dem erwähnten Bericht erneut die Bedeutung dieser Methoden dargelegt. In ihm leitet Prandtl ein allgemeineres Gesetz für die Geschwindigkeitsverteilung in der Nähe der Rohrwand ab. Nachdem sich herausgestellt hatte, daß die empirische Widerstandsformel von Blasius für sehr hohe Reynoldszahlen zu ungenau war, mußte auch das auf ihr fußende 1/7-Gesetz für die Geschwindigkeitsverteilung aufgegeben werden. Da die Verteilung der mittleren Geschwindigkeit in der Nähe der Wand vom Rohrdurchmesser unabhängig sein müsse, so argumentiert Prandtl, käme als einziger dimensionsloser Abstand die mit der Entfernung y gebildete Reynoldszahl in Frage, so daß man für die mittlere Geschwindigkeit eine Formel der Form $u = C\varphi(uy/v)$ zu erwarten habe. Er zeigt dann, daß die Geschwindigkeit C durch die Wandschubspannung festgelegt sein muß. Die Wahl der unabhängigen Veränderlichen ist damit aber nicht mehr die einzige und der Umstand, daß die interessierende Größe u implizit erscheint, führt letztlich auf eine eher schwerfällige Beschreibung des verallgemeinerten Geschwindigkeitsgesetzes in Parameterform; für die Blasiussche Widerstandsformel aber auf das bekannte 1/7-Gesetz.

In dieser Veröffentlichung erscheint auch zum ersten Mal das Prandtlsche Mischungsweg-Modell im Druck.

Prandtl geht 1927 nochmals das Problem der Geschwindigkeitsverteilung in der Nähe einer Wand an [17] und erwähnt jetzt, daß man den dimensionslosen Abstand auch mit der Geschwindigkeit C bilden könne, diese Wahl aber unzweckmäßiger sei, und es bleibt daher bei der bekannten Darstellung der Geschwindigkeitsverteilung in Parameterform. Die zunächst nur für die Rohrströmung gedachten Beziehungen wendet er auf die wandnahe Strömung längs einer Platte an, und erhält mit dem 1/7-Gesetz und der Blasiusschen Widerstandsformel für Rohre eine Widerstandszahl für Platten. Prandtl merkt an, daß diese Ergebnisse in das Jahr 1920 zurückreichen.

Der Durchbruch zur wohl wichtigsten Erkenntnis auf dem Gebiet turbulenter Scherströmungen gelingt ihm 1932 mit dem später so genannten „Prandtlschen Wandgesetz" [18]. Statt der Geschwindigkeit C führt er die dimensionsanalytisch gleichwertige Geschwindigkeit v_* ein, bildet den dimensionslosen Abstand mit (der Schubspannungsgeschwindigkeit) v_* und erhält so das Wandgesetz:

$$\frac{u}{v_*} = \varphi\left(\frac{v_* y}{\nu}\right) \ .$$

Mit der Blasiusschen Widerstandsformel entsteht damit unmittelbar eine explizite Formel für die Geschwindigkeitsverteilung. Aus dem langen und mühevollen Ringen um das Wandgesetz ist zu erkennen, daß diese so verblüffend einfach erscheinende Entdeckung Prandtl keineswegs in den Schoß gefallen ist!

Prandtl nennt die Gültigkeit des Gesetzes in der Nähe der Wand „zwingend" und man mag daraus entnehmen, welchen Rang er dimensionsanalytisch begründeten Schlußfolgerungen zuweist. Der Gültigkeitsbereich in größerer Entfernung von der Wand könne nur durch das Experiment festgestellt werden. Wie er anhand von Experimenten zeigt, gilt das Wandgesetz bis zu einem erstaunlich großen Abstand von der Wand! Weil die Geschwindigkeitsverteilung aufgetragen über dem Logarithmus des dimensionslosen Wandabstandes eine Gerade ergibt, schlägt er die spezielle Form des Wandgesetzes vor, die im heutigen Sprachgebrauch das „logarithmische Wandgesetz" heißt, erwähnt aber auch daß diese Form durch Erwägungen theoretischer Art zu erwarten sei. Möglicherweise bezieht sich seine Bemerkung auf die 1933 erschienene Arbeit [20], von der augenblicklich zu sprechen sein wird. Die weiteren Ausführungen in [18] betreffen Widerstandsgesetze für Platten und Rohre, die hier im Einzelnen nicht referiert werden können. Nur soviel sei gesagt: für den praktisch tätigen Ingenieur stellen sie das wichtigste Ergebnis der Turbulenztheorie dar.

Die zitierte Veröffentlichung von 1933 ist eine Zusammenfassung der bis dahin erreichten Ergebnisse der Turbulenzforschung. Schon in der Einleitung verweist Prandtl darauf, daß „Dimensionsbetrachtungen zusammen mit anschauungsmäßigen Einsichten zu wichtigen Aufschlüssen führen". Er führt zunächst die Mischungswegformel ein und warnt, daß damit das „Problem der hydraulischen Strömungswiderstände" auf das Problem der Verteilung des Mischungsweges zurückgeführt und daher nur eine Unbekannte durch eine andere ersetzt sei. Es kommt jetzt darauf an, die Verteilung des Mischungsweges zu finden. „Oft geben schon Dimensionsbetrachtungen eine brauchbare Anweisung" fährt Prandtl fort, und erläutert, daß bei Vernachlässigung der Reibung an der betrachteten Stelle (d.h. keine viskose Länge) und wenn sich dort Rauhigkeiten nicht bemerkbar machten, keine „für den dortigen Zustand kennzeichnende Länge auffindbar (ist) als eben dieser Wandabstand y selbst". Daher ist der Mischungsweg proportional zum Wandabstand. Dieser Schluß ist aus dimensionsanalytischer Sicht unausweichlich und macht aus dem Mischungsweganansatz für die Schubspannung eine Theorie der turbulenten Scherströmung in der Nähe der Wand! Bei konstanter Schubspannung führt eine Integration direkt zum logarithmischen Wandgesetz, in dem die Integrationskonstante zunächst noch offen bleibt. Die Entdeckung des logarithmischen Wandgesetzes muß für ihn eine große Befriedigung gewesen sein. Ergibt sich doch das logarithmische Gesetz aus den bis dahin üblichen Potenzformeln als Grenzwert einer sehr kleinen positiven Potenz, worauf er an anderer Stelle [19] hinweist. In derselben Arbeit geht Prandtl auch auf die Arbeiten v. Kármáns über mechanische Ähnlichkeit und Turbulenz ein. Der Längenmaßstab des Mischungsvorganges, der bei v. Kármán aus der Ähnlichkeitsforderung gewonnen wird, wird als Mischungsweg gedeutet. Prandtl weist aber ausdrücklich auf die größere Allgemeinheit des Kármánschen Ansatzes hin, der eine Berechnung des Mischungsweges unabhängig vom Wandabstand gestatte. Für konstante Schubspannung führen beide Ansätze auf das logarithmische Wandgesetz. Bekanntlich läßt sich dann der Kármánsche Ansatz auch direkt aus einer Dimensionsbetrachtung erhalten. Der Schluß, daß der Mischungsweg proportional zum Wandabstand sei, ist freilich für veränderliche Schubspannung nicht mehr haltbar, weil dann die Abhängigkeit der Schubspannung vom Wandabstand einen zusätzlichen Längenmaßstab einführt.

Die weiteren Ausführungen in diesem Bericht belegen den beherrschenden Einfluß, den Dimensionsbetrachtungen bei der Erforschung der Scherturbulenz hatten. Für die Strömung einer reibungsfreien Flüssigkeit längs einer rauhen Wand ist der einzige Maßstab die Rauhigkeitsgröße k, und Prandtl schließt daraus, daß die Geschwindigkeit (bezogen auf die Schubspannungsgeschwindigkeit) nur eine Funktion des Verhältnisses y/k sein könne, und weiter, daß für die Integrationskonstante im logarithmischen Wandgesetz nun $= konst - \ln(k)$ zu setzen sei.

In der Anwendung der Ergebnisse auf die Rohrströmung leitet er zunächst aus Dimensionsbetrachtungen und der bekannten Erkenntnis, daß die Strömung im Inneren des Rohres von den Bedingungen an der Wand nicht abhängt, das (heute so genannte) Mittengesetz ab, das bereits v. Kármán angegeben hatte. Aus der gleichzeitigen Gültigkeit des Mittengesetzes und des Wandgesetzes in der Rohrmitte (!) folgt er dann auf das Widerstandsgesetz des vollkommen rauhen Rohres.

Didaktisch geschickt überträgt Prandtl die Erkenntnisse für das vollkommen rauhe Rohr auf das glatte Rohr als einen Einfluß der Zähigkeit. Mit den Worten „Man kann hier auch wieder mit einer Dimensionsbetrachtung vorwärts kommen" motiviert er die Wandkennzahl v_*k/v und führt eine abgeänderte Rauhigkeitsgröße

$$k' = kf(v_*k/v)$$

ein. Da für kleine Rauhigkeitsgrößen der Widerstand des Rohres von der Rauhigkeit unabhängig wird, muß $f(v_*k/v)$ die Form $Zahl * v/(v_*k)$ haben. Dann fällt k aus obiger Formel heraus und die abgeänderte Rauhigkeitsgröße k' wird proportional zur viskosen Länge v/v_*. Mit der experimentell bestimmten „Zahl" wird die unbestimmt gebliebene Integrationskonstante im logarithmischen Wandgesetz für die glatte Wand erhalten und damit auch die logarithmische Geschwindigkeitsverteilung und das Widerstandsgesetz des glatten Rohres. Für große Werte der Wandkennzahl muß $f(v_*k/v)$ den Wert 1 annehmen. Dann ist die Widerstandszahl λ nach obigem nur eine Funktion von r/k, und daher in der konkreten Darstellung der Widerstandszahl, der Ausdruck $1/\sqrt{\lambda} - 2\log(r/k)$ eine Konstante. Im allgemeinen Fall des rauhen Rohres kann dieser Ausdruck nur eine Funktion der Wandkennzahl sein, was Prandtl mit Versuchsergebnissen eindrucksvoll belegt.

4. Epilog

Bei der Auswahl der Prandtlschen Veröffentlichungen für diesen Beitrag habe ich keine Vollständigkeit angestrebt, sondern die Arbeiten ausgesucht, die nach meiner Meinung am besten darlegen, daß bei der Genesis der Prandtlschen Theorien Dimensionsbetrachtungen entscheidend waren. Sie stellen darüber hinaus Erkenntnisse von bleibendem Wert dar, sie sind heute so wahr wie zur Zeit ihrer Entdeckung und haben weder für die Theorie noch für die Anwendungen an Bedeutung eingebüßt. Die dimensionsanalytisch gewonnenen Einsichten, die in den Arbeiten zutage treten, sind besonders von russischen Autoren weiterentwickelt und verallgemeinert worden, und sie bilden das gesicherte Fundament der Turbulenztheorie. Freilich ist ein wichtiger Teil seines wissenschaftlichen Werkes ohne Bezug auf Dimensionsbetrachtungen entstanden, wie überhaupt der Nutzen dieser Betrachtungsweise am größten ist, wenn die das Problem beschreibenden Gleichungen noch nicht in einer mathematisch angemessenen Form vorliegen. Dies war der Fall bei der in Gärung befindlichen Hydrodynamik, als Ludwig Prandtl sich 1904 diesem Wissenszweig zuwandte, der ihm so unendlich viel verdankt.

5. Literatur

[1] Prandtl, L.: Mein Weg zu hydrodynamischen Theorien. Physikalische Blätter 4. Jg. (1948) S. 89-92

[2] Rotta, J. C.: *Die Aerodynamische Versuchsanstalt in Göttingen, ein Werk Ludwig Prandtls.* Göttingen : Vandenhoek & Ruprecht, 1990

[3] Prandtl, L.: Bemerkungen über Dimensionen und Luftwiderstandsformeln. Z. Flugtechn. Motorl. 1. Jg. (1910) S. 157-161

[4] Bridgman, P.W. : *Dimensional Analysis*. New Haven: Yale University Press, 1922

[5] Rott, N.: Lord Rayleigh and hydrodynamic similarity. Phys. Fluids A 4 (12) December 1992 S. 2595-2600

[6] Prandtl, L.: Einige für die Flugtechnik wichtige Beziehungen aus der Mechanik. Etwas über den Luftwiderstand. Z. Flugtechn. Motorl. 1. Jg. (1910) S. 3-4, 25-30, 61-64 und 73-76

[7] Prandtl, L.: Die Bedeutung von Modellversuchen für die Luftschiffahrt und Flugtechnik und die Einrichtungen für solche Versuche in Göttingen. Z. VDI Bd. 53 (1909) S. 1711-1719

[8] Prandtl, L.: Ergebnisse und Ziele der Göttinger Modellversuchsanstalt. Z. Flugtechn. Motorl. Bd. 3 (1912) S. 33-36

[9] Prandtl, L.: Das Ähnlichkeitsgesetz. *Ergebnisse der aerodynamischen Versuchsanstalt zu Göttingen*, I. Lief., S. 33-35. München-Berlin; Oldenburg 1921

[10] Buckingham, E.: On physically similar systems; Illustration of the use of dimensional equations. Phys. Rev., 4 (1914) S. 345-376

[11] Prandtl, L.: Erläuterungsbericht zu den „Regeln für Leistungsversuche an Ventilatoren und Kompressoren" VDI (1912) S.35-68, 2. Aufl.: VDI Verlag 1926, S. 13-18

[12] Cordier,O.: Probleme der Strömungstechnik im Maschinenbau: Ähnlichkeitsbetrachtungen für Strömungsmaschinen. VDI-Berichte, 3 (1955) S. 85-88

[13] Prandtl, L.: Eine Beziehung zwischen Wärmeaustausch und Strömungswiderstand der Flüssigkeiten. Phys. Z. 11. Jg. (1910) S. 1072-1078

[14] Rayleigh, J. W. S.: The principle of similitude. Nature 95 (1915) S. 66-68

[15] Prandtl, L.: Bericht über Untersuchungen zur ausgebildeten Turbulenz. Z. angew. Math. Mech. Bd. 5 (1925) S. 136-139

[16] Reynolds, O.: An experimental investigation of the circumstances which determine whether the motion of water shall be direct or sinuous, and of the law of resistance in parallel channels. Phil. Trans. 174 (1883) S. 935-982

[17] Prandtl, L.: Über den Reibungswiderstand strömender Luft. *Ergebnisse der Aerodynamischen Versuchsanstalt zu Göttingen*, III. Lief., S.1-5. München-Berlin: Olden-burg 1927

[18] Prandtl, L.: Zur turbulenten Strömung in Rohren und längs Platten. *Ergebnisse der Aerodynamischen Versuchsanstalt zu Göttingen*, 4. Lief., S. 18-29 München-Berlin: Oldenburg 1932

[19] Prandtl, L.: Meteorologische Anwendungen der Strömungslehre. Beiträge zur Physik der freien Atmosphäre (Bjerkens-Festschrift) Bd 19 (1932) S. 188-202

[20] Prandtl, L.: Neuere Ergebnisse der Turbulenzforschung. Z. VDI Bd. 77 (1933) S. 105-114

Ludwig Prandtl und die Turbulenz

J. C. Rotta[*]

1. Vorwort

"Bei allen technisch wichtigen Strömungsvorgängen spielen die unregelmäßig durcheinanderwirbelnden Bewegungen, die man Turbulenz nennt, eine hervorragende Rolle. Die Turbulenz ist einerseits Ursache der unerwünschten Strömungswiderstände, andererseits hat sie auch die sehr nützliche Eigenschaft, Druckanstiege in den Strömungen zu ermöglichen. Die Beherrschung dieser Vorgänge ist für den Strömungsfachmann sehr wichtig; es sind deshalb zahlreiche Forschungsarbeiten unternommen worden, um die Gesetze der turbulenten Strömung aufzuklären." Mit diesen Worten eröffnete Ludwig Prandtl am 6. Mai 1932 vor der Prager Ortsgruppe der Gesellschaft für angewandte Mathematik und Mechanik (GAMM) in der Deutschen Technischen Hochschule zu Prag seinen Vortrag *"Neuere Ergebnisse der Turbulenzforschung."* (18)[**]. Man kann davon ausgehen, daß diese Worte der Motivierung Prandtl's entsprechen, einen beträchtlichen Teil seiner Arbeitskraft diesem Gebiet zu widmen. Es scheint daher gerechtfertigt, diese Verdienste L. Prandtl's auf dem Gebiet der Turbulenzforschung anläßlich der 125. Wiederkehr seines Geburtstages mit einem Rückblick auf seine diesbezüglichen Arbeiten zu würdigen.

Meinem Beitrag möchte ich ein paar Zeilen der persönlichen Erinnerung an Ludwig Prandtl voranstellen, dem ich viel zu verdanken habe. Im Spätsommer 1948 konnte Prandtl nach dem Kriege die erste wissenschaftliche Tagung der GAMM in der Britischen Besatzungszone Deutschlands einberufen. Diese Tagung hat in Göttingen vom 22.-24. September 1948 stattgefunden. Kurz zuvor hatte Prandtl auf Veranlassung meines damaligen Chefs des MPI für Strömungsforschung, Albert Betz, mich zu einer Besprechung zu sich bitten lassen. Ich hatte gerade meine erste Arbeit über ein Turbulenzthema niedergeschrieben. Nachdem Prandtl sich über den Inhalt meines Berichtes informiert hatte, sagte er im Verlaufe des Gesprächs, er hätte die neueren Veröffentlichungen zur Theorie der isotropen Turbulenz nicht mehr alle intensiv verfolgt. „*Wenn man älter wird, kann man sich nicht mehr in alle Gebiete der Strömungslehre ganz hinein arbeiten; man kann nicht mehr alle Veröffentlichungen studieren und nicht mehr alle Vorträge anhören. Man muß sich beschränken*", sagte er. Namentlich nannte er den 1938 erschienenen Aufsatz von v. Kármán & Howarth "On the statistical theory of isotropic turbulence", von dem er abgesehen hatte, ihn genau zu studieren. Dann erzählte er: *"Als ich jung war und meine Veröffentlichung "Über Flüssigkeitsbewegung bei sehr kleiner Reibung" vor*

---

[*] DLR, Göttingen

[**] Nummern in ( ) verweisen auf Tabelle 1.

lag, hatte es mich enttäuscht, daß Horace Lamb in der neuen Auflage seines Buches "Hydrodynamics" meine Arbeit nicht zitiert hatte. Ich hatte doch geglaubt, meine Arbeit wäre etwas Wichtiges. Heute kann ich Lamb verstehen. Er war damals schon alt und mußte sich eben auch beschränken und hatte darum meine Veröffentlichung in seinem Buch nicht erwähnt." Zum Schluß des Gespräches hatte Prandtl mir angeboten, über meine Arbeit auf der GAMM-Tagung kurz vorzutragen und hatte meinen Titel in das schon fertige Tagungsprogramm nachträglich eingefügt [65][*].

Seine Worte hatten mich sehr beeindruckt und ich habe oft in meinem Leben mich daran erinnert. Und wenn ich heute, über 50 Jahre später, daran denke, ist es mir, als hätte er erst gestern mit mir gesprochen.

Prandtl war ein sehr vielseitig interessierter, genialer Wissenschaftler. Wer sich mit der Gesamtheit seiner Werke intensiv befaßt, kommt gewöhnlich zu der Frage, wie konnte Prandtl das alles schaffen? So tritt bei dem vorliegenden Thema unwillkürlich die Frage auf, wieviel Zeit verblieb bei seinem enormen Arbeitsumfang noch für die Turbulenzforschung übrig? Es läßt sich nicht ermitteln. Lediglich aus der Zahl seiner Veröffentlichungen und der Zahl seiner Doktoranden läßt sich eine grobe, wenn auch unvollkommene Abschätzung machen. Die Anzahl der Arbeiten zur Turbulenz einschließlich der meteorologischen Anwendungen beträgt 36, dem stehen 151 Veröffentlichungen insgesamt nach den gesammelten Abhandlungen gegenüber. Dies entspricht einem Verhältnis 0,24. Bei den Dissertationen gibt es 22 im Verhältnis zu den Dissertationen insgesamt 81, was ein Verhältnis von 0,27 ergibt. Man könnte also ganz vage schätzen, daß Prandtl etwa ¼ seiner wissenschaftlichen Arbeitskraft der Turbulenzforschung gewidmet haben könnte; dieser Anteil verteilt sich nicht gleichmäßig über die Zeit seines Schaffens. Es ist aber immerhin ein nennenswerter Anteil. Aber nicht immer hatte er Zeit für die Turbulenz.

Die Ausführungen dieses Beitrags stützen sich bis auf wenige Ausnahmen auf Prandtls Veröffentlichungen, wie sie in den Gesammelten Abhandlungen [1] und anderen Büchern wiedergegeben sind.

Zunächst seien einige Begriffsbestimmungen vorausgeschickt. Im Allgemeinen umfaßt der Name "Turbulenz" alle turbulenten Strömungen. In Prandtls Veröffentlichungen und auch im vorliegenden Beitrag bedeutet "Turbulenz" in der Regel turbulente Strömungen in, an, um und durch technische Apparaturen, während bei atmosphärischen Strömungen von "atmosphärischen" oder "in meteorologischen Anwendungen" gesprochen wird. Die Ausführungen des vorliegenden Beitrags beschränken sich auf die Turbulenz im erstgenannten Sinn. Auf die Behandlung der meteorologischen Anwendungen wird hier aus zweierlei Gründen verzichtet. Erstens weil die zur Anfertigung des Beitrages zur Verfügung stehenden Zeit nicht ausreicht und zweitens weil das Gebiet der Meteorologischen Anwendungen außerhalb der Kompetenz des Verfassers liegt. Der zweite Abschnitt des Beitrags soll einen historischen Überblick auf die Turbulenzforschung Prandtls geben und im dritten Abschnitt wird ausführlicher auf wichtige Beiträge Ludwig Prandtls zur Turbulenzforschung eingegangen. Wörtliche Zitate Prandtls und anderer Persönlichkeiten wurden, wenn es zweckmäßig erschien, in Anführungsstrichen wiedergegeben. Aber auch sonst wurde von den Texten der Veröffentlichungen Teile wörtlich übernommen, da der Verfasser glaubt, so die original Ideen Prandtls am besten wiedergeben zu können.

---

[*] Nummern in [ ] beziehen sich auf das Verzeichnis des Schrifttums.

2. Geschichtlicher Rückblick

Mit den Problemen der turbulenten Strömungen war Ludwig Prandtl in seinem Berufsleben schon sehr zeitig in Berührung gekommen, als er nach seiner Promotion eine Stellung in der Industrie angenommen hatte (vergl. J.C. Rotta [2]). Darüber hatte er später in [3] erzählt:" *In einer größeren Luftleitungsanlage in der Maschinenfabrik Nürnberg hatte ich ein konisch erweitertes Rohr angeordnet, um dadurch Druck wiederzugewinnen; der Druckwiedergewinn ist aber ausgeblieben und dafür ist eine Ablösung der Strömung eingetreten. Heute weiß ich, daß ich nur den Konus etwas schlanker hätte machen müssen, um Erfolg zu haben. Damals wurde ich aber gerade von Nürnberg weg an die Technische Hochschule Hannover berufen und der Firma war der entgangene Druckwiedergewinn nicht wichtig. Mir aber kam die Frage, wieso eine Strömung, statt an der Wand entlang zu fließen, sich von dieser ablöste, nicht aus dem Sinn, bis 3 Jahre später die "Grenzschichttheorie" die Lösung brachte."*

Mit "*Grenzschichttheorie*" hatte er die Arbeit gemeint, die er als Professor der Technische Hochschule Hannover entwickelt hatte und über die er mit dem Titel "*Über Flüssigkeitsbewegung bei sehr kleiner Reibung*" am 12. Aug. 1904 auf dem III. Internationalen Mathematiker-Kongress in Heidelberg vorgetragen hatte [4]. Die Strömungsaufnahmen, die er in einem kleinen handbetriebenen Wasserkanal gemacht hatte und die danach angefertigten Skizzen sowie die daraus gezogenen Schlußfolgerungen ließen Prandtl als geeigneten Wissenschaftler für die Erforschung der Turbulenzphänomene erahnen.

Bild 1: L. Prandtl am handgetriebenen Wasserkanal, 1903

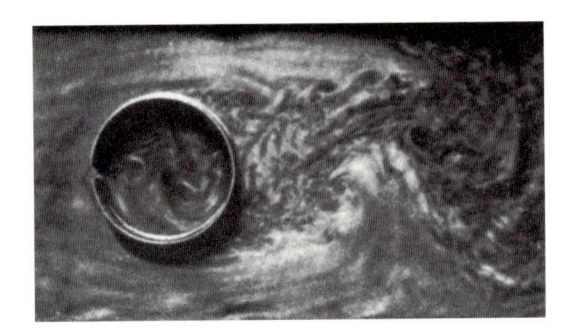

Bild 2: Abgelöste Strömung um einen Zylinder
Aufnahme im Wasserkanal Bild 1. Strömung sichtbar gemacht durch Beimengung von Eisenglimmer zum Wasser. Strömung von links nach rechts.

2.1 Vom Beginn in Göttingen 1904 bis zum Ende des Ersten Weltkriegs, 1918

Im Herbst 1904 nahm Prandtl seine Tätigkeit als Professor für Mathematik und Mechanik an der Universität Göttingen auf. Die Einrichtung des jetzt unter seiner Leitung stehenden "Instituts für angewandte Mathematik und Mechanik" ergänzte er durch einen Wasser-Umlauf-Kanal mit freier Oberfläche. In den Jahren 1907 bis 1910 hatte Prandtl znächst drei Dissertationen über laminare Grenzschichten durchführen lassen (siehe J.C. Rotta [5]). Aber Veröffentlichungen über Turbulenz ließen zunächst noch auf sich warten. Es gibt jedoch Indizien, daß sein Interesse für die Turbulenz schon früher vorhanden gewesen ist. Möglicherweise war es bei dem erwähnten Mißerfolg mit dem erweiterten Rohr bei der Nürnberger Maschinenfabrik oder bei seinen Strömungsuntersuchungen an der Technische Hochschule Hannover schon geweckt worden. Als Beweis sei angeführt, daß er dem Doktoranden H. Hochschild schon 1908 (oder gar noch früher) die Aufgabe gegeben hatte, Versuche über die Strömungsvorgänge in erweiterten und verengten Kanälen durchzuführen. Die Messungen sind größtenteils 1908 erledigt, die Dissertation am 2. Dezember 1909 von der Technische Hochschule Berlin genehmigt worden (Dis)[*]. Da Prandtl in den folgenden Jahren zwei weitere Dissertationen für den gleichen Strömungstyp in Auftrag gegeben hatte (Kröner, Dönch), kann kein Zweifel bestehen, daß er mit diesen Dissertationen das Ziel verfolgt hatte, Erfahrungen und Daten von turbulenten Strömungen mit veränderlichem Verlauf der Geschwindigkeit zu sammeln. Es liegt der Gedanke nahe zu glauben, daß ihm schon damals insgeheim die Absicht vor Augen geschwebt hatte, später einmal intensiv auf diesem Gebiet zu forschen.

Dadurch, daß Prandtl dann die Versuchsergebnisse der Nusseltschen Habilitationsschrift aufgriff und mit der Analogie zwischen den Differentialgleichungen der Wärmekonvektion und der Flüssigkeitsbewegung eine Beziehung zwischen Wärmeaustausch und Strömungswiderstand der Flüssigkeit entwickelte, die er als seine erste, jedoch sehr bedeutende Veröffentlichung über ein Turbulenzproblem verfaßt hatte (1), gewinnt man den Eindruck, daß sich die Turbulenz als ein neuer Zweig der Strömungslehre in das Bewußtsein Prandtls einfügte. Insbe-

---

[*] Dissertationen der Tabelle 2 sind durch (Dis) gekennzeichnet.

sondere weil diese 1910 erschienene Arbeit bemerkenswerte Kenntnisse Prandtls über das Wesen turbulenter Grenzschichtströmungen offenbart, neigt der Verfasser des vorliegenden Beitrags sogar zu der Ansicht, den Beginn der Turbulenzforschung von Prandtl auf die Jahre um 1908 zu fixieren.

Noch aber warteten andere Aufgaben auf Prandtls Wirken. In der Zwischenzeit war nämlich die Motorluftschiff-Studiengesellschaft in Berlin gegründet worden, in Göttingen der erste Windkanal geplant, erbaut und in Betrieb genommen [2]. Die erste Modellversuchsanstalt in Deutschland war entstanden und damit war Prandtls Schaffenskraft für unvorhersehbare Zeit in neue Aufgaben eingebunden. Die Anforderungen der Flugtechnik weiteten sich rasch aus. Um 1910 herum hatte Prandtl mit seiner Theorie der Flugzeug-Tragflügel endlicher Spannweite begonnen.

Die Meßergebnisse des Windkanals warfen neue Fragen auf. So waren Luftwiderstandsziffern von Kugeln im Eiffelschen Laboratorium in Paris gemessen worden, die sich von denen, die in der Göttinger Modell-Versuchsanstalt gefunden worden waren, sehr unterschieden. Zudem waren in Paris wesentliche Abweichungen von der quadratischen Abhängigkeit des Luftwiderstandes von der Anströmungsgeschwindigkeit festgestellt worden, wodurch die Grundlage der bisherigen Modellversuchstechnik fragwürdig geworden schien. Prandtl fand als Ursache für diese Widersprüche die Unterschiede in der Strömungsform je nachdem ob sich die Grenzschicht im laminaren oder turbulenten Strömungszustand ablöst. Der Bericht über diese Untersuchungen mit dem Titel *"Der Luftwiderstand von Kugeln"* (2) lieferte die zweite Veröffentlichung Prandtls zum Thema Turbulenz. Dieser Bericht ist der Gesellschaft der Wissenschaften zu Göttingen Ende März 1914 vorgelegt worden. Vier Monate später begann der Erste Weltkrieg. Zu Anfang des Krieges zogen Prandtls Assistenten alle in den Krieg. Er selbst mußte Versuche, die von der Industrie benötigt wurden, eigenhändig durchführen. Die Königliche Gesellschaft der Wissenschaften Göttingen hatte Prandtl am 24. 2. 1915 zum Mitglied in der mathematisch-physikalischen Klasse ernannt.

Im Jahre 1915, als die Militärs sich auf eine längere Kriegsdauer einzurichten begannen, wurde die Modellversuchsanstalt wieder unterstützt. Es wurde der Bau eines großen Windkanals vom Kriegsministerium in Auftrag gegeben. Die neuen Bauten wurden zusammen mit der schon bestehenden Modellversuchsanstalt in die 1911 gegründete Kaiser-Wilhelm-Gesellschaft zur Förderung der Wissenschaften (KWG) unter dem Namen *"Modellversuchsanstalt für Aerodynamik"* (MVA) eingegliedert. Direktor war Ludwig Prandtl (siehe [2]). Bei Kriegsende im Herbst 1918 zählte das Personal 49 Personen. Beiträge zur Turbulenz sind in dieser Zeit nicht erschienen. Mit dem Ende des Krieges waren viele Verpflichtungen von Prandtls Schultern genommen worden. Die Theorie des Flügels endlicher Spannweite war abgeschlossen und veröffentlicht worden.

Aber schon bald war wieder ein neues Problem in Prandtls Leben gekommen, als er am 10. August 1920 einen Ruf an die Technische Hochschule in München bekommen hatte. Die Entscheidung zwischen München und Göttingen war ihm nicht leicht gefallen. In Göttingen versuchte man ihn zum Bleiben zu bewegen. Zur Debatte stand die Errichtung eines Kaiser-Wilhelm-Instituts, das vom Senat der KWG schon im Jahre 1913 genehmigt worden war, aber wegen des Krieges 1914-1918 nicht verwirklicht werden konnte. Danach hatte das Geld gefehlt. Aber auch in München war nicht alles glatt gegangen. So hatten sich die Verhandlungen mit wechselnden Zu- und Absagen über mehr als drei Jahre hingezogen bis Prandtl am 5. Dez. 1923 in München endgültig abgesagt und sein KWI für Strömungsforschung in Göttingen bewilligt bekommen hatte. Die ganze Geschichte ist nachzulesen in [2], K. Kraemer [6] und J. Vogel-Prandtl [7].

Der Bau des Instituts wurde am 31. März 1924 begonnen und am 16. Juli 1925 fand die Einweihungsfeier im Beisein des Präsidenten der KWG, A.v. Harnack statt. Das neue Institut bekam den Namen *"Kaiser-Wilhelm-Institut für Strömungsforschung, verbunden mit der Aerodynamischen Versuchsanstalt in Göttingen (KWI)"*. In seinem Festvortrag der Feier am 16. Mai hatte Prandtl auf Wunsch der KWG die Aufgaben der Strömungsforschung näher auseinandergesetzt, denen das neue Institut gewidmet sein sollte. Sein Vortrag hatte den Titel *"Aufgaben der Strömungsforschung"* [8]. Er betonte, daß es sich vor allem dem systematischen Studium der Strömungen zuwenden wolle im Gegensatz zu anderen Anstalten, die ganz bestimmte technisch Forschungsaufgaben bearbeiten. Es wurde das Reynoldsche Ähnlichkeitsgesetz erläutert. Prandtl hatte von Flugzeugtragflächen, Propeller- und Turbinenschaufeln, von Kavitation, vom rotierenden Laboratorium gesprochen. Das Wort Turbulenz hatte er nicht erwähnt.

2.2 Die schöpferischen Jahre für die Turbulenzforschung, 1920-1934

Die schöpferischen Jahre Prandtls bezüglich seiner Turbulenzforschung hatten kurz nach dem Ende des Ersten Weltkrieges eingesetzt. Die beiden Hauptfragestellungen, die ihn intensiv beschäftigt hatten, waren

a) die Entstehung der Turbulenz,

b) die Formen der Strömung bei der ausgebildeten Turbulenz.

Durch den langen Berufungsprozeß München-Göttingen war seine Forschertätigkeit nicht erkennbar beeinträchtigt worden. So konnte er bald mit neuen Erkenntnissen an die Öffentlichkeit treten. Seine neu gewonnenen Ergebnisse hatte Prandtl in den meisten Fällen zuerst als Vortrag auf wissenschaftlichen Fachtagungen bekannt gemacht, der dann gedruckt in einer Zeitschrift oder dergleichen erschien. Solche Vorträge fanden in ziemlich dichter Folge statt.

Im Jahre 1921 hatte Prandtl auf der Physikertagung in Jena einen Vortrag über die Entstehung der Turbulenz gehalten (3). Hierbei hatte er, an den damaligen Stand des Wissens anknüpfend über einen Versuch berichtet, dem Problem experimentell beizukommen und war dann auf seinen gemeinsam mit O. Tietjens (Dis) durchgeführten theoretischen Untersuchungen über das erste Stadium der Turbulenzentstehung eingegangen, die allerdings wegen zu weitgehender Vereinfachungen, stets eine Labilität der Strömung gegenüber kleinen Schwingungen lieferten.

Auf der Ostertagung der GAMM in Dresden 1925 hatte Prandtl einen Vortrag über die ausgebildete Turbulenz gehalten (5), wobei er auf zwei verschiedene Punkte eingegangen war. Als Erstes behandelte er den Umstand, daß neuere Versuche über den Widerstand von strömendem Wasser in glatten Rohren das bisher als gültig angesehene Gesetz von H. Blasius [9] in seiner Gültigkeit einschränkten. Prandtl hatte die Grundanschauungen, die zu der Beziehung geführt hatten, daß die Geschwindigkeit in Wandnähe proportional der siebenten Wurzel aus dem Wandabstand variierte, so verallgemeinert, daß sie für jedes empirische Widerstandsgesetz eine Geschwindigkeitsverteilung lieferten. Als Zweites hatte er in diesem Vortrag seinen Mischungswegansatz erstmals vorgestellt, dessen Grundlagen erläutert, hergeleitet, Anwendungsbeispiele gegeben und letztlich fast sein ganzes in Vorbereitung befindliches Forschungsprogramm skizziert. Näheres hierzu in Abschnitt 3.4.

Nach der Gründung des KWI hatte sich im Wissenschaftlichen Beirat des VDI folgende Meinung gebildet: Das unter der Leitung von Prandtl entstandene Institut für Strömungsforschung hatte auf die Leiter ähnlicher Institute eine so große Anziehungskraft ausgeübt, daß der Verein Deutscher Ingenieure sich entschloß, eine Hydrauliktagung nach Göttingen einzuberufen und die in der Hydraulik tätigen Fachleute einzuladen. Dieam 5. und 6. Juni 1925 stattgefundenen Veranstaltung lag in den Händen des Wissenschaftlichen Beirats des Vereins Deutscher Ingenieure. Als erster Redner hatte L. Prandtl seinen Bericht über neuere Turbulenzforschung gegeben (6). Im Rahmen seines Vortrages konnte er nur eine Auswahl der wichtigsten Ergebnisse aus dem zu jener Zeit recht beträchtlichen Umfang an Forschungen über das Verhalten der turbulenten Flüssigkeitsströmungen behandeln. Er wählte diejenigen aus, die für die Turbinenfachleute seiner Meinung nach von größtem Interesse waren. Über die folgenden Themen, die er auch an anderer Stelle behandelt hatte, hatte er gesprochen.

1. Das Auftreten von zwei verschiedenen Strömungszuständen bei Kugeln,
2. Die Mittelwerte der Geschwindigkeit in glatten Rohren,
3. Die Widerstandsziffer der glatten Platte,
4. Beschleunigte und verzögerte Strömungen in Kanälen,
5. Der Mischungswegansatz.

Alle Vorträge dieser Veranstaltung sind in dem Buch "Hydraulische Probleme" [10] enthalten.

Auf dem II. Internationalen Kongress für Mechanik 1926 in Zürich hatte L. Prandtl einen Vortrag "*Über die ausgebildete Turbulenz*" (7) gehalten, den er wie folgt begonnen hatte:

"M.H. Was ich Ihnen hier über die Gesetzmäßigkeiten der ausgebildeten turbulenten Flüssigkeitsströmung vortragen will, ist, wie ich gleich sagen möchte, noch weit davon entfernt, etwas Abgeschlossenes darzustellen, es handelt sich vielmehr um die ersten Schritte auf einem neuen Weg, denen, wie ich hoffe, noch mancherlei Schritte folgen werden.

Die Untersuchungen zur Frage der Turbulenz, die wir seit etwa fünf Jahren in Göttingen treiben, haben die Hoffnung auf ein tieferes Verständnis der inneren Vorgänge der turbulenten Flüssigkeitsbewegungen leider sehr klein werden lassen; unsere fotografischen und kinematographischen Aufnahmen zeigten uns nur, wie hoffnungslos verwickelt diese Bewegungen selbst im Falle kleinerer Reynoldscher Zahlen sind."

Er hatte vier Aufnahmen einer Wasserströmung in einem sehr langen, tiefen, rechteckigen Gerinne gezeigt, die der Dissertation von J. Nikuradse entnommen worden waren. Er hatte seine Feststellungen resümiert mit den Worten:

"Das, was ich das "große Problem der ausgebildeten Turbulenz" nennen möchte, ein inneres Verstehen und eine quantitative Berechnung der Vorgänge, durch die aus den vorhandenen Wirbeln trotz ihrer Abdämpfung durch Reibung immer wieder neue entstehen, und eine Ermittlung derjenigen Durchmischungsstärke, die sich in jedem Einzelfall durch den Wettstreit von Neuentstehung und Abdämpfung einstellt, wird daher wohl noch nicht so bald gelöst werden."

Nachdem Prandtl mit diesen Ausführungen klargelegt hatte, wie stark es ihm am tieferen Eindringen in den Turbulenzmechanismus gelegen war und daß es unendlich schwierig ist, diesem Ziel näher zu kommen, war er dann zur Besprechung seines Mischungswegansatzes übergegangen, wobei er von den Darlegungen O. Reynolds [11] ausgehend, hier eine etwas andere Herleitung als bei seinem Vortrag in Dresden gewählt hatte. Über weiteres sei auf Abschnitt 3.4 dieses Beitrags verwiesen.

Eine der wichtigsten Aufgaben der nächsten Zeit würde das Studium der Reibungsschichten an festen Körpern betreffen und zwar sollten hier besonders die Bedingungen für das schädliche Abreißen der Strömung an Flugzeugtragflügeln, in Diffusoren usw. näher studiert werden. Auch hier waren bereits Anfänge vorhanden gewesen.

Zum Schluß seines Vortrags hatte Prandtl von einer neuen Erscheinungsgruppe gesprochen, die das typisch dreidimensionale Turbulenzphänomen in Betracht zieht, im Gegensatz zu den in statistisch ebenen und rotationssymmetrischen Fällen, die bis dahin allein behandelt worden waren. Die besonderen Erscheinungen, die dabei auftreten, bezeichnete Prandtl später als Sekundärströmungen zweiter Art. Näheres darüber ist im Abschnitt 3.5 zu lesen.

In der III. Lieferung der Ergebnisse der Aerodynamischen Versuchsanstalt zu Göttingen [12] war 1927 Prandtls Beitrag "*Über den Reibungswiderstand strömender Luft*"(8) abgedruckt worden und in der IV Lieferung der gleichen Buchreihe war 1932 [13] der Beitrag Prandtls "*Zur turbulenten Strömung in Rohren und längs Platten*"(16) erschienen. Die beiden Beiträge werden im Abschnitt 3.6 gemeinsam abgehandelt.

Zu den Fragestellungen, die in naher Beziehung zu Prandtls Forschungsprogramm über die ausgebildete Turbulenz standen, gehört auch der Einfluß stabilisierender Kräfte auf die Turbulenz, die durch waagerechte Schlichtung von Flüssigkeiten verschiedener Dichte, aber auch an gekrümmten Oberflächen entstehen. Prandtl war einer Anregung von Prof. Dr. Wilhelm Schmidt nachgekommen und hatte sich zunächst mit der Theorie dieser Erscheinungen beschäftigt, in der Hoffnung, "*hiermit auch in der Einsicht in den Mechanismus der Turbulenz etwas weiterzukommen, als es bisher der Fall ist.*" Er hatte hierüber anläßlich der Inbetriebnahme des Neubaus des Aerodynamischen Instituts der Technischen Hochschule zu Aachen vom 26. bis 29. Juni 1929 (Siehe Gilles,, Hopf, v. Kármán [14]) den Vortrag "*Einfluß stabilisierender Kräfte auf die Turbulenz*" (10) dargeboten. Über seine zur Aufklärung dieser Umstände durchgeführten Laboratoriumsversuche hatte Prandtl die 1930 erschienene Veröffentlichung "*Modellversuche und theoretische Studien über die Turbulenz einer geschichteten Luftströmung*" (11) herausgebracht.

Im Jahre 1929 hatte Prandtl eine Einladung bekommen, sich an dem World Engineering Congress in Tokio mit einem Beitrag zu beteiligen. Damals war eine Reise nach Japan von Deutschland aus ein viel sensationelleres Unternehmen als es heute im Zeitalter des Düsenflugverkehrs ist. Prandtl mußte damals auf dem Landweg durch Rußland nach Wladiwostok und von dort per Schiff nach Japan reisen. Erschwerend war, daß es Reiseverbindungen über so weite Entfernungen noch nicht gab. Auf dem Rückweg wählte Prandtl den Weg über den Pazific nach San Francisco, USA. So wurde es eine Weltreise, die über ein halbes Jahr ausgedehnt wurde. An seine Frau hat er zahlreiche Briefe geschrieben, die er von Anfang an numeriert hatte, er ist auf über 70 gekommen. Prandtls Tochter Johanna hat aus diesen Briefen über viele interessante Erlebnisse der Reise in ihrem Buch [6] berichtet. Im Vorliegenden soll über diese Reise nur das erwähnt werden, was im Zusammenhang mit dem Titel diese Beitrags von Interesse ist.

Seine Weltreise hatte Prandtl in Göttingen am 13. September 1929 begonnen. Nach 40-stündiger Eisenbahnfahrt war er in Moskau eingetroffen, wo er sich mehrere Tage aufgehalten und 3 Vorträge gehalten hat, worüber allerdings nichts näher bekannt ist.

Am 11. Oktober 1929 war Prandtl in Kobe, Japan eingetroffen und dort von seinem früheren Mitarbeiter Carl Wieselsberger und Herrn Takao begrüßt worden. Am 20. Oktober war Prandtl dann in Tokio angekommen und hatte an den folgenden 3 Tagen seine Vorträge in der Kaiserlichen Universität Tokio gehalten. Der erste Vortrag am 21. Oktober 1929 hatte sich mit der Turbulenz und ihrer Entstehung befaßt. Nach einem Hinweis auf die großen Schwierigkeiten, die für die mathematische Behandlung der Strömungsbewegung aus der zusätzlichen ungeordneten Bewegung erwachsen, hatte er mit der Behandlung der Turbulenzentstehung begonnen und war auf die Stabilitätstheorie von W. Tollmien eingegangen. Bei der ausgebildeten Turbulenz hatte Prandtl den Mischungswegansatz und einige Anwendungsbeispiele besprochen. Das Hauptanliegen seiner Reise war der Vortrag auf dem World Engineering Congress [15] , der in der Zeit vom 29. Oktober bis 7. November stattgefunden hatte. Der Vortrag war aus dem Deutschen von S. Goldstein ins Englische übersetzt worden und hatte den englischen Titel "*On the rôle of turbulence in technical hydrodynamics*". Im ersten Teil ähnelte der Inhalt dem Vortrag in der Universität Tokio. Im zweiten Teil hatte Prandtl den Einfluß stabilisierender Kräfte auf die Turbulenz behandelt und war auf die turbulente Grenzschicht an einem umströmten Körper eingegangen.

Am 12.11. hatte Prandtl Japan verlassen und war mit dem Schiff in östlicher Richtung weitergereist. Bei einem 2-tägigen Stop in Honolulu hatte er das erste Mal englisch frei gesprochen, bei einem Vortrag über den Segelflug. Am 1. Dezember war San Francisco erreicht worden. Hier hatte für Prandtl die amerikanische Vortragsreise begonnen, die ihn durch viele bekannte Universitäten geführt hatte. Nach einem Aufenthalt in Pasadena waren Urbana, Chicago, Detroit, Wrightfield, Washington, Ann Arbor, New York und Boston gefolgt, um überall Vorträge zu halten. Am 5. März 1930 war Prandtl nach Göttingen zurückgekehrt.

Etwa zwei Jahre danach war die Konferenz über hydromechanische Probleme des Schiffsantriebs von der Hamburgischen Schiffbau-Versuchsanstalt gemeinsam mit der Gesellschaft der Freunde und Förderer dieses Instituts nach Hamburg einberufen worden., um im Kreise derjenigen, welche an diesen Problemen arbeiteten, eine Aussprache herbeizuführen. Eine solche Aussprache und die persönliche Fühlungnahme der Forscher untereinander sollte dazu dienen, einen Überblick über den Stand der Wissenschaft auf den behandelten Gebieten mit Hilfe von Referaten zu gewinnen und im Anschluß daran durch Korreferate und Erörterungsbeiträge die neuesten Arbeiten und Gedanken der einzelnen Forscher kennen zu lernen, sowie auch die Verbindung zwischen den verschiedenen Instituten herzustellen, in welchen an diesen Problemen gearbeitet wurde. Prandtl hatte auf dieser am 18. und 19. Mai 1932 abgehaltenen Konferenz in einem Erörterungsbeitrag über die Vorträge von Th. v. Kármán und F. Eisner gesprochen und war dann auf die neuesten Göttinger Unersuchungen von Strömungen in Rohren und an der ebenen Platte mit rauen Oberflächen eingegangen.

Die Verhandlungen dieser Konferenz hatten einen nahezu vollständigen Überblick über das in jener Zeit Geleistete geboten. Deshalb hatten sich die Veranstalter entschlossen, die Verhandlungen im vollen Umfang, teilweise sogar mit wesentlichen von den Referenten vorgenommenen Erweiterung, gedruckt herauszugeben, - als einen Markstein der Entwicklung und als eine Grundlage für die Weiterarbeit. [16]

1933 wurde in der ZVDI der bemerkenswerte Aufsatz "*Neuere Ergebnisse der Turbulenzforschung* " (18) von L. Prandtl veröffentlicht, der, wie schon erwähnt, aus dem Vortrag vor der Prager Ortsgruppe der Gesellschaft für angewandte Mathematik und Mechanik am 6. Mai 1932 in der Deutschen Technischen Hochschule zu Prag hervorgegangen ist. In diesem Aufsatz sind die wichtigsten, bis dahin vorliegenden Ergebnisse dieser Forschungen Prandtls übersichtlich zusammengefaßt worden, wobei eine Reihe von Beziehungen behandelt worden ist, die auch für den Praktiker von unmittelbarem Interesse waren. Es waren Entstehung der Turbulenz, Grundbegriffe der ausgebildeten Turbulenz, Strömung längs einer rauhen Wand, Rohrströmungen, Übertragung auf andere Fälle und unter weiteren Aufgaben gekrümmte Strömungen sowie Wärmeaustausch behandelt worden. Dem Text ist ein Schrifttumsverzeichnis beigefügt, bei dem allerdings in keiner Weise Vollständigkeit angestrebt worden ist. Das Verzeichnis enthält 38 Titel. Es sind lediglich die Arbeiten angegeben worden, die unmittelbar mit dem Text in Verbindung stehen. Außerdem sind einige wichtige zusammenfassende Darstellungen erwähnt worden. Auf viele Einzelheiten dieses Berichtes wird im 3. Kapitel eingegangen.

Neben dem wichtigen Inhalt dieses Aufsatzes offenbart eine genaue Durchsicht aller Veröffentlichungen Prandtls das folgende Bild: Es ist die 16. Veröffentlichung Prandtls zum Thema Turbulenz, und nur zwei Veröffentlichungen zum Thema "*meteorologische Anwendungen*", waren erschienen. Dagegen hatte Prandtl nach 1933 nur noch 5 Veröffentlichungen über Turbulenz, aber 10 Veröffentlichungen zum Thema *"meteorologische Anwendungen"* herausgebracht. Hieraus läßt sich schließen, daß sich die Interessen Prandtls mehr zu den meteorologischen Anwendungen verlagert hatten. Aber nicht nur das, sondern auch auf anderen Zweigen begann er wieder aktiv zu werden. Insbesondere als 1933 der Luftfahrt in Deutschland besondere Bedeutung zugemessen wurde, nahm er auch wieder Aufgaben der Luftfahrttechnik in Angriff wie neue Probleme der Tragflügeltheorie und über die Strömung zusammendrückbarer Medien. Es scheint, daß um diese Zeit die schöpferischen Jahre Prandtls im Hinblick auf die Turbulenzforschung ihren Höhepunkt überschritten hatten und daß andere Forschungsziele in den Vordergrund zu rücken schienen. Auszuschließen ist auch nicht, daß Prandtl mit dem bis 1933 Geschaffenen einen gewissen Abschluß als erreicht angesehen hatte und nun eine schöpferische Pause für eventuell späteren Neubeginn einlegen wollte. Tatsächlich scheint sich ein solcher Neubeginn zwischen 1938 und 1945 auch anzudeuten.

Im Jahre 1934 hatte Prandtl gemeinsam mit seinem Mitarbeiter H. Schlichting noch die Arbeit "*Das Widerstandsgesetz rauher Platten*" (19) veröffentlicht, die auf den Versuchsergebnissen von Nikuradse [17] beruhte. Im gleichen Jahr war der von Prandtl gemeinsam mit seinem Mitarbeiter H. Reichardt verfaßte Aufsatz "*Einfluß der Wärmeschichtung auf die Eigenschaften einer turbulenten Strömung*" (20) erschienen.

2.3 The Mechanics of Viscous Fluids, 1935 W. F. Durand, Aerodynamic Theory, Vol III. Div. F)

Im Jahre 1935 war der dritte Band von W.F. Durand's *Aerodynamic Theory* mit Prandtls Beitrag "*The Mechanics of Viscous Fluids*" (22) herausgegeben worden. Diese Buchreihe hatte eine längere Vorgeschichte, über die R.P. Hallion in seinem Buch "*Legacy of Flight, The Guggenheim Contribution to American Aviation*" [18] berichtet hat. Die enormen Fortschritte, die die Luftfahrt in den USA bezüglich Technik, Verkehr und Ausbildungsstätten in den Jahren zwischen 1926 und 1941 erfahren hatte, waren durch die "*Daniel Guggenheim Fonds zur Förderung der Luftfahrt*" hervorgebracht worden. Von diesen Fonds hatten auch die Universitäten Stanford, Massachusetts Institute of Technology und Caltech profitiert. Es war auch der Gedanke aufgekommen, während der Laufzeit der Guggenheim Fonds eine Enziklopädie über die Technik der Luftfahrt für Wissenschaftler und Ingenieure herauszubringen.

Am 2. Feb. 1926 fuhr Harry Guggenheim, Sohn von Daniel Guggenheim, nach Europa um dort Anstalten und Persönlichkeiten der Luftfahrt zu besuchen. In Laboratorien und Versuchsanstalten schien Europa den Vereinigten Staaten überlegen zu sein. Guggenheim war besonders von L. Prandtl in Göttingen beeindruckt als dem führenden Wissenschaftler und Bahnbrecher der Windkanalforschung und theoretischen Aerodynamik. "*Er trägt den Großteil der wichtigen grundlegenden Luftfahrtforschungsarbeit in Deutschland mit Hilfe von Doktoranden, die kommen, um unter seiner Leitung zu studieren*", schrieb Gugenheim, "*auf diese Weise hat er beste Forschungskräfte ausgebildet und bildet weiterhin solche aus. Die Vereinigten Staaten fanden scheinbar Bedarf an einem solchen Institut. Dies ist schwer zu erreichen, weil der Erfolg von dem Wissenschaftler abhängt, für den ein solches Institut geschaffen wurde.*" Im Oktober 1927 hatte Harry Guggenheim Dr. William F. Durand, Professor Emeritus at Standford University gebeten, einen Überblick über Luftfahrt-Theorie und –Praxis auszuarbeiten und festzustellen, ob eine solche Enziklopädie zu unterstützen sei. Nach der Arbeit von einigen Monaten Dauer war Durand klar geworden, daß Entwurf und Konstruktionsmethoden sich so schnell änderten, daß eine Enziklopädie überholt wäre, bevor sie fertiggestellt sei. Im Juni 1928 war Durand zu dem Schluß gekommen, daß ein Kernstück grundlegender Theorie, ausgehend von der Theorie der Strömungslehre, zeitlichen Bestand haben würde, und hatte deshalb empfohlen, ein enzyklopädisches Werk über aerodynamische Theorie mit den dazugehörigen experimentellen Daten vorzubereiten. Die Kosten der Veröffentlichung eines solchen Werkes waren auf 45.000 $ geschätzt worden, die später auf 60.000 $ erhöht worden waren.

Das Kuratorium der Daniel Guggenheim Fonds befürwortete diesen Vorschlag unter der Voraussetzung, daß Durand selbst die Herausgabe leitete. Am 4. April 1929 hatte sich Durand auf die Reise nach Europa begeben und traf mit v. Kármán, Ludwig Prandtl und Albert Betz zusammen, um die Einzelheiten des vorgeschlagenen Werkes auszuarbeiten. Es entstand so das sechsbändige Werk mit dem Titel "*Aerodynamic Theory, A General Review of Progress under a Grant of the Guggenheim Fonds for the Promotion of Aeronautics*", welches im Julius Springer Verlag in Berlin von 1934 bis 1936 verlegt worden ist [19].

Prandtls Beitrag zu Band III umfaßt insgesamt 174 Seiten und 5 Bildtafeln. Auf die Darstellung der turbulenten Strömungen entfallen 89 Seiten, wobei der Text in 10 Abschnitte unterteilt ist und 43 Figuren hinzugefügt sind. Der Hauptherausgeber W.F. Durand hatte in seinem Vorwort zu Prandtls Darstellungen über die Turbulenz -ins Deutsche übersetzt– folgendes ausgeführt: "*Besondere Aufmerksamkeit dürfte auf die späteren Abschnitte des Kapitels gerichtet werden, in welchem die neueren Entwicklungen und Ansichten dazu dargelegt werden, bei denen der Autor viele Jahre ein Wegbereiter gewesen ist. In den Abschnitten 19 bis 26 findet man also die neuesten Entwicklungen bezüglich turbulenter Strömung, seiner Entstehung und seines Wachstums, Geschwindigkeitsverteilung und die Beziehung zwischen letzterer und den in turbulenter Strömung entlang glatter und rauher Wände entwickelten Schubspannungen, und noch späteren Abschnitten Diskussionen über turbulente Reibungsschichten in beschleunigten und verzögerten Strömungen, Widerstand von Körpern in turbulenten Strömungen und Versuchsmethoden für deren Bestimmung.*

Die Arbeit, dieses Kapitels vom Deutschen ins Englische zu übersetzen, ist hauptsächlich von Dr. Louis Rosenhead, Professor für angewandte Mathematik an der Universität Liverpool und Mitglied der St. John's College, Cambridge ausgeführt worden, dem hier spezielle Anerkennung für seine wertvolle Hilfe ausgedrückt wird."

Nach ihrem Erscheinen war "*Aerodynamic Theory*" vor allem von den Luftfahrtingenieuren als Standardwerk in den kommenden Jahren begrüßt worden. Tatsächlich hatten Durand und v. Kármán zusammen schon 1939 geplant, das Werk zu erneuern, doch der Ausbruch des II. Weltkrieges hatte diese Pläne zum Erliegen gebracht. Wegen des Bedarfs bei den Ingenieuren hatte Caltech während des Krieges einen Photonachdruck unternommen. Obwohl weder Strahl- und Raketenantrieb noch Weltraumfahrt berücksichtigt worden sind, ist Durands "*Aerodynamic Theory*" selbst in den 70er Jahren noch viel als Nachschlagewerk von Ingenieuren benutzt worden.

Prandtls Artikel hat viel zur Verbreitung seiner Ideen beigetragen. Als absolut sicher kann angesehen werden, daß Prandtls Turbulenztheorien nicht so weltweit bekannt geworden wären, hätte es Durands "*Aerodynamic Theory, Vol. III*" nicht gegeben.

2.4 Die zweite Schaffensperiode für die Turbulenzforschung, 1938 – 1945

Als nächstes hier zu erwähnendes Ereignis hatte vom 12. bis 16. September 1938 in Cambridge/Massachusetts USA der V. Internationale Kongress für Mechanik [20] stattgefunden. Im Hinblick auf das große Interesse an dem Problem der Turbulenz, das sich bei dem vier Jahre zuvor in Cambridge, England, abgehaltene IV. Kongress für Mechanik gezeigt hatte, und auch wegen der wichtigen Veränderungen in geltenden Ansichten seit 1934, war entschieden worden, auf dem V. Kongress ein Turbulenz-Symposium zu veranstalten. Professor Prandtl war bereit, das Symposium zu organisieren und als Vorsitzender zu wirken. Das Organisationskomitee hatte Prandtl für seine Bereitschaft gedankt und das Turbulenz-Symposium nicht nur als wesentlichen Teil dieses Kongresses betrachtet, sondern gehofft, daß die Aktivitäten des Kongresses sich vielleicht auf die Orientierung der zukünftigen Forschung auswirken würden. Die führenden Bearbeiter dieses Gebietes waren zusammengebracht worden, um ihre Meinungen zu besprechen.

Prandtl hatte sich wahrscheinlich geehrt gefühlt, als das Organisationskomitee ihm angetragen hatte, das Turbulenz-Symposium zu organisieren. Man könnte sich sehr wohl denken, daß die Vorbereitungsarbeiten für das Symposium sowie der damit verbundene Zwang, auch seinen eigenen wissenschaftlichen Beitrag zu der Tagung zu liefern, seinen Interessen für die Turbulenzforschung einen starken Impuls gegeben hatten und er auch sonst viele Anregungen von der Veranstaltung mit nach Hause genommen hatte. Von solchen Gedanken ausgehend ist es wohl richtig, den Symposiums-Vortrag Prandtls mit seinen in den Folgejahren verfaßten Berichten unter dem Begriff einer neuen Schaffensperiode zusammen zu fassen.

In seinem Vortrag "*Beitrag zum Turbulenz-Symposium*" (24) hatte Prandtl über mehrere Arbeiten berichtet, die er selbst und einige seiner Göttinger Mitarbeiter in jener Zeit durchgeführt hatten. Er hatte über die abklingende (homogene) Turbulenz gesprochen, dabei die Theorie behandelt und die Ergebnisse eines Experiments präsentiert (vergl. Abschnitt 3.9). Ferner hatte er, auf laufende Arbeiten eingehend, die Frage des Übergangs von glatter zu rauher Oberfläche (Jacobs) (Dis), sowie Hitzdrahtmessungen (Reichardt) [5] in turbulenten Strömungen diskutiert.

An dem Kongress hatten außer Prandtl eine Anzahl weiterer deutscher Wissenschaftler und Ingenieure aus verschiedenen Forschungsanstalten und Industrie teilgenommen. Infolge der angespannten politischen Lage herrschte eine gespannte, teilweise recht unfreundliche Stimmung zwischen den deutschen und anderen Teilnehmern. Prandtl hatte auf Ersuchen des deutschen Ministeriums dem Kongresskomitee eine Einladung vorgelegt, einen Kongress in Deutschland stattfinden zu lassen. Dies hatte unter den Kollegen der verschiedenen Nationen erregte politische Gespräche in Gang gebracht [7]. In dieser Zeit trieb die Sudetenlandkrise ihrem Höhepunkt zu und der Friede hatte auf Messers Schneide gestanden, war aber durch das Münchner Abkommen noch gerettet worden.

Elf Monate später, am 1. September 1939 war der Zweite Weltkrieg tatsächlich vom Zaun gebrochen worden. Dies hatte weitgehende Konsequenzen für die Arbeiten der KWI zur Folge. Viele Forschungsaufgaben mußten abgebrochen und durch kriegswichtigeres ersetzt werden. Prandtl persönlich hatte schwere Schicksalsschläge zu erleiden. Seine Frau war im Dezember 1940 gestorben.

1942, als der Krieg immer schlimmere Formen anzunehmen begann, wurden auch die Anforderungen an die Luftfahrtforschung immer größer. Die Einmischung von Behörden und Militär in die Forschungslenkung hatte zu Mißerfolgen geführt. Je länger der Krieg dauerte, um so mehr wuchs die Mißstimmung der leitenden Wissenschaftler der Luftfahrtforschung über die Eingriffe der Bürokratie und des Militärs. Bei dem Bestreben, Selbststeuerung durchzusetzen, war wieder eine Spitze der Luftfahrtforschung zu bilden, Prandtl wurde als führender Kopf zunehmend in die Probleme der Forschungsführung der Luftfahrt einbezogen (Vergl. H. Trischler [21]), sehr zum Nachteil seiner Forschertätigkeit. Doch trotz dieser Aufgaben, denen er sich nicht entziehen konnte, fand er immer noch Zeit, sich mit Problemen der Turbulenz zu befassen.

So war von Prandtl 1942 die Arbeit "*Bemerkungen zur Theorie der freien Turbulenz*" zur Einführung in den nachfolgenden Aufsatz von H. Görtler [22] als Überblick zum derzeitigen Stand der heuristischen Grundformeln der turbulenten Ausbreitung erschienen (26). Dabei war auch zu den von H. Reichardt [23] vorgeschlagenen Ansätzen Stellung genommen worden. Prandtl hatte einen anderen Versuch unternommen, für die Vorgänge der freien Turbulenz glatte Formeln für die Geschwindigkeitsverteilungen zu gewinnen. Eine neue Formel von Prandtl ergab besonders bequeme Rechnungsmöglichkeiten und gleichzeitig eine relativ gute Darstellung der Meßergebnisse.

Dann war vor allem Prandtls Buch "*Führer durch die Strömungslehre*" [24] auf den Markt gekommen. Das Manuskript war im Oktober 1941 abgeschlossen worden. Im Vorwort war besonders auf Neuerungen im Abschnitt zur Turbulenz gegenüber dem Vorläufer des Buches "*Abriß der Strömungslehre*" hingewiesen worden. Es war Prandtls dritte zusammenfassende Darstellung zur Turbulenz innerhalb eines Jahrzehntes gewesen. Das Buch war vor allem von Ingenieuren sehr geschätzt worden. Die erste Auflage war schnell vergriffen. Prandtl war noch in der Lage gewesen, eine zweite und dritte Auflage zu überarbeiten. Nebenbei sei erwähnt, daß das damalige Reichsluftfahrtministerium das Buch nach seinem Erscheinen an eine große Zahl von Beschäftigten in Forschung und Industrie, die irgendwie mit der Strömungslehre zu tun hatten, großzügig als Leihgabe vergeben hatte. Nach dem Verschwinden dieses Ministeriums nach Kriegsende war niemand vorhanden, der diese Leihgabe zurückverlangte.

Zu Beginn des Jahres 1945 hatte sich die Kriegslage für Deutschland so verschlechtert, daß sich der nahende Zusammenbruch abzuzeichnen begann. Es war deshalb eine große Überraschung, daß Prandtl noch zu dieser Zeit mit einer bedeutenden Veröffentlichung über das Thema Turbulenz auftreten konnte. Es war "*Über ein neues Formelsystem für die ausgebildete Turbulenz*" (31) mit einem ergänzenden Zusatz von K. Wieghardt. Er hatte diese Arbeit in der Sitzung der Akademie der Wissenschaften in Göttingen, Mathematisch-Physikalische Klasse am 26. Januar 1945, nur wenige Tage vor seinem siebzigsten Geburtstag vorgelegt. Acht Jahre früher hatte er auf dem Turbulenz Symposium in Cambridge, Mass. als sehr unbefriedigend bezeichnet, daß man für die verschiedenen Arten der Turbulenz, wie Wandturbulenz, freie Turbulenz, zeitlich abklingende Turbulenz usw. jeweils unterschiedliche Rechenregeln anwenden müsse; jetzt hatte er eine partielle Differentialgleichung für die kinetische Energie der Geschwindigkeitsschwankungen entwickelt, die für alle Arten ausgebildeter Turbulenz anzuwenden war. Aber nicht nur hier, sondern auch in den Einzelfällen versprach dieses neue Formelsystem bessere Anpassung an das wirkliche Verhalten der Turbulenz als die bis dahin vorhandenen Berechnungsverfahren. Im Abschnitt 3.10 ist Näheres über dieses Verfahren beschrieben, wie auch über einen unveröffentlichten Bericht von Prandtl bezüglich der Rolle der Zähigkeit im Mechanismus der Turbulenz. Es ist die Krönung von Prandtls Bemühungen, der Lösung des Turbulenzproblems einen Schritt näher zu kommen.

2.5 Die Nachkriegszeit, 1945 - 1948

Am 8. April 1945, einem Sonntag, war der Krieg für Göttingens Bevölkerung durch die Besetzung mit amerikanischen Truppen zu Ende gegangen.

Nach dem totalen Zusammenbruch des Deutschen Reiches im Mai des gleichen Jahres begann das allgemeine Leben sich nur langsam wieder zu normalisieren. Wie sich die Vorgänge in der AVA und dem KWI unter der militärischen Besatzung abspielten, hat Professor Albert Betz, der Direktor der AVA, in nicht zu übertreffender Weise in seinem Bericht mit einer Ergänzung von Ludwig Prandtl geschildert [25]. Die AVA und das KWI konnten in den nächsten Tagen ihre Tätigkeit unbehindert fortsetzen. Nach zwei Tagen war plötzlich das Betreten des Geländes in den nächsten Wochen verboten. Die Direktoren Prandtl und Betz sowie einige der übrigen leitenden Herren wurden dann häufig zu Führungen und Erläuterungen ins Institut geholt. Nach Betz war "*ein wichtiges Ereignis*" der Besuch von Professor v. Kármán mit einer Reihe angesehener Forscher am 14. und 15. Mai 1945. Hierbei kam wohl zuerst die Möglichkeit zur Sprache, uns die Institute wenigstens wieder zugänglich zu machen. Da die Forschungsarbeit grundsätzlich durch höhere Abkommen verboten war, sah v. Kármán eine Möglichkeit darin, die deutschen Wissenschaftler zur Abfassung von Berichten für die Besatzungsmächte heranzuziehen, was dann etwas später auch organisiert wurde. Im Juli 1945 verließen die amerikanischen Offiziere die Anstalt wieder und als Wache erschienen britische Offiziere. Am 20. August 1945 erfolgte dann die offizielle Übernahme der AVA und des KWI vom britischen *Ministry of Aircraft Production*. Forschungsarbeiten waren auch weiterhin verboten. Es sollten ausschließlich Berichte und Monographien verfaßt werden. Das Personal war in britische Dienste übernommen worden.

Auf dem Gebiet der Hydro- und Aerodynamik ist während der Kriegszeit zur Förderung technischer Aufgaben (Flugzeuge, Strahltriebwerke, Schiffe, Ballistik) eine sehr umfangreiche Forschungsarbeit geleistet worden. Die Ergebnisse sind in so zahlreichen und umfangreichen Berichten niedergelegt, daß es für einen einzelnen Leser kaum möglich ist, sie zu übersehen. Um über dieses und zum Teil noch unveröffentlichtes Material einen Überblick zu gewinnen, ist es im Auftrage des Britischen *Ministry of Aircraft Production* bei der Aerodynamischen Versuchsanstalt (AVA) in Göttingen und bei der Luftfahrtforschungsanstalt in Braunschweig-Völkenrode in Form von Monographien bearbeitet worden. Allein die in der AVA verfaßten Monographien haben einen Umfang von rund 7000 Schreibmaschinenseiten. Während diese Monographien aber hauptsächlich die technischen Fortschritte behandeln, sollten die zu etwa der gleichen Zeit entstandenen "FIAT-Reviews of German Science"* in erster Linie das schildern, was vom Standpunkt des Physikers von Interesse ist. Dazu kommt natürlich noch eine Reihe von Forschungen, welche in den erwähnten Monographien nicht behandelt sind. Hierbei kann es sich um neue Erkenntnisse über den Ablauf von Vorgängen und über die dabei hauptsächlich maßgebenden Einflüsse handeln oder um Fortschritte in den experimentellen Hilfsmitteln oder um die theoretische Erfassung der Vorgänge, um sie der Berechnung zugänglich zu machen. Auf manchen Gebieten, die theoretisch bereits gut bekannt waren, bestanden die Fortschritte vielfach in Verbesserungen der Berechnungsverfahren, welche die Rechnung einfacher oder genauer gestalten. Sehr erschwerend für die Berichterstattung war der Umstand, daß ein großer Teil der einschlägigen Literatur in Deutschland nicht mehr zugänglich war. Daher konnte vieles nur aus dem Gedächtnis einzelner Fachleute wiedergegeben werden.

Die für Deutschland bestimmte Ausgabe der FIAT Review of German Science ist unter dem Titel "Naturforschung und Medizin in Deutschland 1939 – 1946" erschienen. Der von Albert Betz herausgegebene Band 11 enthält die Berichte über Hydro- und Aerodynamik [26]. In diesem Band ist auch Ludwig Prandtl's letzte Veröffentlichung über das Gebiet der Turbulenz abgedruckt worden (33). Das Manuskript war am 21. Februar 1947 eingegangen. In seiner Einleitung zum Band 11 hatte Max v. Laue bezüglich der Turbulenz folgendes geschrieben: *"Aber es gibt auch verwickeltere Fälle, z.B. die turbulente Strömung. Zwar sagt uns die Theorie qualitativ, warum unter bestimmten Voraussetzungen die laminare Strömung in die turbulente umschlägt, aber quantitative Aussagen liefert sie nicht. Hier liegt aller Fortschritt beim Experiment. Die Theorie hinkt ihm nach, insofern der Forscher probeweise bestimmte Teile des Vorgangs als wichtig, die anderen als nebensächlich annimmt und zusieht, wie nahe er mit der entsprechenden Näherung rechnerisch an das Beobachtete herankommt. Dies stellt an ihn die höchsten Anforderungen, insofern es dazu nicht nur mathematischer Begabung bedarf, sondern auch eines Ahnungsvermögens für physikalische Zusammenhänge, um jene Sondierung des Wichtigen vom Unwichtigen richtig vorzunehmen. So erklärt es sich, daß in den genannten Kapiteln der Versuch eine so breite Rolle einnimmt, allerdings nicht der blinde, auf gut Glück zutappende, sondern der auf Schritt und Tritt theoretisch beratene und überwachte Versuch."*

---

* FIAT ist die Abkürzung für *Field Information Agency, Technical*.

Prandtl hatte seinem Bericht die folgende Bemerkung voran gesetzt: *"In wichtigen Teilgebieten der Turbulenzlehre war vor dem Krieg bereits ein gewisser Abschluß erreicht worden. Verschiedene feinere Einzeluntersuchungen mußten aus kriegsbedingten Gründen abgebrochen werden. Die Forschungen, die im Kriege weitergeführt wurden, beziehen sich vielfach auf sehr spezielle Fragen von wesentlich praktischer Bedeutung. Immerhin sind auch einige grundsätzlich wichtige Erkenntnisse erzielt worden. Vergleiche hierzu etwa Arbeiten der folgenden Autoren: F. Schultz-Grunow, K. Wieghardt, H. Reichardt, H. Schulz, G. Hamel, L. Prandtl, C.F. v. Weizsäcker, W. Heisenberg.*

Der Bericht ist nach sachlichen Gesichtspunkten gegliedert. In jedem Abschnitt ist tunlichst eine chronologische Reihenfolge eingehalten. Eine Vollständigkeit ist nicht angestrebt, vielmehr die Auswahl der Berichte nach ihrer Wichtigkeit für den wissenschaftlichen bzw. technischen Fortschritt getroffen."

In dem Bericht sind insgesamt 69 Titel zitiert worden. Davon hatte Prandtl 6 Arbeiten von sich selbst erwähnt. Weitere 33 Titel sind im KWI oder der AVA entstanden. Dies beweist, daß im KWI auch in diesen Jahren eine rege Forschungstätigkeit die Turbulenz betreffend gepflegt worden ist, wenngleich Prandtl selbst nicht so oft mit Veröffentlichungen hervorgetreten ist.

Im September 1946 endete endgültig die Verwaltung durch das *Ministry of Aircraft Production* (später in *Ministry of Supply* umgewandelt). Die allgemeine Verwaltung wurde von der *Control-Commission of Germany* übernommen. Die Verwaltung der Institute ging wieder auf die Kaiser-Wilhelm-Gesellschaft über. Damit konnte das KWI für Strömungsforschung seine Arbeit wieder aufnehmen. Direktor war dann Albert Betz geworden. Im KWI wurden drei selbständige Abteilungen eingerichtet, nämlich eine des Direktors, eine unter Prandtl und eine unter dem vorübergehend in England weilenden W. Tollmien. Die wissenschaftliche Arbeit war auf Grundlagenforschung beschränkt. Nach Gründung der "Max-Planck-Gesellschaft" am 26. Februar 1948 war das KWI als "*Max-Planck-Institut für Strömungsforschung*" weitergeführt worden.

Im Sommer 1947 war Prandtl von seinem Lehramt zurückgetreten und hatte die Abhaltung von Vorlesungen sowie Kolloquien wie auch die Betreuung von Doktoranden aufgegeben. Doch hatte er die Leitung der Abteilung im KWI behalten. Seine letzte Vorlesung im Winter-Semester 1946/47 hatte den Titel "*Ausgewählte Abschnitte der Strömungslehre (Turbulenz und meteorologische Strömungslehre)*" gehabt.

3. Wichtige Beiträge Prandtls zur Erforschung der Turbulenz

3.1 Beziehung zwischen Wärmeaustausch und Strömungswiderstand der Flüssigkeit

Es war das Jahr 1910, als Ludwig Prandtl mit der Veröffentlichung seines ersten, aber sehr bedeutenden Beitrags über ein Turbulenzproblem hervortrat. Die Anregung zur Untersuchung der "*Beziehung zwischen Wärmeaustausch und Strömungswiderstand der Flüssigkeiten*" (1) hatte er durch die Habilitationsschrift von Dr.-Ing. W. Nusselt [27] in Dresden empfangen. Auf Grund der Analogie zwischen den Differentialgleichungen der Wärmekonvektion und der Flüssigkeitsbewegung konnte er den Zusammenhang von Strömungsvorgängen und Wärmeaustauschvorgängen formulieren. Dazu war ihm der Gedanke an die Grenzschichttheorie zur Hilfe gekommen. Er hatte erkannt, daß die nur durch Wärmeleitung beteiligte laminare Schicht an der Wand und die überwiegend durch Konvektion wirkende Flüssigkeitsmasse unterschiedlichen Gesetzen gehorchen und daß dies beim Zusammenwirken berücksichtigt werden mußte. Auf diese Weise waren ihm sowohl für den laminaren als auch für den turbulenten Fall geltende Anwendungen auf Strömungen längs Platten und durch Röhren gelungen. Beim turbulenten Fall mußten allerdings auch empirische Größen eingeführt werden.

Zusammenfassend führte Prandtl aus: "*Auf Grund der Analogie zwischen den Differentialgleichungen der Wäremekonvektion und der Flüssigkeitsbewegung wird eine Abbildung von Strömungsvorgängen auf Wärmeaustauschvorgänge erreicht; es gelingen Anwendungen dieses Wärmebildes auf Platten, die parallel zu ihrer Ebene in einer Flüssigkeit von anderer Temperatur bewegt werden, und auf Röhren, durch die eine Flüssigkeit strömt, deren Temperatur von der Rohrwand verschieden ist.*" Die Ergebnisse der Theorie werden mit den Nusseltschen Versuchen verglichen, die Übereinstimmung ist zufriedenstellend.

"*Die Frage nach den Wärmemengen, die bei der Strömung einer Flüssigkeit durch ein Rohr zwischen der Rohrwand und der Flüssigkeit ausgetauscht werden, wenn Rohr und Flüssigkeit verschiedene Temperatur haben, war in der Folgezeit mehrfach behandelt worden.*" In diesen Arbeiten wurde u.a. eine Beziehung behandelt, die Prandtl in seiner Arbeit angegeben hatte, und die später von G.I. Taylor [28] noch einmal gefunden worden war. Diese Beziehung enthält noch auf die turbulente Flüssigkeitsströmung im Rohr bezügliche Größen, von denen besonders die eine in Prandtls früherer Arbeit ganz unbestimmt bleiben mußte. In der Zwischenzeit waren auf diesem Gebiet erfreuliche Fortschritte gemacht worden, so daß es sich lohnte, die damaligen Rechnungen 1928 wieder aufzunehmen. Die frühere Formel für den Wärmeübergang im Rohr ist durch neuere Angaben über Eigenschaften der turbulenten Flüssigkeitsströmung ergänzt und eine Vorschrift für die bei der Ermittlung der Konstanten der Flüssigkeit zugrunde zu legende Mitteltemperatur angegeben worden. Dieses Ergebnis ist unter dem Titel "*Bemerkung über den Wärmeübergang im Rohr*" (9) veröffentlicht worden.

Eine für den Wärmeübergang wichtige Zahl, die aus dem Verhältnis von kinematischer Zähigkeit zu Temperaturleitfähigkeit gebildet wird, und die schon bei Nusselt vorkommt, ist später Prandtlsche Zahl Pr genannt worden. Prandtl wünschte diese seiner Meinung nach historische Unkorrektheit jedoch nicht mitzumachen [24]. Immerhin hatte er durch die Auffindung einer Beziehung zwischen Wärmeübergang und Strömungswiderstand mit großer Wirkung in die Turbulenzforschung eingegriffen, wie W. Tollmien [1] es ausgedrückt hat.

3.2 Die Rolle der Turbulenz beim Luftwiderstand von Körpern

Ein Vergleich der Luftwiderstandsziffern für Kugeln des Eiffelschen Laboratoriums in Paris zeigte eine ganz auffällige Abweichung von den Werten, die in der Göttinger Modellversuchsanstalt gewonnen waren. Diese Diskrepanz bedurfte unbedingt einer Klärung, anderen Falls wäre die Nützlichkeit von Windkanalmessungen überhaupt in Frage zu stellen gewesen. Gustave Eiffel [29] hatte durch systematische Widerstandsmessungen mit Kugeln entdeckt, daß die Widerstandsziffer bei größerer Geschwindigkeit auf etwa 0,4 ihres Wertes für kleine Geschwindigkeiten herabsinkt. Mit einer Reihe von Versuchen im Göttinger Windkanal, mit Assistens von C. Wieselsberger durchgeführt, hatte Prandtl den Beweis so gut wie erbracht, daß es sich bei dem eigentümlichen Verhalten des Widerstandes von Kugeln um einen Turbulenzeffekt handelt. Doch schien ihm ein richtiges "*experimentum crucis*" noch erwünscht zu sein. Zu diesem Zweck wurde auf der dem Wind zugekehrten Seite ein Drahtreif von 1 mm Stärke auf der Kugel befestigt. Hierdurch wurde die Widerstandsziffer auf den kleineren Wert erniedrigt.

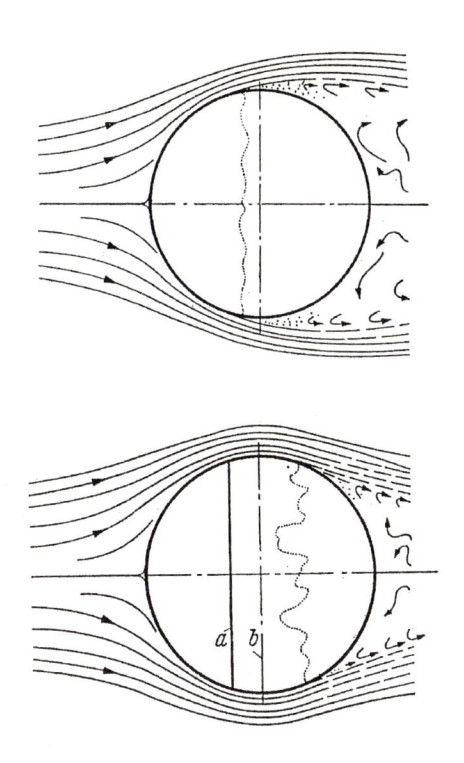

Bild 3: Umströmung einer Kugel,
  obere Skizze; Kugel mit glatter Oberfläche. Grenzschichtablösung vor dem Äquator. Hoher Widerstand.
  untere Skizze; Kugel mit aufgelegten Drahtreifen bei a. Ablösung hinter dem Äquator. Niedrigerer Widerstand.

Die durch Zuleiten von Rauch sichtbar gemachten Strömungsformen zeigten, daß den hohen Widerstandswerten eine Strömung nach Bild 3, obere Skizze entsprach. Die Ablösung der laminaren Grenzschicht erfolgt vor dem Äquator. Dem niederen Widerstandswert entsprach eine Strömung nach Bild 3, untere Skizze. Die Ablösung der turbulenten Grenzschicht fand hinter dem Aquator statt. Nachdem das sonderbare Verhalten des Luftwiderstandes von Kugeln in befriedigender Weise aufgeklärt worden war, und Prandtls Doktorand R. Kröner (Dis) dazu auch bei einem erst verengten und dann wieder erweiterten Kanal ein Widerstandsgesetz von qualitativ demselben Verlauf wie bei den Kugeln gefunden hatte, war die Frage bestehen geblieben, inwieweit bei anderen Körpern ähnliche sprungartige Änderungen des Widerstands vorkommen könnten. Zu ihrer Klärung hatte Prandtl zur Ergänzung noch eine Reihe von Ellipsoiden untersuchen lassen. Es hatte sich ergeben, daß bei sehr länglichen Rotationsellipsoiden und Platten das quadratische Widerstandsgesetz genügend genau gilt.

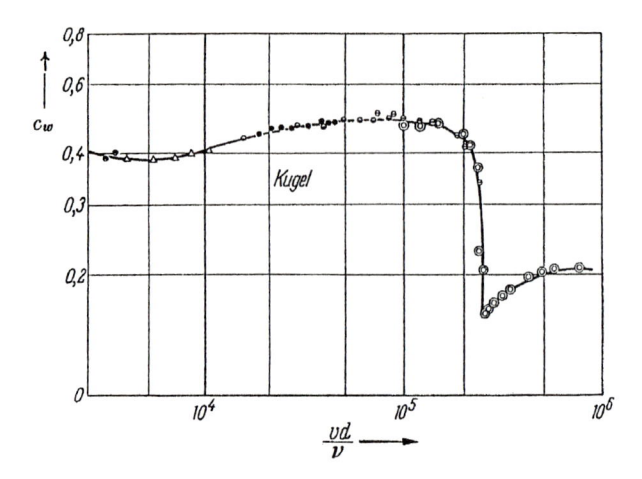

Bild 4: Verlauf der Widerstandsziffer als Funktion der Reynoldschen Zahl vd/v (v = Anströmgeschwindigkeit, d = Durchmesser der Kugel , v = Kinematische Zähigkeit). Sprunghafte Abnahme der Widerstandsziffer bei kritischer Reynoldszahl.

Prandtls Bericht über diese für die Versuchstechnik mit künstlichen Luft- und Flüssigkeitsströmen auch heute noch so außerordentlich bedeutungvollen Untersuchungen des "*Luftwiderstandes von Kugeln*" (2), war von C. Runge in der Sitzung vom 28. März 1914 der Gesellschaft der Wissenschaften zu Göttingen, Mathematisch-Physikalische Klasse vorgelegt worden.

3.3 Entstehung der Turbulenz

Über die Entstehung der Turbulenz in einer vorher laminaren Strömung hat Ludwig Prandtl seinen ersten Vortrag auf der Tagung der Mathematiker und Physiker in Jena am 20. September 1921 gehalten, auf der sich die Mitglieder verschiedener Vereinigungen versammelt hatten. Diesem Vortrag hatte er den bescheiden klingenden Titel "*Bemerkungen über die Entstehung der Turbulenz*"(3) gegeben. Er war von der damals aus mathematischen Untersuchungen gefolgerten Ansicht ausgegangen, daß die **kleinen** Schwingungen einer durch Zähigkeitswirkungen zwischen zwei Wänden entstandenen Laminarströmung immer gedämpft verlaufen. Die beobachtete Turbulenz sollte deshalb das Ergebnis von Störungen mit **endlicher** Amplitude sein. Die bei Versuchen gefundene Abhängigkeit des kritischen Zustandes von der Größe der Eintrittsstörung schien für diese Ansicht zu sprechen. Um zu erfahren, wie die Turbulenz wirklich entsteht, hatte Prandtl einen 6,5 m langen, offenen Kanal mit rechteckigem Querschnitt herstellen lassen und darin die Strömung durch Bestreuen der Wasseroberfläche mit Pulver beobachtet. Die Ergebnisse waren enttäuschend. Es war zunächst nur festzustellen, daß Turbulenz entsteht. Plötzlich, ohne erkennbare Vorbereitung, tauchten in der Nähe einer Wand kleine Wirbelchen auf, die sich nun schnell vermehrten. Außerdem sah man manchmal wellige Formen mit langsam zunehmender Amplitude, die aber nicht immer zu einer eigentlichen Turbulenzerscheinung führten. Diese Wellen mit zunehmender Amplitude widersprachen aber ganz dem Dogma von der Stabilität der kleinen Schwingungen.

Prandtl hat danach die theoretische Behandlung gemeinsam mit O. Tietjens (Dis) aufgenommen, der unter seiner Leitung die Rechnungen machte und 1923 mit diesem Thema promovierte. Geplant war die Untersuchung der Stabilität und Labilität von Laminarströmungen längs einer ebenen Wand. Gefunden wurde entgegen dem Dogma eine Labilität der kleinen Schwingungen. Die Rechnung schien zwar die Entstehung der Turbulenz zu klären, nicht aber warum die Laminarströmung nach Versuchen unterhalb der Reynoldschen Zahl 1000 stabil sein muß. Allerdings waren bei den Rechnungen, die auf die Sommerfeldsche Differentialgleichung geführt hatten, Vereinfachungen in Kauf genommen worden.

Als Prandtl zehn Jahre später in seinem Vortrag auf der Hauptversammlung der GAMM in Bad Elster am 14. Sept. 1931 (13) an diese Ausführungen anknüpfte, um über die in der Zwischenzeit erzielten Fortschritte zu berichten, sollten seine Ausführungen *"als ein bescheidener Zwischenbericht"* gewertet werden. Nach kurzem Rückblick auf den Stand zur Zeit des ersten Vortrags schrieb er im Laufe der Diskussion *"Die erste m.E. einwandfreie Rechnung ist von W. Tollmien durchgeführt worden"*, wobei die gewählte Ausdrucksweise eine gewisse Skepsis zum Ausdruck brachte. Sicher war Prandtl an diesen Rechnungen nicht aktiv beteiligt gewesen; sie waren gänzlich Tollmiens Werk [30]. Aber die Rechnungen von Prandtls Schüler waren einwandfrei. Sie sind später experimentell bestätigt worden und die kleinen Schwingungen haben sich wirklich als der Anfang der Turbulenzentstehung erwiesen. Prandtl hatte Tollmiens Rechnungen, die bei der Plattenströmung *"eine klare kritische Geschwindigkeit, deren Wert nicht schlecht zu den Versuchen stimmt"*, ergeben hatte, für die Anlaufzustände der Strömung zwischen zwei rotierenden Zylindern von H. Schlichting [31] wiederholen lassen. Dabei war auch wieder Übereinstimmung bezüglich der kritischen Geschwindigkeiten von Rechnung und Versuch gefunden worden. In diesem Zusammenhang erzählte man, daß Tollmien seinen Kollegen Schlichting als Epigonen bezeichnet hätte.

Die Rechnungen hatten Prandtl schließlich überzeugt, aber sie hatten ihn nicht zufriedengestellt. In Wirklichkeit sind die auftretenden Anfangsstörungen sehr viel mannigfaltiger als man sie bei der Rechnung angenommen hatte. Außerdem interessierte nicht nur das Verhalten der kleinen Störungen, das Verhalten der endlichen Störungen und die Ausbildung der eigentlichen Turbulenz waren praktisch sehr viel wichtiger. Bei den Diskussionen auf der Jenaer Tagung hatte von Kármán sich wie folgt geäußert: *"... Es erscheint mir ferner zweifelhaft, ob man durch direkte Beobachtung der entstehenden Wirbel über das Wesen der Turbulenz etwas erfahren wird. Was man beobachtet, sind zumeist die ungemein komplizierten, durch allerlei Zufall beeinflußten Vorgänge im Übergangsgebiet zwischen laminarer und turbulenter Strömungsform. Die im statistischen Gleichgewicht befindliche stabile turbulente Strömungsform entzieht sich zunächst der direkten Beobachtung, weil die Vorgänge viel zu rasch vor sich gehen."* Doch Prandtl hatte sich durch diese Worte nicht entmutigen lassen.

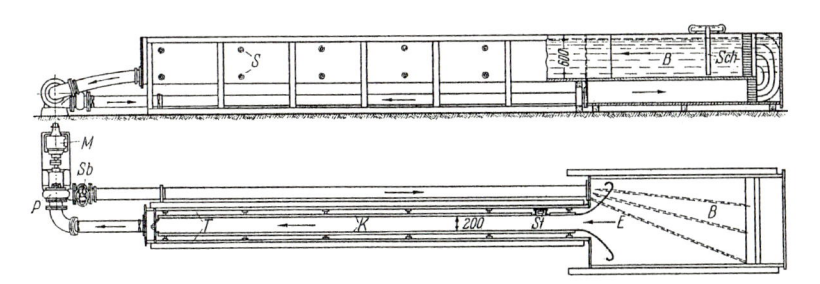

Bild 5: Versuchseinrichtung zum Studium der Trubulenzentstehung.

Um mit Versuchen weiter kommen zu können, hatte er in Göttingen eine neue Versuchseinrichtung bauen lassen, mit der die genannten Probleme besser als früher beobachtet werden konnten. Besonderer Wert war dabei darauf gelegt worden, daß das Wasser in dem Gerinne möglichst störungsfrei blieb. Über Versuche zur Entstehung der Turbulenz in der neuen Versuchseinrichtung hatte Prandtl in seiner ausführlichen, schon wiederholt zitierten Mitteilung aus dem KWI für Strömungsforschung "Neuere Ergebnisse der Turbulenzforschung" (18) berichtet: *"So sorgfältig wir dabei auch vorgingen, so war es doch nicht möglich, alle Einlaufstörungen hinreichend zu beseitigen, so daß bald hier, bald dort in unregelmäßiger Folge ein Herd von turbulenter Bewegung auftrat, der sich nun ziemlich rasch weiter ausdehnte.*

Bild 6: Ludwig Prandtl beim Beobachten der Entstehung der Turbulenz in einem Gerinne (Aufnahme vermutlich aus den 30er Jahren).

Klare Bilder ergaben sich, wenn wir selbst absichtlich eine Störung in die Strömung hineinsetzten, so daß wir ....etwas Wasser hinzutreten ließen oder absaugten.... Diese Störung genügt, um in einiger Zeit die Strömung in Unordnung zu bringen und die Grenzschicht zum Zerfall zu bringen. Die Bilderreihe 7 zeigt ...diese Entwicklung und das weitere Anwachsen dieses Turbulenzherdes.... Diese Strömung ist durch Aufstreuen von Aluminiumstaub auf die Wasseroberfläche sichtbar gemacht. Das Aufnahmegerät fährt auf einem Wagen mit der Strömung mit, so daß dauernd dieselbe Wirbelgruppe im Gesichtsfeld bleibt. Im obersten Bild ist links die Absaugstelle (an den schräg verlaufenden Stromlinien erkennbar), in der Mitte die "Stufe", durch deren Aufrollen der erste Wirbel entsteht. Stromaufwärts von ihm entsteht ein weiterer usf. Im letzten Bild ist der erste Wirbel ganz rechts zu sehen. Man sieht, daß er Wasser aus der Grenzschicht (die absichtlich dichter mit Aluminium bestreut war) weit ins Innere der Strömung hineingeführt hat."

Bild 7: Anwachsen eines künstlich erzeugten Turbulenzherdes.

Die Vorgänge, die Prandtl schon damals beschrieben hatte, entsprechen genau dem Mechanismus des laminar-turbulenten Übergangs, wie er in den rund zwei Jahrzehnte später veröffentlichten Arbeiten von A.W. Emmons [32] bzw. G. B. Schubauer und P.S. Klebanoff [33] festgestellt worden ist. Seitdem gibt es für das, was Ludwig Prandtl treffend *"Turbulenzherd"* genannt hatte, im englischen Sprachgebrauch den Namen *"turbulent spot"*, und das nicht nur im englischen Sprachraum. Es scheint, daß diese bedeutenden Versuche, obwohl im *"Führer durch die Strömungslehre"* [24] mit übernommen, noch nicht die gebührende Beachtung gefunden haben.

3.4 Der Mischungswegansatz für turbulente Scherströmungen

Bezüglich der ausgebildeten turbulenten Strömungen hatte Prandtl auf der Tagung der GAMM, abgehalten am 6. und 7. März 1925 in Dresden, von einer Beziehung berichtet, die dazu dienen sollte die Verteilung der gemittelten Geschwindigkeit einer turbulenten Scherströmung unter verschiedenen Bedingungen zu berechnen. Nach mehreren vergeblichen Versuchen war ein schöner Erfolg erzielt worden. Er stellte hier erstmals seinen Ansatz vor, mit welchem es eine recht anschauliche Begründung für die durch Impulsaustausch hervorgebrachte scheinbare Reibung im Innern des Strömungsfeldes gab. Mit dieser Aufgabe hatte sich Prandtl nämlich dem Kampf mit dem ganzen Chaos der Turbulenz gestellt. Osborne Reynolds [10] hatte mit der Aufteilung der örtlichen Geschwindigkeitskomponenten in einem statistischen Mittelwert und einem fluktuierenden Teil eine gewisse Ordnung in die Sache gebracht. Prandtl stand vor dem ungleich schwierigeren Problem, für die Tatsache eine einfache Lösung zu finden, daß eine turbulente Strömung ein in jedem Augenblick wechselndes räumliches Bild zeigt. Ähnlich wie er einst die Tragflügeltheorie mit dem Ersatz der tragenden Fläche durch die tragende Linie genial vereinfacht hatte, so hatte er 1924/25 den Begriff "*Mischungsweg*" eingeführt, das ist eine die Turbulenzbewegung kennzeichnende mittlere Länge, die der "mittleren freien Weglänge" in der kinetischen Gastheoie verwandt ist. Vorstellungsmäßig deutete er diese Länge als den Durchmesser der jeweils einheitlich bewegten "*Flüssigkeitsballen*", aber auch als den Weg, den die Flüssigkeitsballen relativ zur übrigen Flüssigkeit zurücklegen, bevor sie durch Vermischung mit der umgebenden turbulenten Flüssigkeit ihre Individualität wieder einbüßen (Bremsweg). Die Unbekannten des Turbulenzgeschehens wurden also alle durch die eine Länge erfaßt, die eine im Strömungsraum veränderliche Feldgröße ist und mit Annäherung an eine feste Wand per Definition gegen Null geht. Der Ansatz bedarf einer Berichtigung für den Fall, daß die Geschwindigkeit ein Maximum oder Minimum annimmt. In dem schon erwähnten Bericht von 1933 in der ZVDI (18) ist Prandtl tiefer auf die Gesetzmäßigkeit der Turbulenz eingegangen und betrachtete den Fall, daß man zur Grenze Zähigkeit gleich Null übergeht, daß also die Reynoldszahl unendlich groß wird. Unter Bezugnahme auf die Erfahrung, daß Turbulenz um so leichter eintritt, je größer die Reynoldszahl ist, folgerte er, daß die Strömung einer idealen Flüssigkeit im allgemeinen turbulent sein müsse. Aus dieser Betrachtung entnahm er, daß man mit gutem Recht über Gesetze der Turbulenz theoretische Überlegungen anstellen darf, bei denen man die Zähigkeit der Flüssigkeit gleich Null setzt. Die weiteren Darlegungen zeigten dann, "*daß tatsächlich im Inneren der Strömung die turbulenten Widerstände praktisch von der Zähigkeit nicht mehr abhängen. In einer schmalen Zone in der Nähe der Wände bleibt der Einfluß der Zähigkeit allerdings bestehen*". Prandtl ist in einem späteren Beitrag über die Rolle der Zähigkeit bei der ausgebildeten Turbulenz auf das Thema noch einmal zurückgekommen. Darüber wird weiter unten berichtet (Abschnitt 3.10).

In den 20er und frühen 30er Jahren war es Ludwig Prandtls Auffassung gewesen, daß der Mischungsweg bei den turbulenten Mischungsvorgängen eine ähnliche Rolle spielt wie die mittlere freie Weglänge bei der molekularen Diffusion in einem Gas. Bei diesen beiden Arten von Vorgängen kommen Schubspannungen (oder genauer genommen scheinbare Schubspannungen) dadurch zustande, daß zwischen Schichten der Flüssigkeit, die mit verschiedenen Geschwindigkeiten nebeneinander herströmen, dauernd Bewegungsgröße ausgetauscht wird. Prandtl hatte sich von diesen in Wirklichkeit ziemlich verwickelten Vorgängen folgende vereinfachte Vorstellung gemacht:

"*Man nimmt an, daß irgendein Teilchen, das auf Grund eines Zusammenstoßes mit seinen Nachbarn eine Geschwindigkeit quer zur Strömung erhalten hat, in der Strömungsrichtung im Mittel die Bewegungsgröße hat, die der Schicht, aus der es stammt, als Mittelwert zukommt, und daß es nun eine Strecke l quer zur Strömung zurücklegt, bevor es mit neuen Teilchen zusammenstößt oder sich mit ihnen vermengt. Derartige Austauschbewegungen gehen in beiden Richtungen vor sich, und es werden so von der schnelleren Schicht Teile aufgenommen, die aus der langsameren Schicht stammen, wodurch die schnellere Schicht natürlich verzögert wird, und umgekehrt treten in die langsamere Schicht Teile der schnelleren Schicht ein und wirken hier beschleunigend. Die Wirkung der beiden Flüssigkeitsschichten aufeinander ist also gerade so, als ob zwischen ihnen Reibung bestände. Der Unterschied zwischen den molekula-*

ren Vorgängen und den turbulenten besteht dabei nur darin, daß in dem einen Fall die einzelnen Molekeln, in dem anderen Fall ganze Flüssigkeitsballen die Träger des Austausches sind".

Die sich so ergebende Mischwegformel besagt, daß die scheinbare Schubspannungs τ gleich ist der Dichte ρ mal dem quadratischen Produkt von Mischungsweg mal Geschwindigkeitsgefälle quer zur Strömungsrichtung. Oder in einer Formel ausgedrückt

$$\tau = \rho l^2 \left|\frac{du}{dy}\right| \frac{du}{dy}.$$

"Mit dem Ansatz wird das Problem der hydraulischen Strömungswiderstände zurückgeführt auf das andere Problem der Verteilung des Mischungsweges in der Strömung. Solange man keine rationelle Theorie der turbulenten Strömung hat, die die Gesetze der turbulenten Vorgänge aus den hydrodynamischen Differentialgleichungen ableitet, ist man allerdings darauf angewiesen, Aussagen über die Verteilung des Mischungsweges aus den Versuchen zu gewinnen, so daß also nur eine Unbekannte durch eine andere ersetzt ist. Trotzdem ergibt sich aber ein erheblicher Gewinn, da sich zeigt, daß, wenigstens bei den größeren Reynoldsschen Zahlen, der Mischungsweg praktisch von der Größe der Geschwindigkeit nicht mehr abhängt und sich außerdem für seine räumliche Verteilung im Durchschnitt ziemlich einfache Regeln angeben lassen."

Bei dem II. Internationalen Kongress für Technische Mechanik in Zürich 1926 hatte Prandtl in seinem Vortrag u.a. auch über den Mischungsweganz gesprochen und dabei nützliche Hinweise bezüglich der praktischen Anwendung dieses Ansatzes gegeben (7). Zuerst wurden etwas ungewöhnliche Eigenschaften besprochen, die Lösungen von Strömungsaufgaben mit diesem Ansatz haben, wenn man das gewöhnliche Zähigkeitsglied als numerisch klein unterdrückt. Einfacher schienen die Verhältnisse bei freier Turbulenz zu sein, d.h. bei Bewegungen, bei denen keine Wände mitwirken, wie z.B. bei der Vermischung von Flüssigkeitsstrahlen mit der umgebenden ruhenden Flüssigkeit und bei der Abbremsung der Nachlaufströmung hinter einem bewegten Objekt. In diesen Fällen kann, wenigstens für genügend große Reynoldssche Zahlen, angenommen werden, daß in vergleichbaren Fällen immer die Vorgänge in einem quer zur Längsstreckung gezogenen Querschnitt geometrisch und mechanisch ähnlich verlaufen. Dazu gehört, daß die Mischungswege bei wachsender Breite des Strahles oder des Nachlaufstromes immer proportional mit der Breite des Stromes bleiben, wodurch dann auch die Quergeschwindigkeiten proportional der mittleren Relativgeschwindigkeit werden. Unter Hinzunahme des Impulssatzes für die Hauptbewegung läßt sich dann die Beziehung für das Anwachsen der Breite und für die Abnahme der Geschwindigkeit mit wachsender Entfernung vom Ort der Störung für zahlreiche Einzelfälle voraussagen.

Bei der Nachlaufströmung hinter einem quer zur Strömungsrichtung stehenden Stab bzw. einem Rotationskörper wächst die Breite proportional der Quadratwurzel bzw. Kubikwurzel aus dem Abstand, die Geschwindigkeit nimmt umgekehrt proportional der Quadratwurzel bzw. 2/3ten Potenz des Abstandes ab. Bei allen diesen Regeln ist übrigens vorausgesetzt, daß die Geschwindigkeiten bzw. die Abweichungen der Geschwindigkeit von der ungestörten Strömung bereits klein gegen die der Störungsstelle geworden sind.

Nimmt man den Mischungsweg proportional der Strahlbreite, und nimmt im übrigen an, daß er in ein und demselben Abstand von der Störungsstelle über die ganze Breite konstant ist, sind genügend Angaben vorhanden, um die durch die Mischungswegformel ergänzten hydrodynamischen Differentialgleichungen zu lösen. Auf dieser Grundlage hat W. Tollmien [34] verschiedene Rechnungen durchgeführt. Bild 8 gibt das Resultat für die Ausbreitung eines Strahles mit Kreisquerschnitt. Den Fall der Nachlaufströmung hinter einem quer angeströmten Stab hat H. Schlichting (Dis) berechnet.

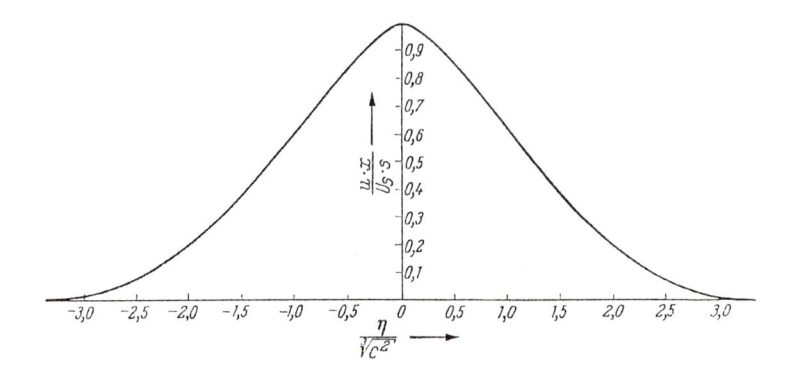

Bild 8: Geschwindigkeitsverteilung bei der Ausbreitung eines Freistrahls von kreisförmigem Querschnitt. Berechnung mit dem Mischungswegansatz.

Die umgekehrte Möglichkeit, die Größe des Mischungsweges abhängig vom Ort aus Versuchs ergebnissen zu ermitteln, liefert eine besonders einfache Angabe über den Turbulenzzustand.

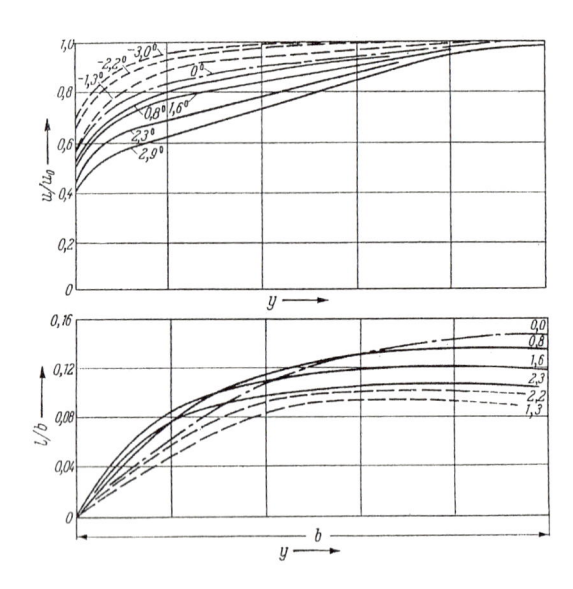

Bild 9: Turbulente Strömung in Kanälen mit rechteckigem Querschnitt (Dönch). Verteilung von Geschwindigkeit und Mischungsweg über den Querschnitt. Die Zahlen an den Kurven sind die Öffnungswinkel: Positiv erweiterte Kanäle, negativ verängte Kanäle, 0=Kanäle von konstantem Querschnitt.

In seinem Vortrag auf der vom Verein Deutscher Ingenieure nach Göttingen einberufenen Hydrauliktagung am 5. und 6. Juni 1925 (6) hatte Prandtl Ergebnisse solcher von Dönch (Dis) ausgeführten Rechnungen, die durch sorgfältige Druckmessungen an schwach erweiterten bzw. verengten Kanälen ermöglicht worden waren, erstmals zeigen können, Bild 9.

3.5 Turbulente Strömung in Rohren nicht kreisförmigen Querschnitts

In seinem Vortrag auf dem Züricher Kongress 1926 (7) hatte Prandtl auch von einer Erscheinung gesprochen, die sich auf das räumliche Turbulenzproblem bezieht, im Gegensatz zu dem im Mittel ebenen oder rotationssymmetrischen Problem, das bis dahin ausschließlich behandelt worden war. Es handelte sich um die Verteilung der gemittelten Geschwindigkeit in geraden Rohren mit nicht kreisförmigem Querschnitt. Prandtl hatte von J. Nikuradse (Dis) sorgfältige Messungen darüber anstellen lassen. Dem Verfasser dieses Beitrags scheint es das Einfachste und Richtigste zu sein, hier wörtlich zu zitieren, was Prandtl dazu veröffentlicht hat:

"..... die Ergebnisse waren sehr überraschend. Statt einer Verteilung mit nach innen zu immer mehr abgerundeten Isotachen, wie man sie bei der Laminarströmung bekommt, erhielt man beim Dreieck und beim Rechteck (Isotachen-) Bilder, von denen das für das Rechteck noch sonderbarer ist als das für das Dreieck. Lange Zeit konnte ich keine vernünftige Erklärung dafür finden. Eine Notiz über alte Beobachtungen betreffend spiralförmige Bewegung des Wassers in einem geraden Flußlauf brachte mir schließlich die Anregung zu einer brauchbaren Erklärung: Das Wasser führt in allen geraden Kanälen von konstantem nicht kreisförmigem Querschnitt "Sekundärbewegungen" aus, und zwar von der Art, daß in einer Ecke die Strömung längs der Winkelhalbierenden in die Ecke hinein und zu beiden Seiten davon aus der Ecke heraus führt. Durch solche Strömungen in Zusammenwirkung mit der gewöhnlichen turbulenten Mischbewegung lassen sich die Beobachtungen nun gut erklären. Durch die Sekundärströmung wird immer Impuls in die Ecken hineingetragen, daher die gewöhnlich großen Geschwindigkeiten dort. Bild 10 zeigt die Sekundärströmung, wie sie für das Dreieck und das Rechteck angenommen werden müssen. Man sieht, wie der von der Wand nach innen laufende Strom beim Rechteck in der Nähe der Enden der Langseiten und auch in der Mitte der Schmalseiten Stellen von unter normaler Geschwindigkeit erzeugt.

Bild 10: Turbulente Sekundärströmungen in Rohren nicht kreisförmigen Querschnitts.

Wie sind nun aber die Sekundärströmungen zu erklären? Meines Erachtens gibt es keine andere Erklärung als diese: Die Mischbewegung ist von der Art, daß neben der Hin- und Herbewegung in der Richtung des stärksten Gefälles der Geschwindigkeit eine noch kräftigere Hin- und Herbewegung senkrecht dazu, also in der Richtung der Isotachen vorhanden ist.

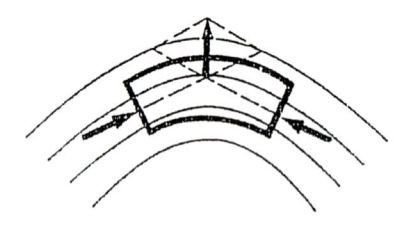

Bild 11: Abschnitt zwischen zwei Isotachen bei turbulenten Sekundärströmungen. Die Pfeile bedeuten die von der hin- und hergehenden Bewegung ausgeübten Impulse.

Wenn dieses zutrifft, so ergibt eine einfache Impulsbetrachtung, daß durch diese Art von Bewegung Kräfte geweckt werden, die nach der konvexen Seite der Isotachen weisen, und um so stärker sind, je stärker die Krümmung ist. In Bild 11 ist ein Abschnitt zwischen zwei Isotachen dargestellt. Die Pfeile bedeuten die von der hin- und hergehenden Bewegung ausgeübten Impulse, die bekanntlich für auswärts und einwärts gerichtete Strömungen immer nach innen zeigen. Betrachtungen über die Produkt-Mittelwerte, $\overline{v'^2}$, $\overline{v'w'}$ und $\overline{w'^2}$ liefern Ergebnisse, die mit dieser Impulsbetrachtung übereinstimmen. Warum nun allerdings die Mischbewegung von dieser Art ist, das ist eine Frage, die zu dem erwähnten "großen Turbulenzproblem" gehört und auf die ich die Antwort leider schuldig bleiben muß. Jedenfalls zeigt uns diese Erscheinung deutlich, daß die ausgebildete Turbulenz eine wesentlich dreidimensionale Bewegung ist. Dieser Umstand scheint allerdings die Lösung des großen Turbulenzproblems in sehr weite Ferne zu rücken, denn den dreidimensionalen Flüssigkeitsbewegungen gegenüber sind unsere heutigen mathematischen Hilfsmittel leider im allgemeinen recht unzureichend. Für die Ordnung der Erfahrungstatsachen dürften aber meist die in diesem Vortrag gezeigten Wege ausreichen, so daß man den Verzicht auf eine vollständige Erklärung wird verwinden können." Im Führer durch die Strömungslehre [24] hat Prandtl diese Erscheinung als *"Sekundärströmung zweiter Art"*, in Klammern gesetzt, bezeichnet zur Unterscheidung von den Sekundärströmungen in einen gekrümmten Rohr.

3.6 Turbulente Strömung in Rohren und längs ebener Platten mit glatter Oberfläche

Im Jahre 1920 war es Prandtl gelungen, für den Fall turbulenter Strömung die Gesetzmäßigkeiten des Reibungswiderstandes der ebenen Fläche mit denjenigen in Beziehung zu bringen, die für die Strömung in langen, geraden Rohren aus dem Druckgefälle ermittelt worden waren. Er ging dabei von dem Leitgedanken aus, daß *"lediglich die Strömungsverhältnisse in der Nähe der Wand für die Wandreibung bestimmend sind. Umgekehrt läßt sich dann auch erwarten, daß die Geschwindigkeitsverteilung in der Nähe der Wand durch das Reibungsgesetz allein bestimmt ist."* Damit konnte er aus dem von Blasius [9] aufgestellten Reibungsgesetz der Rohrströmung eine Beziehung für die Geschwindigkeitsverteilung herleiten, nämlich, daß die örtliche Geschwindigkeit proportional der 7. Wurzel des Wandabstandes ist, und diese mußte, wenn seine Überlegungen richtig waren, auch für die Strömung längs einer ebenen Platte gültig sein. Das hieraus dann hergeleitete Gesetz für den Reibungswiderstand der ebenen Platte wurde durch die Versuchsergebnisse überraschend gut bestätigt. Diese Betrachtungen stammten aus dem Herbst 1920 und sind erst 1927 in dem III.Lieferung der Ergebnisse der Aerodynamischen Versuchsanstalt zu Göttingen (8) veröffentlicht worden. Der besondere Wert von Prandtls Untersuchung bestand vor allem darin, daß die Prandtlsche Konzeption, nach welcher die Geschwindigkeiten nahe der Wand bei Rohren und Platten dem gleichen Gesetz gehorchen, sich nach und nach als *"universelles Wandgesetz"* manifestierte. Es ist überall gültig, wo sich turbulente Strömungen an festen Wänden entlang bewegen und hat deswegen große Bedeutung erlangt. Aber bis dies erreicht war, mußten noch einige Jahre vergehen.

Bemerkenswert ist, daß die angegebene Zeit *"Herbst 1920"* gerade mit der Zeit zusammen fällt, zu welcher Prandtl den Ruf nach München bekommen hatte, so daß unwillkürlich die Frage auftaucht, ob die lange Verzögerung der Veröffentlichung irgendwie durch den Ruf nach München verursacht sein konnte. Dieses wäre durchaus denkbar gewesen, wahrscheinlicher ist aber, daß die Ursache für die Verzögerung der Veröffentlichung in den schwierigen Verhältnissen in der Nachkriegszeit des Ersten Weltkrieges gelegen hat. Die Frage ist aber deshalb interessant, weil die ganzen Fragestellungen, die mit dem Gesetz von der 7. Wurzel zusammenhängen, in der Zwischenzeit von Th. v. Kármán aufgegriffen und veröffentlicht worden waren [35]. Dieser hatte dazu wahrheitsgemäß dargelegt: *"Prandtl hat die Frage aufgeworfen, ob man aus dem empirischen Gesetz (von Blasius) Folgerungen auf die Geschwindigkeitsverteilung ziehen kann. Er fand, auf Grund einer Dimensionsbetrachtung, daß unter gewissen plausiblen Voraussetzungen das Widerstandsgesetz die Verteilung der Geschwindigkeit in unmittelbarer Nähe der Wand eindeutig bestimmt. Die Anregung zu der folgenden Betrachtung geht auf eine mündliche Mitteilung von Herrn Prandtl im Herbst 1920 zurück; die Veröffentlichung erfolgt mit seinem Einverständnis, wobei meine Ableitung etwas von der seinigen verschieden ist."* Auch hatte er nicht vergessen, in einer Fußnote zu erwähnen, daß nach einer brieflichen Mitteilung Prandtl die Formel für die Reibungswiderstandszahl bereits vor v. Kármán besessen hatte Dennoch hatte v. Kármáns Veröffentlichung das Einvernehmen mit Prandtl ziemlich belastet, wie sich später offenbaren sollte.

Das Bekanntwerden neuer Versuchsergebnisse über den Widerstand von strömendem Wasser in glatten Rohren hatte Prandtl veranlaßt, seine bisherige Meinung, daß das empirische Blasiussche Gesetz bis zu beliebig hohen Reynoldsschen Zahlen gelten würde, zu ändern. Mit der Aufgabe des Blasiusschen Gesetzes mußten auch die Überlegungen fallen, die der Beziehung für die Variation der Geschwindigkeit in Wandnähe zu Grunde lagen. *"Es zeigt sich aber, daß man die Grundannahmen, die zu dieser Beziehung führten, auch so verallgemeinern kann, daß sie für jedes empirische Widerstandsgesetz eine Geschwindigkeitsverteilung liefern. Diese Grundannahmen lassen sich so ausdrücken, daß sowohl für das Gesetz der Geschwindigkeitsverteilung in der Nähe der Wand wie auch für das der Reibung an der Wand eine solche Form gefunden werden kann, daß der Rohrdurchmesser darin nicht mehr vorkommt; dies bedeutet so viel, daß die Vorgänge in der Nähe einer Wand nicht von der Entfernung der gegenüberliegenden Wand abhängen."* Diese Erkenntnis bedeutete einen weiteren Schritt bei der Suche nach dem universellen Wandgesetz. Prandtl hatte darüber auf der schon erwähnten GAMM-Tagung zu Ostern 1925 vorgetragen (5).

Über die Weiterentwicklung der in der III. Lieferung dargelegten Gedankengänge ist dann in der 1932 erschienenen IV. Lieferung der Ergebnisse der Aerodynamischen Versuchsanstalt in Göttingen (15) [13] berichtet worden. Als Wichtigstes hatte Prandtl hier die exakte Formulierung der universellen Geschwindigkeitsverteilung von turbulenten Strömungen entlang glatter Oberflächen angegeben. Aus der Wandschubspannung τ war die kennzeichnende Geschwindigkeit $v_* = \sqrt{\tau/\rho}$ abgeleitet worden, mit der dimensionslose Größen gebildet wurden und zwar aus der gemittelten Geschwindigkeit u die *"dimensionslose Geschwindigkeit"* und aus dem Wandabstand y als eine Reynoldszahl der "*dimensinslose Wandabstand*" $\eta = v_* y / v$. Die schon Jahre zuvor angestellten Gedanken, daß die Vorgänge in der Nähe der glatten Rohrwand nur von der Schubspannung, dem Wandabstand des betrachteten Teilchens, der Zähigkeit und der Dichte der Flüssigkeit abhängen, aber von der Gestaltung der Verhältnisse in größerem Abstand von dem betrachteten Gebiet nicht weiter beeinflußt werden, ließen nun einfach erwarten, daß die dimensionslos gemachte Geschwindigkeit eine universelle Funktion des dimensionslos gemachten Wandabstandes ist, also $\varphi = \varphi(\eta)$.

Sehr wesentlich war nun die an das Experiment zu stellende Frage, wieweit die Annahme, die nur für die unmittelbare Nachbarschaft der Wand aus theoretischen Gründen zwingend ist, sich für einen endlichen Bereich als brauchbar erweist und wie die universelle Funktion $\varphi(\eta)$ aussieht. Im Kaiser-Wilhelm-Institut für Strömungsforschung sind große Versuchsreihen über die Geschwindigkeitsverteilung und den Druckabfall in glatten Rohren in einem möglichst großen Bereich von Reynoldsschen Zahlen durchgeführt worden.

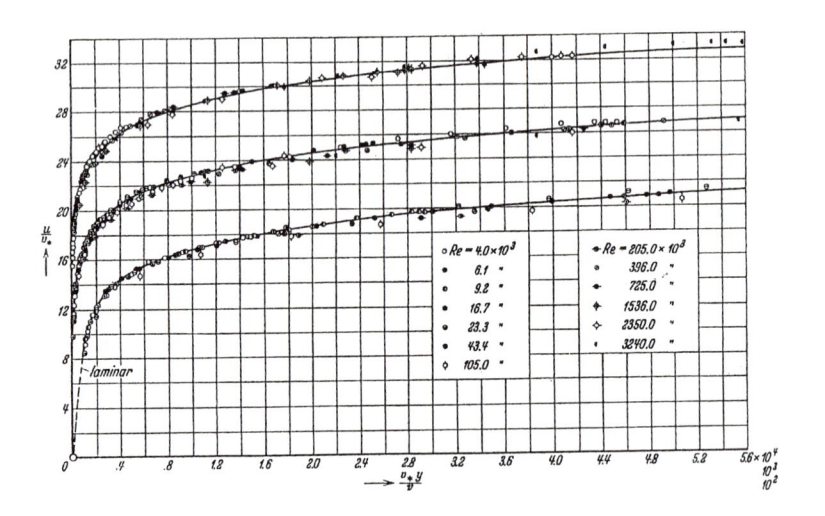

Bild 12: Dimensionslose Geschwindigkeit in glatten Rohren, abhängig vom dimensionslosen Wandabstand. Die Kurve entspricht der Geraden in Bild 13. Re = $\bar{u} d / v$.

In Bild 12 sind die aus den Versuchen erhaltenen Punkte graphisch dargestellt. Wegen des großen Bereiches der Abszissenwerte η sind dabei drei verschiedene Maßstäbe der Abszisse zur Anwendung gelangt. Eine bessere Gesamtübersicht ergibt sich, wenn man statt der Größe η ihren Logarithmus aufträgt, Bild 13.

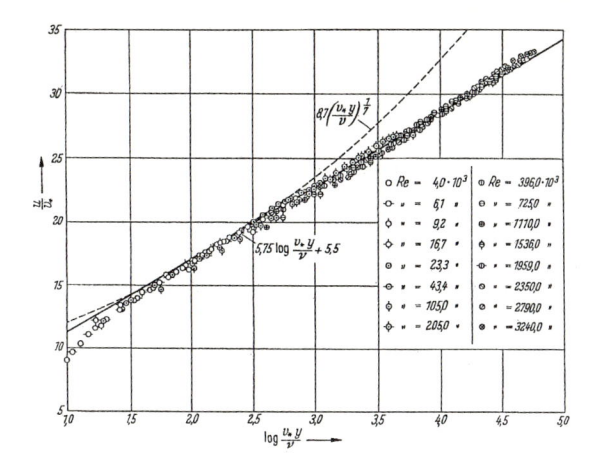

Bild 13: Gesetz für die Geschwindigkeitsverteilung in glatten Rohren, abhängig vom Logorithmus des dimensionslosen Wandabstandes.

Es zeigt sich besonders in dieser letzteren Darstellung, daß die Versuchspunkte zwar nicht mit der vollen Genauigkeit, die der Versuchsgenauigkeit entsprechen würde, auf *einer* Kurve liegen, sich aber doch in einer recht engen Straße anordnen. Es war zu erwarten und hat sich bis heute bestätigt, daß dieses geradlinige Verhalten sich bis zu beliebig hohen, im Versuch nicht mehr erreichbaren Reynoldsschen Zahlen fortsetzt. Ein Formelausdruck für eine solche Gerade ist der folgende:

$$\varphi = A \log \eta + B$$

Die vorstehenden Betrachtungen berühren sich sehr stark mit Betrachtungen von v. Kármán, von denen die erste der Gesellschaft der Wissenschaften zu Göttingen und die zweite auf dem III. Mechanikkongreß in Stockholm 1930 [36] vorgetragen worden ist. Über die Theorie seines Schülers Th. v. Kármán, inzwischen selbst ein Wissenschaftler von Ruf geworden, hat Prandtl sehr positiv Folgendes geschrieben (18):

"Th.v.. Kármán hat in seiner sehr viel beachteten Arbeit die Aufgabe so formuliert, daß er die Annahme macht, daß die turbulenten Mischungsvorgänge in allen Fällen in derselben Weise ablaufen, so daß von einem Fall zu einem anderen und auch von einer Stelle der Strömung zur anderen nur Unterschiede bezüglich des Längenmaßstabes und des Zeitmaßstabes bestehen. Die Wirkungen der Zähigkeit werden dabei neben denjenigen der Turbulenz als vernachlässigbar angesehen. Über diese beiden Maßstäbe, von denen der erstere seinem Sinne nach offenbar mit unserem Mischungsweg übereinstimmt, werden nun aus den Eulerschen Gleichungen Aussagen geschöpft; die Geschwindigkeit u der Grundströmung, die als Funktion von y allein angenommen wird, wird dabei von der betrachteten Stelle aus in eine nach dem quadratischen Glied abgebrochene Taylor-Reihe entwickelt. Die mittlere Geschwindigkeit, mit der das betrachtete Teilchen sich vorwärts bewegt, ist ohne unmittelbaren Einfluß auf dessen innere Bewegung. Es kommen hierfür deshalb von den gegebenen Größen nur du/dy und

$d^2 u / d y^2$ *in Betracht. Für den Längenmaßstab des Mischungsvorganges findet v. Kármán die Beziehung*

$$l = \kappa \frac{du/dy}{d^2 u/dy^2}$$

wobei κ eine aus den Versuchen zu ermittelnde Konstante ist. Diese Aussage der Kármánschen Theorie geht somit über das Bisherige hinaus, da sie unabhängig von einer Wandentfernung eine Rechenvorschrift für die Größe des Mischungsweges liefert."

V. Kármán hatte seine Theorie auf die ausgebildete turbulente Strömung zwischen zwei parallelen Wänden (Kanalströmung) angewendet. Aber auch hierbei ergab sich ein logarithmisches Geschwindigkeitsgesetz und der nähere Vergleich hätte sogar gezeigt, daß es mit dem Prandtlschen Gesetz identisch war. Der Unterschied war jedoch, daß es sich bei Prandtl um Geschwindigkeitsdifferenzen gegenüber der Rohrwand und bei v. Kármán um Geschwindigkeitsdifferenzen gegenüber der Kanalmitte handelte. Obwohl dieser Unterschied bezüglich der logarithmischen Formulierungen zahlenmäßig unerheblich war, kann man nicht ausschließen, daß er anfänglich vielleicht Ursache von Mißverständnissen zwischen den beiden Wissenschaftlern gewesen sein könnte. In diesem Zusammenhang erinnert sich der Verfasser des vorliegenden Beitrags daran, wie Hans Reichardt als Ohrenzeuge eines Gesprächs zwischen v. Kármán und Prandtl über das Problem in Göttingen, erzählt hat, daß dabei v. Kármán zu Prandtl gesagt hatte: *"Setzen Sie doch einfach den Mischungsweg proportional dem Abstand von der Wand, dann bekommen Sie als Ergebnis auch das logarithmische Geschwindigkeitsgesetz."* Prandtl seinerseits hat geschrieben (18): *"An einem Punkt im Abstand y von der Wand ist nach Lage der Aufgabe keine andere für den dortigen Zustand kennzeichnende Länge auffindbar als eben dieser Wandabstand y selbst. Der Mischungsweg l ist auch eine Länge; so bleibt keine andere Möglichkeit als die, den Mischungsweg dem Wandabstand proportional zu setzen:*

$$l = \kappa y.$$

κ ist dabei ein universeller Zahlenbeiwert, der aus Versuchen bestimmt werden kann. Wenn man einen Strömungszustand voraussetzt, bei dem die Schubspannung τ konstant ist, ergibt sich also

$$\frac{du}{dy} = \frac{v_*}{\kappa y}$$

und daher

$$u = \frac{v_*}{\kappa} (\ln y + \text{konst.}).$$

Ein derartiger Verlauf der Geschwindigkeit abhängig vom Wandabstand ist nun in der Tat ganz von der Art, wie das wirklich beobachtet wird, Bild 13. Durch Vergleich mit Versuchser-

gebnissen findet man als runden Wert von κ *die Zahl 0,4."* Diese Gleichung wird allgemein als universelles Wandgesetz bezeichnet.

Diese allgemeine Formulierung der Geschwindigkeitsverteilung ermöglicht eine Umrechnung bezüglich der gemittelten Durchflußgeschwindigkeit (Durchflußmengen/Zeiteinheit). Die sich ergebende Beziehung hat vor den bisherigen Formeln, die alle nur Interpolationsformeln waren und daher nur innerhalb des experimentell untersuchten Gebietes zuverlässig waren, den Vorzug, daß sie auf einer rationellen Grundlage aufbaut und daher unbedenklich auch Extrapolation auf 10- oder 100mal größere Reynoldssche Zahlen zuläßt, als von den Versuchen gedeckt sind. Wie die Formel zu den Versuchen stimmt, ist aus Bild 14 zu erkennen. Es zeigt sich, daß sie oberhalb $Re = 10^5$ sehr genau zutrifft. Unterhalb $Re = 10^5$ ist sie weniger genau; hier ist die Blasiussche Formel vorzuziehen.

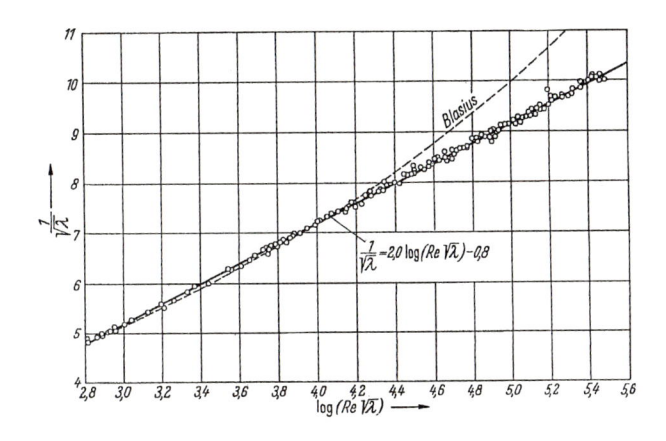

Bild 14: Rohrwiderstandszahl glatter Rohre, abhängig von der Reynoldschen Zahl $= \dfrac{\bar{u}\,d}{\nu}$.

Die allgemeine Formulierung der Geschwindigkeitsverteilung läßt sich auch auf das Problem des Plattenwiderstandes erfolgreich anwenden. Es ist möglich, eine allgemeine Lösung anzuschreiben, die nur die Annahme benützt, daß das Geschwindigkeitsprofil bei der Strömung entlang einer Platte genügend wenig von dem der Rohrströmung abweicht, um die obige Gleichung ohne weiteres dafür benützen zu können. Die so entsprechend dem Wandgesetz angenommene Geschwindigkeitsverteilung weist an der Stelle, wo die Geschwindigkeit in die ungestörte Geschwindigkeit der äußeren Strömung U übergeht, allerdings einen schwachen Knick auf, der in Wirklichkeit natürlich nicht vorhanden ist. Es handelt sich bei der Durchführung der Rechnung nur darum, den Impulsinhalt dieser Geschwindigkeitsverteilung richtig abzuschätzen; hierfür brauchte aus der vereinfachenden Annahme kein allzu großer Fehler zu befürchten sein. Der Wandabstand der Übergangsstelle ist mit δ bezeichnet worden. Der Zusammenhang der verschiedenen Stellen längs der Platte wurde durch den Impulssatz hergestellt, der besagt, daß der gesamte Impulsverlust der Reibungsströmung gegenüber der ankommenden Strömung, der in irgendeinem Querschnitt festgestellt wird, gleich ist dem Reibungswiderstand des stromaufwärts befindlichen Teiles der Platte. Die Durchführung der analytischen und numerischen Rechnungen, bei denen Prandtl durch Mitarbeit von Schlichting und Nikuradse sehr wesentlich unterstützt worden ist, war nicht ganz einfach und das Problem ließ sich nicht auf eine algebraische Gleichung für den Plattenwiderstand reduzieren, wie bei der Rohrwiderstandsziffer. Das Ergebnis der Rechnungen ist die Reibungswiderstandszahl $c_f = 2W/(\rho U^2 l)$ als Funktion der Reynoldszahl $Re = Ul/\nu$. Sie ist durch die ausgezogene, mit 1 bezeichnete Kurve im Bild 15 wiedergegeben.

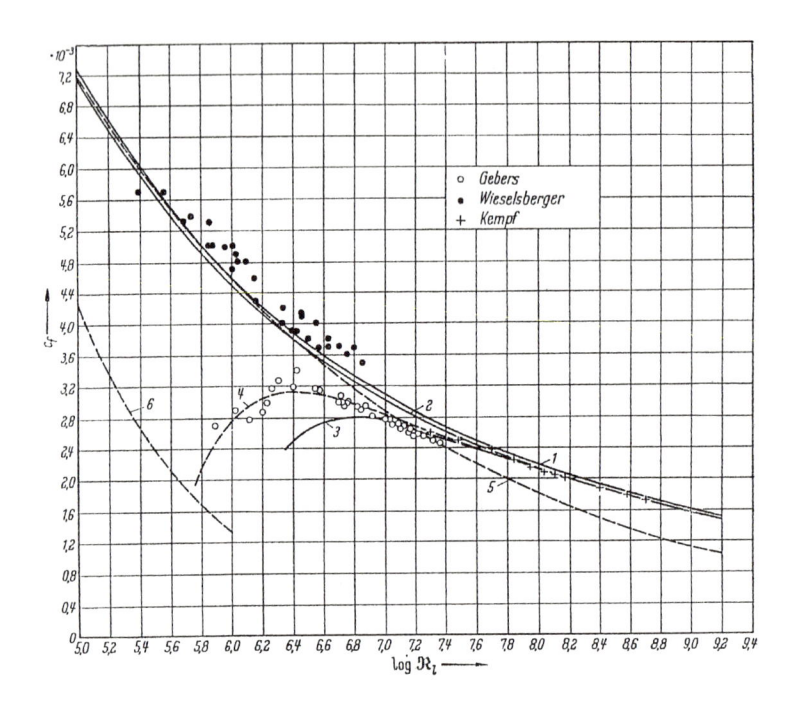

Bild 15 Reibundswiderstandszahl ebener, glatter Platten, abhängig von der Reynoldschen Zahl, $Re_l = \dfrac{Ul}{\nu}$.

In diese Abbildung sind die Versuchswerte von Wieselsberger [37] und Gebers [38 mit eingetragen und ferner noch neuere Messungen von G. Kempf [39] Bei den großen Reynoldsschen Zahlen der Kempfschen Versuche ist der Einfluß des Anlaufs so gering, daß er sich praktisch kaum noch bemerkbar macht. Daraus, daß auch diese Versuchswerte merklich unter Kurve 1 bleiben, während sie bei angenommener geringer Welligkeit der Kempfschen Platten darüberliegen müßten, ist also festzustellen, daß die Formel bei den hohen Reynoldsschen Zahlen zu hohe Werte gibt. Hierzu gibt Prandtl zu bedenken, daß die Zahlwerte aus Versuchen über die Rohrströmung abgeleitet sind, es sich also um eine Strömung mit einem, wenn auch kleinen Druckabfall handelt, während die Plattenströmung unter Gleichdruck (und dafür mit einer schwachen Verzögerung der einzelnen Flüssigkeitsteilchen) verläuft. Was dies ausmacht, ließ sich aus den Nikuradseschen Versuchen über die Strömung in erweiterten und verengten Kanälen abschätzen. Es zeigte sich, daß das Geschwindigkeitsprofil für Gleichdruck in der Nähe der Wand bei gleichem Geschwindigkeitsmaximum um etwa 3% niedriger ist, was auch einer entsprechend geringeren Reibung entspricht. Die zugehörige Kurve (2 in Bild 15) läuft befriedigend durch die Kempfschen Versuchspunkte der höchsten Reynoldsschen Zahlen. Durch das beschriebene Verfahren läßt sich auch die Wirkung der laminaren Anlaufstrecke berücksichtigen. Gemäß den Ausführungen kann von der Formel nicht erwartet werden, daß sie in dem Gebiet, wo sich das turbulente Profil erst ausbildet, richtige Werte gibt. Es ist deshalb lediglich angestrebt worden, den Verlauf von $Re_l = 10^7$ an durch die Formel gut wiederzugeben. Die entsprechende Kurve (3 in Bild 15) befriedigt im Bereich der gestellten Aufgabe recht gut, nicht aber in dem Übergangsgebiet, wie es zu erwarten war.

Für das Übergangsgebiet unterhalb $Re_l = 10^7$ konnte man die alten, in der III. Lieferung angegebenen Formeln weiter benutzen. Es war natürlich erwünscht, auch für die höheren Reynoldsschen Zahlen eine Näherungsformel zu besitzen, da das Formelsystem reichlich unbequem ist. Bei dem Verlauf der oberen Kurven von Bild 5 liegt es nahe, diese durch Potenzfunktionen darzustellen. In der Tat zeigt sich, daß man für die berechnete Funktion von $Re_l = 10^6$ bis $Re_l = 10^7$ gute Werte bekommt, wenn man

$$c_f = \frac{0{,}455}{(\log Re_l)^{2{,}58}}$$

setzt. Diese Formel deckt, nebenbei erwähnt, das Gebiet des Plattenwiderstandes bis über die Reynoldsschen Zahlen der Schiffe "Bremen" und "Europa" hinaus mit großer Genauigkeit und dürfte deshalb für alle technischen Zwecke ausreichen. Will man den laminaren Anlauf berücksichtigen, was natürlich nur bei kleineren Reynoldsschen Zahlen nötig ist, so kann man genügend genau gemäß der in der III. Lieferung gegebenen Darstellung von c_f nach obiger Gleichung den Betrag $1700/Re_l$ abziehen (Kurve 4 in Bild 15). Zur Vervollständigung des Bildes sind in Bild 15 noch als gestrichelte Linien (5 und 6) die in der III. Lieferung angegebenen Gesetze für die vollturbulente Strömung gemäß der dortigen Gleichung und für die laminare Strömung angegeben. Man sieht, daß die auf Grund des Blasiusschen Rohrwiderstandsgesetzes abgeleitete Kurve 5 bei kleineren Reynoldsschen Zahlen mit der Kurve 1 gut übereinstimmt, von etwa $Re_l = 10^7$ an aber erheblich darunter bleibt. Soviel über Ludwig Prandtls Erforschung turbulenter Strömungen durch gerade Rohre und über ebene Platten bis zur Fertigstellung des Manuskripts zu der IV. Lieferung der Ergebnisse der Aerodynamischen Versuchsanstalt zu Göttingen. Dieses war etwa im Frühjahr 1931 abgeschlossen worden.

Unmittelbar vor dem Erscheinen der IV. Lieferung mit dem Artikel von Prandtl war von der Hamburgischen Schiffbauversuchsanstalt gemeinsam mit der Gesellschaft der Freunde und Förderer dieses Instituts die Konferenz über hydrodynamiche Probleme des Schiffsantriebs am 18. und 19. Mai 1932 nach Hamburg [36] einberufen worden. Als Gruppe 1 stand der Reibungswiderstand auf dem Programm. Mit den Vorträgen von

Dr.-Ing. Th. v. Kármán, Professor an der Technischen Hochschule zu Aachen und Pasadena, "*Theorie des Reibungswiderstandes*", und

Privatdozent Dr.-Ing. F. Eisner, Preußische Versuchsanstalt für Wasserbau u. Schiffbau, Berlin, "*Reibungswiderstand*".

Nachdem v. Kármáns Veröffentlichung des Jahres 1921 [35] von Prandtl als so etwas wie eine Provokation empfunden werden mußte, hatte dieser unter Punkt 1 seines Erörterungsbeitrages, den v. Kármánschen Vortrag zum Anlaß genommen, sein Mißfallen über die erneute Provokation zum Ausdruck zu bringen mit den Worten: *"Wie aus dem eben Vorgetragenen hervorgeht, scheint es unvermeidlich zu sein, daß aus der Kármánschen Werkstatt zur gleichen Zeit immer ganz gleichartige Arbeiten hervorgehen wie aus dem von mir geleiteten Göttinger Institut. So war es 1921, als wir nahezu gleichzeitig auf Grund des Blasiusschen Gesetzes für den Rohrwiderstand den Widerstand einer glatten Platte in gleicher Weise berechneten, und so ist es jetzt, 10 Jahre später, wieder gekommen, auf Grund der inzwischen gewonnenen neueren Einsichten über das Verhalten des glatten Rohres. Was Herr Eisner über die letzten Göttinger Arbeiten vorgetragen hat, findet sich in wenig veränderter Gestalt wieder in dem Kármánschen Vortrag. Bis zu einem gewissen Grade kann dieser Parallelismus dadurch erklärt werden, daß Kármán und ich, wenn wir uns sehen, uns immer über die ungelösten Fragen zu unterhalten pflegen und durch diese Gespräche den Ansporn erhalten, gerade über diese Dinge stärker nachzudenken. Bei unserer offenbar ziemlich ähnlichen Geistesverfassung – gewisse Unterschiede sind allerdings unverkennbar – kommen dann solche Ergebnisse wie hier zustande."*

1954 hatte v. Kármán bei seiner Darstellung der Aerodynamik im Lichte der geschichtlichen Entwicklung [68] die Sätze geprägt: „*Die Formulierung des logarithmischen Gesetzes war das Endergebnis eines langen Ringens, die Beziehung zwischen theoretischen Ideen und experimentellem Beweis zu erlangen. Prandtls Schule und die meinige arbeiteten an dem Problem im Geiste kooperativer Rivalität.*"

Nach abermals rund 10 Jahren sind noch zwei bedeutende Berichte zu dem gleichen Thema veröffentlicht worden. Diese Berichte sollten nicht übersehen werden; sie gewinnen noch an Interesse im Hinblick auf den erwähnten Vergleich von Rechnungen und Kempfs Meßergebnissen. Diesmal hat es keinen Parallelismus gegeben. Die Autoren waren jüngere Schüler Prandtls und für Prandtl selbst blieb nur die Aufgabe, die Referate dazu für die FIAT-Review zu schreiben. Die folgenden Ausführungen darüber entsprechen den Referaten, die Prandtl zu der für Deutschland bestimmten Ausgabe der FIAT Review of German Science (33) abgefaßt hat. In dem ersten Artikel berichtete F. Schultz-Grunow über "*Neues Reibungswiderstandsgesetz für glatte Platten*" [40]. Die Grundlage der Rechnungen von Schultz-Grunow bildeten sehr sorgfältige Versuche in dem "*Rauhigkeitskanal des KWI für Strömungsforschung*", einem Windkanal mit einem rechteckigen Querschnitt 1,4 x 0,6 m und 6 m Länge, dessen Grundfläche von 1,4 x 6 das Versuchsobjekt darstellte und dessen Deckfläche gelenkig verstellbar war, um irgendwelchen Druckverlauf einstellen zu können. Im vorliegenden Fall war sie auf konstantem Druck eingeregelt worden, damit man die aerodynamischen Bedingungen einer frei angeströmten Platte hatte. Bei den Schultz-Grunowschen Messungen war die Grundfläche eine gewachste Sperrholzplatte, Gemessen wurde der Verlauf der Geschwindigkeitsverteilung in der Reibungsschicht, aus der mittels des Impulssatzes der Verlauf der Schubspannung ermittelt werden konnte. Außerdem konnten Einzelwerte der Schubspannung mittels einer Horizontalwaage gemessen werden, die ein in die Platte bündig eingefügtes Brett trug. Die zweite Messungsart lieferte genauere Werte und diente zur Verbesserung der Resultate. Diese waren merklich niedriger als diejenigen, die man durch Umrechnung der Widerstände in einem Rohr erhielt. Dem entsprach auch eine charakteristische Abweichung der Geschwindigkeitsverteilung. Wenn man entsprechend dem Mittengesetz des Rohres $(U-u)/v_*$ abhängig von $\log(y/\delta)$ aufträgt, so erhält man für die wandnahen Punkte die übliche Gerade; der dem äußeren Rande der Reibungsschicht entsprechende Teil der Kurve biegt aber stark nach unten von der Geraden ab und trifft die Null-Linie wesentlich früher als diese, was einer schmäleren Reibungsschicht entspricht.

Der gefundene Kurvenverlauf ist einer Berechnung des Widerstandes zugrunde gelegt worden. Da er keinen Einfluß der Reynoldsschen Zahl erkennen läßt, nahm Schultz-Grunow an, daß es sich um ein universelles Gesetz für beliebig große *Re*-Zahlen handelt. (Ein Einfluß der *Re*-Zahl ist ebenso vorhanden wie beim glatten Rohr, nämlich in der Einfügung der Laminarschicht unmittelbar an der Wand in den Mechanismus der Strömung). Die Formel ist sehr verwickelt. Schultz-Grunow hat deshalb auch Näherungsformeln angegeben:

$$c'_f = 0{,}370 / (\log Re_l)^{2,584} \qquad \text{(örtliche Widerstandszahl)}$$

$$c_f = 0{,}427 / (\log Re_l - 0{,}407)^{2,64} \qquad \text{(Gesamt-Widerstandszahl)}.$$

In dem zweiten Aufsatz mit dem Titel *"Über die turbulente Strömung im Rohr und an der Platte"* ging K. Wieghardt [44] den Ursachen genauer nach, warum die Übertragung der Gesetze der Rohrreibung auf im freien Strom befindliche Platten, wie sie Prandtl ursprünglich angewendet hatte, zu große Widerstände liefert. Mit dieser Frage hatte sich ja auch schon Schultz-Grunow in der vorstehend beschriebenen Arbeit [39] beschäftigt. Sie gewinnt noch an Interesse im Hinblick auf den weiter oben besprochenen Vergleich von Rechnung und Kempfs Ergebnissen. Ein in die Augen fallender Unterschied beider Arten von Strömungen ist der, daß im Rohr ein Druckgefälle vorhanden ist, an der Platte dagegen nicht. Wieghardt zieht die Messung von Nikuradse in flach rechteckigen Kanälen mit kleiner allmählicher Erweiterung heran und interpoliert auf den Zustand in einem Kanal mit konstantem Druck längs der Kanalachse. Es zeigt sich aber, daß das Geschwindigkeitsprofil dieses Kanals sich viel zu wenig von dem des Parallelkanals unterscheidet, um den Unterschied zwischen Kanal und Platte zu erklären. Als der wesentliche Grund für diesen Unterschied erweist sich der Turbulenzzustand der äußeren Teile der Reibungsschicht, da wo sie in die Potentialbewegung übergeht. Im Rohr oder Kanal wird diese Stelle von der anderen Seite her mit turbulenter Unruhe versorgt, bei der Plattenströmung ist hier aber das ruhige Potentialgebiet. Der schwächeren Turbulenz entspricht hier ein steilerer Geschwindigkeitsanstieg und daher eine schmalere Gesamt-Reibungsschicht. Der Unterschied der beiden Geschwindigkeitsprofile wird besonders auffällig, wenn man *u* abhängig von log *y* aufträgt. Das Rohr- oder Kanalprofil wird hier fast ganz geradlinig, das Plattenprofil hebt sich sehr auffällig nach oben hin ab. Messungen der Turbulenzstärke mit einem Hitzdrahtgerät bestätigten völlig die Wieghardtschen Annahmen. Der Windkanalstrom war weitgehend turbulenzfrei. Durch ein grobes Gitter wurde der Strom vor der Versuchsstrecke turbulent gemacht, was die Wirkung hatte, daß das Geschwindigkeitsprofil jetzt sehr viel näher bei dem Rohrprofil lag.

3.7 Turbulente Strömung in Rohren und längs ebener Platten mit rauher Oberfläche

Nachdem die Gesetze des Reibungswiderstands glatter, gerader Rohre und ebener, längsangeströmter Platten durch die Arbeiten von Prandtl (16) und v. Kármán [43] bis zu beliebig hohen Reynoldsschen Zahlen bekannt waren, waren noch die Aufgaben geblieben, ähnliche Theorien für den Reibungwiderstand rauher Rohre und Platten aufzustellen. Über die Ergebnisse der Theorie des Reibungswiderstandes rauher Rohre und Platten hatte Prandtl zunächst auf der Konferenz über hydromechanische Probleme des Schiffsantriebs am 18. und 19. Mai 1932 in Hamburg [16] mit einem Erörterungsbeitrag berichtet. Während dort nur ganz kurz die Ergebnisse angegeben wurden, sind die betreffenden Rechnungen und Versuchsergebnisse ausführlicher in späteren Veröffentlichungen mitgeteilt worden.

Geht man bei Betrachtung der turbulenten Strömung entlang einer ebenen Wand von der Grundlage einer idealen reibungsfreien Flüssigkeit aus, wie es Ludwig Prandtl in seiner schon wiederholt zitierten Mitteilung aus dem KWI für Strömungsforschung (18) getan hatte, dann war von seinem Standpunkt aus die Strömung längs einer rauhen Wand einfacher als die längs einer glatten Wand, weil bei dieser die Zähigkeit eine maßgebliche Rolle spielt, bei jener aber nicht. *"Ist k eine die Korngröße der Wandrauhigkeit messende Länge, so folgt dann aus einer einfachen Ähnlichkeitsbetrachtung, daß die Geschwindigkeitsverteilungen in der Wandnähe bei geometrisch ähnlichen Rauhigkeiten auch geometrisch ähnlich sind, so zwar, daß die Korngröße k den Maßstab dafür abgibt. Der formelmäßige Ausdruck dieser Beziehung ist der, daß die Geschwindigkeit im Abstand y eine Funktion des Verhältnisses y/k ist. Wenn man dieser Geschwindigkeitsverteilung die Gleichung $u = \frac{v_*}{\kappa}(\ln y + \text{konst.})$. zugrunde legt, was sich gemäß dem Vorausgehenden jedenfalls für die Gegenden weiter im Inneren der Flüssigkeit empfiehlt, so ergibt sich aus dem Gesagten, daß die Integrationskonstante dieser Gleichung = konst. – ln k zu setzen sein wird."*

Eine Versuchsreihe von Nikuradse [42] mit Rohren verschiedener Weite, die durch Aufkleben von gesiebtem Sand verschiedener Korngrößen mit Hilfe eines geeigneten Lackes in verschiedenem Grad rauh gemacht worden waren, ergab, daß man die neue Konstante = 3,4 = $\ell n\, 30$ setzen kann; k bedeutet dabei den mittleren Korndurchmesser des zur Erzeugung der Rauhigkeit verwandten Sandes. Mit $1/\kappa = 2{,}5$ ergibt sich also die Formel:

$$u = 2{,}5 v_* \ln\left(\frac{30 y}{k}\right).$$

Durch eine Koordinatenverschiebung um den Betrag von $k/30$ läßt sich noch erreichen, daß für $y = 0$ auch $u = 0$ wird und wenn man noch den natürlichen Logarithmus durch den Zehnerlogarithmus ersetzt, ergibt sich:

$$u = 5{,}75 v_* \log\left(1 + \frac{30 y}{k}\right).$$

Diese Gleichung gibt einen festen Zusammenhang zwischen der Geschwindigkeitsverteilung, der Schubspannungsgeschwindigkeit, dem Wandabstand und dem Rauhigkeitsmaß k. Dies gilt zunächst für die bei den Versuchen verwendeten Arten von Rauhigkeiten. Für andere Formen von rauhen Oberflächen wird sich statt der Zahl 30 voraussichtlich eine andere, im übrigen auch noch von der Art, das Rauhigkeitsmaß zu definieren, abhängige Zahl ergeben. Für den Übergang zur mathematisch glatten Wand ($k \to 0$) sind die angegebenen Formeln allerdings nicht geeignet, da die Verhältnisse hier durch Eingreifen der Zähigkeit wesentlich verändert werden.

Auf Grund Göttinger Messungen von Nikuradse ergibt sich über den Verlauf der Widerstandszahl abhängig von der Reynoldsschen Zahl bei Rohren verschiedener relativer Rauhigkeit k/r das in Bild 16 wiedergegebene Bild. Die Zustände links von der kritischen Reynoldsschen Zahl stellen den laminaren Zustand dar. Man sieht, daß hier sehr wenig Unterschied zwischen den glatten und rauhen Rohren besteht. Die Kurven rücken aber sofort stark auseinander, sobald die Turbulenz einsetzt. Die Kurven für die kleineren Rauhigkeiten laufen zunächst entlang der Kurve für das glatte Rohr und heben sich der Reihe nach von dieser ab.

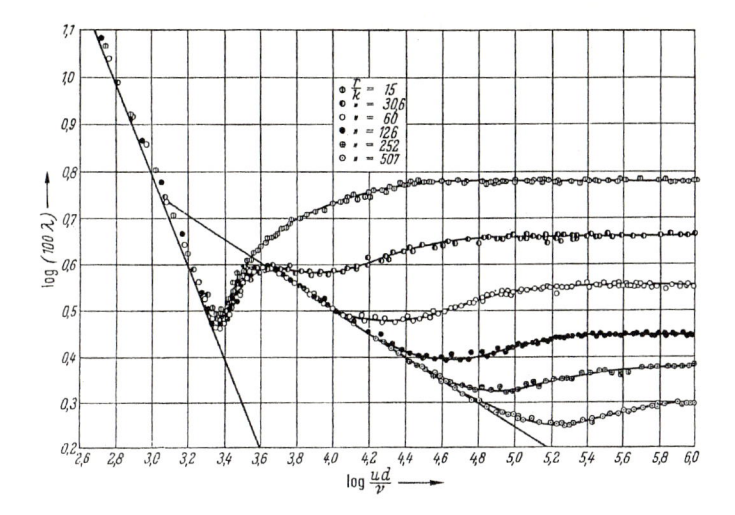

Bild 16: Widerstandszahlen λ rauher Rohre. Die Kurvenschar beruht auf Versuchen an Rohren mit gut definierter Rauhigkeit, hervorgebracht durch auf die Rohrwand geklebte Sandkörner bestimmter und von Rohr zu Rohr verschiedener Größe k.

Nach den vorausgegangenen Darlegungen war der Weg zur Auffindung einer einheitlichen Gesetzmäßigkeit für den turbulenten Teil vorgegeben. Als Abszisse wurde die Wandkennzahl $v_* k / v$ oder ihr Logarithmus gewählt als Ordinate wurde eine Größe gewählt die nach den Gesetzmäßigkeiten der voll ausgebildeten Rauhigkeitsströmung konstant ist. Es kam also die Größe

$$\frac{1}{\sqrt{\lambda}} - 2{,}0 \log \frac{r}{k}$$

oder, falls man die entsprechende Gesetzmäßigkeit für die Geschwindigkeitsverteilung suchte, die Größe

$$\frac{u}{v_*} - 5{,}75 \log \frac{y}{k}$$

gewählt werden. Die Auftragung dieser beiden Größen auf Grund der Versuchsergebnisse brachte in der Tat die mit sehr verschiedenen Rauhigkeiten gemessenen Versuchspunkte nahezu auf je eine einzige Kurve. Die beiden Kurven selbst stimmen auch untereinander noch bis auf den Maßstab überein, wie dies aus den hier dargelegten Zusammenhängen hervorgeht. Das ganze Rohrproblem hat hiermit auf Grund einer Verknüpfung von wenigen Erfahrungswerten mit theoretischen Schlüssen eine sehr umfassende Lösung gefunden.

Die Kurve von Bild 17, die nur für die besondere, untersuchte Sandkornrauhigkeit festgestellt worden ist, nimmt für andere Formen der Rauhigkeit eventuell andere Werte an.

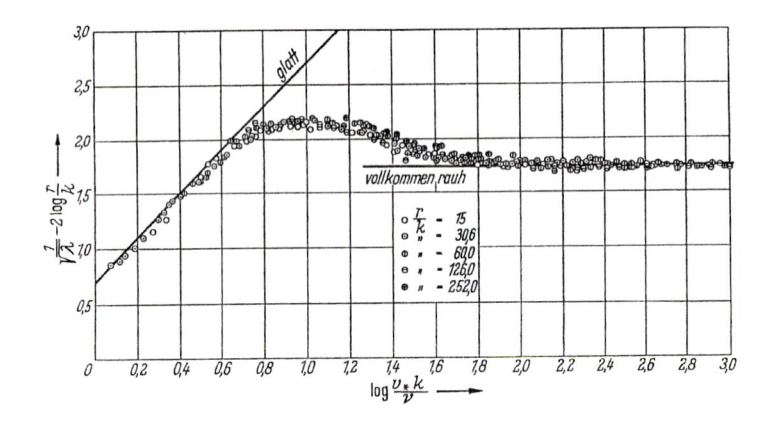

Bild 17: Rauhigkeitsfunktion.

Ebenso wie bei der glatten Platte bilden auch für die rauhe Platte die Ergebnisse der Rohrströmungsversuche die experimentelle Grundlage der Theorie, und zwar die erwähnten Strömungsversuche von Nikuradse mit künstlich rauh gemachten Rohren. Die Rechnungen sind ausführlich von Prandtl in Gemeinschaft mit H. Schlichting (19) durchgeführt worden

Für den Einfluß der Wandrauhigkeit auf den Widerstand ist ausschlaggebend das Verhältnis der mittleren Rauhigkeitserhebung k zur Dicke der Laminarschicht δ_l, die mit wachsender Reynoldsscher Zahl abnimmt. Ist $k < \delta_l$, liegen also alle Rauhigkeitserhebungen innerhalb der dünnen laminaren Wandschicht, so ist die Rauhigkeit hydraulisch nicht merklich; der Widerstand ist der gleiche wie bei glatter Wand.

Ist k von derselben Größenordnung wie δ_l, so ragen aus der Laminarschicht einzelne Erhebungen hervor, an denen eine Wirbelbildung stattfindet, die mit einem zusätzlichen Energieverlust verbunden ist. Infolge der Abnahme der Laminarschichtdicke mit wachsender Reynoldsscher Zahl ragen immer mehr Rauhigkeitserhebungen aus der Laminarschicht hervor. Der damit wachsende Energieverlust erklärt das Ansteigen der Widerstandskurven in diesem Übergangsbereich. Ist schließlich die Laminarschichtdicke so klein geworden, daß alle Rauhigkeitserhebungen aus ihr hervorragen, so hat der durch die Wirbelbildung verursachte Energieverlust einen konstanten Wert erreicht. Die Widerstandszahl ist dann unabhängig von der Reynoldsschen Zahl (voll ausgebildete Rauhigkeitsströmung).

Da bei der Plattenströmung die Reibungsschichtdicke und damit auch die Dicke der Laminarschicht längs der Platte anwächst, nimmt bei einer Platte konstanter Rauhigkeit die Größe $k < \delta_l$, von großen Werten am Anfang der Platte nach hinten ab. Man hat also vorn an der Platte ein Gebiet mit ausgebildeter Rauhigkeitsströmung, an das sich weiter hinten der Übergangsbereich anschließt, und an diesen wiederum, falls die Platte lang genug ist, der Bereich der hydraulisch glatten Strömung.

Bei der Darstellung der turbulenten Geschwindigkeitsverteilungen im glatten Rohr erwies sich die Einführung einer dimensionslosen Geschwindigkeit $\varphi = u/v_*$ und eines dimensionslosen Wandabstandes $\eta = yv_*/v$ als sehr zweckmäßig. wobei die aus der Wandschubspannung τ gebildete kennzeichnende Geschwindigkeit (Schubspannungsgeschwindigkeit) $v_* = \sqrt{\tau/\rho}$ ist.. Mit diesen Dimensionslosen φ und η ergibt sich für glatte Rohre das universelle Geschwindigkeitsverteilungsgesetz:

$$\varphi = A + B \log \eta ,$$

also eine Gerade, wenn $\log \eta$ und φ als Koordinaten gewählt werden. Trägt man die Beziehung $\varphi = f(\log \eta)$ jetzt auch für rauhe Rohre auf, so ergibt sich für jede relative Rauhigkeit und Reynoldssche Zahl ebenfalls eine Gerade für die dimensionslose Geschwindigkeitsverteilung, und zwar sind alle Geraden zueinander parallel. Für rauhe Rohre kann man deshalb wegen

$$\eta = \frac{v_* k}{v} \frac{y}{k}$$

die universelle Geschwindigkeitsverteilung auch in der Form schreiben:

$$\varphi = A + 5{,}75 \log \frac{y}{k} .$$

Die hierdurch definierte Größe A erweist sich als eine Funktion der mit der Rauhigkeitserhebung k und der Wandschubspannungsgeschwindigkeit $v_* k/v$.

Die Werte von A für das hydraulisch glatte Rohr, für den Übergangsbereich und für die voll ausgebildete Rauhigkeit fallen in einen glatten Linienzug zusammen, der für die Zwecke der Rechnung durch einen Polygonzug angenähert wurde.

Damit ist das turbulente Geschwindigkeitsverteilungsgesetz für rauhe Rohre zur Genüge bekannt, und die Widerstandsberechnung der rauhen Platte verläuft jetzt in ganz ähnlicher Weise wie die Rechnung für die glatte Platte. Es wurde die Rechnung für die voll ausgebildete Rauhigkeitsströmung durchgeführt. So konnten dann ohne weiteres bei vorgegebenen Werten von Uk/v die Kurven des örtlichen Widerstandskoeffizienten

$$c'_f = \frac{\tau}{\frac{\rho}{2} U^2}$$

und der Gesamt-Widerstandszahl

$$c_f = \frac{W}{\frac{\rho}{2}U^2 x}$$

als Funktion der Renoldsschen Zahl Ux/v errechnet und gezeichnet. Diese Diagramme sind in Bild 18 und 19 wiedergegeben. Dabei sind auch noch die Kurvenscharen x/k = konst. eingezeichnet. Eine Kurve x/k = konst. gibt das Verhalten der Reibungsziffern ein und derselben Stelle der Platte bei verschiedenen Geschwindigkeiten, während eine Kurve Uk/v = konst. das Verhalten der verschiedenen Stellen einer Platte bei ein und derselben Geschwindigkeit darstellt.

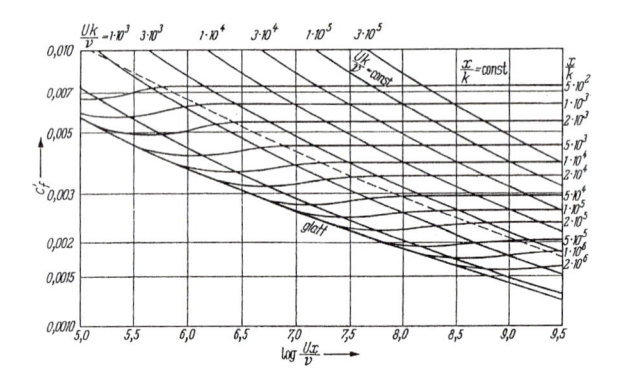

Bild 18: Die örtliche Widerstandszahl c'_f rauher Platten als Funktion der Reynoldschen Zahl Ux/v für verschiedene Rauhigkeiten Uk/v.

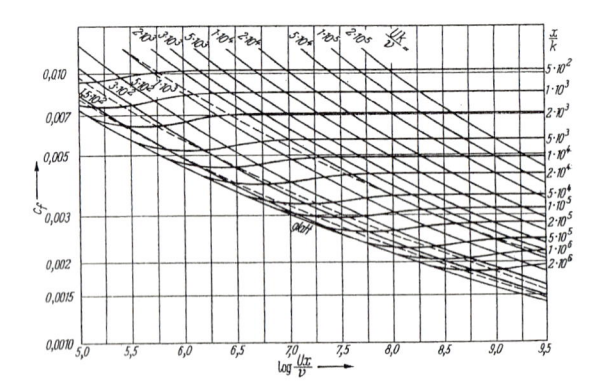

Bild 19: Die Gesamtwiderstandszahl c_f rauher Platten als Funktion der Reynoldschen Zahl Ux/v für verschiedene Rauhigkeiten Uk/v.

Bei diesen Rechnungen war immer angenommen worden, daß die Reibungsschicht vom Anfang der Platte an turbulent strömt. Durch die Berücksichtigung einer laminaren Anlaufstrecke würden sich die Verhältnisse noch weiter komplizieren. Das hiermit gewonnene Widerstandsgesetz rauher Platten hat zunächst nur Gültigkeit für eine ganz bestimmte Art von Rauhigkeit, nämlich für eine ebene Fläche, die sehr dicht mit Sandkörnern beklebt ist, wie es bei den zugrunde gelegten Nikuradseschen Rohrversuchen der Fall war. Hierbei war die Rauhigkeitsdichte folgende: Bei der Korngröße $k = 0,01$ cm befanden sich rund 4600 Körner pro cm$_2$, bei $k = 0,02$ cm 1130 Körner, bei $k = 0,04$ cm 400 Körner und bei $k = 0,08$ cm 150 Körner pro cm$_2$. Für andere Arten von Rauhigkeiten, z.B. für andere Formen der Rauhigkeitserhebungen und für andere Rauhigkeitsdichten wird natürlich das Widerstandsgesetz rauher Platten ein anderes sein.

Bei Schiffen sowohl wie bei Flugzeugen kommen allerhand Unterbrechungen der glatten Oberfläche vor (Plattenstöße, Nietköpfe, Anbauten, Löcher usw.) die den Strömungswiderstand vermehren. Solchen Fragen ist von Wieghardt [44] eine ausführliche systematische Arbeit gewidmet worden. Die Versuche sind im Rauhigkeitskanal des KWI für Strömungsforschung durchgeführt worden. Die Störkörper wurden, manchmal auch in vergrößerter Ausführung (um höhere Re-Zahlen zu erreichen!) auf einer von Schultz-Grunow verwendeten "Meßplatte" befestigt, mit der horizontale Kräfte gemessen werden können. Besondere Sorgfalt wurde der Abdichtung der Spalte an den Rändern der Meßplatte gewidmet, da die Störkörper im Gegensatz zu der glatten Meßplatte Druckfelder erzeugten, die von den senkrechten Seitenflächen der Meßplatte ferngehalten werden mußten. Durch einen Störkörper wurde die turbulente Strömung hinter dem Störkörper geschwächt; deshalb wurden auch Versuche durchgeführt, bei denen der Störkörper vor der jetzt glatten Meßplatte befestigt war. Der wirkliche Zusatzwiderstand des Störkörpers ist dann die algebraische Summe der Einzelbeiträge. Besondere Erwägungen galten der zweckmäßigsten Wahl der Widerstandszahlen, um deren Allgemeingültigkeit zu erhöhen. Für Störkörper, die ganz in der Reibungsschicht lagen, wurden die nach dem $y^{1/7}$-Gesetz gerechneten Staudrucke über die Projektion des Störkörpers integriert und der ermittelte Zusatzwiderstand damit dividiert.

Löcher und Vertiefungen in der Oberfläche liefern auch Widerstandsvermehrung, da die äußere Strömung die Flüssigkeit im Loch in Bewegung setzt. Das absolute Minimum des Widerstandes liefert in jedem Fall die glatte Platte. Die Beziehungen zum Problem der "rauhen Platte" werden erörtert. Im einzelnen werden sehr zahlreiche Fälle behandelt und auch Vergleiche mit anderen Literaturangaben gezogen.

Im Anschluß an die Wieghardtschen Messungen hat Tillmann [45] Versuche mit verschiedenen praktisch vorkommenden Störkörpern durchgeführt: Nietköpfe und Schraubenköpfe und Reihen von solchen, Schweißraupen, verschiedene Beschläge; kreisförmige und viereckige Vertiefungen, auch solche mit Abdeckplatten und mit Ausrundungen der Ränder (durch geeignete Formen der letzteren kann 25 v.H. des Widerstandes eingespart werden). Eine systematische Reihe von kreiszylindrischen Vertiefungen mit ebenem Boden zeigt einen eigenartigen mit den Wirbelbildungen in der Höhlung zusammenhängenden Gang; Maxima des an sich kleinen Widerstandes sind bei Tiefe h/Durchmesser $D = 0,1$; 0,5; 1,05; Minima bei 0,2; 0,8; 1,35. Auch die Abhängigkeit von D/δ ist untersucht (größere Widerstände bei größerem D/δ).

3.8 Turbulenz in beschleunigter und verzögerter Strömung

Neben den schon besprochenen, verhältnismäßig einfachen Fällen ist das Studium komplizierterer Strömungen mit beträchtlichen Beschleunigungen und Verzögerungen in der Hauptströmungsrichtung von großer Bedeutung. Die benötigten numerischen Berechnungen und Daten für derartige Bedingungen liefern nicht nur wichtige Informationen in den vielseitigen Fällen wie Reibungswiderstand von Tragflügeln oder Reibungsverluste an Turbinenschaufeln usw., sondern ermöglichen auch festzustellen, ob eine gegebene Geschwindigkeits- und Druckverteilung ohne Strömungsablösung möglich ist. Einige aussichtsreiche Versuche sind unter Prandtls Leitung unternommen worden.

Neben seiner Förderung von Doktoranden und Mitarbeitern hat Ludwig Prandtl selbst zwei wesentliche Beiträge zum Thema veröffentlicht:

1. *Turbulent friction layers in accelerated and retarded flows*. W.F. Durand, Aerodynamic Theory Vol. III, p. 155 – 162. Berlin 1935. In (22).

2. *Strömungen an Wänden bei Druckanstieg und Druckabfall*. Naturforschung und Medien in Deutschland 1939 – 1946, Bd. 11, Hydro- und Aerodynamik (Hrsg. A. Betz), S. 60-64. Weinheim 1953. In (33).

Zu Beginn erschien es zweckmäßig zu sein, die Tatsachen zur Kenntnis zu nehmen, die Versuche an das Tageslicht gebracht hatten. Dazu hatte Prandtl in Göttingen schon möglichst früh begonnen, entsprechende Daten durch geeignete Versuche im Institut für angewandte Mechanik der Universität Göttingen zu beschaffen. Er hatte dazu drei Dissertationen nacheinander in Auftrag gegeben, deren Fertigstellung sich insgesamt über einen Zeitraum von mehr als zehn Jahren hingezogen hatte. Die erste Arbeit war die von H. Hochschild, *"Versuche über die Strömungsvorgänge in erweiterten und verengten Kanälen"* (Dis). Diese sind mit Wasser ausgeführt worden. Prandtl hatte Hochschild ein Manuskript zur Verfügung gestellt, das als Versuchsplan dienen sollte und das hier wiedergegeben wird, weil es den damaligen Stand der Erkenntnisse beschreibt:

"Gleiten zwei benachbarte Flüssigkeitsteilchen so übereinander weg, daß in der Entfernung dy ein Geschwindigkeitsunterschied dw herrscht, so entsteht dadurch in den Gleitflächen eine Schubspannung $\tau = k \frac{dw}{dy}$. Die Größe k heißt Koeffizient der inneren Reibung, oder auch Zähigkeit kurzweg.

Bei den technisch wichtigen Flüssigkeiten, wie Wasser und Luft, ist die Zähigkeit zwar sehr gering. Trotzdem zeigen die Versuche, daß die Reibung nicht vernachlässigt werden darf, da nur in seltenen Fällen die Erfahrung die Theorie der reibungslosen Flüssigkeit bestätigt. Ist der Einfluß der inneren Reibung in der freien Flüssigkeit verschwindend, so kommt er doch an den festen Wänden in Betracht, wo ein schroffer Übergang der Geschwindigkeit auf Null stattfindet, um so schroffer – je kleiner die Zähigkeit.

Die Reibungsvorgänge in den "Grenzschichten" haben sich als die Quelle der meisten hydraulischen Verluste erwiesen. Die bekannte Beobachtung, daß, in stark erweiterten Kanälen oder auf der Rückseite eines der Strömung entgegenstehenden Körpers, der Flüssigkeitstrom sich ablöst, findet im Folgenden seine Erklärung: Überall, wo die freie Strömung neben den Grenzschichten verzögert wird, greifen auch die verzögernden Kräfte an den Teilchen der Grenzschicht an, die durch die Reibung schon einen Teil ihrer lebendigen Kraft eingebüßt haben. Die verzögernden Kräfte (Anstieg des Flüssigkeitsdruckes z.B.) bringen die Teilchen zum Stillstand und Umkehren, während die freie Flüssigkeit weiter strebt. Es lösen sich Teilchen der

Grenzschicht ab, bilden Wirbel, die die ganze Strömung wesentlich beeinflussen. Bei starker Verzögerung tritt ein Ablösen der ganzen Strömung von der Wandung auf.

Bei gleichförmiger Geschwindigkeit scheint die Grenzschicht sich im labilen Zustand zu befinden, da auch hier Wirbelbildung beobachtet wird.

Bei genügend stark beschleunigter Bewegung ist nichts dergleichen zu erwarten, da die Teilchen, die eine Geschwindigkeitseinbuße erlitten haben, durch die beschleunigenden Kräfte doch immer wieder in der Strömungsrichtung in Bewegung gesetzt werden. Es werden also die an den Kanalwänden entstehenden Verluste bei beschleunigter Bewegung kleiner ausfallen als bei gleichfömiger Bewegung, und diese wieder kleiner als bei verzögerter".

Hochschild hatte in einigen erweiterten und verengten Kanälen mit rechteckigem Querschnitt die Strömungsvorgänge untersucht. Er bestätigte die durch die Theorie nahegelegte Annahme, daß die Verluste der Strömung an der Begrenzung entstehen und allmählich die ganze Strömung durchsetzen, und zwar in um so stärkerem Maße, je stärker die Kanäle erweitert sind, und in um so schwächerem Maße, je mehr sie verengt sind, so daß in verengten Kanälen die Strömung fast verlustfrei vor sich geht. Diese Arbeit wurde von der Technischen Hochschule zu Berlin 1909 als Dissertation angenommen.

Die zweite Arbeit war von R. Kröner durchgeführt worden und hatte den *Titel "Versuche über Strömungen in stark erweiterten und verengten Kanälen."* (Dis). Er arbeitete mit Luft. Ein wesentliches Ergebnis ist bei ihm der experimentelle Nachweis der Gültigkeit des Ähnlichkeitsgesetzes. Kröner stellte seine Messungen nur in erweiterten Kanälen an, weil er hauptsächlich das Problem der Ablösung untersuchen wollte. Seine Kanäle sind stärker erweitert als die von Hochschild (der engste stimmt mit rund 12° mit dem weitesten von Hochschild überein) und sind außerdem noch viel kürzer (vom Ähnlichkeitsstandpunkt aus). Der weiteste Kanal ist kaum so lang als er breit ist. Man kann deshalb die Kanäle Kröners besser als Ausflußmundstücke bezeichnen, an die sich dann noch ein längerer paralleler Teil anschloß, in dem auch die meisten Messungen vorgenommen wurden. Als Winkel der Ablösung findet Kröner den Winkel des Kanals zwischen 12° und 24°.

Bei der Kürze der Kanäle bei Hochschild wie auch besonders bei Kröner kann natürlich von irgendwelchen stationären Verhältnissen keine Rede sein. Die Kanäle sind zu kurz, als daß sich ein Gleichgewichtszustand in der Strömung einstellen könnte. der dann eigentlich erst als maßgebend für die Strömung bei dem betreffenden Kanalwinkel gelten kann. Beide fanden auch in ihren Kanälen eine ständig schwankende Strömung. Kröner berichtet: *"Die Strömungsbilder zeigen durchaus keine Einheitlichkeit, jede neue Versuchsreihe gibt ein anderes Bild, selbst in einem und demselben Kanal kommen mehrere gänzlich voneinander abweichende Strömungen vor, denen verschiedene Widerstandszahlen zugehören."*

Als dritte Arbeit hatte F. Dönch die Dissertation *"Divergente und konvergente turbulente Strömungen mit kleinen Öffnungswinkeln"* in den Jahren 1922 bis 1924 erstellt. Das Ziel der Arbeit war gewesen, einige neue Einzelheiten über die Eigenschaften turbulenter Strömung, hauptsächlich bei Divergenz und Konvergenz, zu bringen. Zu dem Zweck war ein Luftkanal von rechteckigem Querschnitt mit verstellbaren Seitenwänden gebaut worden, in dem die Untersuchungen vorgenommen wurden. Theoretische Überlegungen hatten Formeln für den Verlustfaktor λ in sinngemäßer Erweiterung dieses Begriffs der parallelen Strömung geliefert, ferner für die Turbulenz ε, die Austauschgröße des Impulses bei turbulenter Strömung, und die damit zusammenhängende "Mischungsweglänge" l. Es zeigte sich, daß das Blasiussche Widerstandsgesetz bei den hier erreichten Reynoldsschen Zahlen nicht mehr gilt. Für neun verschiedene Kanalstellungen waren die Größen ε und l und ihr Verlauf über den Querschnitt des Kanals ermittelt und in einem Kurvenblatt zusammengestellt worden. Dasselbe war mit den Geschwindigkeitsprofilen geschehen.

Die Versuche hatten die Annahme, daß sich auch in erweiterten Kanälen eine eindeutige symmetrische Strömung ergibt, wenn man nur in einer genügend langen Anlaufstrecke der Strömung Gelegenheit gibt, ihren Gleichgewichtszustand herzustellen. Leider hatte es sich gezeigt, daß auch noch bei den vorliegenden Messungen trotz der fast 4 m langen Anlaufstrecke (ohne Gleichrichter) vor der 3 m langen Meßstrecke die Strömung noch nicht voll entwickelt in die Meßstrecke eintrat. Bei allen Messungen hatte also die Anlaufstrecke etwas in die Meßstrecke hineingereicht.

Weiter hatten die Versuche gezeigt, daß innerhalb der Grenzschicht bei allen Strömungen (divergent, konvergent und parallel) das 1/8-Potenz-Gesetz gilt, daß also die aus dem Prandtlschen Potenzgesetz auf Grund des Blasiusschen Gesetzes folgende 1/7-Potenz – in diesem Bereich der Reynoldsschen Zahl wenigstens – keine Gültigkeit hat.

An diese drei Untersuchungen schloß sich noch eine vierte an, die im KWI ausgeführt worden ist und deren Bearbeitung in den Händen J. Nikuradse [46] lag. Für diese Arbeit hatte Prandtl die Aufgabe gestellt, möglichst gute Bedingungen zur Erreichung der im Mittel zweidimesionalen Strömung in einem erweiterten bzw. verengten Kanal zu schaffen und die Geschwindigkeit und Druckverteilung solcher Strömungen möglichst sorgfältig aufzunehmen und mit diesem Material die folgenden Fragen zu untersuchen:

1. Wie groß ist der größte zulässige Erweiterungswinkel, bei dem keine Ablösung eintritt (Ablösung wird durch Rückströmung gekennzeichnet)?

2. Welche Erscheinungen treten auf, wenn dieser größte zulässige Erweiterungswinkel überschritten wird?

3. Was lehrt die Anwendung der hydrodynamischen Bewegungsgleichungen auf die untersuchten Strömungen bezüglich der aus den Mischungsbewegungen sich ergebenden scheinbaren Schubspannungen?

4. Wie verteilt sich die Größe ε, die den Austausch des Impulses zwischen benachbarten Flüssigkeitsteilchen mißt, über die Kanalbreite?

5. Wie verteilt sich der "Mischungsweg" l über die Kanalbreite?

Für die Beantwortung dieser Fragen sind die Versuche in einem Kanal von rechteckigem Querschnitt mit verstellbaren Seitenwänden ähnlich dem Kanal von Dönch vorgenommen worden, jedoch mit Wasser an Stelle von Luft und mit einem aus Metall gebauten Apparat an Stelle des hölzernen Kanals von Dönch. Die Höhe des Kanals war im Verhältnis zur Weite und Länge wesentlich vergrößert worden, um eine bessere Annäherung an die ebene Strömung zu erhalten, als sich dies bei Dönch ergeben hatte Die Versuche sind in erweiterten Kanälen bei einem halben Öffnungswinkel von $\alpha = 1°$, $2°$, $3°$, $4°$, $5°$, $6°$, $7°$ und $8°$ und in verengten Kanälen bei $\alpha = -2°$, $-4°$ und $-8°$ vorgenommen worden. Die statische Druckverteilung ist längs der Mittellinie der Seitenwand, die Geschwindigkeitsverteilungen in zwei hintereinander liegenden Kanalquerschnitten gemessen worden. Die Wassertemperatur ist ebenfalls jeweils bestimmt worden. Die Versuchsanlage war in der Werkstatt des K.W.I. für Strömungsforschung unter Berücksichtigung der Erfahrungen, die in den Arbeiten von Hochschild, Kröner und Dönch enthalten sind, gebaut worden. Die größte Breite hat bei einer Kanalerweiterung von 8 Winkelgrad 13 cm betragen und der Austrittsquerschnitt der Meßstrecke 13 x 30 cm_2. Einige der Geschwindigkeitsverteilungen von Nikuradses Arbeit sind in Bild 20 wiedergegeben. Da die Geschwindigkeitsprofile nicht gleiche Geschwindigkeitshöhen und Kanalbreiten haben, sind die beiden Größen dimensionslos gemacht worden um die Profile miteinander vergleichen zu können, indem die jeweiligen Geschwindigkeiten durch die größten Werte der Geschwindigkeit (U) die jeweiligen Abstände (y), die von der Kanalmitte aus gerechnet sind, durch die halbe Kanalbreite (b) dividiert worden sind.

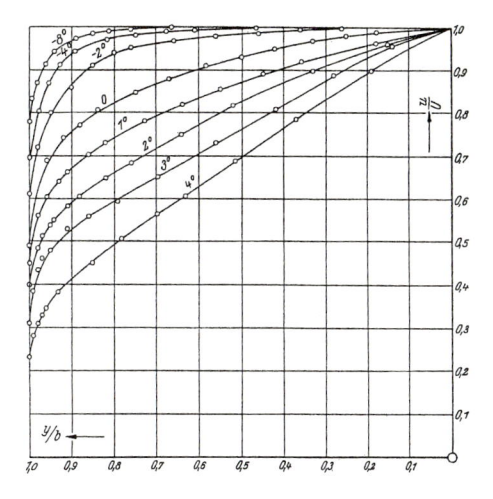

Bild 20: Geschwindigkeitsverteilungen in erweiterten Kanälen (positive Öffnungswinkel) und verengten Kanälen (negative Öffnungswinkel).

Bild 20 veranschaulicht die Geschwindigkeitsprofile für alle Kanalstellungen außer den Geschwindigkeitsprofilen der sich erweiternden Kanäle über $\alpha = 4°$. Das Bild zeigt ganz deutlich, daß die Geschwindigkeitsprofile der Strömungen in erweiterten Kanälen ($\alpha > 0$) nach der Mitte zu immer steiler, dagegen in verengten Kanälen ($\alpha < 0$) flacher werden als das Profil bei paralleler Strömung ($\alpha = 0$). Alle Geschwindigkeitsprofile in Bild 20 haben symmetrische Form. Die Symmetrie der Geschwindigkeitsprofile bleibt erhalten bis zu einer bestimmten Kanalerweiterung. Dieser als "*kritischer Ablösungszustand*" bezeichnete Strömungszustand trat im Bereiche von Kanalstellungen $\alpha = 4,8°$ bis $\alpha = 5,1°$ ein. Damit ist die erste der obigen Fragen beantwortet. Zu der zweiten Frage liegen folgende Beschreibungen vor*:" Die Strömung bei dem Profil mit kritischer Ablösung lag ebenso wie bei vollständiger Ablösung immer entweder auf der einen oder auf der anderen Kanalwand an. Die Zweidimensionalität der Strömung blieb dabei nicht mehr erhalten. Bei der Kanalstellung $\alpha = 6°$ zeigt sich ein ausgeprägtes Bild der Ablösung an. In diesem Falle bleibt die Ablösung auf einer Kanalwand, während bei der Kanalstellung $\alpha = 8°$ die Ablösungsstelle von einer Kanalwand zur anderen wandert. Bei der Kanalstellung $\alpha = 7°$ beobachtet man auch die Pendelung des Stromes hin und her, aber mit dem Unterschied, daß die Häufigkeit der Pendelung bei $\alpha = 8°$ größer war als bei $\alpha = 7°$. Außerdem zeigen die Versuche, daß die Rückströmungsbreite mit wachsendem Kanalwinkel wächst."* Die Geschwindigkeitsverteilungen sind in zwei hintereinander liegenden Querschnitten, die statische Druckverteilung längs der Kanalachse gemessen worden. Die Geschwindigkeit wuchs in Wandnähe nach der $1/7$ – Potenz des Wandabstandes. Um den durch die turbulenten Nebenbewegungen erzeugten Impulsaustausch zu erfassen, sind die

Schubspannung τ, die Austauschgröße ε und der Mischungsweg l in ihrer Verteilung über den Kanalquerschnitt für alle Kanalstellungen ermittelt worden.

An Stelle des Öffnungswinkels, der bisher den Verlauf der Strömung und ihre kennzeichnenden Größen bestimmte, wurde ein physikalisch begründeter charakteristischer Parameter

$$\Gamma = \frac{1}{\rho}\frac{dp}{dx}\frac{\delta^{5/4}}{U^{7/4}\nu^{1/4}}$$

eingeführt, der dem Druckanstieg proportional und auch in anderen beschleunigten und verzögerten Strömungen verwendbar ist. In Abhängigkeit von Γ wurden nun die Strömungsgrößen, insbesondere die dimensionslos gemachte Schubspannung τ_o an der Wand

$$T = \frac{\tau_o}{\rho}\frac{\delta^{1/4}}{U^{7/4}\nu^{1/4}}$$

betrachtet. Man erhielt daraus einen auch in anderen Fällen anwendbaren Wert von T, bei dem $T = 0$ ist, d.h. Ablösung eintritt, was im hier untersuchten Falle bei einer Kanalerweiterung von $\alpha = 5°$ geschieht. (ρ = Dichte, ν = kinematische Zähigkeit, δ = Grenzschichtdicke). Die Gleichung für Γ basiert auf dem einfachen Zusammenhang zwischen dem Druckanstieg bzw. –abfall und dem Erweiterungs- bzw. Verengungswinkel bei reibungsloser Strömung nebst einer Korrektur für die Reibungseffekte. Auch F. Dönch hatte die Formel benutzt. Mit dieser Betrachtung war nun schon die Tür zur theoretischen Behandlung etwas geöffnet, Bild 21.

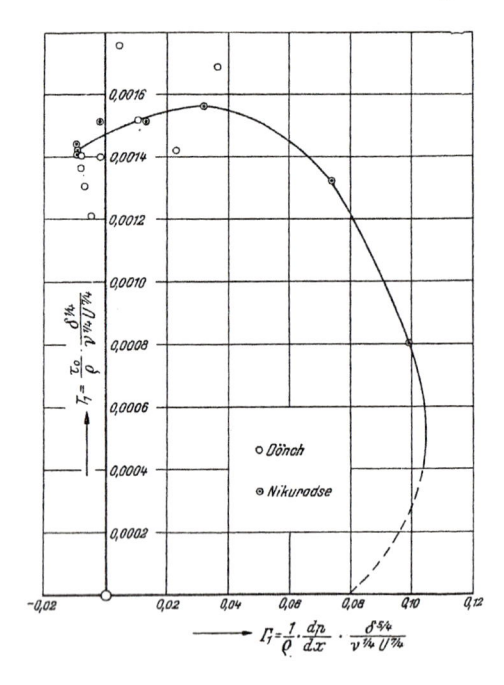

Bild 21: Dimensionslose Wandschubspannung T als Funktion des dimensionslosen Druckanstiegs Γ bei verzögerter und beschleunigter turbulenter Grenzschichtströmung.

Die Versuche von Dönch und Nikuradse an schwach verengten bzw. erweiterten Kanälen hatten gezeigt, daß die Geschwindigkeitsverteilungen beträchtlich davon abhängen, bis zu welchem Grade Beschleunigungen oder Verzögerungen auftreten. Obgleich diese erwähnten Experimente keine vollständige Grundlage für die Einführung dieses Parameters geliefert hatten, ist er nichtsdestoweniger für die weiteren Diskussionen benutzt worden, weil er die Berechnungen wesentlich vereinfacht hatte. Die Analyse der experimentellen Ergebnisse von Dönch und Nikuradse hatte in der Tat gezeigt, daß Γ ein geeigneter *"Formparameter"* war, nach welchem ein konstanter Wert von Γ immer den gleichen Typ von Geschwindigkeitsprofilen erzeugte.

In Verbindung mit dem Impulssatz der Grenzschichttheorie, in welchem die beiden Integralwerte Verdrängungsdicke δ_1 und Impulsverlustdicke δ_2 auftreten, war es gelungen, den Formparameter des Geschwindigkeitsprofils δ_1 / δ_2 mit dem Parameter Γ_1, in Beziehung zu bringen, wobei Γ_1 sich von Γ dadurch unterscheidet, daß δ_2 als Ersatz für δ eingeführt wird. Die zugehörigen Rechnungen sind von A. Buri auf Anregung von Prandtl ausgeführt worden. Auf Grund dieser Überlegungen hatte Buri unter seiner von der Eidgenössische Technische Hochschule Zürich angenommenen Dissertation mit dem Titel *"Eine Berechnungsgrundlage für die turbulente Grenzschicht bei beschleunigter und verzögerter Grundströmung"* das erste Rechenverfahren für turbulente Grenzschichten mit veränderlichem Druckverlauf entwickelt.

Prandtl (21) hat in seinem Durand-Beitrag kommentiert:*" Buris Berechnungen, wie gezeigt worden ist, sind auf der Annahme begründet, daß sich das gleiche Profil ergibt für den gleichen Wert von Γ_1, d.h. für die relative Geschwindigkeitszunahme entlang einer Strecke in Strömungsrichtung gleich der Reibungsschichtdicke. Genau genommen ist diese Annahme nicht gültig, denn jedes Geschwindigkeitsprofil entwickelt sich in einer regelmäßigen Weise aus den weiter stromaufwärts gelegenen Profilen, d.h. die Form der Geschwindigkeitsprofile hängt vollständig von der Vorgeschichte der betrachteten Flüssigkeit ab. Dieser Umstand wird in Buri's Berechnungen nicht berücksichtigt. Wenn die Veränderung der Geschwindigkeitsprofile jedoch sehr langsam und über eine lange Strecke fortschreitet, dann hat dieser Umstand geringe Wirkung und es ist zulässig, Versuchsergebnisse wie die von Dönch und Nikuradse zu benutzen, wenn die Form der Geschwindigkeitsprofile an allen Teilen der Strömung sich nur langsam ändert. Nichtsdestoweniger war Buri's Gleichungssystem nützlich, insbesondere für die Betrachtung qualitativer Erscheinungen einer Strömung".*

Etwa ein Jahr später als Buri hatte E. Gruschwitz ein anderes Rechenverfahren für turbulente Grenzschichten mit veränderlichem Druckverlauf entwickelt und damit bei Prandtl promoviert (Dis). Es war so, daß Gruschwitz mit dieser Doktorarbeit beschäftigt war, während Prandtl sich auf seiner Weltreise befand. Der Verfasser dieses Beitrages erinnert sich, daß Tollmien, der vertretungsweise den Fortgang der Arbeit von Gruschwitz betreut hatte, später erzählt hat, daß er an den in Japan weilenden Prandtl geschrieben hätte *"Gruschwitz befindet sich auf Abwegen."* Es ist nicht bekannt, welche Ideen Gruschwitz zu dieser Zeit verfolgt hatte und die Tollmien als Abwege bezeichnet hatte. Jedoch im Nachlaß Ludwig Prandtls[*] befinden sich Unterlagen, die die Dissertation von Gruschwitz betreffen. Diese Unterlagen, die Schriftstücke von Prandtl, Gruschwitz und Tollmien enthalten, sind durch Zufall entdeckt worden. Danach hatte sich Prandtl bald nach Rückkehr von seiner Weltreise intensiv mit der Arbeit von Gruschwitz

---

[*] Max-Planck-Gesellschaft zur Förderung der Wissenschaften e.V. Generalverwaltung. Archiv zur Geschichte der Max-Planck-Gesellschaft, D-14195 Berlin-Dahlem, Boltzmannstr. 14. Aus dem Nachlaß Ludwig Prandtl (Signatur: III. Abteilung, Repositur 61, Nr. 2282, Teil 2: S. 55 bis 76).

befaßt. In einem an Gruschwitz adressierten Brief vom 10.April 1930 hatte er ausführlich beschrieben, was er sich zu dieser Aufgabe überlegt hatte. Prandtl hatte geschrieben: *"Was nun die theoretische Behandlung betrifft, so glaube ich, daß ein wirklicher Gewinn nur dadurch erreichbar ist, daß man die Aussagen aus der Mechanik holt. Mir schwebt etwas der Kármánschen Nährungsmethode Entsprechendes vor. Als abhängige Veränderliche würden auftreten eine nach irgendeiner Konvention gemessene Grenzschichtdicke δ und ein Formparameter ε, beides als Funktion der Bogenlänge x. Eine Gleichung würde geliefert durch die Kármánsche Integralbedingung (die ein Impulssatz ist), in die noch eine Formulierung der Schubspannung an der Wand abhängig von ε und δ hereinkommen muß. Eine zweite Gleichung muß den Zustand in der Nähe der Wand charakterisieren und muß auch dynamischer Natur sein, z. B. Eulersche Gleichung*

$$\rho(u\frac{\partial u}{\partial x} + v\frac{\partial u}{\partial y}) + \frac{\partial p}{\partial x} = \frac{\partial \tau}{\partial y}$$

für eine bestimmt ausgewählte Stelle in der Nähe der Wand (Geschwindigkeit w_1), wobei die Wandentfernung zweckmäßig als ein fest gewählter Bruchteil von δ genommen wird, so, daß die bezüglichen Punkte noch innerhalb der im Windkanal gemessenen Profile liegen."

Nach einigen detaillierten Angaben fährt Prandtl fort:

"...Im ganzen ergeben sich so zwei simultane Differentialgleichungen erster Ordnung. Es entspricht auch dem ganzen Charakter des Problems, daß die Sache nicht mit einer Quadratur wie bei Ihnen abzutun ist, sondern ein Differentialgleichungsproblem wird. Im übrigen gibt das von mir vorgeschlagene Formelsystem genau die Kármánsche Rechnung für die turbulente Strömung an einer Platte, wenn man W = konst und ε = konst setzt, wobei dann aus der zweiten dynamischen Gleichung wegen w_1 = konst und $\frac{dp}{dx} = 0$ $\frac{\partial \tau}{\partial y}$ am Rand = 0 folgt, was b = 0 gibt. Mit b = 0 geht aber die Rechnung genau auf die Kármánsche zurück

Ich möchte Ihnen dringend empfehlen, einen Versuch in der hier angegebenen Richtung zu machen, da hierdurch im Falle des Gelingens wirklich ein erheblicher Fortschritt erreicht würde und nicht nur einer, von dem man im Zweifel sein muß, ob es überhaupt einer ist..."

Bei der Ausarbeitung seiner Dissertation gemäß der Empfehlung von Prandtl hatte Gruschwitz als Bezugsgröße die Geschwindigkeit im Abstand y= Impulsverlustdicke im Verhältnis zu Geschwindigkeit U am Grenzschichtrand eingeführt. Sein Formparameter war also als $\eta = 1 - [U(\delta_2)/U]^2$ definiert, welcher sich unschwer als Funktion des Verhältnisses δ_1/δ_2 darstellen läßt. Zusätzlich zu der Impulsgleichung der Grenzschichttheorie wurde zur Bestimmung von η eine zweite gewöhnliche Differentialgleichung benutzt, so daß ein System von zwei simultanen Differentialgleichungen erster Ordnung zu lösen war. Die empirischen Funktionen, die in diesen Gleichungen auftraten, waren aus einer Reihe von Versuchen mit sehr verschiedenen Zuständen von Beschleunigung und Verzögerung bestimmt worden. Die Berechnung von Impulsverlustdicke und Formparameter mit Hilfe dieser beiden Gleichungen für eine Reihe verschiedener Fälle hatte befriedigende Übereinstimmung mit Experimenten ergeben. Mit dieser Methode konnten genauere Ergebnisse erzielt werden als mit Buri's Verfahren. Die Rechnungen sind jedoch wesentlich verwickelter als die nach Buri's Methode. Tatsache ist aber, daß Gruschwitz's Methode viele Jahre hindurch benutzt worden ist und daß die wesentlichen Elemente, nämlich eine einparametrige Schar von Geschwindigkeitsprofilen und die Benutzung zweier gewöhnlicher Differentialgleichungen, von vielen Bearbeitern als Basis neuer Berechnungsverfahren bis Ende der 60er Jahre übernommen worden ist (Vergl. hierzu J.C. Rotta [47.1] und z.B. S. Kline et al. [47.2]). Nicht vergessen werden sollte allerdings, daß die theoretischen Grundlagen dieser Methode Prandtls geistiges Eigentum waren.

1943 hatte die Arbeit von A. Kehl [48] eng an die Untersuchung von Gruschwitz angeknüpft, in der ein Rechenverfahren über die Entwicklung von turbulenten Reibungsschichten bei Druckabfall und Druckanstieg entwickelt worden war. Sie erweiterte die Gruschwitzschen Resultate in zwei Richtungen, einmal durch Ausmessung von Reibungsschichten, deren Stromlinien seitlich konvergieren oder divergieren, daneben aber auch durch bis zu fünfmal größere Reynoldssche Zahlen als bei Gruschwitz. Die Meßmethoden schließen sich eng an die von Gruschwitz an (Messung der statischen Drücke und der Geschwindigkeitsprofile der Reibungsschichten bei verschiedenem Verlauf des Druckes und der Konvergenz bzw. Divergenz an einer mit geeigneten Bohrungen versehenen ebenen Kanalwand). Eine Reihe von Kanälen waren für konstanten Druck, andere für Druckabfall oder Druckanstieg entworfen worden. Die seitliche Konvergenz oder Divergenz erforderte zwei Zusatzglieder im Impulssatz. Das zweite kommt von der Berichtigung der Geschwindigkeit normal zur Wand $z = \delta$, die aus der Kontinuität der Strömung folgt. Die Versuchsreihen mit konstantem Druck zeigten, daß die Entwicklung der Reibungsschichten bei Anwendung der Zusatzglieder Zahlenwerte ergeben, die mit denen für parallele Kanäle übereinstimmen, so daß also durch die Konvergenz bzw. Divergenz keine weitere Komplikation eintritt.

Die Ausdehnung der Meßreihen auf höhere Reynoldszahlen hatte einen wertvollen neuen Aufschluß bezüglich der zweiten Gruschwitzgleichung gegeben. Statt der Konstanten bei Gruschwitz hatte Kehl eine Abhängigkeit von der Reynoldsschen Zahl gefunden. Dadurch war erreicht worden, daß am laminar-turbulenten Umschlagpunkt die Integration mit dem hierfür zuständigen Wert $\eta = 1$ begonnen werden konnte und die berechneten Kurven bereits von hier aus den Meßpunkten folgten, während Gruschwitz am Umschlagpunkt mit dem sehr abweichenden Wert $\eta = 0,1$ beginnen mußte, um später richtig in die Straße der Meßpunkte einzumünden. Nach Tillmann [49] wurden die Zahlenwerte der zweiten Gruschwitz-Gleichung auch durch die Rauhigkeit und durch die "Außenturbulenz" etwas abgeändert.

Im Zusammenhang mit der Kehlschen Arbeit sei auf eine Untersuchung von A. Walz [50] hingewiesen. In dieser wird eine geschlossene Integration sowohl der laminaren wie der turbulenten Reibungsschicht für den Fall aufgezeigt, daß die Potentialgeschwindigkeit $U(x)$ eine lineare Funktion von x ist. Durch geeignete Nomogramme sind diese Lösungen bequem zugänglich gemacht und es kann so jeder Druckverlauf durch ein Polygon für $U(x)$ angenähert und dieses mit den angegebenen Mitteln schrittweise durchgerechnet werden.

Da die Verfahren von Buri und Gruschwitz in der Teilaufgabe, die turbulente Ablösestelle zu berechnen, nur wenig befriedigten, versuchte F. Schultz-Grunow [51] hierfür eine neue, ebenfalls rein empirische Methode.

W. Mangler [52] hat die Kehlschen Messungen auf Grund des von Kehl angegebenen Impulssatzes, der in Einzelheiten noch verbessert wurde, auf den Verlauf der Wandschubspannung verarbeitet und dabei festgestellt, daß diese bei Annäherung an den turbulenten Ablösungspunkt nicht wie erwartet monoton abnahm, sondern nach einer Teilstrecke mit Abnahme wieder auf Werte wuchs, die weit oberhalb der Schubspannung an der ebenen Platte lagen. Wenn die Messung bis zur Ablösestelle reichte, erfolgte natürlich zum Schluß eine Abnahme der Schubspannung bis auf Null. Zur gleichen Zeit, in der in der AVA die Manglersche Arbeit entstand, wurde unabhängig davon in dem 100 m entfernten KWI die Manglersche Feststellung von dem großen Anstieg der Schubspannung in den Druckanstieggebieten von Wieghardt [53] wiederum eindrucksvoll bestätigt. Prandtl hat in (33) hierzu folgende Bemerkung eingefügt: *"Neuere Untersuchungen lassen die Möglichkeit zu, daß das oben geschilderte Verhalten ganz oder teilweise durch konvergente Querströmungen vorgetäuscht wird, durch die Impulsverluste von den Seiten her nach der Mitte getragen werden, wo die Impulsverlustmessung stattfindet."* Irren ist menschlich! Auch die berühmtesten Wissenschaftler bleiben nicht von Irrtümern verschont. So war es auch Mangler und Wieghardt widerfahren. Den eindeutigen Beweis, daß kein Anstieg der Schubspannung bei Annäherung an die Ablösestelle stattfindet, haben die Messungen der Schubspannung von H. Ludwieg und W. Tillmann [54] erbracht.

Karl Wieghardt [56] hatte ein neues Verfahren ausgearbeitet, mit dem turbulente Reibungsschichten wesentlich müheloser als bisher ausgemessen und aus ihnen die für die Berechnung der Wandschubspannung nötigen Daten berechnet werden konnten. Die Hauptbestandteile sind ein Staurechen, d.h. eine Gruppe von fest miteinander verbundenen Pitotrohren und ein Vielfachmanometer, dessen Anzeigen mit einer Kleinbildkamera festgehalten werden. Es kommt noch ein Ablesegerät dazu in Form eines Vergrößerungsapparats, der auf einer Mattscheibe die Bilder wieder in Originalgröße wiedergibt, wo sie dann mit einem Hilfsgerät auf Zehntelmillimeter genau ausgemessen werden können. Der Staurechen besitzt in Wandnähe sehr kleine, weiter draußen immer größere Abstände und mindestens ein Pitotrohr mitten in der Potentialströmung. Die Integration von $\int u\,dy$ und $\int u^2\,dy$ geht so vor sich, daß die Angabe jedes Pitotrohres mit ein für alle mal festen Zahlen multipliziert und die Summe gebildet wird. Wieghardt [53] hatte einen vorläufigen Bericht über fünf Versuchsreihen mit der neuen Meßmethode in dem Rauhigkeitskanal des KWI, vier mit Druckanstieg und eine mit Druckabfall herausgebracht. Später wurden diese Messungen von Wieghardt und Tillmann [55] ausführlich diskutiert, wobei die weitere Klärung der in den Arbeiten von Gruschwitz und Kehl entstandenen Fragen das Hauptziel war. Andere Angaben der Diskussionen von Wieghardt und Tillmann beziehen sich auf die Gruschwitzschen Größen η und $H_{12} = \delta_1/\delta_2$ sowie auf die Verteilung der Schubspannung im Inneren der Reibungsschichten sowie des Mischungsweges. Ferner wird ein Energiesatz für Reibungsschichten mitgeteilt, der zu einer Energiedicke der Reibungsschicht $= \int_0^\delta \frac{u}{U}(1 - \frac{u^2}{U^2})\,dy$ führt. Praktischer Gewinn konnte aus dem Energiesatz für turbulente Reibungsschichten allerdings erst ab 1950 gezogen werden [66].

Es ist hier kurz einzufügen, daß Prandtl auf dem Turbulenz-Symposium des V. Internationalen Kongresses für angewandte Mechanik in Cambridge/Mass., U.S.A. 1938 (23) u.a. auch über eine Aufgabe ausführlich berichtet hatte, die für die inneren Gesetze der Turbulenz sehr lehrreich ist und auch gewisse praktische Bedeutung hat. Die Frage ist die: *"Was ereignet sich, wenn eine turbulente Strömung entlang einer geraden Wand von einer glatten Stelle auf eine rauhe übergeht oder umgekehrt?"* Prandtl hatte dies in einer noch nicht veröffentlichten Dissertation von W. Jacobs untersuchen lassen. Die rechnerische Ermittlung der Schubspannungen τ_i im Inneren der Flüssigkeit aus den gemessenen Geschwindigkeitsprofilen und der Druckverteilung ergab, daß die Änderung der Schubspannung in der Nähe der Wand durch eine Formel dargestellt werden kann. Prandtl hatte versucht, eine ähnliche Beziehung auch theoretisch zu erhalten. Um mit den Rechnungen durchzukommen, hatte er sich auf den Fall beschränkt, daß die Rauhigkeit an der Stelle $x = x_0$ sich nur um einen geringen Betrag ändert, so daß man nur geringe Abweichungen von der ungestörten Geschwindigkeit zu erwarten hat. Er hatte eine Näherungslösung gefunden, die das Mittel in die Hand gibt, die von Jacobs untersuchte Strömung nachzurechnen.

Tillmann stellt in einem Bericht [49] verschiedene Einzeluntersuchungen zusammen an glatten und rauhen Platten, an Übergängen von glatt zu rauh, sowie an Reibungsschichten, die durch eine querlaufende Leiste gestört werden, bei konstantem oder ansteigendem Druck. Die Geschwindigkeitsprofile wurden mit dem Staurechen [56] ausgemessen, was bequeme Aussagen über die Impulsverlustdicke liefert. Beim Übergang von glatt auf rauh nimmt die Änderung an der Stelle des Rauhigkeitswechsels sprungweise zu, in Bestätigung der Beobachtungen von Jacobs (Dis). An der Leiste springt die Impulsverlustdicke; dahinter ist $d\delta_2 / dx$ annähernd konstant in dem Stück, das vom Totgebiet eingenommen wird, und steigt dann allmählich auf den Normalwert an. Ein Stoperdraht an der Eintrittskante der Platte gibt je nach seiner Dicke eine konstante Änderung der Impulsverlustdicke über die ganze Plattenlänge. Die Geschwindigkeitsprofile hinter der Leiste fügen sich in die "einparametrige Profilschar" von Gruschwitz (Dis) gut ein (hier zuerst Ablöseprofile, dann allmählicher Übergang zum gewöhnlichen Plattenprofil). Bei rauhen Platten mit Druckanstieg sind die Anstiege der Schubspannung im Druckanstieggebiet von derselben Größenordnung wie bei glatten Platten. Erhöhte Turbulenz der aus der Düse anströmenden Luft verkleinert den Schubspannungsanstieg etwas.

3.9 Abklingende Turbulenz

Zum Turbulenz-Symposium des V. Internationalen Kongresses für Angewandte Mechanik, abgehalten in Cambridge/Mass., U.S.A., (24) im September 1938, war Prandtl nach längerer Pause erstmals wieder mit Themen zur ausgebildeten Turbulenz hervorgetreten, die er selbst und einige seiner Göttinger Mitarbeiter durchgeführt hatten.

Hier hatte er sich auch zum ersten Mal vor internationalen Fachkreisen zum Problem der abklingenden Turbulenz geäußert, mit welchem sich in jener Zeit viele seiner Kollegen in England und in den USA befaßten. Prandtl hatte über die Eingliederung der zeitlich abklingenden isotropen Turbulenz in die bisherigen Formulierungen gesprochen. Was man an Formeln für die Berechnung der mittleren Bewegung und der Schwankungen einer turbulenten Strömung besaß, befriedigte nur sehr zum Teil, besonders wenn etwaige Temperaturunterschiede mit in Betracht gezogen wurden. Man ist genötigt, mehrere Arten von Turbulenz zu unterscheiden, für die die Rechenregeln jeweils verschieden sind. Zu den älteren Sorten, Wandturbulenz und freie Turbulenz, waren inzwischen die Turbulenz geschichteter Strömungen gekommen und schließlich noch die zeitlich abfallende isotrope Turbulenz.

Für die letztere verliert die aus dem Mischungsansatz stammende Formel

$$u' = l \, (dU / dy)$$

ihren Sinn, da ja dU / dy hier Null ist. Jedoch konnte aus dieser Gleichung eine neue, bessere Formel entwickelt werden. Prandtl hatte sich mit der Annahme geholfen, daß eine irgendwie vorhandene Turbulenz von selbst nach einem in ihr liegenden Zeitgesetz abfällt, und daß die wirkliche Turbulenz zu einem Zeitpunkt sich aus den Überresten der Beiträge zusammensetzt, die im Laufe der vorangegangenen Zeiten nach der Mischungswegformel erzeugt worden sind. Da die einzelnen Beträge, aus denen sich die Turbulenz zur Zeit t zusammensetzt, mit ganz zufälligen Phasen zusammentreffen, muß nach einem Satz von Lord Rayleigh die Summierung über die Quadrate der Schwankungsgrößen vorgenommen werden. Eine Aussage über die Art des zeitlichen Abklingens konnte aus Hitzdrahtmessungen von Dryden und anderen gewonnen werden. Dieses Gesetz kann, wenn T eine für den Einzelfall passend bestimmte Zeitkonstante, t die augenblickliche Zeit und t' die Erzeugungszeit der Turbulenz bedeutet, durch die Formel,

$$f(t-t') = 1/(1+\frac{t-t'}{T})$$

dargestellt werden. Die daraus folgende Formel für die augenblickliche Stärke einer im Laufe der Zeit erzeugten Gesamtturbulenz, ist wegen ihrer Form als bestimmtes Integral wenig handlich und bisher nur für den Fall angewandt worden, wo eine plötzliche Erzeugung der Turbulenz, also ein einziger Wert von t', in Betracht gezogen wird, wodurch natürlich das Integrieren entfällt. Falls an einer Stelle beträchtliche Geschwindigkeitsunterschiede vorhanden sind, die nachher bald wieder verschwinden, wie es bei der Strömung hinter einem Gitter der Fall ist, gibt die Formel neue Aussagen, die die diesbezüglichen Beobachtungen im wesentlichen richtig wiedergeben.

Ein der neuen Formulierung angepaßter Ausdruck für die scheinbare Schubspannung schien Prandtl der folgende zu sein:

$$\tau = \rho u' l \frac{dU}{dy}$$

wobei u' aus der Formel zu entnehmen ist. Er hatte diese heuristische Formel an der Strömung hinter einem Gitter geprüft. Wenn es sich um die Zustände in großer Entfernung vom Gitter handelt, dann mag angenommen werden, daß diese Formel

$$u' = \frac{konst.}{t+T} = \frac{cU_m}{x}$$

liefert. x ist dabei die Entfernung von einem passend gewählten Punkt in der Nähe des Gitters und U_m die mittlere Geschwindigkeit der Strömung. c ist eine Länge, die man zur Gitterteilung m in Beziehung setzen kann, und die um so größer ist, je dicker die Gitterstäbe sind. Es zeigt sich, daß

$$U = U_m + Ax^{-n} \cos \frac{2\pi y}{m}$$

die Bewegungsgleichung befriedigt, wenn man

$$n = 4\pi^2 k \frac{c}{m}$$

setzt. Danach verschwindet der letzte Rest der Schwankung von U mit einer um so höheren Potenz von x, je stärker die Turbulenz hinter dem Gitter ist. Aus Messungsergebnissen nach Dryden ergab sich n in der Gegend von 4,5. Dieser hohe Wert von n zeigt deutlich, daß der Turbulenzzustand tatsächlich gegen die isotrope Turbulenz konvergiert.

Ferner hatte Prandtl in Cambridge auch noch über die damals in Göttingen durchgeführten experimentellen Untersuchungen berichtet. Diese Arbeit war in ihrer Art so ganz typisch für Ludwig Prandtl im Hinblick auf Einfachheit der Versuchseinrichtung und –durchführung wie auch der Ermittlung quantitativer Ergebnisse, daß man nicht umhin kommt, Prandtls Bericht hier in voller Länge wörtlich genau wiederzugeben:

"Zum Studium der isotropen Turbulenz habe ich photographische Aufnahmen von den Wirbelströmungen machen lassen, die sich dadurch ergeben, daß ein Gitter aus Rundstäben gleichförmig durch ruhendes Wasser bewegt wird. Zur Sichtbarmachung ist dem Wasser ein aus sehr feinen glänzenden Blättchen bestehendes rötliches Mineral, genannt Eisenglimmer[*], beigemengt worden. Die Blättchen werden dort, wo das Wasser eine starke scherende Deformation erleidet, einheitlich orientiert und geben dadurch Anlaß zu Lichtreflexen, durch die sich jeder

---

[*] Dies Mineral war das gleiche, das Prandtl schon 1903 in Hannover in seinem handgetriebenen Wasserkanal benutzt hatte. (Vergl. W. Tillmann in [6], S. 24/25). Siehe auch Bild 2.

Wirbel sehr deutlich markiert, während andererseits in einer Potentialströmung praktisch keine Zeichnung entsteht. Bei einer turbulenten Bewegung treten durch diese Färbungsart besonders die kleinsten Wirbel stark hervor. Die Methode bedeutet deshalb eine Sichtbarmachung der Taylorschen Größe λ. Eine Serie von Bildern dieser Art ist auf den Tafeln I und II wiedergegeben.

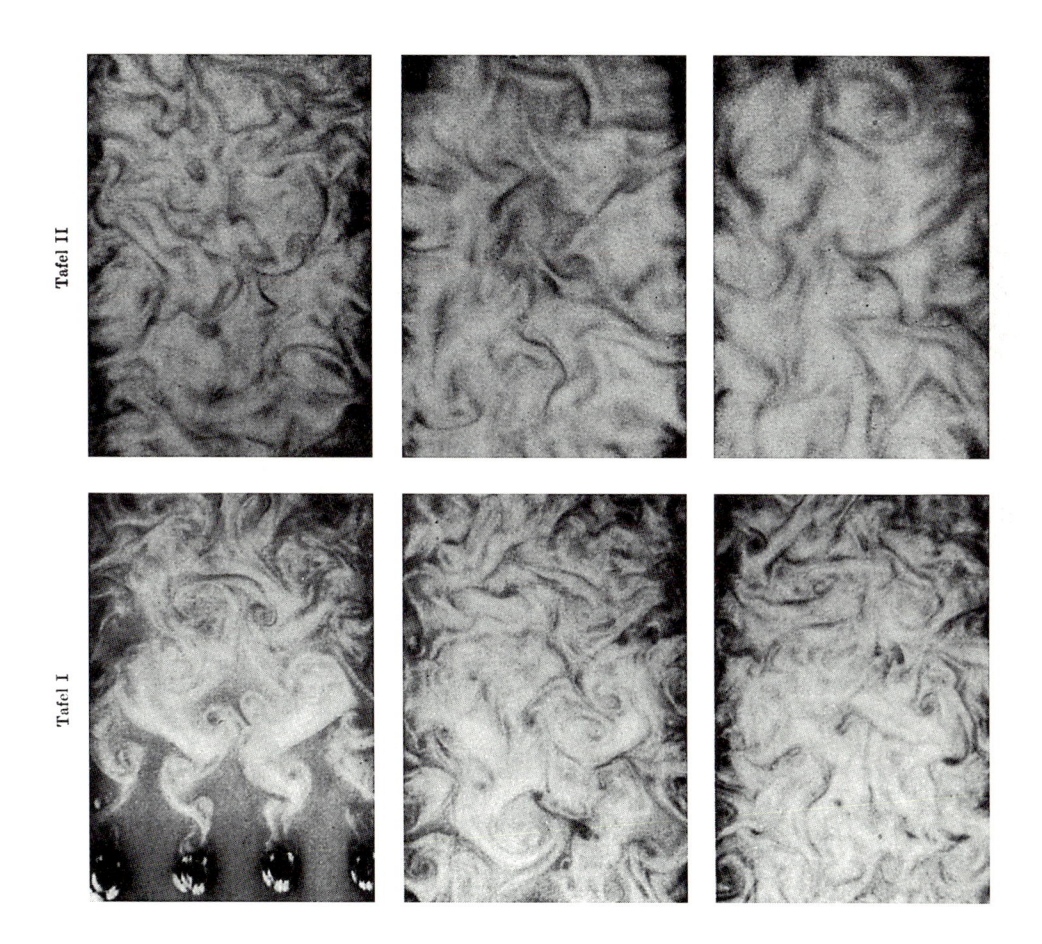

Bild 22: Strömung hinter einem durch ruhendes Wasser bewegten Stabgitter, Eisenglimmerbilder. Gitterteilung $m = 4{,}5$ cm, Stabdurchmesser $d = 1{,}5$ cm, Geschwindigkeit $U = 6{,}65$ cm/s, Zeit zwischen zwei Bildern $T = 1{,}35$ s.

Man erkennt, daß zuerst von jedem Stab eine Wirbelstraße erzeugt wird, daß aber diese Wirbel sich immer mehr in ein unregelmäßiges Durcheinander verwandeln. Man kann annehmen, daß von dem dritten Bild an die Turbulenz ungefähr isotrop ist. Bei den weiteren Bildern erkennt *man ein immer stärkeres Anwachsen der Linearabmessungen der Wirbelgebilde. Man kann sich diese Erscheinung so erklären, daß man annimmt, daß es sich um ein Durcheinander von Wirbeln von ganz verschiedener Größe handelt, von denen die jeweils kleinsten als auffällige Figuren in den Bildern hervortreten. Nach der Ähnlichkeitsmechanik ist die Lebensdauer eines Wirbels von der Abmessung λ in einer zähen Flüssigkeit von der Größenordnung λ^2/ν. Es werden also in einem Gemisch von Wirbeln verschiedener Größe die größeren länger sichtbar bleiben als die kleinen, und es werden die Zeiten für das Verschwinden der Wirbel von der Größe λ proportional λ^2, also proportional der Fläche jedes Wirbelgebildes sein. Wenn man auf einem Bild etwa von dem dritten an die Zahl n der kleinen Wirbelgebilde feststellt, die sich innerhalb einer gegebenen Fläche F_0 befinden, so ist, soweit das eben Gesagte zutrifft, ein lineares Anwachsen von $F = F_0/n$ mit der Zeit zu erwarten. An die Stelle der Zeit kann man natürlich auch die vom Gitter bei seiner gleichförmigen Bewegung zurückgelegte Wegstrecke x treten lassen.*

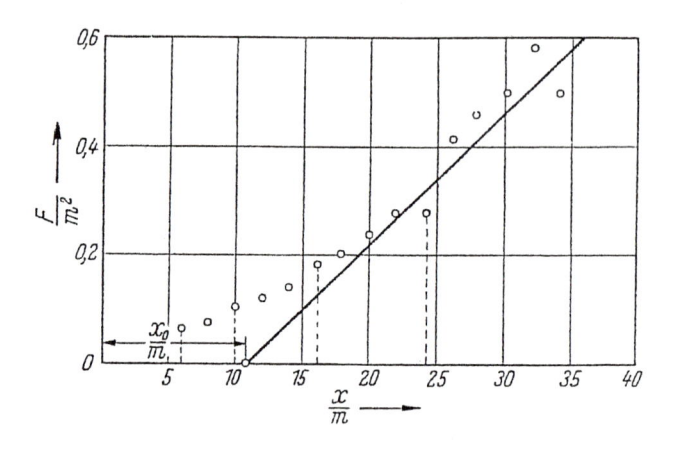

Bild 23: Anwachsen der Fläche F der kleinen Strukturelemente mit dem Abstand x vom Gitter.

Das Ergebnis einer ersten vorläufigen Auszählung der besprochenen Art ist in Bild 23 wiedergegeben. Man erkennt, daß das lineare Anwachsen nicht sofort beginnt. In der Abweichung erkennt man unschwer die Erzeugung von kleinen Wirbeln durch die zunächst noch in lebhafter Bewegung befindlichen größeren Wirbel, wie dies G.I. Taylor aus theoretischen Überlegungen heraus postuliert hat. Später läßt diese Neuerzeugung nach und die hier dargelegte Erscheinung kommt zu ihrem Recht. Die in der Figur aufgetragenen Größen sind durch Division mit der "Maschenweite" m des Gitters bzw. mit m^2 dimensionslos gemacht. Um das Reynoldssche Ähnlichkeitsgesetz zu berücksichtigen, kann man x/m noch durch die Reynoldssche Zahl mU/ν dividieren. Man erkennt die Richtigkeit dieser Wahl, wenn man gemäß dem früher Gesagten F proportional νt setzt, wobei $t = (x-x_0)/U$ zu setzen ist (x_0 ist die aus Bild 23 erkennbare Anlauflänge).

Hieraus ergibt sich die lineare Beziehung zwischen den in der Abbildung angewandten Dimensionslosen in der Form

$$\frac{F}{m^2} = Zahl \cdot \frac{v}{U_m}(\frac{x}{m} - \frac{x_0}{m}).$$

Die "Zahl" und x_0/m dürften noch Funktionen des Verhältnisses d/m sein, wo d den Durchmesser der Gitterstäbe bedeutet."

Prandtl war hier wie sooft in seinem Leben von der Devise ausgegangen, wichtig ist, was man mit dem Auge beobachten kann.

3.10 Grundlegende Probleme der Turbulenz

Im Jahre 1945, fast 7 Jahre nach dem Turbulenz-Symposium in Cambridge, USA, und auf dem Höhepunkt des Krieges, hatte Prandtl seinen Bericht mit dem Titel *"Über ein neues Formelsystem für die ausgebildete Turbulenz"* fertiggestellt. Diese Arbeit ist mit dem Zusatz von K. Wieghardt in den Nachrichten der Akademie der Wissenschaften Göttingen, 1945 veröffentlicht (31).

Offenbar hatte er sich in der Zwischenzeit seit 1933 intensiv mit grundsätzlichen Problemen der Turbulenz auseinandergesetzt und es war ihm klar geworden, daß eine rationelle Theorie der Turbulenz nur auf der Grundlage von Systemen partieller Differentialgleichungen fortentwickelt werden konnte. Die neue Betrachtung Prandtls lag eine Stufe höher als der Mischungswegansatz und ging daher davon aus, auf rationelle Weise *Differentialbeziehungen für die Turbulenzstärke* aufzustellen, um so ein Formelsystem zu gewinnen, das sämtliche Arten der ausgebildeten Turbulenz umfaßt. Als Maß für die Turbulenzstärke wird die kinetische Energie der turbulenten Störungsbewegung gewählt. Diese Festsetzung ermöglicht eine Art von Energiebilanz und genügt nebenher auch dem Gedanken des Rayleighschen Satzes. Die "Differentialbeziehung" besteht darin, daß ein Ausdruck für das Wachsen oder Abnehmen dieser Energie für ein individuelles, mit der Grundströmung, d.h. der statistisch gemittelten Geschwindigkeit, vorwärtsbewegtes Teilchen aufgestellt wird. Die Geschwindigkeitskomponenten der Grundströmung, von der zur Vereinfachung angenommen wird, daß es sich um eine ebene Strömung handelt, werden mit U und V bezeichnet, diejenige der Störungsbewegung, von der man weiß, daß sie immer dreidimensional ist, mit u, v, w; der Mittelwert des Druckes heiße P; die Dichte ρ sei konstant angenommen und werde der Bequemlichkeit halber = 1 gesetzt.

Weiter wurde zur Vereinfachung angenommen, daß die Geschwindigkeitskomponente U die Komponente V stark überwiegt, so daß von den Affinorkomponenten der Formänderungsgeschwindigkeit $\frac{\partial U}{\partial y}$ die anderen Komponenten $\frac{\partial U}{\partial x} = -\frac{\partial V}{\partial y}$ und $\frac{\partial V}{\partial x}$ weit hinter sich läßt und daher allein in Betracht gezogen zu werden braucht. Für alle Strömungen von Grenzschichtcharakter trifft diese Annahme zu. Für irgendwelche Strömungen, bei denen U und V gleiche Größenordnung haben, würden die Ansätze verwickelter sein.

Die Turbulenzenergie für die Volumeneinheit, E, ist nach Vorstehendem gleich dem zeitlichen Mittelwert von $1/2(u^2+v^2+w^2)$ zu setzen, ihre Änderung für ein individuelles Teilchen der Grundströmung (substantielle Ableitung) wird mit $\dfrac{DE}{dt}$ bezeichnet; dabei ist

$$\frac{DE}{dt} = \frac{\partial E}{\partial t} + U\frac{\partial E}{\partial x} + V\frac{\partial E}{\partial y}.$$

Die Änderung der kinetischen Turbulenzenergie besteht aus drei Bestandteilen.
1. der Energiezufuhr durch die mittlere Strömung,
2. der Energievernichtung durch die innere Arbeit des turbulenten Flüssigkeitsteils,
3. der Energiefortleitung von energiereicheren Stellen zu energieärmeren.

Die ersteren beiden Anteile sind auch bisher schon im Mischungswegansatz betrachtet worden, der letztere anscheinend noch nicht; dieser ist jedoch besonders an solchen Stellen, wo wegen $\partial U / \partial y = 0$ die Energiezufuhr aussetzt, nicht unwichtig. Im einzelnen ist der erste Anteil $= \cdot \tau \dfrac{\partial U}{\partial y}$, mit $\tau = \rho\varepsilon\dfrac{\partial U}{\partial y}$ (ε = Austauschgröße). Wenn zur Abkürzung $E = \rho u_*^2$ gesetzt wird, kann $\varepsilon = k l u_*$ gesetzt werden, wo l der Mischungsweg und k eine Zahl ist. Der zweite Anteil ist $-c\rho u_*^3 / l$, wo c eine weitere Zahl ist; mit $\varepsilon' = k_1 l u_*$ als Austauschgröße für die Turbulenzenergie ist der dritte $= \dfrac{\partial}{\partial y}(\varepsilon'\dfrac{\partial E}{\partial y})$. Bei der isotropen, zeitlich abfallenden Turbulenz ist nur der zweite Anteil von Null verschieden, das Gesetz des Abfallens ergibt sich in der bisherigen Weise $(u_* = 2l/c(T+t))$ und liefert für die Zahl c einen Zahlwert um 0,2; die Wandturbulenz im unendlich weiten Kanal mit τ = konst. liefert ein Gleichgewicht zwischen Anteil 1 und 2; wenn der Mischungsweg in der alten Größe gewählt wird (seine Wahl ist an sich frei), so ergibt sich die Relation $c = k^3$. Aus den Messungen der Geschwindigkeitsschwankungen in einem Kanal von Rechteckquerschnitt hat Wieghardt in einem Zusatz zu dieser Abhandlung ermittelt, daß wegen des Druckabfalls $k = 0,56$ und wegen der Turbulenzstärke in Kanalmitte $k_1 = 0,38$ zu setzen ist. Damit ergibt sich für $c = k^3$ in gutem Einklang mit oben 0,18. Einzelheiten dieser Studie sind aus Bild 24 zu ersehen.

Aus der Summe dieser Beiträge ergibt sich die erste Hauptgleichung der Aufgabe zu:

$$\frac{DE}{dt} = -c\frac{E\sqrt{E}}{l} + kl\sqrt{E}(\frac{\partial U}{\partial y})^2 + \frac{\partial}{\partial y}(k_1 l\sqrt{E}\frac{\partial E}{\partial y}). \quad (I)$$

Es mag bemerkt werden, daß auch diese Gleichung durch $\sqrt{E}$ gekürzt werden kann, so daß $E = 0$, d.h. daß die Laminarströmung ebenfalls eine Lösung ist, auch für die vollständige Gleichung gilt. Zu Gl. (I) tritt nun als eine zweite die Beziehung

$$t' = \varepsilon \frac{\partial U}{\partial y} = kl\sqrt{E} \frac{\partial U}{\partial y}.$$ (II)

Hierin kann die scheinbare Schubspannung t' mit Hilfe geeigneter Impulssätze aus der Grundbewegung U,V ermittelt werden ($\frac{\partial \tau'}{\partial y}$ tritt in der durch das Scheinreibungsglied ergänzten ersten Eulerschen Gleichung der Grundbewegung auf). Die Gl. (II) verknüpft also die Turbulenzstärke E noch auf eine zweite Weise mit der Grundströmung.

Prandtls Absicht war nun: *"Zur Prüfung des im Vorstehenden entwickelten Formelsystems sollen alle geeigneten bisher vorliegenden quantitativen Angaben über turbulente Strömungen ausgewertet werden, nicht nur die auf turbulente Impulsausbreitung bezüglichen, sondern auch diejenigen, die sich z.B. mit der Ausbreitung von Wärme, Stoffbeimengungen u. dgl. in isotroper und anisotroper Turbulenz befassen. Es steht zu hoffen, daß diese Durchmusterung der vorhandenen Beobachtungen über die von der Theorie noch offen gelassenen Konstanten c, k und k_1 Klarheit verschaffen wird (die natürlich auch darin bestehen kann, daß für verschiedene Arten von Turbulenz auch diese Zahlen verschieden ausfallen), darüber hinaus aber natürlich auch aufzeigen wird, inwieweit die Theorie noch ergänzt werden muß."* Daß diese Arbeit nicht ausgeführt worden ist, hat mehrere Ursachen. Die wichtigsten sind die veränderten Verhältnisse nach 1945, das Fehlen automatischer Rechenanlagen und das Alter Prandtls.

Prandtl hat dann ausführlich beschrieben, wie die neuen Formeln angewendet werden können: *"Das entwickelte Gleichungssystem (I), (II) liefert durch die Art seines Aufbaues alle Affinitätsbeziehungen der älteren Turbulenztheorie unverändert wieder. Je nach der gerade vorliegenden Aufgabe kann es in verschiedener Weise ausgewertet werden. Wenn z.B. eine stationäre Grundströmung mit allen Angaben bekannt ist (also U,V und P als Funktionen von x und y), dann lassen sich die Stromlinien der mit der Grundströmung bewegten Teilchen ermitteln und es läßt sich dadurch die zeitliche Änderung der Turbulenzstärke durch ihre Änderung längs der Stromlinie ausdrücken. Da sich aus den Aussagen τ' abhängig von x und y ermitteln läßt, kann ε ermittelt werden. Daraus folgt mit $\varepsilon = kl\sqrt{E}$ die Größe von $l = \varepsilon / k\sqrt{E}$, so daß nun außer bekannten Funktionen nur noch E als Unbekannte auftritt. Wenn es gelingt, unter Heranziehung der Grenzbedingungen den Verlauf von E zu ermitteln, dann folgt aus der eben angegebenen Beziehung auch l. Im allgemeinen wird die Aufgabe sehr schwierig sein. Für spezielle Aufgaben, so z.B. für die stationäre ebene Strahlrandströmung, werden jedoch alle Größen, die gegebenen wie die gesuchten, Funktionen von $\eta = y / x$, wodurch das Problem in eine gewöhnliche Differentialgleichung 2. Ordnung für $E(\eta)$ übergeführt wird.*

Wenn man über die Grundströmung noch keine Angaben besitzt, dann kann versuchsweise so verfahren werden, daß man l als Funktion der Raumkoordinaten vorgibt. Man hat dann für E,U,V, P und τ' die Gleichungen (I) und (II) sowie die drei Bewegungsgleichungen der Grundströmung (x- und y-Komponente und Kontinuität), so daß grundsätzlich alle Funktionen ermittelt werden können. Die Rechnung hat allerdings nur dann Aussicht auf Bewältigung, wenn etwa nach Grenzschichtart $P = P(x)$ gegeben ist (wobei die y-Gleichung der Grundströmung entfällt), oder wenn alle Stromlinien parallele Geraden sind; wie dies einerseits bei der Kanalströmung zwischen parallelen Wänden, andererseits aber auch bei gewissen nichtstationären Strömungen längs einer ebenen Wand der Fall ist. In diesem Fall lassen sich aus den nicht schon identisch verschwindenden Gleichungen E und U ermitteln. ....In dieselbe Klasse gehören auch die stationären Nachlaufströmungen, wenn die Nachlaufgeschwindigkeiten klein genug sind, um sie bei der Ermittlung der Stromliniengestalt gegen die Hauptströmung U_0 zu vernachlässigen. Für die grenzschichtartigen Strömungen scheint eine zweite Möglichkeit in *der Art zu bestehen, daß man, wenn der Druck als Funktion von x vorgegeben ist, ausgehend von einem Querschnitt x = const. in dem E und U als Funktionen von y bereits bekannt sind, mit einem Schritteverfahren nach wachsenden Werten von x vordringt. Hierdurch wäre es also z.B. möglich, irgendwelche Strömungen mit Druckanstieg und Druckabfall rechnerisch zu verfolgen."* Die in diesem letzten Absatz entwickelten Gedankengänge dürften mE. allerdings kaum zu eindeutigen Lösungen führen.

Zwei Fragengruppen hatte Prandtl bewußt beiseite gelassen, einmal die Rolle der Zähigkeit in der unmittelbaren Wandnähe und die innere Struktur des einzelnen Flüssigkeitsballens, bei der die Zähigkeit auch eine fundamentale Rolle spielt.. *Bezüglich der letzteren Aufgabe liegen die Dinge ja so, daß unsere Hauptgleichungen, allerdings vervollständigt auf eine dreidimensionale Grundströmung, auf die Vorgänge im Inneren des einzelnen Flüssigkeitsballens auch angewandt werden können, sofern die Reynoldssche Zahl hoch genug liegt, daß auch die innere Turbulenz zweiter Stufe im Ballen noch nicht wesentlich durch die Zähigkeit beeinflußt wird. Von dieser steigt man aber durch eine Turbulenz dritter Stufe usw. herunter bis zu einer solchen Reynoldsschen Zahl $l\sqrt{E}/v$, bei der die Zähigkeit wesentlich wird. Die nach dem Reynoldsschen Satz der Turbulenz zugeführte Arbeitsleistung überträgt sich von der Turbulenz 1. Stufe auf diejenige der 2., 3. usw., wobei in steigendem Maß Reibungswärme durch die Zähigkeit erzeugt wird, bis der Rest der ursprünglichen Energie auf diese Weise quantitativ in Wärme verwandelt ist. Es wird vermutet, daß wenigstens ein allgemeiner Überblick über diesen Vorgang wird gewonnen werden können."* Diese Ausführungen berühren nun aber schon den Inhalt der im Folgenden besprochenen Arbeit.

"Ein weiteres Problem, das ebenfalls außerhalb der Betrachtung steht, aber auch sehr bedeutungsvoll ist, betrifft die Fragen nach der Wirkung einer statischen oder dynamischen Stabilität der Grundströmung auf die Ausbildung der Turbulenz, umfaßt also das Fragengebiet, das mit der Richardsonschen Zahl zusammenhängt. Hier wird man vielleicht zu einem Erfolg kommen können, wenn man erst die Bewegungsverhältnisse für den einzelnen relativ zur übrigen Flüssigkeit bewegten Turbulenzballen wenigstens quantitativ etwas näher studiert haben wird. In der meteorologischen Strömungslehre sind gerade diese Dinge von grundsätzlicher Bedeutung und haben sicher erheblichen Einfluß auf das ganze Wettergeschehen; aber auch für den inneren Zustand von rotierenden Flüssigkeitsmassen scheinen sie von Wichtigkeit zu sein."

Der wichtigsten praktischen Aufgabe, aus geeigneten Versuchsergebnissen vorläufige Zahlenwerte für die drei wesentlichen Konstanten der Theorie c, k und k_1 herzuleiten, hatte sich freundlicherweise K. Wieghardt unterzogen und darüber in dem schon erwähnten Zusatz zur Prandtlschen Veröffentlichung berichtet. Allerdings stand zur Durchführung dieser Aufgabe in der damaligen Zeit nur wenig Versuchsmaterial zur Verfügung. Zunächst hatte Wieghardt für die Strömung hinter einem Maschengitter aus englischen und amerikanischen Quellen die Größe von c zu 0,7 bis 0,21 abgeschätzt. Der einfachste Strömungsfall, der die Bestimmung der drei Konstanten c, k und k_1, ermöglicht, ist die Kanalströmung zwischen zwei parallelen, ebenen Platten im Abstand H voneinander, der im Hinblick auf die Turbulenzgrößen ziemlich vollständig von H. Reichardt [57] in einem Spezialkanal untersucht worden war. Nach diesen Messungen konnte Gl. (II) bestätigt werden, insofern als die darin vorkommende Zahl k sich von Kanalmitte bis in Wandnähe als konstant erwies.. Die numerische Integration der Gl. (I) hatte hier bei einem passend gewählten Wert für k_1 eine gute Annäherung an die gemessene E-Verteilung über dem Kanalquerschnitt ergeben. Bild 24 und 25 geben die von Wieghardt errechneten Diagramme wieder, aus denen die Konstanten bestimmt worden sind.

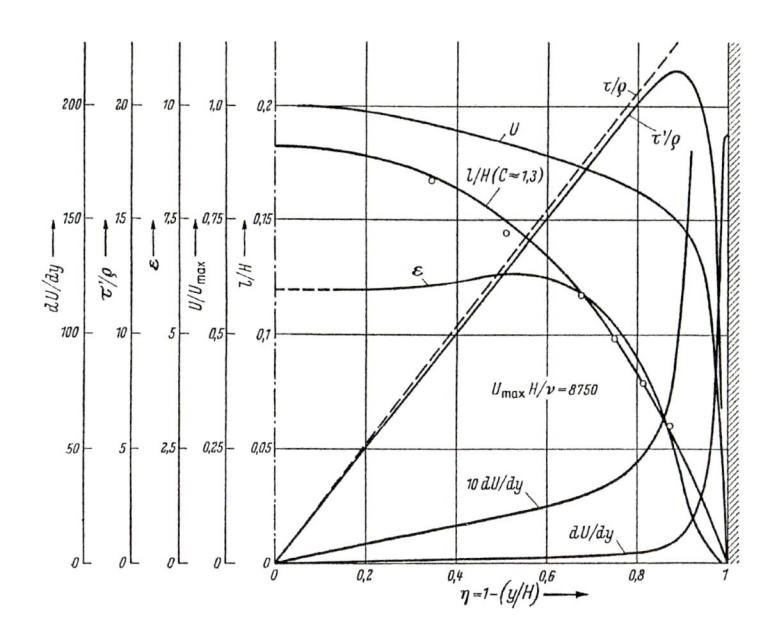

Bild 24: Ebene Kanalströmung (U_{max} = 100 cm/sec, H = 12,2 cm): Geschwindigkeit U/U_{max}, Geschwindigkeitsgradient dU/dy [sec^{-1}], Schubspannung τ'/ρ [cm^2/sec^2], Austausch ε [cm^2/sec] und Mischungsweg l/H abhängig vom Mittenabstand $\eta = 1 - y/H$, y = Wandabstand. (nach Wieghardt).

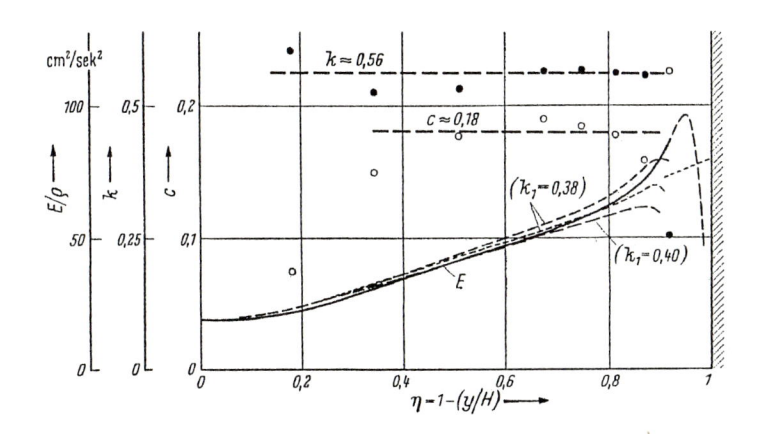

Bild 25: Ebene Kanalströmung: Turbulenzenergie E [cm^2/sec^2] abhängig vom Mittenabstand.

Für die Zahlenkonstanten sind folgende vorläufige Werte gefunden worden: $c = 0{,}18$ für isotrope und auch für anisotrope Turbulenz; aus den Messungen im Kanal: $k = 0{,}56$ und $k_1 = 0{,}38$. Die theoretische Voraussage $c = k^3$ war demnach auch bestätigt worden.

In einer Fortsetzung der voranstehenden Veröffentlichung hat Prandtl unter dem Titel "*Über die Rolle der Zähigkeit im Mechanismus der ausgebildeten Turbulenz*" den inneren Mechanismus der Turbulenz studiert. Da diese Arbeit von 1945 nicht veröffentlicht worden ist, sondern nur ein Referat von Prandtl in der FIAT Review of German Science (33), die keine große Verbreitung gefunden hat, vorliegt, wird dieses Referat hier wörtlich wiedergegeben:

"*Die Bewegung eines Turbulenzballens in der umgebenden Flüssigkeit ist selbst wieder turbulent. Die hierdurch geschaffenen Turbulenzballen zweiter Stufe erzeugen selbst wieder solche dritter Stufe usf. Diese Zergliederung in immer feinere Gebilde hat dort eine Grenze, wo die letzten Gebilde nicht mehr turbulent werden. Die nach einem Satz von Reynolds aus der Hauptbewegung auf die turbulente Bewegung übertragene Leistung, nach der vorigen Arbeit $= - c\rho u_*^3 / l$, wird bei größeren Re-Zahlen der Gebilde erster Stufe fast quantitativ auf diejenigen höherer Stufe übertragen und erst in den letzten Stufen durch Dissipation in Wärme verwandelt. Eine Abschätzung der Zahlenverhältnisse, bei der für die Abmessung b_i der einzelnen Stufen eine geometrische Reihe angenommen wird, führt für alle Stufen, deren Re-Zahl $u_i' b_i / \nu$ noch hinreichend groß ist, mit u_i' = mittlere Geschwindigkeit der i-ten Stufe, relativ zu ihrer Umgebung auf u_i' prop. $b_i^{1/3}$; für die letzte Stufe ergibt sich die Beziehung b_n = Zahl $\cdot l \cdot (\nu / u_* l)^{3/4}$. Diese kleinsten Elemente der turbulenten Bewegung sind wesentlich kleiner als das Taylorsche Maß λ, für das eine Formel λ = Zahl $\cdot l(\nu / u_* l)^{1/2}$ gilt.*

Bei der zeitlich abfallenden isotropen Turbulenz wächst b_n nach dem Gesetz b_n = Zahl $\cdot (\nu(T+t))^{3/4} / l^{1/2}$ (T = Integrationskonstante). Versuche scheinen die Formel zu bestätigen." (siehe Bild 22).

Prandtl hat in dieser Arbeit mittels seiner Modellvorstellungen der Turbulenzballen also wichtige Zusammenhänge über den Mechanismus der Turbulenz unabhängig hergeleitet, die A.N. Kolmogorov unter dem Titel "*Lokale Struktur der Turbulenz in imkompressibler, viskoser Flüssigkeit*" 1941 in Rußland veröffentlicht hat [58], die aber erst einige Jahre nach dem Ende des Zweiten Weltkrieges in Deutschland bekannt geworden ist. Die Relationen zwischen den beiden Arbeiten mögen ein paar Sätze kurz erläutern:

In der Terminologie der Kolmogorovschen Arbeit wird die von der Hauptbewegung auf die turbulente Bewegung der Volumeneinheit übertragene Leistung durch die auf die Massenheit bezogene Dissipation ε ausgedrückt. Prandtls Gleichung u_i' prop. $b^{1/3}$ entspricht Kolmogorovs 2/3-Gesetz der Strukturfunktion 2. Ordnung, die für die kleinsten Turbulenzelemente b_n, ist, wenn man für das Wort "Zahl" in Prandtls Gleichung den Wert l setzt, identisch dem Kolmogorovsche Dissipations-Längenmaß $\eta = (\nu^3 / \varepsilon)^{1/4}$. Es ist sehr bedauerlich, daß die Arbeit Prandtls nicht veröffentlicht worden ist und daß das unveröffentlichte Manuskript von 1945 bislang nicht aufgefunden ist.

Eine Arbeit von C.F. v. Weizsäcker [59] bewegt sich in sehr ähnlichen Gedankengängen wie die unveröffentlichte Arbeit von Prandtl, geht aber dabei im einzelnen andere Wege. Im Gegensatz zu dieser, die hauptsächlich mit anschaulichen Vorstellungen arbeitet, hatte v. Weizsäcker eine strengere mathematische Formulierung bevorzugt. Die Resultate beider Arbeiten stehen aber in völligem Einklang miteinander.

Die historisch korrekte Darlegung gebietet in diesem Fall über noch eine andere Veröffentlichung von A. N. Kolmogorov zu berichten. Diese ist die als kurzes Resumé eines Berichtes unter dem ins Deutsche übersetzten Titel *"Gleichungen turbulenter Bewegungen in inkompressibler Flüssigkeit"* [60] der Akademie der Wissenschaften der USSR in Kasan vom 26. bis 28. Januar 1942 vorgelegt worden, also auf den Tag genau drei Jahre bevor Prandtl seinen Bericht in Göttingen vorgelegt hatte. Auch diese russische Veröffentlichung ist, wie die zuvor zitierte, in Deutschland erst nach dem Kriege bekannt geworden.

Diese Arbeit verfolgte offenbar das gleiche Ziel wie Prandtls Formelsystem, unterscheidet sich aber in wesentlichen Punkten von dem letzteren. Gemeinsam ist den beiden Arbeiten, daß das Turbulenzfeld durch zwei Feldgrößen beschrieben wird, von denen die eine bei beiden Arbeiten die kinetische Energie der Geschwindigkeitsschwankung ist. Unterschiedlich ist dagegen, daß Prandtl für die zweite Feldgröße den Mischungsweg l verwendet, Kolmogorov eine "mittlere Frequenz" ω eingeführt hatte. Als auffälligsten Unterschied hat Kolmogorov hier zwei partielle Differentialgleichungen benutzt, nämlich neben der, wie L. Prandtl, für die kinetische Energie, und eine zweite für ω. Auf der Basis dieser beiden Gleichungen war es Kolmogorov möglich geworden, (*"mit Hilfe einiger gröberer Näherungsannahmen"*) ein vollständiges Gleichungssystem der turbulenten Bewegung zu entwickeln. Es war das besondere Verdienst von Kolmogorov, dieses als Erster fertiggebracht zu haben. Es ist lediglich schade, daß er die Antwort auf die Fragen seiner Leser schuldig geblieben ist, wie die Lösungen seines Gleichungssystems mit den Eigenschaften wirklicher Turbulenz harmonieren. Das vorgeschlagene System besteht aus drei Differentialgleichungen für die gemittelten Geschwindigkeitskomponenten, die kinetische Energie der Schwankungen und die Frequenz ω, in denen drei numerische Konstanten auftreten. Diese sollten durch Vergleich einer Lösung des Gleichungssystems mit experimentellen Daten ein für alle Male festgelegt werden. Im Resumé sind Lösungen für Couette- und Rohrströmung erwähnt, aber keine Ergebnisse gezeigt und auch keine Angaben über die Größen der erwähnten numerischen Konstanten gemacht worden.

Die mittlere Frequenz ist durch $\omega = C\sqrt{E}/l$ definiert, wobei C eine Konstante ist; E ist die kinetische Energie und l ist der Mischungsweg gemäß Prandtls Bezeichnungen. Diese Definition von ω ermöglicht den Vergleich von Kolmogorovs System mit Prandtls Formelsystem. Werden die in Tensorschreibweise für allgemeine dreidimensionale Strömungen gegebenen Gleichungen Kolmogorovs auf den Fall einer zweidimensionalen Scherströmung reduziert, so ergeben sich für die Gleichungen der gemittelten Geschwindigkeit und der kinetischen Energie der Schwankungen Beziehungen, die bei entsprechender Zuordnung der numerischen Konstanten den Prandtlschen Gleichungen entsprechen.

Daß an zwei ziemlich weit voneinander liegenden Orten von zwei sehr verschiedenen Wissenschaftlern gleiche Formelsysteme entwickelt werden, ist in diesem Fall tatsächlich nicht so unwahrscheinlich, wie es im ersten Augenblick erscheinen mag. Das wesentliche Instrument der beiden Systeme ist das Konzept der Austauschgröße (eddy viscosity) für den Transport statischer Quantitäten in turbulenten Strömungen. Die Anwendung dieses einfachen, seit dem 19. Jahrhundert bekannten Instruments auf turbulente Strömungen war den beiden Wissenschaftlern seit langem vertraut. Das Gleichungssystem entstand durch mehrfache Anwendung dieses Instruments auf verhältnismäßig unkomplizierte Weise. Kolmogorov hatte ein sehr starkes Interesse an experimentellen Aspekten der Turbulenz und schrieb dieses teilweise dem Einfluß Prandtls zu, mit dem er bei seinem Aufenthalt in Göttingen wahrscheinlich um 1930 herum zusammen gekommen war (siehe U.Frisch [61], p, 98).

Das Austauschkonzept als Teil experimenteller Turbulenzaspekte lag mit Wahrscheinlichkeit im Interessenbereich Kolmogorovs. Die Frage, wie er als Verfasser des Buches "*Grundbegriffe der Wahrscheinlichkeits-Rechnung*" [62] den Weg zur Bestimmung statistischer Mittelwerte der Produkte von 2 bzw. 3 Geschwindigkeitskomponenten durch Rückgriff auf den Austauschansatz gefunden hatte, läßt sich nicht ergründen, weil er mit mehreren an der Turbulenzforschung interessierten Wissenschaftlern in Verbindung gestanden hatte (siehe A.M. Yaglom [63]),

Sollte eine Begegnung von Kolmogorov mit Prandtl damals tatsächlich stattgefunden haben, dann wäre die Frage erlaubt, ob nicht vielleicht dabei Gedanken ausgetauscht sein könnten, die viele Jahre später, von beiden Seiten unabhängig voneinander zu ähnlichen Ergebnissen ausgereift, dann veröffentlicht worden sind.

Von dem in russisch abgefaßten Text des Resumé sind zwei Übersetzungen ins Englische angefertigt worden, eine von D.B. Spalding [64] und eine unveröffentlichte von Dr. A. Boiko[*]; bezüglich sachlicher Aussagen stimmen die beiden Übersetzungen praktisch überein.

Da die Berechnung der kinetischen Turbulenzenergie formelmäßig mit dem Mischungsweg zusammenhängt, für dessen Berechnung Prandtl keine Gleichung angegeben hat, ist sein neues Formelsystem, so gesehen, unvollständig. Die Theorie des Mischungsweges zu schaffen, d.h. das Problem, ihn aus den Daten des Turbulenzfeldes berechnen zu können, hat Prandtl als Vermächtnis hinterlassen. Immerhin hat sein neues Formelsystem die Anregung zu einer theoretischen Studie gegeben, in deren Rahmen die erste partielle Differetialgleichung für die Berechnung eines Integrallängenmaßes der Turbulenz auf der Grundlage der Navier-Stokesschen-Gleichungen entwickelt worden ist, welches der Mischungsweglänge entspricht. Diese Studie ist im Max-Plack-Institut für Strömungsforschung (Direktor A. Betz) durchgeführt und 1951, noch zu Lebzeiten Prandtls, veröffentlicht worden [67].

---

[*] Herrn Dr. Andrei Boiko schuldet der Verfasser besonderen Dank für die Anfertigung der Übersetzung

4. Anhang

Tabelle 1: Chronologische Folge der Veröffentlichungen von Ludwig Prandtl zum Thema Turbulenz einschließlich Meteorologischer Anwendungen

1910

1. Eine Beziehung zwischen Wärmeaustausch und Strömungswiderstand der Flüssigkeiten. Phys. Z. 11. Jg., S. 1072 – 1078

1914

2. Der Luftwiderstand von Kugeln. Nachr. Ges. Wiss. Göttingen, Math.-phys. Kl., S. 177 – 190.

1921

3. Bemerkungen zur Entstehung der Turbulenz. Z. angew. Math. Mech. Bd. 1, S. 431 – 436; Phys. Z. Bd. 23 (1922). S. 19 – 25.

1924

4. Die Windverteilung über dem Erdboden, errechnet aus den Gesetzen der Rohrströmung (mit W. Tollmien). Z. Geophys. 1. Jg., S. 47 – 55.

1925

5. Bericht über Untersuchungen zur ausgebildeten Turbulenz. Z. angew. Math. Mech. Bd. 5, S. 136 – 139.

1926

6. Bericht über neuere Turbulenzforschung. Hydraulische Probleme, S. 1 – 13. Berlin: VDI-Verlag.

1927

7. Über die ausgebildete Turbulenz. Verhandl. d. II. Intern. Kongr. techn. Mechanik Zürich 1926, S. 62 – 75. Füßli-Verlag.

8. Über den Reibungswiderstand strömender Luft. Ergebnisse der Aerodynamischen Versuchsanstalt zu Göttingen, III. Lief., S. 1 – 5. München-Berlin: Oldenbourg 1927.

1928

9. Bemerkung über den Wärmeübergang im Rohr. Phys. Z. 29. Jg., S. 487 bis 489.

1930

10.	Einfluß stabilisierender Kräfte auf die Turbulenz. Vorträge aus dem Gebiet der Aerodynamik und verwandter Gebiete, Aachen 1929, S. 1 – 7. Hrsg. von A. Gilles, L. Hopf u. Th. v. Kármán. Berlin: Springer.
11.	Modellversuche und theoretische Studien über die Turbulenz einer geschichteten Luftströmung. Deutsche Forschung (Aus der Arbeit der Notgemeinschaft der Deutschen Wissenschaft), H. 14, S. 14 – 15.
12.	Vortrag an der Kaiserlichen Universität in Tokyo 1929: Über Turbulenz. Tokyo Imp. Univ. Bd. 5, Nr. 65, S. 12 – 34 (do. japanisch).

1931

13.	Über die Entstehung der Turbulenz. Z. angew. Math. Mech. Bd. 11, S. 407 – 409.
14.	On the Rôle of Turbulence in Technical Hydrodynamics. Proceedings of the World Engineering Congress Tokyo Bd. 131 V, (1931) S. 495-507. World Engineering Congress Tokyo 1929, 18h.S04 (1931) S. 405-417

1932

15.	Erörterungsbeitrag zur Gruppe I. „Reibungswiderstand". Hrsg. G. Kempf u. E. Foerster: Hydromechanische Probleme des Schiffsantriebs. Hamburg
16.	Zur turbulenten Strömung in Rohren und längs Platten. Ergebnisse der Aerodynamischen Versuchsanstalt zu Göttingen, IV. Lief., S. 18 – 29. München-Berlin: Oldenbourg.
17	Meteorologische Anwendung der Strömungslehre. Beitr. Phys. freie Atmosphäre (Bjerknes-Festschrift) Bd. 19, S. 188 – 202.

1933

18.	Neuere Ergebnisse der Turbulenzforschung. Z. VDI Bd. 77, S. 105 – 114.

1934

19.	Das Widerstandsgesetz rauher Platten (mit H. Schlichting). Werft Reed. Hafen 15. Jg. (4 Seiten)
20.	Einfluß von Wärmeschichtung auf die Eigenschaften einer turbulenten Strömung (mit H. Reichardt). Deutsche Forschung (Aus der Arbeit der Notgemeinschaft der Deutschen Wissenschaft) H. 21, S. 110 – 121.

1935

21.	Anwendung der turbulenten Reibungsgesetze auf atmosphärische Strömungen. Proc. IV. Intern. Congr. Appl. Mech. Cambridge/England 1934, S. 238 – 239.
22.	The Mechanics of Viscous Fluids. Durand: Aerodynamic Theory Bd. III, Abschn. G. S. 34 – 208. Berlin: Julius Springer.

1937

23. Betrachtungen zur Mechanik der freien Atmosphäre. Abhandl. Ges. Wiss. Göttingen, Math.-phys. Kl., III. Folge, H. 18, S. 75 – 84; Abhandl. Phys.-math. Ges. Sofia 24, September – Oktober 1938, S. 1 – 11.

1939

24. Beitrag zum Turbulenz-Symposium. Proc. V. Intern. Congr. Appl. Mech. Cambridge/Mass. 1938, S. 340 – 346.

25. Beiträge zur Mechanik der Atmosphäre. Bericht d. Meteor. Ass. Intern. Geodät. u. Geophys. Union Edinburgh 1936, S. 1 – 32. Paris: Dupont.

1942

26. Bemerkungen zur Theorie der freien Turbulenz. Z. angew. Math. Mech. Bd. 22, S. 241 – 243.

27. Führer durch die Strömungslehre. 3. Abschnitt. S. 92 – 177. Braunschweig: Vieweg (2. Aufl. 1944, 3. Aufl. 1949, 4. Aufl. 1956, 5. Aufl. 1957)

1944

28. Neuere Erkenntnisse der meteorologischen Strömungslehre. Schriften Dtsch. Akad. Luftf.-Forschg. Bd. 8, S. 157 – 179, Auszug in Dtsch. Luftf.-Forschg. UM Nr. 6605.

29. Zur Frage des vertikalen Turbulenz-Wärmestroms. Meteor. Z. Bd. 61, S. 12 – 14.

30. Nochmals der vertikale Turbulenz-Wärmestrom. Meteor. Z. Bd. 61, S. 169 bis 170.

1945

31. Über ein neues Formelsystem für die ausgebildete Turbulenz. Nachr. Akad. Wiss. Göttingen, Math.-phys. Kl., S. 6 – 19.

1946

32. Zur Berechnung des Wetterablaufs. Nachr. Akad. Wiss. Göttingen, Math.- phys. Kl., S. 102 – 105

1948

33. Turbulenz. FIAT-Review, Bd. 11: Hydro- und Aerodynamik. 3. Beitr. S. 55 – 78. Weinheim: Chemie-Verlag.

1949

34. Wettervorgänge in der oberen Troposphäre. Nachr. Akad. Wiss. Göttingen, Math.-phys. Kl., S. 13 – 18

1950

35. Über Mammatuswolken. Ann. Meteor. 3. Jg., S. 119 – 120.

36. Dynamische Erklärung des Jet-stream-Phänomens. Ber. dtsch. Wetterdienstes US-Zone Nr. 12, S. 198 – 200.

Tabelle 2: Verzeichnis der bei Ludwig Prandtl entstandenen Dissertationen zum Thema Turbulenz

Hochschild, H.: Versuche über Strömungsvorgänge in erweiterten und verengten Kanälen. Dissertation Berlin 1909. VDI-Forsch.-Heft 114 (1912). Auszug in Z. VDI Bd. 57 (1913) S. 655.
Rubach, H.: Über die Entstehung und Fortbewegung des Wirbelpaares hinter zylindrischen Körpern. Dissertation Göttingen 1914. VDI-Forschungsarbeiten H. 185 (1916)
Kröner, R.: Versuche über Strömungen in stark erweiterten Kanälen. Dissertation Berlin 1919. VDI-Forsch.-Heft 222 (1920)
Tietjens, O.: Beiträge zum Turbulenzproblem. Dissertation Göttingen 1923. Z. angew. Math. Mech. Bd. 5 (1925) S. 200 (Auszug)
Nikuradse, J.: Untersuchung über die Geschwindigkeitsverteilung in turbulenten Strömungen. Dissertation Göttingen 1925. VDI-Forschungsarbeiten H. 281 (1926)
Dönch, F.: Divergente und konvergente turbulente Strömungen mit kleinenÖffnungswinkeln. Dissertation Göttingen 1926. VDI-Forschungsarbeit. H 282 (1926)
Schlichting, H.: Über das ebene Windschattenproblem. Dissertation Göttingen 1930. Ing.-Arch. Bd. 1 (1930) S. 533.
Buri, A.: Eine Berechnungsgrundlage für die turbulente Grenzschicht bei beschleunigter und verzögerter Grundströmung. Dissertation ETH. Zürich 1931.
Gruschwitz, E.: Die turbulente Reibungsschicht in ebener Strömung bei Druckabfall und Druckanstieg. Dissertation Göttingen 1932. Ing.-Arch. Bd. 2 (1931) S. 321.
Adler, M.: Strömung in gekrümmten Rohren. Dissertation TH. München 1934. Z. angew. Math. Mech. Bd.14 (1934) S. 257.
Förthmann, E.: Über turbulente Strahlausbreitung. Dissertation Göttingen 1934. Ing.-Arch. Bd. 5 (1934) S. 42.

Wendt, F.: Turbulente Strömungen zwischen zwei rotierenden konaxialen Zylindern. Dissertation Göttingen 1934. Ing.-Arch. Bd. 4 (1933) S. 577.
Kropatscheck, F.: Die Mechanik der großen Zirkulation der Atmosphäre. Dissertation Göttingen 1935. Beitr. Phys. Freien Atmosphäre Bd. 22 (1935) S. 272.
Roux, L.: Turbulente Windströmungen auf der rauhen Erdoberfläche. Dissertation Göttingen 1935. Z. Geophys. 11. Jg. (1935) S. 165.
Motzfeld, H.: Die turbulente Strömung an welligen Wänden. Dissertation Göttingen 1937. Z. angew. Math. Mech. Bd. 17 (1937) S. 193.
Paeschke, W.: Experimentelle Untersuchungen zum Rauhigkeits- und Stabilitätsproblem in der bodennahen Luftschicht. Dissertation Göttingen 1937. Beitr. Phys. Freien Atmosphäre Bd. 24 (1937) S. 163.
Jacobs, W.: Studien zum Rauhigkeitsproblem. Dissertation Göttingen 1939. 1. Teil: Ing.-Arch. Bd. 9 (1938) S. 343. 2. Teil: Z. angew. Math. Mech. Bd. 19 (1939) S. 87.
Edler v. Bohl, J. G.: Das Verhalten paralleler Luftstrahlen. Dissertation Göttingen 1940. Ing.-Arch. Bd. 11 (1940) S. 295.
Chang, H.C.: Aufrollung eines zylindrischen Strahles durch Querwind. Dissertation Göttingen 1942.
Schmidt, W.: Turbulente Ausbreitung eines Stromes erhitzter Luft. Dissertation Göttingen 1942. Z. angew. Math. Mech. Bd. 21 (1941) S. 265 u. 351.
Koppe, M.: Reibungseinfluß auf stationäre Rohrströmungen bei hohen Geschwindigkeiten. Dissertation Göttingen 1947.
Szablewski, W.: Über die Ausbreitung eines Heißluftstrahles in bewegter Luft. Dissertation Göttingen 1947.

5. Schrifttum

[1] Ludwig Prandtl: Gesammelte Abhandlungen. Springer-Verlag, Berlin / Göttingen / Heidelberg, 1961

[2] J. C. Rotta: Die Aerodynamische Versuchsanstalt in Göttingen, ein Werk Ludwig Prandtls. Vandenhoek u. Ruprecht, Göttingen 1990.

[3] L. Prandtl: Mein Weg zu hydrodynamischen Theorien. Physikalische Blätter, **4** (1948), 89-92

[4] L. Prandtl: Über Flüssigkeitsbewegung bei sehr kleiner Reibung. Verhandlungen des III. Internationalen Mathematiker-Kongresses. Heidelberg 1904, 484-491, Leipzig: Teubner 1905

[5] J.C. Rotta: Ein geschichtlicher Rüblick auf die Anfänge der Grenzschichtforschung, 1904-1934. DGLR-Vortrag Nr. 81-69. Jahrestagung der DGLR. Aachen, 11.- 14. Mai 1981

[6] K. Kraemer: Geschichte der Gründung des Max-Planck-Institutes für Strömungsforschung in Göttingen. 50 Jahre Max-Planck-Institut für Strömungsforschung Göttingen, 1925-1975. Festschrift zum 50jährigen Bestehen des Instituts, Hrsg.: Max-Planck-Institut für Strömungsforschung, Göttingen 1975

[7] J. Vogel-Prandtl: Ludwig Prandtl – Ein Lebensbild, Erinnerungen, Dokumente. Mitteilungen aus dem Max-Planck-Institut für Strömungsforschung Nr. 107. Hrsg.: E.A. Müller, Selbstverlag Max-Planck-Institut für Strömungsforschung, Göttingen 1993.

[8] L. Prandtl: Aufgaben der Strömungsforschung, Festvortrag, Institut für Strömungsforschung am 16. Juli 1925. Naturwissenschaften **14** (1926), 335-338.

[9] H. Blasius: Das Ähnlichkeitsgesetz bei Reibungsvorgängen in Flüssigkeiten. Forschungsarbeiten des VDI, H.131, Berlin 1913.

[10] Hydraulische Probleme: Vorträge auf der Hydraulik-Tagung in Göttingen am 5. und 6. Juni 1925. VDI-Verlag G.m.b.H., Berlin 1926.

[11] O. Reynolds: On the dynamical theory of incompressible viscous fluids and the determination of the criterion. Scientific Papers Vol. II. 1895, 535-577.

[12] L. Prandtl und A. Betz; Hrsg.: Ergebnisse der Aerodynamischen Versuchsanstalt zu Göttingen, III. Liefg. Verl. R. Oldenbourg, München und Berlin, 1927.

[13] L. Prandtl u. A. Betz, Hrsg.: Ergebnisse der Aerodynamischen Versuchsanstalt zu Göttingen, IV. Liefg. Verl. R. Oldenbourg, München und Berlin, 1932.

[14] A. Gilles, L. Hopf und Th. v. Kárman (Hrsg.): Vortäge aus dem Gebiet der Aerodynamik und verwandter Gebiete, Aachen 1929. Springer Berlin 1930.

[15] Proceedings of the World Engineering Congress Tokyo, 1931.

[16] G. Kempf u. E. Foerster, Hrsg.: Hydromechanische Probleme des Schiffsantriebs. Selbstverlag der Ges. d. Freunde u. Förderer der Hambg. Schiffbau-Versuchsanstalt e.V. Hamburg 1932.

[17] J. Nikuradse: Strömungsgesetze in rauen Rohren. VDI-Forschungsheft 361, Berlin 1933.

[18] R.P. Hallion: Legacy of flight. The Guggenheim Contribution to American aviation. Univerity of Washington Press. Seattle and London 1977.

[19] W.F. Durand Ed.: Aerodynamic Theory. A general review of progress. 6 Volumes. Springer Berlin 1935.

[20] Proceedings of the V. International Congress of Applied Mechanics. Cambridge / Mass. 1938.

[21] H. Trischler: Luft- und Raumfahrtforschung in Deutschland 1900-1970. Politische Geschichte einer Wissenschaft. Campus Verl. Frankfurt/Main 1990.

[22] H. Görtler: Berechnung von Aufgaben der freien Turbulenz auf Grund eines neuen Näherungsansatzes. Z. angew. Math. Mechan. **22**, 1942, 244.

[23] H. Reichardt: Über eine neue Theorie der freien Turbulenz. Z. angew. Math. Mechan. **21**, 1941, 257-264.

H. Reichardt: Gesetzmäßigkeiten der freien Turbulenz. VDI-Forschungsheft 414 (1942) 22 Seiten.

[24] L. Prandtl: Führer durch die Strömungslehre, Vieweg & Sohn Braunschweig, 1942.

[25] A. Betz: Die AVA und das Max-Planck-Institut für Strömungsforschung. Mit einer Ergänzung von L. Prandtl. Manuskript, Ungedruckte Festschrift zum 70. Geburtstag von Otto Hahn, 1949.*

[26] A. Betz (Hrsg.): Hydro- und Aerodynamik. Naturforschung und Medizin in Deutschland, 1939-1946. Für Deutschland bestimmte Ausgabe der FIAT Review of German Science, BdM Verlag Chemie, Weinheim, Burgstr. , 1958.

[27] W.Nusselt: Der Wärmeübergang in Rohrleitungen. Berlin 1909. Auszug in Z. VDI **53**, 1909, 1750.

[28] G.I. Taylor: Conditions at the surface of a hot body exposed to the wind. ARC Rep.& Mem. 1916, No. 272.

[29] G. Eiffel: Sur la résistance des sphères dans l'air en mouvement. C.R. 155 (1912), 1597.

[30] W. Tollmien: Entstehung der Turbulenz. Nachr. Ges. Wiss. Göttingen 1929, 21.

[31] H. Schlichting: Entstehung der Turbulenz in einem rotierenden Zylinder. Nachr. Ges. Wiss. Göttingen 1932, 160.

[32] A.W. Emmons: The laminar-turbulent transition in a boundary layer – part I. Journal of Aeronautical Sciences. July 1951, 490-498.

[33] G.B. Schubauer & P.S. Klebanoff: Contributions on the mechanics of boundary-layer transition. NASA TR. 1289, 1956.

[34] W. Tollmien: Berechnung turbulenter Ausbreitungsvorgänge. Z. angew. Math. Mechan. **6** (1929), 468.

[35] Th. v. Kármán: Laminare und turbulente Reibung. Z. angew.Math. Mechan. **1**, (1921), 233.

[36] Th. v. Kármán: Mechanische Ähnlichkeit und Turbulenz. Nachr. Ges. Wiss. Göttingen 1930, 58-76, sowie Proceedings of the Third International Congress of Applied Mechanics. Stockholm 1930.

---

* Zusammengetragene Berichte über die Kaiser-Wilhelm-Institute in der Zeit von 1945 bis 1949. Manuskripte-Sammlung (Signatur: Abteilung Vc, Repositur 4: KWG Nr. 1) Archiv zur Geschichte der Max-Planck-Gesellschaft , Berlin-Dahlem.

[37]   C. Wieselsberger: Untersuchungen über den Reibungswiderstand von stoffbespannten Flächen. Ergeb. AVA Göttingen, 1. Liefg. Oldenbourg München 1921, 120-126.

[38]   F. Gebers: Schiffbau **9**, 1908, 435 u. 475, sowie Schiffbau **22**, (1919).

[39]   G. Kempf: Neue Ergebnisse der Widerstandforschung. Werft. Reed. Hafen (1929), 234 u. 247.

[40]   F. Schultz-Grunow: Neues Reibungswiderstandsgesetz für glatte Platten. Luftfahrtforsch. **17**, (1940), 239-246.

[41]   K. Wieghardt:Über die turbulente Strömung im Rohr und an der Platte, Z. angew. Math. Mechan. **24**, (1944), 294-296.

[42]   J. Nikuradse: Stömungsgesetze in rauen Rohren, VDI-Forschungsheft 361, 1933.

[43]   Th. v. Kármán: Theorie des Reibungswiderstandes. In [16], 50-73.

[44]   K. Wieghardt: Erhöhung des turbulenten Reibungswiderstandes durch Oberflächenstörungen. Forsch. Ber. Dtsch. Luftfahrtforsch. **1563** (1942), 55 S.

[45]   W. Tillmann: Neue Widerstandsmessungen in der turbulenten Reibungsschicht. Unters. Mitt. Dtsch.Luftfahrtforsch. **6619** (1944).

[46]   J. Nikuradse: Untersuchungen über die Strömungen des Wassers in Konvergenten und divergenten Kanälen. Forschungsarbeiten auf dem Gebiet des Engenieurwesens H. 289, VDI-Verlag Berlin 1929.

[47.1] J.C. Rotta: Turbulent boundary layers in incompressible flow. Progr. in aeronautical sciences: **2** (1962) 1-219.

[47.2] S.J. Kline, M.V. Morkovin, G. Sovran, D.H. Cockrell: Computation of turbulent boundary-layers 1968 AFOSR-IFP-STANFORD Conference, Stanford 1969.

[48]   A. Kehl: Untersuchungen über konvergente und divergente turbulente Reibungsschichten. Ingerieur-Arch. **13**, (1943) 293.

[49]   W. Tillmann:Untersuchungen über Besonderheiten bei turbulenten Reibungsschichten an Platten. Unters. Mitt. Dtsch. Luftfahrtforsch. **6627** (1945).

[50]   A. Walz: Näherungsverfahren zur Berechnung der laminaren und turbulenten Reibungsschicht. Unters. Mitt. Dtsch. Luftfahrtforsch. **3060**, (1943).

[51]   F. Schultz-Grunow: Zur Vorausbestimmung der turbulenten Ablösestelle. Luftfahrtforsch.. **16**, (1939) 425.

[52]   W. Mangler: Das Verhalten der Wandschubspannung in turbulenten Reibungsschichten mit Druckanstieg. Unters. Mitt. Dtsch. Luftfahrtforsch. **3052** (1943).

[53]   K. Wieghardt: Über die Wandschubspannung in turbulenten Reibungsschichten vei veränderlichem Außendruck. Unters. Mitt. Dtsch. Luftfahrtforsch. **6603** (1943).

[54]   H. Ludwieg und W. Tillmann: Untersuchungen über die Wandschubspannung in turbulenten Reibungsschichten. Ing.-Arch. **17** (1949) 288-299

[55]   K. Wieghardt u. W. Tillmann: Zur turbulenten Reibungsschicht bei Druckanstieg. Unters. Mitt. Dtsch. Luftfahrtforsch. **6617** (1944).

[56]   K. Wieghardt: Staurechen und Vielfachmanometer für Messungen in Reibungsschichten. Techn. Ber. Zentr. wiss. Ber.-Wes. **11**, (1944) 207.

[57]   H. Reichardt: Messungen turbulenter Schwankungen. Naturwissenschaften **26** (1938), 404.

[58]   A.N. Kolmogorov: The local struture of turbulence in incompressible viscous fluid for very large Reynolds numbers. Dokl. Akad. Nauk. SSSR **30**, 9.13 (1944) (wieder abgedruckt in Proc. R. Soc. Lond. A **434**, 9-13, (1991). Deutsche Fassung in H. Goering, Sammelband zur statistischen Theorie der Turbulenz. Akademie-Verlag Berlin 1958, 71-76.

[59]   C.F. v. Weizsäcker: Das Spektrum der Turbulenz bei großen Reynoldsschen Zahlen. Zeit. f. Physik, **124** (1948), 614-627.

[60]   A.N. Kolmogorov: Equations of turbulent motion in an incompressilbe fluid. Izv. Akad. Nauk. SSSR. Ser. Fn **VI** (1.2), 56-58 (1942).

[61]   U. Frisch: Turbulence. The Legacy of A.N. Kolmogorov, Cambridge University Press 1995.

[62]   A. Kolmogoroff: Grundbegriffe der Wahrscheinlichkeitsrechnung. Verlag Julius Springer Berlin 1933.

[63]   A.M. Yaglom: A. N. Kolmogorov as a Fluid Mechnician and Founder of a school in turbulence research. Ann. Rev. Fluid Mech., 1994, **26**, 1-22.

[64]   D.B. Spalding: Kolmogorov's two-equation model of turbulence. Proc. R. Soc. Lond A **434**, (1991) 211-216.

[65]   J. C. Rotta: Neue Rechnungen zur statistischen iotropen Turbulenz. Z. angew. Math. Mechan. **29** (1949), 12-14.

[66]   J. C. Rotta: Über die Theorie der turbulenten Grenzschichten. Mitteilungen aus dem Max-Planck-Institut für Strömungsforschung. Nr. 1, Hrsg. A. Betz, Göttingen, 1950; sowie: Beitrag zur Berechnung der turbulenten Grenzschichten. Ing.-Arch. **19** (1951), 31-41.

[67]   J. C. Rotta: Statistische Theorie nichthomogener Turbulenz, Zeitschr. Phys.1. Mittlg. **129** (1951) , 547-572, und 2. Mittlg. **131** (1951) 51-77.

[68]   Th. v. Kármán: Aerodynamics. Selected Topics in the Light of Their Historical Development, Cornell University Press, Ithaca, New York 1954.

Ludwig Prandtl und die asymptotische Theorie für Strömungen bei hohen Reynolds-Zahlen

K. Gersten[*]

Mit der Entwicklung der Grenzschicht-Theorie hat Ludwig Prandtl erstmalig eine Methode zur Lösung eines singulären Störungsproblems angegeben. Auf der Grundlage seiner Ideen wurden in der Folgezeit die Methoden zur Lösung singulärer Störungsprobleme weiterentwickelt, insbesondere die Methode der angepassten asymptotischen Entwicklungen. Diese werden heute auch außerhalb der Strömungsmechanik in vielen Bereichen der Naturwissenschaft und Technik eingesetzt.

In diesem Aufsatz wird gezeigt, dass die wesentlichen Merkmale der asymptotischen Theorie für nicht ablösende Strömungen bei hohen Reynolds-Zahlen, wie sie heute vorliegt, bereits in Prandtls Schriften beschrieben werden. Folgende Merkmale werden diskutiert: asymptotischer Charakter der Grenzschicht-Theorie, Aufteilung der Gesamtlösung in äußere und innere Lösung, Anpassung der beiden Lösungen, Zweischichten-Charakter turbulenter wandnaher Scherschichten, universelles Wandgesetz, logarithmisches Widerstandsgesetz.

1 Einleitung

Im Jahre 1904 hat Ludwig Prandtl auf dem Heidelberger Mathematiker-Kongress erstmalig seine Grenzschicht-Theorie vorgestellt. Für den Vortrag standen nur zehn Minuten zur Verfügung [1]. Der dazugehörige Artikel in den Kongress-Berichten [2] enthält fast keine Formeln, lediglich die Navier-Stokes-Gleichung nebst Kontinuitätsgleichung und die entscheidende, von Prandtl daraus entwickelte Grenzschichtgleichung für zweidimensionale, stationäre, inkompressible laminare Strömungen.

Dagegen wird in dem Artikel auf das Phänomen der Strömungsablösung vergleichsweise ausführlich eingegangen. Dabei steht die physikalische Interpretation, unterstützt durch Strömungsbilder, im Vordergrund. Auch die Beeinflussung der Grenzschicht durch Absaugung wird angesprochen.

Erst nach Prandtls Tod im Jahre 1953 wurden ab Mitte der fünfziger Jahre die mathematischen Methoden der singulären Störungsrechnung systematisch entwickelt. Hier sind die Arbeiten von S. Kaplun [3], S. Kaplun, P. A. Lagerstrom [4] und M. Van Dyke [5] zu nennen. Dabei wurde deutlich, dass die von Prandtl entwickelte Grenzschicht-Theorie ein klassisches Beispiel zur Lösung eines singulären Störungsproblems darstellt. Danach ist die Grenzschicht-Theorie

---

[*] Ruhr-Universität Bochum

eine rationale, asymptotische Theorie zur Lösung der Navier-Stokes-Gleichung für große Reynolds-Zahlen.

Die zunächst für laminare Strömungen entwickelten asymptotischen Methoden wurden Anfang der siebziger Jahre auch auf turbulente Strömungen übertragen. Hier sind u.a. die Arbeiten von K.S. Yajnik [6] und G.L. Mellor [7] zu nennen.

Im Folgenden soll gezeigt werden, dass alle wesentlichen Elemente der erwähnten asymptotischen Theorien bereits in Prandtls Arbeiten zu finden sind. Der Einfachheit halber werden die Betrachtungen auf zweidimensionale, stationäre und inkompressible Strömungen beschränkt. Der Klarheit wegen werden bei den wörtlichen Zitaten die benutzten Formelzeichen auf die heute übliche Bezeichnungsweise abgeändert.

2 Störungsproblem

Es besteht kein Zweifel, dass Prandtl die Strömung bei großen Reynolds-Zahlen als eine kleine Störung der reibungslosen Strömung aufgefaßt hat. Auch in seinem Vortrag im Jahre 1904 wird dieser Übergang zur Grenze verschwindender Viskosität $\mu = 0$ angesprochen. In [8] steht, daß bei schlanken Körpern (d.h. solchen ohne wesentliche Strömungsablösung) die Übereinstimmung des Strömungsbildes und der Druckverteilung am Körper mit denen der reibungslosen Strömung fast vollkommen ist. Weiter heißt es dann:

„Auf diesem Gedanken fußend hat die bis dahin bei den Praktikern in sehr geringem Ansehen stehende Theorie der idealen Flüssigkeit im letzten Jahrzehnt ganz große Erfolge erzielen können."

Noch deutlicher bringt Prandtl [9] das Konzept der Störungstheorie in seinem Vortrag anläßlich seiner Ernennung zum Ehrenmitglied der Deutschen Physikalischen Gesellschaft zum Ausdruck:

„Im Falle der Grenzschicht-Theorie, wie auch bei anderen Aufgaben führte ein heuristisches Prinzip zur Lösung, das ich auch für andere Fälle zur Anwendung empfehlen kann, wo es sich um nichtlineare Probleme handelt. Dieses Prinzip läßt sich etwa so formulieren:

„Wenn das volle Problem mathematisch hoffnungslos erscheint, empfiehlt es sich, zu untersuchen, was sich ereignet, wenn ein wesentlicher Parameter des Problems zur Grenze Null strebt."

Dabei wird angenommen, daß das Problem streng lösbar ist, wenn der Parameter von vornherein gleich Null gesetzt wird und daß für sehr kleine Werte des Parameters vereinfachte Näherungslösungen möglich sind. Es muß dabei noch untersucht werden, ob der Grenzübergang und der direkte Weg mit dem Parameter gleich Null zu derselben Endlösung führt. Es seien solche Randbedingungen gewählt, daß dies zutrifft. Für die physikalische Zuverlässigkeit der Lösung gibt der alte Satz „Natura non facit saltus" die Richtschnur: In der Natur wird der Parameter möglicherweise klein, er wird aber nicht Null. Also ist immer der erste Weg der physikalisch richtige!

Für den, der die Grenzschicht-Theorie kennt, brauche ich nicht zu sagen, daß der in Rede stehende Parameter hier die Zähigkeit μ ist (oder auch, da die Dichte ρ nicht Null wird, die „kinematische Zähigkeit" $\nu = \mu/\rho$, die die einfache Dimension cm^2/sec hat).

In zähen Flüssigkeiten ist an ruhenden Wänden die Geschwindigkeit immer Null, in nicht reibenden Flüssigkeiten bleibt sie aber endlich. Der Übergang $\nu = 0$ ist so, daß die Schichtdicke δ, *in der die Zähigkeit sich bemerklich macht, mit* $v \to 0$ *auch gegen Null geht; dadurch rückt in der Grenze* $v = 0$ *die endliche Geschwindigkeit an die Wand selbst."*

Die Geschwindigkeit der Grenzlösung als Funktion des Wandabstandes besitzt also an der Wand eine Singularität, indem dort die Geschwindigkeit von dem endlichen Wert der potentialtheoretischen Strömung auf den Wert Null springt. Man spricht deshalb von einem „singulären Störungsproblem". Dafür typisch ist die Aufteilung des Lösungsgebietes in verschiedene Zonen. Im Beispiel der Strömungen bei hohen Reynolds-Zahlen handelt es sich um zwei Gebiete: die *äußere* Lösung, charakerisiert durch die reibungslose Lösung, und die *innere* Lösung in Wandnähe, die Grenzschicht.

3 Laminare Grenzschichten

3.1 Grenzschichten ohne Ablösung

3.1.1 Lösungen der führenden Ordnung

Die asymptotische Theorie für anliegende laminare Strömungen bei großen Reynolds-Zahlen ist im Wesentlichen durch die folgenden drei Schritte charakterisiert, vgl. Gersten / Herwig ([10], S. 248):

a) Äußere Lösung (Potentialströmung)

Es wird die „naive" Näherung $\mu = 0$ betrachtet. Bei homogener Zuströmung (z.B. eines schlanken Profils) reduziert sich die Navier-Stokes-Gleichung auf die Potentialgleichung, deren Lösungen jedoch nicht die Haftbedingung an der Wand erfüllen. Diese Grenzlösung bildet - wie bereits dargelegt - bei Prandtl die Basis für die zu findende Lösung.

b) Innere Lösung (Grenzschichtströmung)

Wie Prandtl in seinem Heidelberger Vortrag dargelegt hat, erfordert die wandnahe Schicht eine Sonderbehandlung. Er fordert, daß in der Grenzschicht die Reibungskraft nicht verschwindet, sondern mit der Trägheitskraft gleiche Größenordnung haben muss. Aus dieser Bedingung schätzt er die Grenzschichtdicke ab

$$\delta \sim \sqrt{\mu \cdot \ell / \rho \cdot U_\infty} = \ell / \sqrt{\text{Re}} \quad \text{mit} \quad \text{Re} = U_\infty \cdot \ell / \nu.$$

Daraus folgt, dass im Grenzfall $\mu \to 0$ der Reibungsterm $\partial^2 u / \partial x^2$ gegenüber dem Term $\partial^2 u / \partial y^2$ vernachlässigt werden kann, vgl. auch [11]. Diese Abschätzung ist gleichbedeutend mit der in der asymptotischen Theorie üblichen Vorgehensweise, bei der die Navier-Stokes-Gleichung der *Grenzschicht-Transformation* mit der Lösung für m = 0

$$x_i(t^*) = A_1 \cdot e^{-k \cdot t^*} + A_2. \tag{9}$$

Da die Ordnung der Differentialgleichung erhalten geblieben ist (Prinzip geringster Entartung), kann die Anfangsbedingung $x\,(t=0)=0$ durch $A_2 = -A_1$ erfüllt werden.

c) Anpassung

Die Bedingung

$$\lim_{t \to 0} x_a = \lim_{t^* \to \infty} x_i \tag{10}$$

ergibt

$$A_2 = A = k/c \tag{11}$$

und damit

$$x_i(t^*) = \frac{k}{c} \cdot \left(1 - e^{-k \cdot t^*}\right). \tag{12}$$

Eine *gleichmäßig gültige Lösung* lässt sich durch Addition der beiden Teillösungen ermitteln, wobei jedoch von der Summe der gemeinsame Anteil aus dem Überlappungsgebiet, nämlich A nach Gl. (11), abgezogen werden muss. Diese lautet:

$$x = \frac{k}{c} \cdot \left[e^{-(c \cdot t/k)} - e^{-(k \cdot t/m)} \right] \quad m \to 0 \tag{13}$$

3.1.3 Grenzschicht-Theorie höherer Ordnung

Zur Ermittlung der Grenzschichtlösung ist es erforderlich, die u-Komponente der Geschwindigkeit nach Gl.(3) anzupassen. Die v-Komponente ist jedoch dadurch nicht angepasst, d.h. es gilt

$$\lim_{y^* \to 0} \overline{v}_a - \lim_{\overline{y} \to \infty} \overline{v}_i = \frac{d}{dx}\left(U^* \cdot \delta_1\right), \tag{14}$$

wobei

$$U^* = \lim_{\overline{y}^* \to 0} u_a^*$$

die Geschwindigkeit an der Wand der Außenströmung (Potentialströmung) und $\delta_1(x)$ die sogenannte Verdrängungsdicke sind.

Bei der Behandlung der Grenzschicht an der längsangeströmten Platte schreibt Prandtl ([14], p. 90) dazu:

„The displacement of the stream-lines by the amount δ_1 produces a slight alteration in the potential flow which was made the basis of the calculations. Instead of the simple parallel flow, the flow around a parabolic cylinder of thickness $2\delta_1(x)$ should be introduced, which would slightly alter the pressure distribution. The above calculation would have to be repeated for this new pressure distribution and if necessary the process repeated on the basis of the new measure of displacement so obtained. Such calculations would, in any case, make little difference in the regions where the calculations are usually applied in practice. They would however become necessary if the transition to smaller Reynolds numbers were attempted."

Das sind die wesentlichen Überlegungen, die zur Entwicklung der *Grenzschicht-Theorie höherer Ordnung* geführt haben, vgl. Van Dyke ([5], p. 121), Schneider ([15], S. 211), Schlichting/Gersten ([16], S. 409). Nach dieser Theorie werden die äußere und die innere Lösung je in eine asymptotische Reihe entwickelt, wobei $1/\sqrt{Re}$ als Entwicklungsparameter dient. Die bisher behandelte klassische Grenzschicht-Theorie entspricht dabei den führenden Gliedern dieser Reihen. Die nächstfolgenden Glieder beschreiben die *Grenzschichteffekte höherer Ordnung*, d.h. im wesentlichen, wie gesagt, den Verdrängungseffekt und den Effekt der Wandkrümmung, der bei der Platte jedoch entfällt. Die beschriebene Erweiterung der klassischen Grenzschicht-Theorie wird als „Methode der angepassten asymptotischen Entwicklungen" bezeichnet. Sie ermöglicht, je nach Anzahl der berücksichtigten Glieder der Reihen, die Lösungen im Prinzip für beliebige Reynolds-Zahlen zu bestimmen.

Der Verdrängungseffekt wurde im Prinzip schon in der bei Prandtl durchgeführten Dissertation von Hiemenz [7] (1911) nachgewiesen, vgl. Prandtl ([14], p. 94). Hiemenz hat die Druckverteilung am (unterkritisch) angeströmten Kreiszylinder *gemessen* und diese der Grenzschichtrechnung zugrunde gelegt. Er erhielt wesentlich bessere Übereinstimmung mit dem Experiment (z.B. bezüglich der Lage des Ablösepunktes) als mit der potentialtheoretischen Druckverteilung, vgl. Schlichting/Gersten ([16], S. 226).

3.2 Grenzschichten mit Ablösung

Bereits in seiner Heidelberger Arbeit [2] geht Prandtl auf die Ablösung ein. Zunächst stellt er fest, dass die Lage der Ablösung von der Reynolds-Zahl unabhängig ist, was aus der asymptotischen Theorie zwingend folgt, wie oben bereits erwähnt wurde. Dass am Ablösungspunkt eine Singularität auftritt, beschreibt Prandtl ([14], S. 95 u. S. 111) wie folgt:

„Unfortunately, the boundary layer calculations necessarily break down at some small distance beyond the separation point, since the assumption that the thickness of the layer influenced by friction is small in relation to the dimensions of the body can no longer be retained when the particles which have been set rotating by the friction move into the free fluid. Clearly, in

this case, the width of the zone of rotation can no longer be taken as small. The consequence is that in practice the preceding calculations will describe the state of affairs only up to about the point where separation commences."

Einige Seiten weiter (S. 111) zeigt Prandtl, dass der Gradient d(δ^2)/dx im Ablösungspunkt unendlich wird, was bedeutet, dass die Grenzschichtrechnung nicht über diesen Punkt hinaus fortgesetzt werden kann.

Bekanntlich kann die Singularität im Ablösungspunkt vermieden werden, wenn eine sogenannte *inverse* Formulierung gewählt wird. In diesem Fall wird für die Grenzschicht nicht die Druckverteilung der Außenströmung vorgegeben, sondern berechnet, und zwar für eine vorgegebene Verteilung der Grenzschichtdicke bzw. Verdrängungsdicke. Dazu schreibt Prandtl ([11], S. 80)

„Wo u aber, wie hinter der Ablösungsstelle gebietsweise negativ ist, beginnt der „bösartige" Zustand. Das heißt physikalisch nichts anderes, als daß die wandnahen Flüssigkeitsteile hinter der Ablösungsstelle in der Richtung von größeren zu kleineren x strömen und somit ihre Geschwindigkeitsverteilung von den Vorgängen abhängt, die sich bei diesen größeren x-Werten abspielen. Sie aus den Zuständen bei kleineren x bestimmen zu wollen, kommt also im günstigsten Fall auf eine Art Rätselraten hinaus. Mit anderen Worten: Die richtige, den Beobachtungen entsprechende Weiterentwicklung der Strömung hinter dem „Ablösungspunkt" kommt nur dann aus der Rechnung heraus, wenn in diesem Bereich der Druckverlauf nicht irgendwie willkürlich gewählt, sondern sorgfältig dem gewollten Vorgang angepaßt wird."

Dieses beschreibt im Prinzip die Theorie der sogenannten starken Wechselwirkung. Deren schlüssige mathematische Formulierung erfolgte erst viel später von Stewartson (1969), Messiter (1970) und Neiland (1969) in der sogenannten *asymptotischen Interaktionstheorie*, auch *Dreierdeck-Theorie* genannt.

Von *massiver* Ablösung wird gesprochen, wenn die Grenzschicht als Ganzes die Wand verlässt und als freie Scherschicht die Grenze zwischen der Außenströmung und einem Ablösungsgebiet (Rückströmgebiet) darstellt. Hierzu schreibt Prandtl[2] bereits in seiner Heidelberger Arbeit:

„Um eines gleich zu erwähnen: wenn man, z.B. bei der stationären Bewegung um eine Kugel herum, von der Bewegung mit Reibung zur Grenze der Reibungslosigkeit übergeht, so erhält man etwas ganz anderes als die DIRICHLET-Bewegung."

Mit der DIRICHLET-Bewegung ist hier die einfache potentialtheoretische Lösung gemeint.

Bei massiver Ablösung im Grenzfall μ=0 „entarten" alle (bei hohen Reynolds-Zahlen dünnen) Scherschichten zu Linien. Geht man von der Vorstellung aus, daß die Grenzschicht im Ablösungspunkt die Wand verläßt, so verläßt im Grenzfall μ=0 eine sog. *freie Stromlinie* den Körper. Diese trennt die reibungsfreie Außenströmung von dem Rückströmgebiet. Sie ist eine Unstetigkeitslinie, weil die Geschwindigkeiten auf beiden Seiten im allgemeinen verschieden sind. Die Grenzlösungen, auf denen die Störungsrechnung für große Reynolds-Zahlen aufbaut, sind also nicht mehr die überall stetigen Potentialströmungen, sondern Lösungen der Potentialgleichung mit sog. freien Stromlinien und angrenzenden „Totwasser-Gebieten", vgl. dazu Schlichting/Gersten ([16], S. 441).

Da es für einen gegebenen Körper mehrere Grenzlösungen geben kann, ist auch verständlich, dass Strömungsprobleme mehrdeutige Lösungen haben können.

Die asymptotische Theorie setzt voraus, dass eine geeignete reibungslose Grenzlösung ermittelt werden kann. Darauf bezieht sich wohl die folgende Bewertung von Prandtl ([18], S. 7):

„Diese wechselseitige Verknüpfung (gemeint ist die Verknüpfung zwischen reibungsloser Außenströmung und Grenzschicht) macht die rechnerische Behandlung von hydrodynamischen Aufgaben so verwickelt und bewirkt, daß man in der Hauptsache nur solche Aufgaben rechnerisch beherrscht, bei denen es wie bei den Potentialströmungen gelingt, die dynamischen Beziehungen zunächst durch rein geometrische zu ersetzen. Bei anderen Aufgaben wird man auf das Experiment angewiesen bleiben, sobald mehr als qualitative Auskünfte verlangt werden."

4 Turbulente Grenzschichten

4.1 Turbulente Rohrströmung

Für die turbulente Rohrströmung bei hohen Reynolds-Zahlen liegt auch eine asymptotische Theorie vor. Zwischen dieser und der asymptotischen Theorie turbulenter Grenzschichten bestehen Parallelen, auf die Prandtl [18] schon sehr früh hingewiesen hat:

„Die Gesetzmäßigkeiten des Reibungswiderstandes der über eine Fläche hinströmenden Luft lassen sich mit denjenigen in Beziehung bringen, die für die Strömung in einem langen geraden Rohr ermittelt worden sind."

Die Grenzlösung $1/Re = 0$ der turbulenten Rohrströmung ist die einfache Translationsströmung. Der Störparameter ist jedoch nicht eine Potenz der Reynolds-Zahl Re, sondern der Reibungsbeiwert c_f bzw. die Rohrreibungszahl λ. Die Rohrströmung besteht bei hohen Reynolds-Zahlen aus zwei Schichten, der von der Viskosität und den Wandeigenschaften (glatt oder rauh) unabhängigen *Kernschicht* und der von der Viskosität beeinflussten *viskosen Wandschicht*. Letztere ist sehr dünn gegenüber dem Rohrradius, ihre Geschwindigkeitsverteilung ist daher vom Rohrradius unabhängig, besitzt also *universellen Charakter*. Die Anpassung der Geschwindigkeiten in der den beiden genannten Schichten gemeinsamen Überlappungsschicht liefert das bekannte logarithmische Anpassungsgesetz und damit endgültig das Rohrwiderstandsgesetz, das die beiden oben erwähnten Störparameter Re und λ miteinander verknüpft.

Zum Zweischichten-Charakter schreibt Prandtl [19]:

„Die folgenden Darlegungen werden deutlich zeigen, daß tatsächlich im Inneren der Strömung die turbulenten Widerstände von der Zähigkeit praktisch nicht mehr abhängen. In einer schmalen Zone in der Nähe der Wände bleibt der Einfluß der Zähigkeit allerdings bestehen."

Die Überlappungsschicht besitzt die Eigenschaften *beider* Schichten, die Unabhängigkeit von der Viskosität der Kernschicht und die Unabhängigkeit vom Radius R der Wandschicht.

Zur universellen Geschwindigkeitsverteilung in der *viskosen Wandschicht* gelangt Prandtl [22] wie folgt:

„Die Gedankengänge, daß die Vorgänge in der Nähe der glatten Rohrwand nur von der Reibungsspannung τ_W, von dem Wandabstand des betrachteten Teilchens und von der Zähigkeit und Dichte der Flüssigkeit abhängen, aber von der Gestaltung der Verhältnisse im größeren Abstand von dem betrachteten Gebiet nicht weiter beeinflußt werden, lassen nun einfach erwarten, daß die dimensionslos gemachte Geschwindigkeit eine universelle Funktion des dimensionslos gemachten Wandabstandes ist, also

$$\frac{u}{u_\tau} = u^+\left(y^+\right) \quad mit \ y^+ = \frac{u_\tau \cdot y}{\nu}. \tag{15}$$

Durch Betrachtungen theoretischer Art (gemeint ist eine analoge Dimensionsbetrachtung für eine von ν unabhängige Darstellung ∂u/∂y = f (u_τ, y) kann gezeigt werden, dass

$$u^+ = \frac{1}{\kappa} \cdot \ln y^+ + C^+ \tag{16}$$

zu erwarten ist, wenn der unmittelbare Einfluß der Zähigkeit auf den für das Zustandekommen des Widerstandes wesentlichen Teil des Turbulenzmechanismus verschwindet."

Durch Vergleich mit Messungen zeigt Prandtl [19], dass für etwa $y^+ > 70$ das logarithmische Geschwindigkeitsgesetz gilt. Für sehr kleine y^+-Werte $y^+ \leq 5$ gilt $u^+ = y^+$, vgl. Prandtl ([14], S. 134). Außerdem ist C^+ noch eine Funktion der dimensionslosen Rauheit $k^+ = k \cdot u_\tau/\nu$ mit k als charakteristischer Rauheitshöhe. Zur Geschwindigkeitsverteilung in der Kernschicht heißt es bei Prandtl [20]:

„Nach v. KÁRMÁN ist im Rohrinnern bei hinreichend großer REYNOLDSscher Zahl die Differenz der maximalen Geschwindigkeit u_{max} und der Geschwindigkeit an irgendeiner Stelle nur abhängig von der Wandschubspannung τ_W und von dem Verhältnis des Wandabstandes y der bezüglichen Stelle zum Rohrradius. Wird wieder $\tau_W = \rho \cdot u_\tau^2$ gesetzt, so lautet die durch die Versuche wohl bestätigte KÁRMÁNsche Beziehung

$$u = u_{max} - u_\tau \cdot f\left(\frac{y}{R}\right). \tag{17}$$

Die Geschwindigkeit wird als *Störung* der Maximalgeschwindigkeit aufgefasst. Dabei kann $u_\tau \cdot f(y/R)$ als Geschwindigkeitsdefekt interpretiert werden, weshalb die Kernschicht auch als *Defektschicht* bezeichnet wird. Dieses Defektgesetz ist, wie gesagt, von der viskosen Wandschicht unabhängig, also gleich für glatte und rauhe Rohre.

Formal lässt sich das Defektgesetz auch schreiben

$$u^+ = u_{max}^+ - \int_y^R \frac{du^+}{dy} \cdot dy \tag{18}$$

Wäre das logarithmische Geschwindigkeitsgesetz nicht nur in der Überlappungsschicht, sondern in der gesamten Defektschicht gültig, würde $\partial u^+/\partial y = 1/(\kappa \cdot y)$ gelten. Da es jedoch - wenn auch kleine - Abweichungen gibt, folgt für das Defektgesetz

$$u^+(y) = u_{max}^+ - \int_y^R \left(\frac{du^+}{dy} - \frac{1}{k \cdot y}\right) \cdot dy + \frac{1}{\kappa} \cdot \ln \frac{y}{R}. \tag{19}$$

Für die Geschwindigkeit in der Überlappungsschicht folgt daraus

$$\lim_{y \to 0} u^+ = u^+_{max} + \frac{1}{\kappa} \cdot \ln \frac{y}{R} - \overline{C} \qquad (20)$$

mit

$$\overline{C} = \lim_{y \to 0} \int_y^R \left(\frac{du^+}{dy} - \frac{1}{\kappa \cdot y} \right) \cdot dy. \qquad (21)$$

Auf den Umstand, dass in der Nähe der Rohrachse die Geschwindigkeit von der logarithmischen Verteilung abweicht, weist Prandtl ([14], p. 140) ausdrücklich hin.

Die Anpassung der Geschwindigkeiten in der Überlappungsschicht analog zu Gl.(3)

$$\lim_{y \to 0} u^+ = \lim_{y^+ \to \infty} u^+$$

führt letztlich zu dem bekannten Widerstandsgesetz nach Prandtl (1933)

$$\frac{1}{\sqrt{\lambda}} = 2 \cdot \log\left(\mathrm{Re} \cdot \sqrt{\lambda}\right) + \frac{C^+}{\sqrt{8}} - 2.57, \qquad (22)$$

das die Verknüpfung zwischen den beiden Störparametern *1/Re* und *λ* darstellt, vgl. Prandtl ([14], p. 143).

Die Integrationskonstante C^+ ist im allgemeinen noch eine Funktion der dimensionslosen Rauheit k$^+$= ku$_\tau$/ν, wobei k eine charakteristische Rauheitshöhe bedeutet. Für die glatte Wand *(k$^+$ = 0)* gilt *C$^+$ = 5.0*. Der andere Grenzfall $k^+ \to \infty$ entspricht dem sogenannten vollrauhen Bereich. Dafür gilt $C^+ = 8.0 - (1/\kappa) \cdot \ln k^+$. In diesem Fall wird die Rohrreibungszahl von der Reynolds-Zahl Re unabhängig, vgl. Prandtl [19].

Dass Gl.(22) eine asymptotische Formel darstellt, bringt Prandtl [20] klar zum Ausdruck:

„Die Formel hat vor den bisherigen Formeln, die alle nur innerhalb des experimentell untersuchten Gebietes zuverlässig waren, den Vorzug, daß sie auf einer rationellen Grundlage aufgebaut und daher unbedenklich auch Extrapolation auf 10- oder 100 mal größere REYNOLDsche Zahlen zuläßt, als von den Versuchen gedeckt sind."

4.2 Grenzschichten ohne Ablösung

Aus der Sicht der asymptotischen Theorie existieren vor allem drei grundlegende Unterschiede zwischen laminaren und turbulenten Grenzschichten:

a) Turbulente Grenzschichten haben eine endliche Dicke, d.h. einen definierten Grenzschichtrand, während bei laminaren Grenzschichten der Übergang in der Außenströmung kontinuierlich erfolgt, so dass ein diskreter Rand nicht definiert werden kann.

b) Turbulente (anliegende) Grenzschichten bestehen aus zwei Schichten: einer von der Viskosität unbeeinflussten vollturbulenten äußeren Schicht und der von der Viskosität beeinflussten viskosen Wandschicht. Letztere ist von den Abmessungen der vollturbulenten Außenschicht unabhängig und besitzt eine universelle Geschwindigkeitsverteilung.

c) Der relevante Störungsparameter ist eine charakteristische Wandschubspannung und nicht die Reynolds-Zahl. Der Zusammenhang dieser beiden Größen folgt aus der Anpassung der beiden unter b) genannten Schichten.

Die genannten Eigenschaften der turbulenten (anliegenden) Grenzschichten legen eine Parallelität mit der turbulenten Rohrströmung nahe. Dazu schreibt Prandtl [21]:

„Die Aussagen über die Geschwindigkeitsverteilung in Wandnähe lassen Anordnungen des Impulssatzes zu, durch die man von der Rohrströmung auf die längs einer Platte schließen kann. Es wird dabei der Rohrhalbmesser in Parallele gesetzt zur Dicke der Reibungsschicht längs der Platte."

Führt man die analogen Schritte für die turbulente Grenzschicht an der längsangeströmten ebenen Platte wie bei der Rohrströmung durch, erhält man die analoge Formel für die Verteilung des Reibungsbeiwertes $c_f(x) = 2 \cdot \tau_W/(\rho \cdot U_\infty^2)$ als Funktion der örtlichen Reynolds-Zahl $Re_x = U_\infty \cdot x/\nu$

$$\sqrt{\frac{2}{c_f}} = \frac{1}{\kappa} \cdot \ln\left(\frac{c_f}{2} \cdot Re_x\right) + C^+ + \tilde{C}(x) \qquad (23)$$

mit derselben Funktion $C^+(k^+)$ wie beim Rohr.

Für sogenannte Gleichgewichtsgrenzschichten ist $\tilde{C}$ eine Konstante, z.B. für die ebene Platte $\tilde{C} = -0.56$, vgl. Schlichting / Gersten ([16], S. 621). Für allgemeinere anliegende Grenzschichten ergibt sich die Funktion $\tilde{C}(x)$ aus einer Rechnung in der (von der Viskosität unabhängigen) Defektschicht. Der entscheidende Vorteil der asymptotischen Theorie besteht also darin, dass nur eine einzige Grenzschichtrechnung in der Defektschicht durchzuführen ist.

Im Jahre 1945 hat Prandtl [22] ein neues Formelsystem angegeben, mit dessen Hilfe die Strömung in der Defektschicht berechnet werden kann. Dieses Formelsystem enthält demgemäß nicht die Viskosität. Es sei hier der Vollständigkeit halber erwähnt, dass zur Berechnung der Defektschicht ein Turbulenzmodell erforderlich ist. Ein solches Turbulenzmodell ist in dem Prandtlschen Formelsystem beschrieben. Dabei wurde besonders darauf geachtet, dass mit dem gewählten Turbulenzmodell die Anpassung der Defektschicht-Lösung an die viskose Wandschicht gewährleistet ist. Insbesondere wurden die freien Konstanten des Turbulenzmodells mittels dieser Anpassungsbedingung gewählt. In der Überlappungsschicht liegt bei anliegenden Grenzschichten stets eine logarithmische Geschwindigkeitsverteilung vor, und die turbulente kinetische Energie k ist dort in erster Näherung konstant, d.h. $k \approx 3.2 \cdot u_\tau^2$.

Anhand der asymptotischen Formel, Gl.(23), ist ersichtlich, dass der dominierende Einfluss auf den Reibungsbeiwert $c_f(x)$ von der viskosen Wandschicht herrührt, gekennzeichnet durch die beiden ersten (universellen) Glieder auf der rechten Seite. Das dritte Glied auf der rechten Seite stammt von der Defektschicht und spielt demgegenüber eine zahlenmäßig untergeordnete Rolle, die mit wachsender Reynolds-Zahl weiter abnimmt.

5 Literatur

[1] **Tani, I. (1977)**: History of boundary-layer theory. In: M. Van Dyke et al. (Eds.): Annu. Rev. Fluid Mech., Vol. 9, 87 -111.

[2] **Prandtl, L. (1905)**: Über Flüssigkeitsbewegung bei sehr kleiner Reibung. Verhandlungen des III. Intern. Mathematiker-Kongresses, Heidelberg 1904, Teubner, Leipzig, 484 - 491.

[3] **Kaplun, S. (1954)**: The role of coordinate systems in boundary layer theory. Z. angew. Math. Phys. (ZAMP), Bd. 5, 111 - 135.

[4] **Kaplun, S.; Lagerstrom, P.A. (1957)**: Asymptotic expansions of Navier-Stokes solutions for small Reynolds numbers. J. Math. Mech., Vol. 6, 585 - 593.

[5] **Van Dyke, M. (1964)**: Perturbation Methods in Fluid Mechanics. Academic Press, New York. Neuauflage 1975, The Parabolic Press, Stanford, California.

[6] **Yajnik, K. S. (1970)**: Asymptotic theory of turbulent shear flows. J. Fluid Mech., Vol. 42, 411 - 427.

[7] **Mellor, G.L. (1972)**: The large Reynolds number asymptotic theory of turbulent boundary layers. Int. J. Eng. Sci, Vol. 10, 851 - 873.

[8] **Prandtl, L. (1921)**: Neuere Einsichten in die Gesetze des Luftwiderstandes. Festschrift der Kaiser-Wilhelm-Gesellschaft zur Förderung der Wissenschaften zum 10-jährigen Jubiläum, Springer, Berlin, 178 - 184.

[9] **Prandtl, L. (1948)**: Mein Weg zu hydrodynamischen Theorien. Physikalische Blätter, 4. Jg. 89 - 92.

[10] **Gersten, K.; Herwig, H. (1992)**: Strömungsmechanik, Grundlagen der Impuls-, Wärme- und Stoffübertragung aus asymptotischer Sicht. Vieweg-Verlag, Braunschweig/ Wiesbaden.

[11] **Prandtl, L. (1938)**: Zur Berechnung der Grenzschichten. Z. Angew. Math. Mech., Bd. 18, 77 - 82.

[12] **Prandtl, L. (1949)**: Führer duch die Strömungslehre. 3. Auflage, Vieweg-Verlag, Braunschweig.

[13] **Prandtl, L. (1937)**: Anschauliche und nützliche Mathematik. Vorlesung Wintersemester 1931/32 an der Universität Göttingen. Ausgearbeitet von G. Mesmer, Selbstverlag, Göttingen.

[14] **Prandtl, L. (1935)**: The Mechanics of Viscous Fluids. In: W. F. Durand (Ed.): Aerodynamic Theory, Vol. III, 34 - 208.

[15] **Schneider, W. (1978)**: Mathematische Methoden der Strömungsmechanik. Vieweg-Verlag, Braunschweig.

[16] **Schlichting, H. ; Gersten, K. (1997)**: Grenzschicht-Theorie. 9. Auflage, Springer-Verlag, Berlin/Heidelberg. Englische Übersetzung: Boundary-Layer Theory, 8. englische Ausgabe, 2000, Springer-Verlag.

[17] **Hiemenz, K. (1911)**: Die Grenzschicht an einem in den gleichförmigen Flüssigkeitsstrom eingetauchten geraden Kreiszylinder. Dissertation Göttingen, Dingl. Polytechn. I., Bd. 326, 321 ff.

[18] **Prandtl, L. (1927):** Über den Reibungswiderstand strömender Luft. Ergebnisse der Aerodynamischen Versuchsanstalt in Göttingen, III. Lieferung, 1 - 5, Oldenbourg, München/Berlin.

[19] **Prandtl, L. (1933):** Neuere Ergebnisse der Turbulenzforschung. Z VDI, Bd. 77, 105 - 114.

[20] **Prandtl, L. (1932):** Zur turbulenten Strömung in Rohren und längs Platten. Ergebnisse der Aerodynamischen Versuchsanstalt in Göttingen, IV. Lieferung, 18 - 29, Oldenbourg, München/Berlin.

[21] **Prandtl, L. (1926):** Bericht über neuere Turbulenzforschung. In: Hydraulische Probleme, VDI-Verlag, Berlin, 1-13.

[22] **Prandtl, L. (1945):** Über ein neues Formelsystem für die ausgebildete Turbulenz. Nachr. Akad. Wiss. Göttingen, Math.-phys. Klasse, 6 - 19.

Zur Bedeutung der Prandtl'schen Untersuchung über die dissipative Struktur von Verdichtungsstößen

A. Kluwick [†]

Unter den zahlreichen Beiträgen L. Prandtls, die die moderne Strömungsmechanik begründet haben, ist die Untersuchung "Zur Theorie des Verdichtungsstoßes" aus dem Jahre 1906 zweifellos eine der weniger bekannten; - auch unter jenen, die sich mit Stoßunstetigkeiten befassen und in denen u.a. die berühmte Prandtl'sche Regel für den Zusammenhang der kritischen Machzahlen vor und nach dem Stoß hergeleitet wurde. Das mag zum Teil daran liegen, daß die grundlegende Bedeutung des in ihr behandelten Problems erst wesentlich später im Zusammenhang mit dem Studium von Realgaseffekten klar erkannt wurde. Allerdings betrifft dies nur Aspekte der zukünftigen Entwicklung der Theorie von Stoßunstetigkeiten, nicht aber die Tatsache, daß die Arbeit Prandtls für die damals vor allem interessierenden idealen Gase auch als Abschluß ihrer langen und oft kontroversiellen Geschichte angesehen werden kann. Dies war wohl der Grund dafür, daß Oswatitsch in der Vorlesung "Strömungslehre III (Gasdynamik)", die er nach seiner Berufung an die Technische Universität Wien im Jahre 1960 hielt, auch über wesentliche darin gewonnenen Ergebnisse berichtete. Für den an Strömungslehre interessierten Maschinenbauer war dies nach der Tragflügeltheorie, der Prandtl-Glauert Theorie, dem Prandtl-Busemann Charakteristikverfahren, der Prandtl Regel für die kritischen Machzahlen und der Grenzschichttheorie die fünfte Begegnung mit dem Werk L. Prandtls. Auch sie zeigte in bewundernswerter Weise, wie es Prandtl gelang, mit relativ einfachen mathematischen Hilfsmitteln tiefe physikalische Einsichten zu gewinnen.

Die Möglichkeit des Auftretens von sprunghaften Änderungen der Feldgrößen in akustischen Wellen wurde offenbar erstmals von Stokes (1848) in Betracht gezogen, aber etwa 30 Jahre später unmittelbar nach einer brieflichen Kritik durch Rayleigh (1877) wieder fallengelassen. Inzwischen war 1858 von Riemann der erste Versuch einer mathematischen Beschreibung von Stoßvorgängen unternommen worden, der aber ebenso wie die Stokes'schen Betrachtungen nicht die Zustimmung Rayleigh's fand. So schreibt er in seinem Buch "The Theory of Sound" (1948, vol 2, p. 40) "... but it would be improper to pass over in silence an error on the subject of discontinous motion into which Riemann and other writers have fallen. It has been held that a state of motion is possible in which the fluid is divided into two parts by a surface of discontinuity". Anschließend wird die Unmöglichkeit des Auftretens von Unstetigkeiten mit einer dadurch bedingten Verletzung des Energiesatzes begründet. Interessanterweise findet sich ein entsprechendes Argument noch in Lambs "Lehrbuch der Hydrodynamik" (1931, S. 549), obwohl die korrekte Form der Sprungbedingung bereits wesentlich früher durch Rankine (1870) und Hugoniot (1887, 1889) formuliert wurde.

[†]Institut für Strömungslehre und Wärmeübertragung, Technische Universität Wien, Österreich

In der Tat beruhen die von Riemann durchgeführten Rechnungen auf einer falschen Annahme. Und zwar wird zusätzlich zur Energieerhaltung gefordert, daß die Fluidteilchen isentrope Zustandsänderungen durchlaufen, was i.a. zu Widersprüchen führt. Die Rolle des zweiten Hauptsatzes, unter den mechanisch möglichen Unstetigkeiten jene auszuwählen, die auch thermodynamisch zulässig sind, wurde erst von Jouguet (1901), Zemplén (1905) und Duhem (1909) geklärt.

Aus diesen kurzen geschichtlichen Betrachtungen geht klar hervor, daß im Jahre 1904 als die erste Arbeit Prandtl's über Stoßunstetigkeiten erscheint, ganz wesentliche Teile der Theorie noch kontroversiell bzw. offen waren. Eine vollständige Theorie von Stoßunstetigkeiten muß zwei Fragen beantworten, jene der Existenz und jene der möglichen Erscheinungsform (als Verdichtungs- bzw. Verdünnungsstoß). Für ideale Gase, mit denen sich Prandtl hauptsächlich beschäftigt hat, reicht zur Klärung der zweiten Frage der zweite Hauptsatz der Thermodynamik, der verlangt, daß der Entropiesprung nicht negativ sein darf

$$[s] \geq 0, \qquad (1)$$

völlig aus. Verdünnungsstöße bewirken eine Entropieabnahme und sie stellen daher "verbotene" Phänomene dar. Im Grenzfall schwacher Stöße läßt sich auch für beliebige Medien eine einfache Aussage gewinnen. Schwache Stöße treten in der Form von Verdichtungs- bzw. Verdünnungsstößen auf, je nachdem ob die Isentropenkrümmung im p, v-Diagramm positiv oder negativ ist, Duhem (1909):

$$\Gamma = \frac{v^3}{2a^2} \left.\frac{\partial^2 p}{\partial v^2}\right|_s \quad \begin{cases} > 0 & \to \quad \text{Verdichtungsstöße}, \\ < 0 & \to \quad \text{Verdünnungsstöße}. \end{cases} \qquad (2)$$

Wie später von Becker (1922) erkannt wurde, steilen sich in Medien mit $\Gamma > 0$ Verdichtungswellen in Medien mit $\Gamma < 0$ hingegen Verdünnungswellen auf, sodaß mit der Erfüllung des zweiten Hauptsatzes gleichzeitig auch die Möglichkeit der mechanischen Entstehung von Unstetigkeitsfronten gegeben ist. Ist Γ so wie bei idealen Gasen konstant, so gilt weiters:

$$v_{w1} < v_s < v_{w2} \qquad (3)$$

wobei v_w und v_s die Wellenausbreitungsgeschwindigkeit und die Stoßgeschwindigkeit bedeuten und die Indizes 1, 2 die Zustände vor und nach dem (rechtslaufenden) Stoß kennzeichnen. Diese als Stabilitätsbedingung bezeichnete Beziehung sagt aus, daß Wellen auf die Stoßfront zulaufen, wie dies in Bild 1 skizziert ist.

Die von Stodola 1903 veröffentlichte Arbeit "Die Dampfturbine und die Aussichten der Wärmekraftmaschinen", in der er die von ihm im Überschallteil von Dampfdüsen bei einer Erhöhung des Gegendruckes beobachteten raschen Druckanstiege als "Verwirklichung des von Riemann auf theoretischem Wege abgeleiteten Verdichtungsstoßes" erkannte, regten Prandtl zu einer intensiven Beschäftigung mit diesem Phänomen an. In einer Reihe von Untersuchungen wurden die Eigenschaften von Stößen erstmals systematisch experimentell studiert und experimentelle und theoretische Ergebnisse miteinander verglichen. Zusammen mit der Stodola'schen Arbeit stellen sie Meilensteine auf dem Weg zu unserem heutigen Verständnis von Stoßunstetigkeiten dar. Auf Grund der dabei gewonnenen Erkenntnisse war Prandtl zweifellos von der Existenz von Verdichtungsstößen überzeugt.

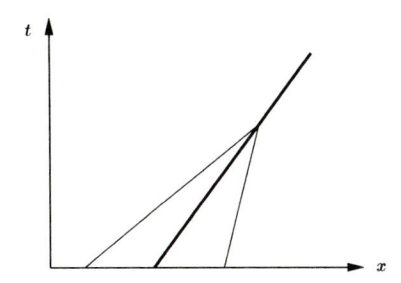

Bild 1 Stoßfront und Wellenfronten im Weg, Zeit-Diagramm.

Aber er erkannte klar, daß ein tieferes Eindringen in die damit verbundenen physikalischen Vorgänge es erforderte, über die Theorie der Sprungbeziehungen hinauszugehen: "Der Unstetigkeit, die sich aus der Theorie ergibt, entspräche also nur dann eine wirkliche physikalische Unstetigkeit, wenn die Reibung und Wärmeleitung im Gas oder Dampf gleich Null wäre; in Wirklichkeit sind diese beiden Größen zwar sehr klein aber endlich. Eine verfeinerte Theorie des Verdichtungsstoßes hat hier anzusetzen", Prandtl (1906, S. 241).

Um die Rechnungen zu vereinfachen, berücksichtigt Prandtl in seiner Analyse des Stoßprofiles (ähnlich wie vor ihm Rankine (1870)) lediglich den Einfluß der Wärmeleitung. Wie später von Becker und Prandtl gezeigt wurde (Becker (1922, S. 341)), kann diese Vereinfachung bei Stößen endlicher Stärke dazu führen, daß die Unstetigkeit nur teilweise in ein stetiges Stoßprofil aufgelöst wird. Bei den von Prandtl vor allem betrachteten schwachen Stößen beeinflußt sie jedoch lediglich die Stoßtiefe, während die Profilform ungeändert bleibt. In der Tat geht die von Prandtl hergeleitete Gleichung (8) zwischen Druck und Temperatur

$$\frac{dT}{dx} = \frac{q}{\lambda}\frac{w_1}{v_1},$$
$$q = \frac{v_1^2}{2w_1^2}\frac{\kappa+1}{\kappa-1}(p-p_1)(p_2-p)$$
(4)

(in der $x, \lambda, w, v,$ and κ die Koordinate in Strömungsrichtung, die Wärmeleitfähigkeit, die Geschwindigkeit, das spezifische Volumen und das Verhältnis der spezifischen Wärmen bezeichnen) unter Verwendung der für schwache Druckänderungen geltenden Näherung

$$dT = \frac{v_1}{c_p}dp, \quad \lambda \approx \text{const}$$

in eine gewöhnliche Differentialgleichung für p über

$$\delta\frac{dp}{dx} = (p-p_1)(p_2-p),$$
(5)

die dieselbe Form wie die von Taylor (1910) hergeleitete besitzt. Die Konstante δ ist bei Prandtl proportional zu λ, während sie bei Taylor auch noch den Effekt der inneren Reibung enthält.

Ein wesentliches Ziel der Prandtl'schen Analyse ist die Abschätzung der Stoßtiefe l. Dies ist mit Gleichung (5) sofort möglich. Prandtl führt dazu die noch heute allgemein übliche Definition

$$l = \frac{p_2 - p_1}{(dp/dx)_{\max}} \qquad (6)$$

ein und erhält

$$l = \frac{8(\kappa - 1)\lambda w_1}{c_p(\kappa + 1)} \frac{1}{p_2 - p_1} . \qquad (7)$$

Die numerische Auswertung dieser Beziehung zeigt, daß die Stoßtiefe i.a. außerordentlich gering ist und somit "die einfache Theorie, die eine unendlich geringe Dicke der Schicht liefert, immer ausreichend sein wird, wenn man nicht gerade nach den Vorgängen in der Übergangsschicht fragt". Darüber hinaus liefert sie das bemerkenswerte Ergebnis, daß die Stoßtiefe mit abnehmender Stoßstärke zunimmt.

Gleichung (4) wird von Prandtl durch die Berechnung des Wärmestromes in der Stoßschicht gewonnen. Daraus ergibt sich unmittelbar auch die in seiner Gleichung (6) zusammengefaßte Aussage, daß die Entropieänderungen in dieser Schicht proportional sind zu den Druckänderungen

$$\frac{ds}{dp} = \frac{c_v}{p}\left(1 - \frac{a^2}{w^2}\right) . \qquad (8)$$

Auch dieses Ergebnis ist im Falle schwacher Stöße bei Berücksichtigung von inneren Reibungseffekten nur durch einen konstanten Faktor zu korrigieren. Da der Druck in der Stoßschicht gemäß Gleichung (5) monoton ansteigt, die Machzahl $M = w/a$ aber (wie sich zeigen läßt, monoton) abnimmt, weist die Entropieverteilung ein lokales Maximum an der Stelle der Druckverteilung auf, wo sich der Übergang von Überschall- zu Unterschallströmung vollzieht. "Es liegt aber in dieser Zunahme und nachherigen Abnahme (der Entropie) nichts Verwunderliches, denn jedes Gasteilchen empfängt im Anfang von den heißeren Partien vor ihm Wärme und gibt sie später an die nachfolgenden Teilchen wieder ab". Prandtl hat damit wohl als erster erkannt, daß die Entropiestörungen im Inneren des Stoßes wesentlich größer sein können als die Entropiestörungen über den Stoß hinweg.

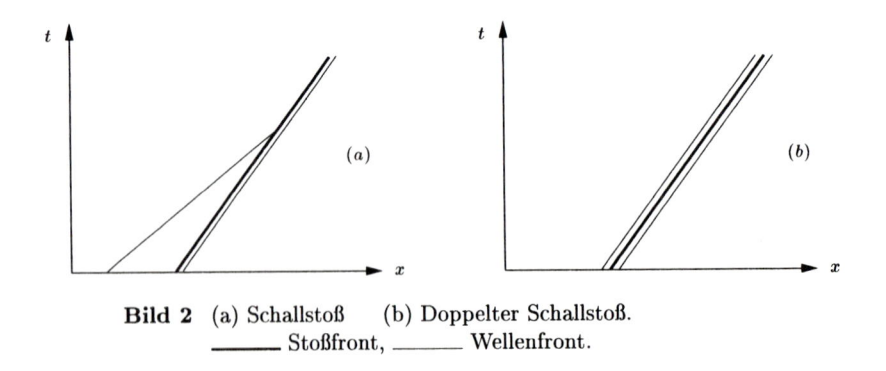

Bild 2 (a) Schallstoß (b) Doppelter Schallstoß.
——— Stoßfront, ——— Wellenfront.

Mit den Ergebnissen (4), (7) und (8) hat Prandtl zweifellos bleibende Beiträge zur Theorie des Verdichtungsstoßes geleistet. Fast noch wichtiger erscheint mir jedoch, daß er durch seine Untersuchung auf die grundlegende Bedeutung der Rolle dissipativer Prozesse in Stößen hingewiesen hat. Dieser Aspekt ist allerdings erst in jüngster Zeit durch die Beschäftigung mit Dämpfen retrograder Fluide, die eine im Vergleich zu idealen Gasen wesentlich komplexere Molekularstruktur aufweisen, in den Vordergrund gerückt. Bei idealen Gasen bestimmt die Strukturgleichung (4) bzw. (5) das Stoßprofil, liefert aber keine über die Bedingungen (1) und (3) hinausgehenden Auswahlkriterien für physikalisch zulässige Lösungen der Sprungbedingungen. Bei Medien, die komplexeren Stoffgesetzen genügen, sind die Forderungen (1) und (3) jedoch i.a. nicht mehr gleichwertig. Im Falle retrograder Dämpfe kann (in Stößen, in denen die in Gleichung (2) eingeführte Größe Γ das Vorzeichen ändert) z.B. Gleichung (1) erfüllt, aber Gleichung (3) verletzt sein, Cramer and Kluwick (1984), Cramer and Crickenberger (1991), siehe auch Kluwick (2000). Weiters zeigt sich, daß in der Stabilitätsbedingung (3) auch das Auftreten von Stößen, sogenannten Schallstößen, bei denen die Wellengeschwindigkeit vor oder/und nach der Front mit der Stoßgeschwindigkeit übereinstimmt, zugelassen werden muß, Bild 2. Wichtiger noch, es gibt Lösungen der Sprungrelationen, die die Forderungen (1) und (3) erfüllen, die aber dennoch nicht als stabile Stöße existieren können, da die entsprechend verallgemeinerte Strukturgleichung keine Lösung besitzt. Jede solche Unstetigkeit zerfällt daher sofort in einen Stoß oder zwei Stöße von geringerer Stärke und einen Wellenfächer (der nun auch von kompressivem Typ sein kann), Bild 3.

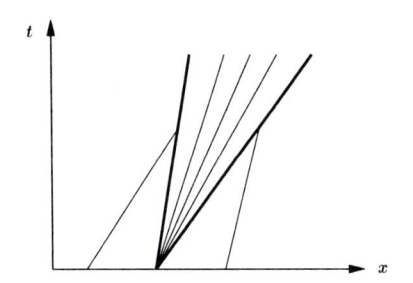

Bild 3 Stoßaufspaltung. ─── Stoßfront, ─── Wellenfront.

Die Analyse der Strukturgleichung liefert noch ein weiteres wichtiges Ergebnis. Die Druckverteilung von Stößen, deren Stärke sich nur wenig von der kritischen Stärke, bei der es zur Aufspaltung in zwei Teilstöße kommt, unterscheidet, weist drei Wendepunkte auf und die Entropieverteilung hat zwei lokale Maxima und ein Minimum, Bild 4. Aus der weiterhin geltenden Prandtl'schen Beziehung (8) schließt man dann, daß Stöße dieser Art zwar - wie es sein muß - von Überschall auf Unterschall führen, aber im Inneren ein lokales Überschallgebiet aufweisen.

Die oben eingeführten Beispiele aus dem Bereich der Strömungen von Gasen mit komplexer Molekularstruktur ergaben, daß die Bedingungen (1) und (3) i.a. nicht ausreichen, um unzulässige, d.h. physikalisch nicht realisierbare Lösungen der Sprungrelationen auszuschließen. In diesem Zusammenhang sei angemerkt, daß Gleichung (3) aus keinem Erhaltungssatz ableitbar ist und damit im Gegensatz zu Gleichung (1) im Rahmen der Theorie der Stoßunstetigkeiten eine (durch die für ideale Gase geltenden Beziehungen motivierte und physikalisch plausible) Zusatzhypothese darstellt. Es stellt sich daher die Frage, ob es möglich ist, solche Zusatzhypothesen so zu formulieren, daß sie alle Effekte,

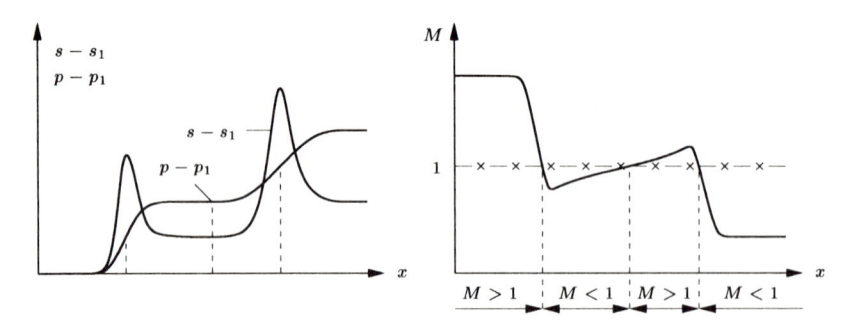

Bild 4 Druck – Entropie – und Machzahlverlauf in gerade noch nicht aufspaltenden Stößen.

die bei der Herleitung der Sprungbedingungen vernachlässigt wurden, in geeigneter Weise modellieren. Nach dem gegenwärtigen Stand des Wissens ist aber der einzig sichere Weg, um unzulässige Unstetigkeiten auszuschließen, jener, den Prandtl (1906) beschritten hat, d.h. die Aufstellung der Strukturgleichung und die Analyse der möglichen Stoßprofile. Dies zeigen auch neuere Untersuchungen, die sich mit dem Ausbreiten von Konzentrationssprüngen in Suspensionen von Teilchen in Flüssigkeiten oder Gasen beschäftigen, Kluwick (1991), Kluwick, Cox und Scheichl (2000). Die Sprungrelationen für diese kinematischen Stöße haben eine ähnliche Form wie jene für Dämpfe retrograder Fluide. Allerdings weist die Strukturgleichung nun einen zusätzlichen dispersiven Term auf. Als Folge davon gibt es zulässige Stöße, die die Stabilitätsbedingung (3) verletzen. Diese als nichtklassisch bezeichneten Stöße haben daher die merkwürdige Eigenschaft, daß sie, wie dies in Bild 5 skizziert ist, Wellen mit endlicher Relativgeschwindigkeit aussenden.

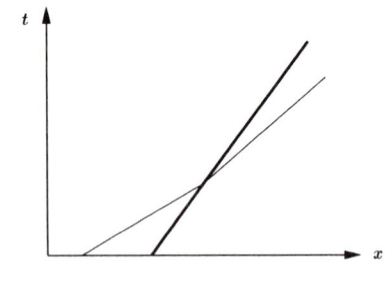

Bild 5 Nichtklassischer Stoß.
────── Stoßfront, ────── Wellenfront.

Es ist derzeit völlig unklar, wie das Versagen der physikalisch so plausiblen Stabilitätsbedingung ohne die Untersuchung der Strukturgleichung erkannt werden kann.

Literatur

BECKER, R. 1922 Stoßwelle und Detonation. *Zeitschrift für Physik* **8**, 321-362.

CRAMER, M.S. & KLUWICK, A. 1984 On the propagation of waves exhibiting both positive and negative nonlinearity. *J. Fluid Mech.* **142**, 9-37.

CRAMER, M.S. & CRICKENBERGER, A.B. 1991 The dissipative structure of shock waves in dense gases. *J. Fluid Mech.* **223**, 325-355.

DUHEM, P. 1909 On the propagation of shock waves in fluids. *Z. Phys. Chem.* **69**, 169-186.

HUGONIOT, H. 1877, 1889 Mémoire sur la propagation du mouvement dans les corps et spécialement dans les gases parfaits. *J. de l'École polyt.* **57** (1887), 1-97; **58** (1889), 1-125.

JOUGUET, E. 1901 On the propagation of discontinuities in fluids, *Comptes Rendus de l'Académie des Sciences* **132**, 673-676.

KLUWICK, A. 1991 Weakly nonlinear kinematic waves in suspensions of particles in fluids. *Acta Mechanica* **88**, 205-217.

KLUWICK, A. 2000 Rarefaction shocks. *Handbook of Shock Waves*, (eds. Gabi Ben-Dor, T. Elprin and O. Ingra), Academic Press (in press)

KLUWICK, A., COX, E.A. & SCHEICHL, St. 2000 Non-classical kinematic shocks in suspensions of particles in fluids. *Acta Mechanica*, in press.

LAMB, H. 1931 Lehrbuch der Hydrodynamik. Teubner Verlag, 2. deutsche Auflage.

PRANDTL, L. 1906 Zur Theorie des Verdichtungsstoßes. *Zeitschrift für das gesamte Turbinenwesen* **3**, 241-245.

RANKINE, W.J.M. 1870 On the thermodynamic theory of waves of finite longitudinal disturbance. *Phil. Trans. Roy. Soc. Lond.* **160**, 277-288.

RAYLEIGH, O.M. 1877 see: Thompson, Ph.A. Compressible fluid dynamics, Mc Graw Hill, 1972, 311ff.

RAYLEIGH, O.M. 1896 The Theory of Sound, 2nd edition, Dover.

STODOLA, A. 1903 Die Dampfturbinen und die Aussichten der Wärmekraftmaschinen. *Z. VDI* **47**, 1-10.

STOKES, G.G. 1848 On a Difficulty in the Theory of Sound. *The London, Edinburgh, and Dublin philosophical magazine and journal of science*, 349-356.

TAYLOR, G.I. 1910 The conditions necessary for discontinuous motion in gases. *Proc. Roy. Soc. A* **84**, 371-377.

ZEMPLÉN, G. 1905 On the possibility of negative shock waves in gas. *Comptes Rendus de l'Académie des Sciences* **141**, 710-713.

Ludwig Prandtl´s grundlegende Beiträge zur instationären Aerodynamik schwingender Auftriebsflächen

H. Försching[*]

Übersicht:

Es werden die grundlegenden Beiträge von Ludwig Prandtl zur Entwicklung der aerodynamischen Theorie der nichtstationären, schwingenden Tragfläche und damit zur Aeroelastik des Flugzeugs gewürdigt. Zunächst wird sein Konzept der gebundenen und freien Wirbel bei der Anwendung der Singularitätenmethode zur Berechnung der instationären aerodynamischen Reaktionen am schwingenden Tragflügel in reibungsfreier inkompressibler Strömung dargelegt. Anschließend wird dann das Konzept des Prandtl´schen Beschleunigungspotentials erörtert und dessen Bedeutung für die Erarbeitung einer dreidimensionalen instationären Tragflächentheorie für reibungsfreie kompressible Unterschallströmung aufgezeigt.

1. Einleitung

Bei einer Würdigung der überragenden wissenschaftlichen Leistungen von Ludwig Prandtl auf dem Gebiet der Strömungsmechanik, denkt man natürlich zuerst an seine geniale Grenzschichttheorie und an seine nach ihm benannte Traglinientheorie. Sie sind fundamentale Beiträge zur Physik reibungsbehafteter Strömungen und zur Aerodynamik des Flugzeugs. Weit weniger bekannt, aber ebenso bedeutungsvoll, sind Prandtl´s grundlegende Beiträge zur Theorie der *instationären Aerodynamik* des schwingenden Tragflügels und damit zu einem anderen Wissensgebiet der modernen Flugtechnik, der *Aeroelastik*.

Aeroelastische Phänomene resultieren aus den Wechselwirkungen eines elastomechanischen Systems mit einer umgebenden Luftströmung und gewannen im Flugzeugbau mit der rasch fortschreitenden Entwicklung zunehmend an Bedeutung. Flugzeuge sind unter dem Zwang zum extremen Leichtbau relativ flexible Gebilde, wobei die elastische Nachgiebigkeit der Flugzeugstruktur mit wachsender Baugröße überproportional zunimmt. Statische und zeitabhängige dynamische Verformungen (Schwingungen) der Tragflächen und die daraus induzierten stationären und instationären aerodynamischen Reaktionen können in ihrer Wechselwirkung zu einer Vielfalt von aeroelastischen Problemen mit weitreichenden flugtechnischen Konsequenzen führen. Dabei kommt der Frage nach der aeroelastischen Stabilität des Flugzeugs und seiner Auftriebs- und Steuerflächen besondere Bedeutung zu.

---

[*] DLR Institut für Aeroelastik, Göttingen

Aeroelastische Probleme traten bereits in den Anfängen der Flugtechnik auf und schon die ersten Luftfahrtpioniere mußten dies unbewußt zur Kenntnis nehmen. Während des Ersten Weltkrieges wurden dann die Fliegertruppen beider Seiten mit massiven aeroelastischen Problemen konfrontiert, wobei mit wachsender Fluggeschwindigkeit das *Flatterproblem* in den Vordergrund rückte. Zahlreiche Piloten berichteten immer wieder von heftigen Flügel- und Leitwerkschwingungen – gelegentlich auch von Schwingungen der Ruder – und viele der dabei durch Flügelbrüche bedingten Unfälle endeten tödlich. Hierzu erstmals 1916 in England von F.W. Lanchester [1] und in Deutschland 1918 von H. Blasius [2] durchgeführte Untersuchungen führten zu keinen schlüssigen Erkenntnissen bezüglich der Erregungsmechanismen für diese mysteriösen, zerstörerischen Schwingungen. Daß es sich dabei um eine dynamische aeroelastische Instabilität handelt, wurde noch nicht erkannt. Jedoch war klar geworden, daß für eine analytische Lösung des Flatterproblems neben der hinreichenden Kenntnis des Eigenschwingungsverhaltens der Auftriebsflächen auch die Kenntnis der aus den Tragflügelschwingungen induzierten instationären Luftkräfte erforderlich ist. Dies bedeutete am Anfang der Flugtechnik eine große wissenschaftliche Herausforderung. Auf dem Gebiet der instationären Aerodynamik schwingender Auftriebsflächen wurde dann in Deutschland ab 1920 bis zum Ende des Zweiten Weltkrieges, vor allem in der Aerodynamischen Versuchsanstalt (AVA) in Göttingen, bahnbrechende Arbeit geleistet, siehe Ref. [3], wozu auch Ludwig Prandtl grundlegende und richtungsweisende Beiträge geliefert hat. Diese werden im Folgenden dargelegt und aus der Sicht der Aeroelastik gewürdigt.

2. Die tragende Wirbelfläche als Grundlage einer aerodynamischen Theorie des nichtstationären Tragflügels in reibungsfreier, inkompressibler Strömung

2.1. Prandtl's Konzept der gebundenen und freien Wirbel am schwingenden Tragflügel

Seine ersten Überlegungen über nichtstationäre Strömungen hat Ludwig Prandtl in einem vielbeachteten Vortrag im September 1922 auf einer wissenschaftlichen Tagung in Innsbruck [4] dargelegt. Sie waren richtungsweisend und gaben Anstoß für die erstmalige Entwicklung einer für aeroelastische Untersuchungen notwendigen aerodynamischen Theorie des nichtstationären, schwingenden Tragflügels auf der Basis der *Singularitätenmethode*. In seinen Ausführungen betrachtet Prandtl einen Tragflügel,

„*der neben der gleichförmigen Vorwärtsbewegung eine periodische Auf- und Abwärtsbewegung ausführt, wobei gleichzeitig der Anstellwinkel durch Profildrehung verändert werden mag*".

Und er fährt dann weiter fort:

„*Wenn der Auftrieb schwankt, so müssen Wirbel von einem solchen Betrag abgehen, als es der Änderung der Zirkulation entspricht. Denn für jede, die Tragfläche umschließende geschlossene flüssige Linie muß nach dem Thomson'schen Satz die Zirkulation unveränderlich bleiben*".

Wenn $\Gamma(t)$ die zeitabhängige Zirkulation und U die mittlere Anströmungsgeschwindigkeit ist, dann wird nach dieser Erkenntnis der Geschwindigkeitssprung an der Flügelhinterkante

$$\varepsilon = \frac{1}{U}\frac{d\Gamma}{dt}. \tag{1}$$

Aus der Schwingungsbewegung entsteht dann eine wellenförmige Trennungsfläche (Wirbelschleppe) im Flügelnachlauf von abwechselnd positivem und negativem Drehsinn, siehe Abb. 1.

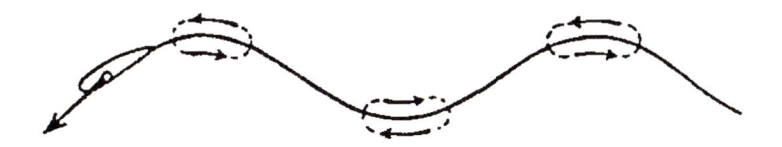

Abb.1: Oszillierende Trennungsfläche (Wirbelschleppe) hinter einem Tragflügel,
L. Prandtl [4].

Prandtl wies dann in seinen weiteren Ausführungen darauf hin, daß die strenge mathematische Lösung solcher Aufgaben zur Berechnung der bewegungs-induzierten instationären aerodynamischen Reaktionen am schwingenden Tragflügel hoffnungslos schwierig erscheint, daß sich aber im Rahmen einer linearisierten Theorie erster Ordnung (ebenso wie bei seiner Traglinientheorie) wohl viel erreichen läßt. Folglich ersetzt er den Tragflügel durch eine unendlich dünne ebene Platte und nimmt an, daß die Störbewegung des Tragflügels klein sei im Vergleich zur Anströmungsgeschwindigkeit. Außerdem vernachlässigt er die Eigenbewegung der Trennungsfläche. Damit wird der Flügel ebenfalls zu einer vorgegebenen Trennungsfläche, die aber den Helmholtz'schen Sätzen von der Rotationsfreiheit einer reibungsfreien Strömung nicht folgt, da sie ja Drücke auf die Flüssigkeit ausübt. Um zu einer mathematischen Formulierung zu gelangen, konzentriert Prandtl nun seine weiteren Betrachtungen auf einen zweidimensionalen Tragflügel (Streifen) in Anströmrichtung (x-Richtung) und belegt diesen in Tiefenrichtung mit einer Anordnung von *gebundenen* oszillierenden Wirbeln, d.h. mit einer dichten Folge von tragenden Linien der zeitabhängigen Zirkulation $d\Gamma(x,t) = \gamma(x,t)\,dx$, welcher ein Auftrieb pro Längeneinheit $dA(x,t) = \rho U \gamma(x,t)\,dx$ entspricht (ρ = Dichte des Strömungsmediums). Dabei bedeutet die Größe γ offenbar einen Geschwindigkeitssprung. Durch die zeitliche Änderung von γ entsteht ein weiterer Geschwindigkeitssprung ε, der nun aber den Helmholtz'schen Gesetzen unterliegt und durch eine Anordnung von freien Wirbeln $\varepsilon(x,t)$ auf der Trennungsfläche im Flügelnachlauf beschrieben werden kann, siehe Abb. 2.

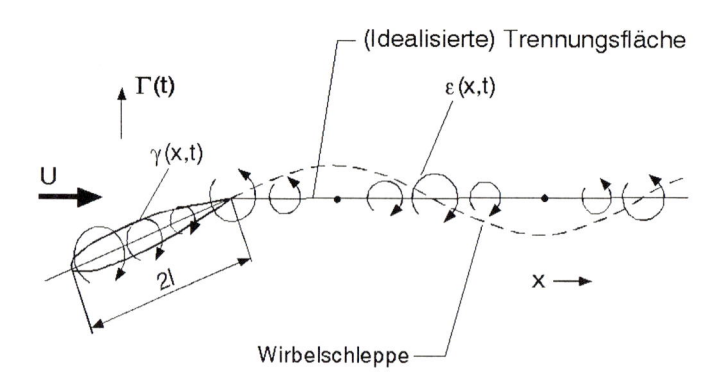

Abb.2: Prandtl's Konzept der gebundenen Wirbel γ(x,t) und freien Wirbel ε(x,t) am schwingenden Tragflügel mit idealisierter Trennungsfläche.

Wie Ludwig Prandtl gezeigt hat, müssen dann im Rahmen einer linearisierten Theorie die Wirbel an jeder Stelle x und zu jeder Zeit t innerhalb des Flügelprofils die folgende Kontinuitätsgleichung der Wirbeldichte erfüllen:

$$\frac{\partial \gamma}{\partial t} + \frac{\partial \varepsilon}{\partial t} + U \frac{\partial \varepsilon}{\partial x} = 0. \tag{2}$$

Für die Dichte $\varepsilon(x,t)$ der Wirbel außerhalb des Tragflügels (ohne gebundene Zirkulation) auf der tangential von der Flügelhinterkante sich lösenden Trennungsfläche gilt:

$$\frac{\partial \varepsilon}{\partial t} + U \frac{\partial \varepsilon}{\partial x} = 0. \tag{3}$$

Mit dieser Singularitätenmethode, basierend auf dem Konzept der gebundenen und freien Wirbel, hat Ludwig Prandtl die Grundlage für die Entwicklung einer aerodynamischen Theorie des schwingenden Tragflügels in reibungsfreier, inkompressibler Strömung geschaffen. In seinem Vortrag [4] weist er noch darauf hin, daß die gestellte Aufgabe nach einem Vorschlag von Albert Betz auch mittels der *Methode der konformen Abbildung* behandelt werden kann, bei der das Flügelprofil durch einen Kreis abgebildet wird. Dabei muß das mitabgebildete Wirbelsystem der Trennungsfläche in bekannter Weise im Inneren des Kreises gespiegelt werden, damit die Grenzstromlinie, d.h. die Kreiskontur, erhalten bleibt. In einem Ausblick bemerkt er schließlich zur Singularitätenmethode:

„Diese Rechnung ist in einer zur Zeit in der Fertigstellung befindlichen Dissertation durchgeführt"

und fügt weiter hinzu:

„Was die Betz'sche Methode leistet, ist noch nicht erprobt. Sie wird in den Händen eines geschickten Rechners wohl auch zu numerischen Ergebnissen führen".

Diese Prognose sollte sich bald bewahrheiten.

2.2. Dissertation von Walter Birnbaum

Bereits am 25.10.1922 promovierte Walter Birnbaum bei seinem Lehrer Ludwig Prandtl an der Universität Göttingen mit der angekündigten Dissertation. Sie trägt den Titel: *"Das ebene Problem des schlagenden Flügels"* [5]. Obwohl die Entwicklung einer Theorie eines nach Art eines Vogelflügels periodisch auf und ab schlagenden Triebflügels die primäre Aufgabenstellung war, lieferte die Arbeit auch fundamentale Erkenntnisse über das dynamische aeroelastische Verhalten eines Tragflügels mit den elastomechanischen Freiheitsgraden „Schlag" und „Drehung". Dazu bemerkt Birnbaum in der Einleitung seiner Arbeit:

„Zum Schluß werde ich einen interessanten Fall dynamischer Instabilität (Flattern, Anm. des Verf.) bei einem federnd aufgehängten Flügel behandeln, eine Erscheinung, die durch Versuche in der Göttinger Aerodynamischen Versuchsanstalt (AVA) bestätigt wurde".

Ausgangspunkt der Birnbaum′schen Arbeit sind die nach Prandtl′s Konzept der gebundenen und freien Wirbel formulierten Gln.(2) und (3) der Erhaltung der Zirkulation am schwingenden Tragflügel. Zur Berechnung der aus den Schwingungsbewegungen induzierten instationären aerodynamischen Reaktionen (Auftrieb und Moment), muß nun das von dem Geschwindigkeitssprung $\gamma + \varepsilon$ herrührende Geschwindigkeitsfeld nach dem Biot-Savart′schen Gesetz berechnet und dann die Verteilung von $\gamma(x,t)$ so bestimmt werden, daß damit an der Tragfläche die durch die Schwingungsbewegung vorgegebene (zeitabhängige) kinematische Strömungsbedingung, d.h. die Verteilung der Normalgeschwindigkeiten $w(x,t)$ an der Tragfläche – der sogenannte Abwind – erfüllt wird, d.h. die Skelettlinie zur Stromlinie wird. Dafür gilt die Bedingung:

$$w(x,t) = \frac{\partial z}{\partial t} + U \frac{\partial z}{\partial x}, \qquad (4)$$

wobei $z(x,t)$ die Schwingungsbewegung (Schwingungsform) der Profilskelettlinie beschreibt. Der Zusammenhang zwischen $w(x,t)$ und $\gamma(x,t)$ führte Birnbaum schließlich zu einer Integralgleichung, die er nicht elementar lösen konnte. Für den wichtigen Fall der harmonischen Schwingung mit der Kreisfrequenz ω gelang ihm eine numerische Lösung dieser Gleichung mit einem Reihenansatz für γ, wobei er auf Verteilungen zurückgriff, welche er – veranlaßt durch Prandtl – aus einer nach Ende des Ersten Weltkriegs liegengebliebenen Arbeit von Walter Ackermann übernahm und später als die *Birnbaum-Ackermann′sche Normalverteilungen* bekannt wurden. Deren erfolgreiche Anwendung zur Lösung des stationären Tragflächenproblems zeigte er in einer von ihm 1923 veröffentlichten Arbeit [6].

Bei der Durchführung der Rechnungen stellte Birnbaum fest, daß dem Parameter $\omega^* = \omega \ell/U$ (wobei ℓ die halbe Flügeltiefe bedeutet), den er *reduzierte Frequenz* genannt hat, besondere Bedeutung zukommt. Er ist ein Maß für die Zeitabhängigkeit und damit für die „Instationarität" des Strömungsvorganges und in diesem Zusammenhang ein wichtiger Ähnlichkeitsparameter. Obwohl er wegen der schlechten Konvergenz seines Reihenansatzes die instationären Luftkräfte nur bis zu reduzierten Frequenzen $\omega^* \approx 0{,}12$ berechnen konnte – welche für die Praxis wenig relevant waren – gelangte er zu einer Reihe von bedeutsamen aeroelastischen Erkenntnissen, die u.a. auch zu der angesprochenen physikalischen Klärung des Flatterphänomens führten. So konnte Birnbaum zeigen, daß infolge der Rückwirkung der abgehenden freien Wirbel auf den schwingenden Tragflügel der Auftrieb und das Moment gegenüber der Schwingungsbewegung nicht augenblicklich erfolgen und in Betrag und Phase stark von der reduzierten Frequenz abhängen. Dies war der Schlüssel zum Verständnis der selbsterregten Flatterschwingungen als dynamisches aeroelastisches Stabilitätsproblem. Die durchgeführten theoretischen und auch experimentellen Flatteruntersuchungen führten auch zu Erkenntnissen, die dann als Richtlinien für die Konstruktion schwingungssicherer Tragflügel Allgemeingültigkeit erlangten, in flugtechnische Bauvorschriften aufgenommen wurden und für die Weiterentwicklung des Flugzeugbaus von großer Bedeutung waren.

Mit dieser von Ludwig Prandtl angeregten und weltweit anerkannten Pionierarbeit hat Walter Birnbaum etwa 20 Jahre nach Beginn des Motorflugs einen fundamentalen ersten Beitrag zur Theorie der instationären Aerodynamik des schwingenden Tragflügels und damit zur Aeroelastik geleistet. Auf der Grundlage dieser Singularitätenmethode und des Prandtl'schen Wirbelmodells hat dann H.G. Küssner [7] für die gleichen Annahmen einer zweidimensionalen, inkompressiblen und reibungsfreien Strömung die Birnbaum'sche Theorie der harmonisch schwingenden Tragfläche erweitert, indem er den beiden Freiheitsgraden Flügelschlag und Flügeldrehung noch den aeroelastisch wichtigen Freiheitsgrad des schwingenden Ruders mit Hilfsruder hinzufügte, siehe Abb.3, und die Rechnungen bis zu einer reduzierten Frequenz $\omega^* = 1,5$ vorantrieb. Dies gelang ihm mit einem geänderten Ansatz für die Verteilung der gebundenen Wirbeldichte $\gamma(x,t)$ in Form einer Fourier-Reihe, welche jener sehr ähnlich war, die Hermann Glauert [8] bei seiner Analyse der Birnbaum-Ackermann'schen Normalverteilungen [6] gefunden hatte. In einer weiteren, 1936 veröffentlichten Arbeit [9] gelang dann Küssner mit einem nochmals geänderten Ansatz für die gebundene Wirbelverteilung sogar eine geschlossene Lösung seiner Integralgleichung. Dazu sei bemerkt, daß gleichzeitig in den U.S.A. bei der NACA Th. Theodorsen [10] ebenfalls eine geschlossene Lösung des gleichen Problems gelang, wobei er die Methode der konformen Abbildung zur Anwendung brachte.

Diese letztlich von H.G. Küssner und Th. Theodorsen erarbeitete vollständige Theorie der harmonisch schwingenden Tragfläche mit Ruder in zweidimensionaler, inkompressibler und reibungsfreier Strömung bildete dann bis Ende des Zweiten Weltkrieges – und noch einige Zeit danach – die aerodynamische Grundlage zur analytischen Behandlung des Flatterproblems auch dreidimensionaler Tragflügel mit Ruder unter Anwendung der aerodynamischen Streifentheorie, ehe mit dem Aufkommen von Großcomputern ab etwa der 60er Jahre reale Lösungen des dreidimensionalen Tragflächenproblems auf der Basis der Singularitätenmethode möglich wurden, siehe [11]. Walter Birnbaum, von dem die Wissenschaft noch viel hätte erwarten können, schied bereits 1925 im Alter von nicht ganz 28 Jahren aus dem Leben.

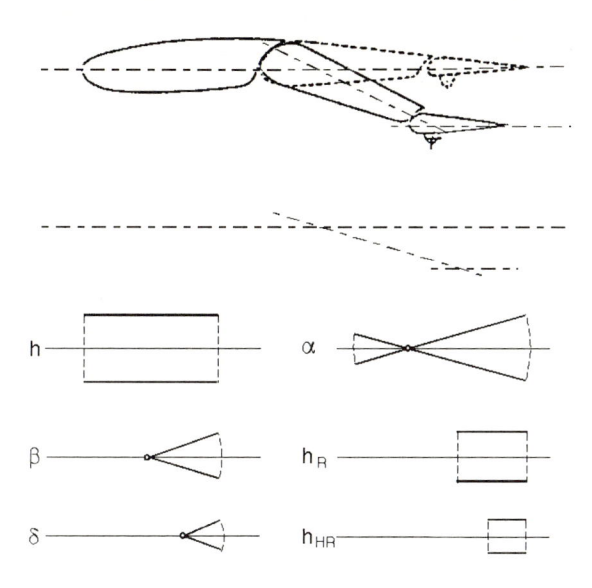

Abb.3: H.G. Küssner's (1936) Modellierung des schwingenden Tragflügels mit aerodynamisch ausgeglichenem Ruder und Hilfsruder durch die elementaren Freiheitsgrade Flügelschlag h, Flügeldrehung α, Ruderdrehung β, Hilfsruderdrehung δ, Ruderschlag h_R und Hilfsruderschlag h_{HR}.

2.3. Nichtstationärer Auftrieb beim Bewegungsbeginn einer Tragfläche (Anfahrproblem)

In seinem richtungsweisenden Innsbrucker Vortrag [4] befaßte sich Ludwig Prandtl auch mit der Problematik des Anfahrvorganges einer angestellten Tragfläche, d.h. mit dem nichtstationären Übergang von der Ruhe zur Bewegung und der dabei entstehenden Zirkulation nach irgendeinem Zeitgesetz. Im Gegensatz zu Birnbaum, der in seiner instationären Tragflächentheorie diesen „Einschaltvorgang" als abgeschlossen annahm, widmete sich Prandtl gerade der Klärung dieses nichtstationären aerodynamischen Vorgangs, bei dem sich spiralförmig eine freie Wirbelfläche von der Flügelhinterkante ablöst. Sie hat die gleiche Stärke aber entgegengesetzten Drehsinn wie die sich aufbauende Zirkulation um den Tragflügel. Dazu äußert sich Prandtl in seinem Vortrag wie folgt:

„Daß der Wirbel im Idealfall aus einer Trennungsfläche besteht, ist klar. Wie sieht diese aber aus? Der Versuch gibt die Antwort, daß ihr Querschnitt eine sich immer mehr zusammenziehende Spirale ist".

Diese Erkenntnis hatte Prandtl aus Windkanaluntersuchungen gewonnen, siehe Abb.4, und bereits 1912 konnte er zeigen, daß eine Trennungsfläche von der Gestalt einer logarithmischen Spirale mit 30° Steigung eine gute Näherung des Anfahrwirbels darstellt.

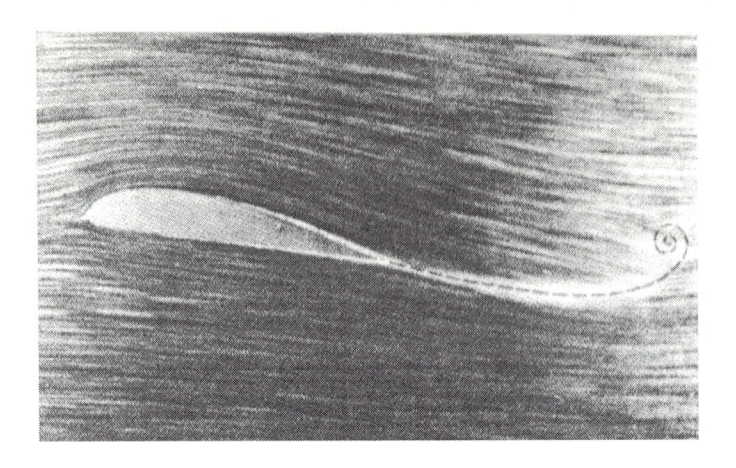

Abb.4: Sich aufrollende Wirbelschicht (Trennungsfläche) hinter einem Tragflügel bei Bewegungsbeginn aus der Ruhe (Anfahrwirbel).

Angeleitet von Ludwig Prandtl bearbeitete sein Schüler Fritz Liebers theoretisch dieses Problem in seiner Dissertation „Untersuchungen zum nichtstationären Problem der Tragflügeltheorie", mit der er am 7.5.1924 an der Universität Göttingen promovierte [12]. Die vereinfachenden Annahmen waren dieselben, wie sie der Arbeit von W. Birnbaum zugrunde lagen. Es wurden auch wieder die Singularitätenmethode und das Prandtl'sche Konzept der gebundenen und freien Wirbel sowie die Birnbaum-Ackermann'schen Ansatzfunktionen benutzt. Trotz der Vereinfachungen führte die gestellte Aufgabe, zu einem vorgegebenen Profil, dessen Gestalt und Lage sich mit der Zeit ändert, den sich aufbauenden instationären Auftrieb zu berechnen, auf eine sehr komplizierte Integralgleichung, die Liebers nur für einen speziellen Fall in grober Näherung lösen und dazu gewisse qualitative Aussagen machen konnte. Fritz Liebers, der nach seiner Promotion zur deutschen Versuchsanstalt für Luftfahrt (DVL) nach Berlin-Adlershof wechselte, machte sich dort zusammen mit Hermann Blenk, der 1923 bei Prandtl in Göttingen promovierte, auf dem Gebiet des Flugzeugflatterns noch einen bekannten Namen.

Eine theoretische Lösung dieses Problems gelang indes ohne Wissen von Ludwig Prandtl gleichzeitig einem jungen Assistenten am Lehrstuhl für Schiffsdampfturbinen und Propeller an der Technische Hochschule Berlin-Charlottenburg, Herbert Wagner, der später auf dem Gebiet der Luftfahrttechnik noch durch weitere Pionierarbeit zu Ruhm und Ehre gelangen sollte. Herbert Wagner promovierte ebenfalls 1924 an der T.H. Berlin-Charlottenburg mit der Dissertation: „Entstehung des dynamischen Auftriebes an Tragflügeln" [13]. In seiner später als „Wagner-Problem" bezeichneten Arbeit untersuchte er die Entstehung des Auftriebs an einem Tragflügel in einem reibungsfreien inkompressiblen Medium, wenn dieser bei einem Anstellwinkel α aus der Ruhe mit einer Translationsgeschwindigkeit $U = const$ plötzlich in Bewegung gesetzt wird, siehe Abb.5. Wagner löste dieses Problem für die zweidimensionale ebene Platte in analytisch eleganter Weise unter Anwendung der Betz'schen Methode der konformen Abbildung. Da war er nun, der von Prandtl in seinem Innsbrucker Vortrag [4] angesprochene „geschickte Rechner".

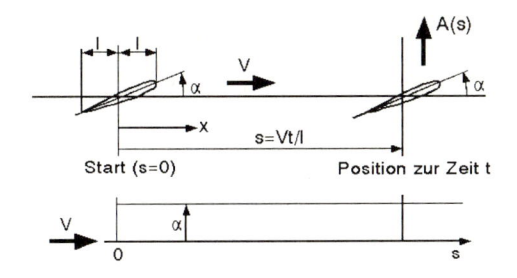

Abb.5: Schematische Darstellung des „Wagner-Problems".

Ausgangspunkt der Wagner'schen Arbeit ist die Überlegung, daß die Geschwindigkeit der Flüssigkeit während des Bewegungsvorganges an der Tragflügelhinterkante endlich sein muß, woraus sich als Bedingung nach Prandtl's Wirbelkonzept die Ablösung einer Helmholtz'schen Schicht freier Wirbel im Nachlauf (von Wagner Unstetigkeitsfläche genannt) und damit die Entstehung einer zeitabhängigen Zirkulation ergibt. Die übrigen Annahmen bei der Linearisierung des Problems waren dieselben wie bei Birnbaum und Liebers. Herbert Wagner gelangte zu einer weitaus einfacheren Integralgleichung für die unbekannte Wirbelverteilung, die er mit einem konvergenten Reihenansatz numerisch lösen konnte und als Ergebnis für den Auftrieb den folgenden Zusammenhang erhielt:

$$A(s) = 2\pi l \rho U^2 \alpha W(s) \tag{5}$$

Dabei bedeutet $W(s)$ die sogenannte *Wagner-Funktion*. Diese ist in Abb.6 dargestellt und man erkennt, daß sich der nichtstationäre Auftrieb während des Anfahrvorganges für $s \to \infty$ monoton wachsend asymptotisch dem stationären Grenzwert 1 nähert, mit dem stationären Auftriebswert 2π der ebenen Platte.

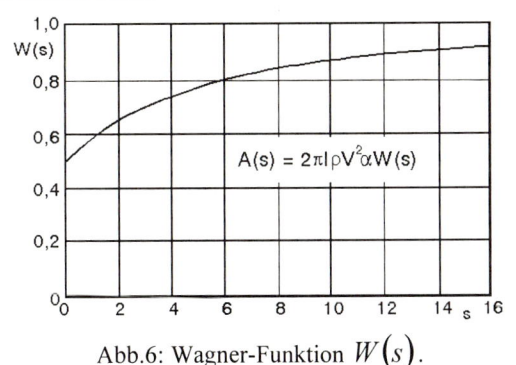

Abb.6: Wagner-Funktion $W(s)$.

Die besondere Bedeutung von Wagner's Lösung des nichtstationären Anfahrproblems liegt darin, daß mit der Wagner-Funktion $W(s)$ als indiziale Sprungfunktion auch die aerodynamischen Reaktionen (Auftrieb und Moment) an einer zweidimensionalen Tragfläche bei beliebigen (nicht-harmonischen) Bewegungen unter Anwendung des Duhamel-Integrals bestimmt werden können [11] z.B. bei beschleunigter Bewegung während eines Flugmanövers oder beim Eintritt in eine Böe mit sprunghafter Änderung des Anstellwinkels. Dabei wird der funktionale Zusammenhang unter der Voraussetzung der Kontinuität und Differenzierbarkeit mittels einer Folge von Einheitssprungfunktionen dargestellt und die Gesamtlösung durch Superposition der daraus resultierenden Einzellösungen erhalten. Dazu wurden für $W(s)$ analytische Näherungen entwickelt. Schließlich sei erwähnt, daß rund 10 Jahre später H.G. Küssner [9] auch eine geschlossene Formulierung der Wagner-Funktion in Form einer Fourier-Integraldarstellung gelang. Er benutzte dazu die von ihm erarbeitete exakte Lösung der harmonisch schwingenden Tragfläche. Zu all diesen ersten Pionierarbeiten auf dem Gebiet der nichtstationären Aerodynamik und der Aeroelastik hat also Ludwig Prandtl mit seinem Konzept der gebundenen und freien Wirbel grundlegend beigetragen.

3. Weiterentwicklung der aerodynamischen Theorie der schwingenden Tragfläche in reibungsfreier, kompressibler Unterschallströmung

3.1. Prandtl's elementare Vorarbeiten zur Theorie kompressibler Strömungen

Bis etwa Mitte der 30er Jahre hatte es sich für die damaligen Fluggeschwindigkeiten als ausreichend erwiesen, im Rahmen einer aerodynamischen Theorie die Luft als inkompressibel zu betrachten. Nunmehr zeichnete sich ab, daß sich die Fluggeschwindigkeiten rasch der Schallgeschwindigkeit näherten, welche die Blattspitzen der Propeller bereits schon erreichten und damit an eine physikalische Grenze stießen. Es war also erkennbar, daß die Kompressibilität der Luft berücksichtigt und die aerodynamische Theorie der stationären und nichtstationären (schwingenden) Tragfläche in den gasdynamischen Bereich hinein erweitert werden mußte. Auch hierzu hat Ludwig Prandtl wesentlich beigetragen.

Seine ersten Überlegungen zur Hochgeschwindigkeitsaerodynamik trug Ludwig Prandtl Ende September 1935 auf der berühmten „Volta-Tagung" in Rom vor [14], welche dem Flug mit hohen Geschwindigkeiten gewidmet war. Sein Eröffnungsvortrag, der als Einführung in das Gebiet der Strömung kompressibler Medien dienen sollte, trug den Titel „*Allgemeine Betrachtungen über die Strömung zusammendrückbarer Flüssigkeiten*" und dokumentierte anschaulich den Stand der damaligen Erkenntnisse. Prandtl befaßte sich in seinem richtungsweisenden Vortrag vor allem mit der Problematik der Entwicklung einer linearisierten Theorie zur potentialtheoretischen Behandlung von reibungsfreien, kompressiblen Strömungen und zeigte die dabei bestehenden grundlegenden physikalischen Zusammenhänge auf.

In seinen einführenden Betrachtungen verweist Prandtl zunächst auf die Gültigkeit des Satzes von der Drehungsfreiheit einer reibungsfreien homogenen Flüssigkeit auch für kompressible Strömung, sei sie stationär oder nichtstationär, und damit auf die Existenz eines Geschwindigkeitpotentials, dessen Gradient die Geschwindigkeit ist:

$$w = grad\ \phi, \qquad (6)$$

mit w als dem Geschwindigkeitsvektor. Für derartige „Potentialbewegungen" gelangt Prandtl dann bei der Betrachtung einer aus der Ruhe heraus beginnenden Strömung einer kompressiblen Flüssigkeit, ausgehend von der instationären Bernouilli-Gleichung und nach Einführung der Kontinuitätsgleichung für kompressible Medien, zur klassischen Wellengleichung der Akustik für ruhende Schallquellen,

$$\frac{1}{a^2}\frac{\partial^2 \phi}{\partial t^2} = \frac{\partial^2 \phi}{\partial x^2} + \frac{\partial^2 \phi}{\partial y^2} + \frac{\partial^2 \phi}{\partial z^2}, \tag{7}$$

deren Lösungen reflexionsfreie Ausbreitungsvorgänge in Wellenfronten ins Unendliche beschreiben, welche mit der Schallgeschwindigkeit

$$a = \sqrt{\frac{dp}{d\rho}} \tag{8}$$

erfolgen. Dabei bedeutet $p = p(\rho)$ die Zustandsgleichung des strömenden Mediums für den Druck p als Funktion der Dichte ρ. Prandtl's weitere Betrachtungen konzentrieren sich dann auf die reibungsfreie stationäre Strömung, wozu er die entsprechende Gleichung für das Geschwindigkeitspotential,

$$\left(1 - Ma_\infty^2\right)\frac{\partial^2 \phi}{\partial x^2} + \frac{\partial^2 \phi}{\partial y^2} + \frac{\partial^2 \phi}{\partial z^2} = 0, \tag{9}$$

als Ausgangspunkt heranzieht, in der $Ma_\infty = U_\infty / a_\infty$ die Mach-Zahl der ungestörten Strömung (im Unendlichen) bedeutet mit U_∞ als der Geschwindigkeit in Strömungsrichtung (x-Richtung). Diese Gleichung ist für den Fall, daß der Ausdruck $\left(1 - Ma_\infty^2\right)$ positiv ist, vom elliptischen Typus und für den Fall, daß $\left(1 - Ma_\infty^2\right)$ negativ ist, vom hyperbolischen Typus. Deren Lösungen sind physikalisch völlig unterschiedlicher Natur und die dabei charakteristische Wellenausbreitung im Strömungsfeld bei kompressibler Unterschall- und Überschallströmung diskutiert Prandtl im Detail. Dabei verweist er auf die Affinität der kompressiblen und inkompressiblen Unterschallströmung, die zu jener Transformationsregel führt, welche er bereits Mitte der 20er Jahre entdeckte, weil unveröffentlicht 1927 in England von H. Glauert [15] nochmals entdeckt und später als „Prandtl-Glauert'sche Regel" bezeichnet wurde. Mit dieser können die mit der Zirkulationstheorie für die inkompressible Strömung gewonnenen Ergebnisse auf den kompressiblen Unterschallbereich umgerechnet werden. Diese Transformationsregel ist jedoch nur für stationäre Strömungen gültig. Bei seinen entsprechenden Betrachtungen für Strömungen mit Überschallgeschwindigkeit macht Prandtl Gebrauch von Ergebnissen, die er bereits 1907 für eine Überschallströmung um eine Ecke [16] erarbeitet hatte, und die von seinem Schüler Th. Meyer [17] in seiner Göttinger Dissertation ausgearbeitet und als „Prandtl-Meyer'sche Eckenströmung" bekannt wurde.

Auf Grund seiner Betrachtungen der grundsätzlichen physikalischen Zusammenhänge der Potentialströmung kompressibler Flüssigkeiten gelangt Prandtl schließlich zu der Erkenntnis, daß im Hinblick auf die Entwicklung einer Tragflächentheorie für kompressible Strömung unter Anwendung der Singularitätenmethode – stationär wie instationär – die Quellströmung als Lösung der Wellengleichung (7) die Grundlage bildet und äußert sich dazu in seinem Vortrag [14] weiter wie folgt:

„Es sei die Frage gestellt, wie das Potential einer solchen Quellströmung aussieht, wenn der Quellströmung eine konstante Geschwindigkeit von der Größenordnung der Schallgeschwin-

digkeit überlagert wird. ...Da es sich hier um Schallausbreitungsvorgänge handelt, die der Differentialgleichung (7) gehorchen, kann das Potential dieses Vorganges wegen der Linearität dieser Differentialgleichung durch Überlagerung der Potentiale der einzelnen Knallwellen aufgebaut werden."

Die Antwort auf diese Frage gab Ludwig Prandtl dann bereits ein Jahr später in seiner 1936 veröffentlichten „Theorie des Flugzeugtragflügels im zusammendrückbaren Medium" [18].

3.2. Prandtl's Konzept des Beschleunigungspotentials

Die in [18] veröffentlichte, von Ludwig Prandtl vorgestellte „Neuformulierung für die Theorie der tragenden Fläche" ist in mehrfacher Hinsicht von grundlegender Bedeutung für die Weiterentwicklung der Tragflügeltheorie. Er weist in dieser Arbeit nicht nur den Weg für die potentialtheoretische Anwendung der Singularitätenmethode auch für Strömungen kompressibler Medien im gasdynamischen Bereich, sondern er zeigt mit der Einführung des Konzeptes eines Beschleunigungspotentials auch einen neuen erfolgversprechenden Weg für die Weiterentwicklung der Theorie des nichtstationären (schwingenden) Tragflügels in kompressibler Unterschallströmung, die aus der Sicht der Aeroelastik dringend gefordert war. Darüberhinaus bringt diese Arbeit aber auch das für Ludwig Prandtl typische, stets von der klaren physikalischen Anschauung des Problems geleitete analytische Vorgehen in besonders charakteristischer Weise zum Ausdruck. Das Ziel und den Rahmen dieser richtungsweisenden Arbeit, die im Folgenden in ihren Grundzügen nachgezeichnet wird, definiert er in seinen einführenden Bemerkungen wie folgt:

„Es soll hier die Aufgabe behandelt werden, das Verhalten eines Tragflügels in einem zusammendrückbaren Medium in ähnlicher Weise zu klären, wie das in der Tragflügeltheorie 1918 bis 1919 [19] für das volumbeständige Medium geschehen ist. Wie dort, soll auch hier angenommen werden, daß alle von dem Tragflügel hervorgerufenen Störungsgeschwindigkeiten klein sind gegen die Geschwindigkeit seiner Vorwärtsbewegung, so daß also die Glieder in den Gleichungen, die Quadrate oder Produkte der Störungsgeschwindigkeit enthalten, gegenüber denjenigen, die die ersten Potenzen dieser Geschwindigkeiten, multipliziert mit der Fluggeschwindigkeit, enthalten, vernachlässigt werden dürfen. Unter diesen Umständen ist es möglich, auch beim zusammendrückbaren Medium aus verschiedenen Lösungen durch Überlagerung neue Lösungen zu erhalten (was bei kompressiblen Strömungen im allgemeinen nicht zutrifft)".

Nach Festlegung dieser Grundsätze für eine Linearisierung des Problems fährt Prandtl dann fort:

*„In Anknüpfung an einen Lanchester'schen Gedankengang gehen wir von dem Felde des Beschleunigungsvektors **b** aus (Lanchester wies darauf hin, daß es, um an einem Tragflügel Auftrieb zu gewinnen, nötig ist, der an den Tragflügel grenzenden Luftmasse eine geeignete Beschleunigung zu erteilen, die im großen und ganzen abwärts gerichtet sein muß). Die Beschleunigung b ist nichts anderes als das, was in den Euler'schen Gleichungen der Hydrodynamik geschrieben wird":*

$$\boldsymbol{b} = \frac{Dw}{dt}. \tag{10}$$

Nach Durchführung der substantiellen Differentiation der Euler´schen Bewegungsgleichung in Vektorform und mit der Annahme, daß der Zusammenhang zwischen dem Druck p und der Dichte ρ stetig und monoton sein soll – was einer barotropen Atmosphäre entspricht – gewinnt er daraus die Erkenntnis,

*„daß der Beschleunigungsvektor **b** ein Gradient ist, also von einem **Beschleunigungspotential** abgeleitet werden kann":*

$$\boldsymbol{b} = -\frac{1}{\rho} \, grad \, p = grad \, \psi \tag{11}$$

d.h. die Beschleunigung eines strömenden Teilchens ist der Gradient einer skalaren Funktion, der Druckfunktion

$$\psi = -\int \frac{dp}{\rho} \tag{12}$$

In linearisierter Form folgt daraus

$$\psi = -\frac{p - p_\infty}{\rho}. \tag{13}$$

Das Beschleunigungspotential ψ ist also dem Störduck ($p - p_\infty$) direkt proportional. Andererseits liefert die Integration von Gl.(11) bei Annahme einer drehungsfreien Strömung ($w = grad \, \phi$) den Zusammenhang zwischen dem Geschwindigkeits- und dem Beschleunigungspotential:

$$\frac{D\phi}{dt} = \psi \tag{14}$$

Prandtl fährt dann weiter fort:

„Das Druckfeld eines Tragflügels ist derart, daß der Druck an der unteren, p_U, und derjenige auf der oberen Seite, p_O, verschieden sind. Wenn der Tragflügel für die Theorie durch eine tragende Fläche ersetzt wird, so hat man also einen unstetigen Verlauf des Druckes an der Fläche, einen Drucksprung. Es ergibt sich ein gleich großer Sprung des Beschleunigungspotentials $\psi_O - \psi_U$."

Die von ihm bereits in [14] angesprochene Aufgabe bestand jetzt also darin, solche Potentiale aufzufinden. Für die inkompressible Strömung gelang dies Prandtl aus einer Analogiebetrachtung indem er feststellte, daß in der Elektrodynamik das Feld einer elektrischen Ladung von derselben geometrischen Struktur ist, wie das einer „Quelle" oder „Senke" in der Hydrodynamik. Auf eine Tragfläche übertragen bedeutet dies, daß die untere Fläche eine positive und die obere eine negative Ladung trägt, d.h. bei Anwendung der bewährten Singularitätenmethode die untere Fläche mit Quellen und die obere mit Senken zu belegen ist. Dazu leitet er das entsprechende Beschleunigungspotential für eine flächenhafte Quell-Senkenbelegung – die für die unendlich dünne Tragfläche zu einer Dipolbelegung wird – aus den bekannten analogen Zusammenhängen der Elektrodynamik her und zeigt, wie daraus das Geschwindigkeitsfeld berechnet werden kann.

Um die entsprechenden Singularitäten einer solchen Dipolbelegung für die kompressible Strömung zu gewinnen, greift Prandtl zurück auf die von ihm bereits in [14] aufgezeigten Lösungen der klassischen Wellengleichung der Akustik (7) für ruhende Schallquellen, die Ausbreitungsvorgänge beschreiben und dabei auch die notwendige Bedingung der Reflexionsfreiheit im Unendlichen (Sommerfeld-Bedingung) erfüllen. Aus diesen bekannten speziellen Lösungen der Wellengleichung für die in Ruhe befindliche Punktquelle, Linienquelle (Quellfaden) und eine sich unendlich erstreckende ebene Quellfläche erhält er dann die Geschwindigkeitspotentiale der Kugel-, der Zylinder- und der ebenen Welle. Sie beschreiben eine impulsartige Störung, die bei $t = 0$ im Nullpunkt beginnt, sich mit der Schallgeschwindigkeit a ausbreitet und in irgendeinem Abstand r zur Zeit $t = r/a$ eintrifft. Dagegen tritt die Fernwirkung in einem inkompressiblen Medium instantan auf, bei der Wirbeltheorie nach dem Biot-Savart'schen Gesetz.

Um zur eigentlichen Lösung für die Reaktion des Fluids auf die bewegte Tragfläche zu gelangen, geht Prandtl nun von der ruhenden auf die bewegte Tragfläche über. In seiner für ihn wieder typischen physikalischen Anschauung des Problems betrachtet er längs der x-Achse (in Flugrichtung) die Anordnung einer dichten Reihe von Quellen, die nacheinander zu „fließen" beginnen. Der Fließbeginn soll sich mit der gleichförmigen Geschwindigkeit u_0 (entsprechend der Fluggeschwindigkeit) von rechts nach links fortpflanzen, wobei der zeitliche Verlauf des Fließens der einzelnen Quellen, bzw. der Aktivierung der Dipole, von dem jeweiligen Fließbeginn an nach demselben Gesetz (der Wellengleichung) erfolgen soll. Mit dieser Modellvorstellung verschafft sich Prandtl ein anschauliches Bild über das Druckfeld der bewegten Punktquelle und ermittelt dafür das Geschwindigkeitspotential. Schließlich weist er darauf hin, daß der Übergang zu einem mit der Quelle mitbewegten Koordinatensystem leicht möglich ist, wenn man in dem Formalismus für $(x + u_0 t)$ einfach X setzt, was einer Galilei-Transformation gleichkommt.

Mit der Formulierung des Geschwindigkeitspotentials für die bewegte Punktquelle und der Einführung des Beschleunigungspotentials in die Theorie der tragenden Fläche hat Ludwig Prandtl die Grundlage geschaffen für die Entwicklung neuer Verfahren zur Berechnung der aerodynamischen Reaktionen an der stationären und instationären (schwingenden) Tragfläche in reibungsfreier, kompressibler Unter- und Überschallströmung unter Anwendung der Singularitätenmethode. Schon kurze Zeit danach hat dann Hermann Schlichting [21] erste durchgerechnete Beispiele für die dreidimensionale stationäre Tragfläche in Überschallströmung vorgelegt.

In den abschließenden Betrachtungen befaßt sich Prandtl in seiner bahnbrechenden Arbeit [18] dann noch mit den Ausbreitungscharakteristiken der von einer bewegten Quelle ausgehenden Wellenfronten und verweist in diesem Zusammenhang auf die Verschiedenheit der Integrationsgrenzen bei der kontinuierlichen Verteilung der Quell-Senken-Singularitäten auf der Tragfläche im Unter- und Überschallbereich. Er zeigt, daß für $U_\infty < a_\infty$ in Unterschallströmung die Ausbreitung einer wandernden Punktquelle, im bewegten Bezugssystem betrachtet, nach allen Richtungen hin vordringt, siehe Abb.7, daß aber für $U_\infty > a_\infty$ in Überschallströmung nur ein bestimmter Teil des Raumes innerhalb eines Kegels (des Mach-Kegels) von den Wellen erreicht wird, siehe Abb.8. Dabei kann irgend ein Punkt P innerhalb dieses Kegels von

Abbildung 7   Abbildung 8

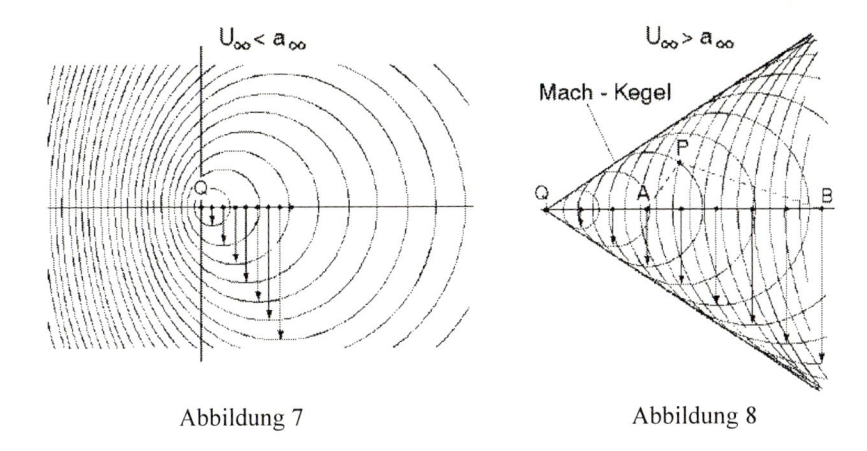

Abb.7: Ausbreitung der von einer bewegten Quelle ausgehenden Wellenfronten bei Unterschallgeschwindigkeit, L. Prandtl [18].

Abb.8: Ausbreitung der von einer bewegten Quelle ausgehenden Wellenfronten bei Überschallgeschwindigkeit, L. Prandtl [18].

zwei an den Orten A und B zu verschiedenen Zeiten ausgestrahlten Störungen erreicht werden, nämlich durch eine von B einlaufende Welle, die sich in Richtung zur Quelle Q hin bewegt und eine auslaufende Welle, die sich von A in entgegengesetzter Richtung von Q weg bewegt, d.h. das Geschwindigkeitspotential der reinen Überschallströmung setzt sich grundsätzlich aus zwei Anteilen zusammen, dem sogenannten retardierten und dem avancierten Potential.

Prandtl brachte hierbei zum Ausdruck, daß die Grenze seiner erweiterten linearisierten Tragflächentheorie im Unterschallbereich durch das Auftreten von Verdichtungsstößen gegeben ist und die Gültigkeit im Überschallbereich auf eine reine Überschallströmung beschränkt ist. Er war sich also der besonderen Problematik des Schalldurchganges im Bereich der sogenannten transsonischen Strömung, dessen Namensgebung übrigens Theodore von Kármán für sich in Anspruch nimmt [20], voll bewußt. Die Existenz von Verdichtungsstößen in diesem transsonischen Geschwindigkeitsbereich kann natürlich im Rahmen einer linearisierten Theorie mit der Annahme schwacher Druckstörungen nicht erfaßt werden. Aufgrund seiner bereits 1907 durchgeführten Untersuchungen über die Prandtl-Meyer'sche Eckenströmung [16] gelangte er aber zu der in [14] geäußerten schlüssigen Erkenntnis,

„daß bei der Überschreitung der Schallgeschwindigkeit eine durchaus stetige Fortsetzung der Strömung von dem Unterschallgebiet in das Überschallgebiet hinein zu erwarten ist."

Dies war in Anbetracht der damals bestehenden Ungewißheit einer möglichen „Durchbrechung der Schallmauer" eine bemerkenswerte Feststellung. Sie wurde Wirklichkeit, als am 14. Oktober 1947 der USAF-Captain Charles Yeager mit dem Testflugzeug Bell X-1 zum ersten Mal diese „Schallmauer" durchbrach.

Prandtl hat sich auch nach der Veröffentlichung seiner „*neuen Formulierung der Theorie der tragenden Fläche*" [18] noch in weiteren Veröffentlichungen mit dem Beschleunigungspotential und im Zusammenhang damit mit dem Problem der Kompressibilität befaßt [22, 23]. Die in all diesen Arbeiten mit tiefem Einblick in die physikalischen Zusammenhänge durchgeführten Linearisierungen waren für ihn in Anbetracht der damals bestehenden Möglichkeiten einer numerischen Lösung der recht verwickelten theoretischen Zusammenhänge eine zwingende Notwendigkeit. Dabei waren die nichtlinearen Grundgleichungen der Strömungsmechanik – die Euler- und Navier-Stokes-Gleichungen, die ja zu seiner Zeit längst bekannt waren – stets der Ausgangspunkt seiner Überlegungen, so auch bei der Entwicklung seiner Grenzschichttheorie. Aber gerade darin zeigt sich Prandtl's schöpferische Genialität, nämlich in der Fähigkeit, für ein physikalisch zwar umfassend formuliertes, aber mathematisch unlösbares Problem, mit einer idealisierten Modellvorstellung im Rahmen einer linearisierten Theorie erster Ordnung zu praktisch brauchbaren Lösungen zu gelangen. Dabei war er sich der möglichen Unzulänglichkeiten solcher Linearisierungen – so auch bei seiner linearisierten Theorie des Tragflügels in kompressibler Strömung – durchaus bewußt, wie er dies in seiner bereits 1906 veröffentlichten Arbeit „*Zur Theorie des Verdichtungsstoßes*" [24] treffend zum Ausdruck brachte:

„*Überlegt man sich, daß bei jeder mathematischen Theorie einer physikalischen Erscheinung der Ansatz von einer Idealisierung der wirklichen Verhältnisse seinen Ausgang nimmt, daß unwichtig erscheinende Nebenumstände vernachlässigt werden, so wird man sich nicht wundern dürfen, daß eine solche Theorie auch einmal ein Ergebnis liefert, das mit der physikalischen Erfahrung nicht im Einklang ist. Man wird dann vermuten, daß eben in den Voraussetzungen des Problems etwas vernachlässigt war, was sich hinterher als wesentlich mitbestimmend erweist.*"

Die Bestimmung der unbekannten Belegungsstärke der Dipolverteilung auf der Tragfläche, zusammen mit der Erfüllung der aus der Anströmung und Bewegung vorgegebenen kinematischen Randbedingung, daß die Tragfläche zur Stromfläche wird, d.h. die induzierte Normalgeschwindigkeit $w(x, y, z = 0)$ an jedem Punkt der Tragfläche gleich Null ist, führt bei Anwendung der Singularitätenmethode und der dazu von Ludwig Prandtl in [18] für kompressible Potentialströmungen im Unter- und Überschallbereich aufgezeigten Grundlösungen für die stationäre wie auch für die nichtstationäre (schwingende) Tragfläche endlicher Spannweite auf eine Integralgleichung, welche, bezogen auf ein flügelfestes kartesisches Koordinatensystem, in allgemeingültiger symbolischer Form wie folgt formuliert werden kann, siehe Abb.9:

$$w(x, y, z = 0, t) = \iint_{(F)} S(x', y', t) K(x - x', y - y', Ma_\infty, t) \, dx' dy'. \qquad (15)$$

Dabei bedeutet $S(x', y', t)$ die (unbekannte) Verteilung der Singularitätenbelegung in den Punkten (x', y') zum Zeitpunkt t und K die sogenannte Kernfunktion, welche als (bekannte) aerodynamische Einflußfunktion den Zusammenhang beschreibt zwischen $S(x', y', t)$ und dem vorgegebenen Abwind (Schwingungsform) $w(x, y, z = 0, t)$. Die Integration erstreckt sich über die gesamte Belegungsfläche F.

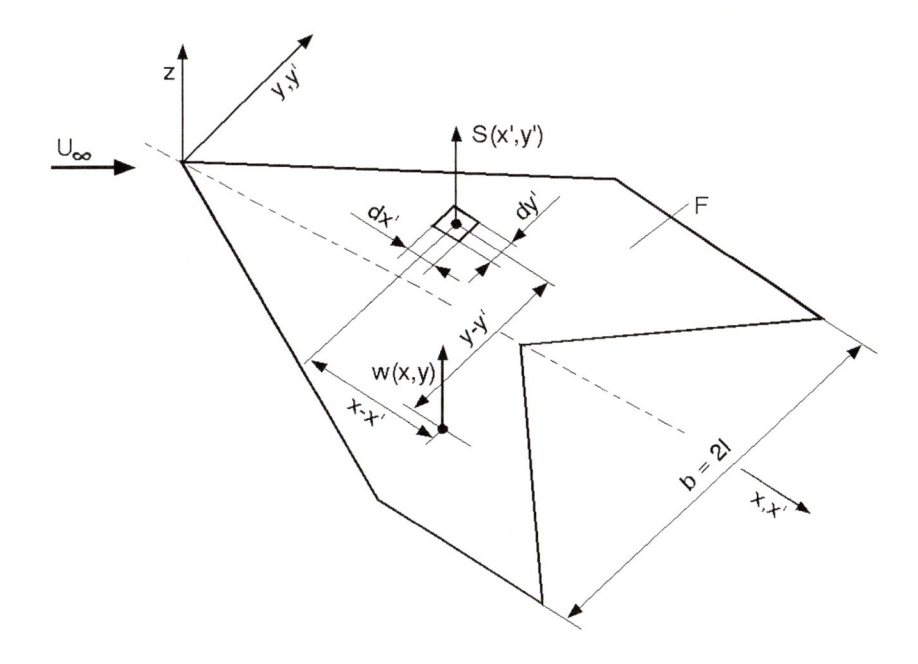

Abb.9: Dreidimensionale tragende Fläche mit Singularitätenbelegung.

Für die Formulierung solcher Integralgleichungen, worauf Prandtl in seiner Arbeit [18] nicht näher einging, kann sowohl das Geschwindigkeitspotential als auch das Beschleunigungspotential herangezogen werden. Jedoch bestehen dabei signifikante charakteristische Besonderheiten. Um Auftrieb zu erlangen, ist bei der Anwendung des Geschwindigkeitspotentials bei der flächenhaften Verteilung der Quellsingularitäten – ebenso wie in inkompressibler Strömung – auch eine Belegung auf der Trennungsfläche im Flügelnachlauf von der Hinterkante bis ins Unendliche erforderlich, denn dort tritt ein Geschwindigkeitssprung auf, der durch eine entsprechende Singularitätenbelegung repräsentiert werden muß. Die Belegungsfläche F besteht also aus der Tragfläche und der Trennungsfläche im Nachlauf. Sind dann sämtliche Quellstärken der Geschwindigkeitsdipole am Tragflügel aus der Lösung der Integralgleichung bekannt, kann mit Hilfe der Bernouilli-Gleichung in einem zweiten Schritt die gesuchte Druckverteilung an der Tragfläche berechnet werden. Verwendet man dagegen Beschleunigungsdipole, dann entfällt diese analytisch problematische Nachlaufbelegung, da die Trennungsfläche keinen Drucksprung aufnehmen kann. In Gl.(15) ist dann die Integration nur über die Flügelfläche durchzuführen. Weil das Beschleunigungspotential gemäß Gl.(13) dem gesuchten Drucksprung $\Delta p = p_U - p_O$ an der Tragfläche proportional ist, wird dieser aus der Lösung der entsprechenden Integralgleichung direkt erhalten. Für die Erarbeitung einer aerodynamischen Theorie der nichtstationären, schwingenden Tragfläche ergeben sich hiermit wesentliche analytische Vorteile. Jedoch muß darauf hingewiesen werden, daß bei Anwendung des Geschwindigkeitspotentials die Kernfunktion K mathematisch einfacher ist.

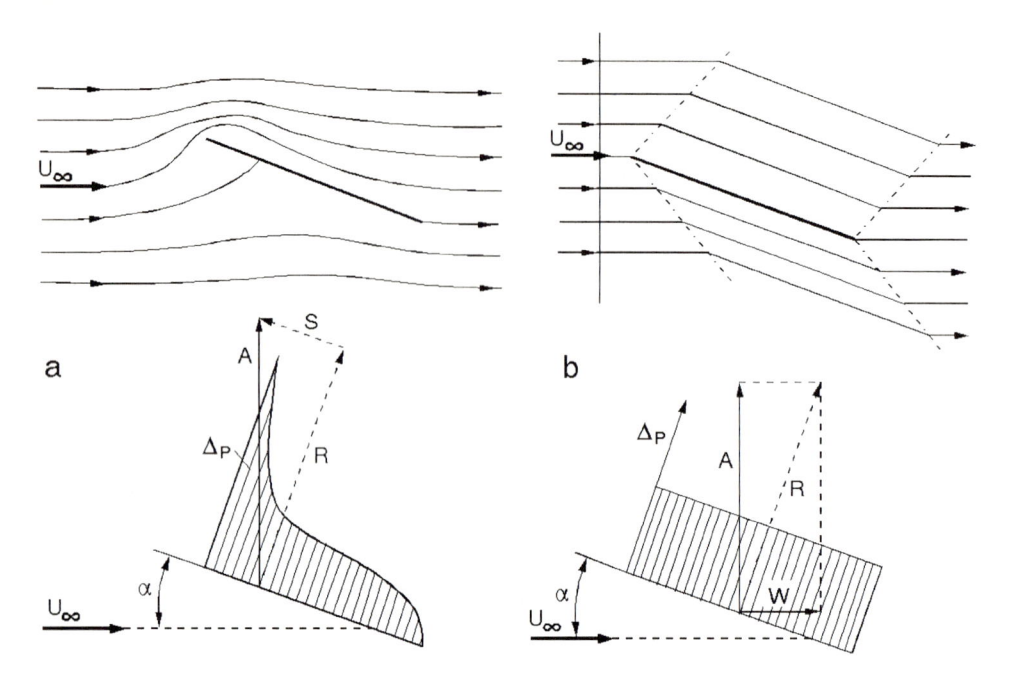

Abb.10: Druckverteilung und Kräfte an der ebenen, angestellten Platte bei kompressibler Strömung. a. Unterschallströmung, b. Überschallströmung.

Bei einer reinen Überschallströmung sind – stationär wie instationär – die analytischen Zusammenhänge zur Berechnung der Druckverteilung an der Tragfläche wesentlich einfacher. Der Grund liegt in der unterschiedlichen Charakteristik von Unter- und Überschallströmung, siehe Abb.10. Im Unterschallbereich wird die Vorderkante umströmt mit einer dortigen Saugspitze und an der Hinterkante muß der Drucksprung verschwinden entsprechend der Kutta'schen Abflußbedingung. Bei reiner Überschallströmung erfolgt an der Vorder- und Hinterkante der angestellten Tragfläche eine Strömungsumlenkung entsprechend der „Prandtl-Meyer´schen Eckenströmung", die Jacob Ackeret [25] bereits 1925 als Ausgangspunkt seiner Untersuchung über den Auftrieb an der angestellten ebenen Platte in Überschallströmung verwendete, deren Ergebnisse von Ludwig Prandtl in [18] bestätigt wurden. Bei reiner Überschallströmung besteht dadurch ein direkter Zusammenhang zwischen der Stärke der (konstanten) Singularitätenbelegung und der kinematischen Strömungsbedingung, womit das Integralgleichungsproblem mathematisch wesentlich einfacher durch eine Integration direkt gelöst werden kann.

3.3. Weiterentwicklung der Theorie der schwingenden Tragfläche in kompressibler Unterschallströmung auf der Grundlage des Prandtl'schen Beschleunigungspotentials

Die genannten Vorteile des Prandtl'schen Konzeptes eines Beschleunigungspotentials zur Erarbeitung einer weiterführenden instationären aerodynamischen Theorie der schwingenden Tragfläche in kompressibler Unterschallströmung zur Lösung dynamischer aeroelastischer Aufgaben, insbesondere des Flatterproblems, wurden schon bald erkannt. Bereits 1938 veröffentlichte Camillo Possio [26] seine Arbeit „*L'azione aerodinamica sul profilo oscillante in un fluido compressibile a velocita iposonora*". In dieser richtungsweisenden Arbeit entwickelte er auf der Basis des Prandtl'schen Beschleunigungspotentials eine aerodynamische Theorie der harmonisch schwingenden Tragfläche in zweidimensionaler reibungsfreier, kompressibler Unterschallströmung. Ausgangspunkt dazu ist die Gl.(9) entsprechende partielle Differentialgleichung für das Geschwindigkeitspotential $\phi(x,z,t)$ für die nichtstationäre Strömung:

$$\frac{\partial^2 \phi}{\partial x^2} + \frac{\partial^2 \phi}{\partial z^2} - \frac{1}{a_\infty^2}\left(\frac{\partial^2 \phi}{\partial t^2} + 2U_\infty \frac{\partial^2 \phi}{\partial x \partial t} + U_\infty^2 \frac{\partial^2 \phi}{\partial x^2}\right) = 0, \qquad (16)$$

welche mittels einer Galilei-Transformation aus der Wellengleichung der Akustik (7) für die ruhende Quelle erhalten werden kann. Mit deren Lösung für das Geschwindigkeitspotential $\phi_Q(x,z,t)$ für die bewegte Schallquelle, der daraus gewonnenen Lösung $\phi_Q(x,z,\omega)$ für die harmonisch mit der Kreisfrequenz ω pulsierenden Punktquelle, dem damit gemäß Gl.(14) erhaltenen Beschleunigungspotential $\psi_Q(x,z,\omega)$ und schließlich dem daraus hergeleiteten Beschleunigungspotential

$$\psi_D(x,z,\omega) = \left(\frac{\partial \psi_Q}{\partial z}\right)_{z \to 0} \qquad (17)$$

für den harmonisch pulsierenden Dipol, gelang Possio mit einer entsprechenden Dipolbelegung längs der Profilsehne, zusammen mit der Abwindbedingung für die harmonisch schwingende Tragfläche

$$w(x,z=0,t) = \overline{w}(x)e^{i\omega t} = \left(i\omega \overline{z}(x) + U_\infty \frac{d\overline{z}}{dx}\right)e^{i\omega t}; \text{ für } -\ell < x < \ell \qquad (18)$$

sowie Berücksichtigung von Gl.(13), die Herleitung der folgenden Integralgleichung, welche den Zusammenhang liefert zwischen dem vorgegebenen Abwind $\overline{w}(x,0,t)$ und dem gesuchten Drucksprung $\overline{\Delta p}(x)$:

$$\overline{w}(x) = \int_{-\ell}^{\ell} \overline{\Delta p}(x') K(x-x', Ma_\infty, \omega^*) \, dx. \qquad (19)$$

Dabei bedeuten die überstrichenen Größen $(\overline{})$ Amplitudengrößen, $\overline{z}(x)$ ist die vorgegebene Schwingungsform und $\omega^* = \omega \ell / U_\infty$ die von W. Birnbaum in Ref.[5] eingeführte reduzierte

Frequenz. Die Kernfunktion K und mithin der Differenzdruck $\overline{\Delta p}$ sind für eine harmonische Schwingungsbewegung komplexe Größen, d.h. es besteht eine Phasenverschiebung zwischen der Schwingungsbewegung $\overline{z}(x)$ und dem daraus induzierten instationären aerodynamischen Druck $\overline{\Delta p}$ (Auftrieb und Moment) an der Tragfläche, auf deren Bedeutung für das aeroelastische Verhalten eines Tragflügels bereits in Abschnitt 2.2. hingewiesen wurde.

Erste numerische Näherungslösungen der in Gl.(19) formulierten „Possio-Gleichung" mittels eines Reihenansatzes mit vorgegebenen Druckfunktionen und freien Koeffizienten, womit das Integralgleichungsproblem auf die Lösung bestimmter Integrale und schließlich eines komplexen algebraischen Gleichungssystems mit den Koeffizienten als Unbekannten zurückgeführt wird, wurden von Possio selbst (mit nur drei Kollokationspunkten an der Profilvorder-und -hinterkante und in der Sehnenmitte) sowie 1942 von M. Eichler [27], 1943 von F. Dietze [28] und 1946 von Th. Schade [29] durchgeführt. Letzterer promovierte 1940 bei Prandtl mit einer Arbeit über die schwingende kreisförmige Platte unter Anwendung des Beschleunigungspotentials. Von F. Dietze und Th. Schade wurden auch erstmals Tabellen der komplexen Luftkraftbeiwerte für die harmonisch mit den Freiheitsgraden „Schlag" und „Drehung" schwingende Tragfläche in zweidimensionaler, kompressibler Unterschallströmung ausgearbeitet. Dies war in Anbetracht der sehr komplizierten Kernfunktion zu damaliger Zeit mit den damals zur Verfügung stehenden rechentechnischen Hilfsmitteln (mechanische Tischrechenmaschinen) eine bemerkenswerte Leistung. Camillo Possio, ein außerordentlich begabter junger Wissenschaftler, kam im April 1945 bei einem Luftangriff auf seine Heimatstadt Turin, wo er an der Universität lehrte, im Alter von nur 32 Jahren viel zu früh ums Leben.

Ende 1940 veröffentlichte dann H.G. Küssner seine „Allgemeine Tragflächentheorie"[30], auf dem Gebiet der Aerodynamik der nichtstationären Tragfläche eine Pionierarbeit ersten Ranges. Er wechselte 1934 von der Deutschen Versuchsanstalt für Luftfahrt (DVL) in Berlin-Adlershof zur Aerodynamischen Versuchsanstalt (AVA) nach Göttingen, wo er zusammen mit seinen Mitarbeitern in dem 1939 gegründeten und von ihm geleiteten „Institut für Instationäre Vorgänge" in Prandtl's unmittelbarer Nähe bis Ende des Zweiten Weltkrieges bahnbrechende Arbeit auf dem Gebiet der Aeroelastik und instationären Aerodynamik leistete [3]. Ebenso wie Possio folgt auch Küssner bei der Herleitung seiner Integralgleichung für die dreidimensionale schwingende Tragfläche endlicher Spannweite vollständig dem Prandtl'schen Konzept des Beschleunigungspotentials [14,18] und den dabei getroffenen Annahmen der Linearisierung. Anders als Prandtl, der das Problem der bewegten Quelle mit einem Gedankenexperiment auf physikalisch anschauliche aber mathematisch etwas umständliche Art löste (siehe Abschnitt 3.2), greift Küssner in mathematisch eleganter Weise zur Lorentz-Transformation, um das aus der Wellengleichung der Akustik gewonnene retardierte Beschleunigungspotential der ruhenden Quelle auf die in einem flügelfest mitgeführten Koordinatensystem bewegten, pulsierenden Quelle zu übertragen. Gegenüber dieser Transformation erweist sich die klassische Wellengleichung der Akustik (7) als invariant. Auf diese Weise gelangt er, ähnlich wie Possio, zunächst zu einer entsprechenden Formulierung für den pulsierenden Beschleunigungsdipol. Die schwingende Tragfläche in kompressibler Strömung ersetzt er dann wieder durch eine flächenhafte Anordnung pulsierender Dipole – „akustischen Strahlern", wie Küssner sie nannte – und mit Erfüllung der kinematischen Strömungsbedingung gelangt er zu der folgenden Integralgleichung für die schwingende Tragfläche endlicher Spannweite, siehe Abb.9:

$$\overline{w}(x,y) = \iint\limits_{(F)} \overline{\Delta p}(x',y') K(x-x', y-y', Ma_\infty, \omega^*) \, dx', dy'. \tag{20}$$

Wie in der Possio-Gleichung (19) ist auch hier die Kernfunktion K eine aerodynamische Einflußfunktion, welche den Zusammenhang beschreibt zwischen der unbekannten Druckverteilung $\overline{\Delta p}\,(x',y')$ über der Tragfläche und dem durch die Schwingungsform $\overline{z}\,(x,y)$ gegebenen Abwind $\overline{w}(x,y)$ normal zur Tragfläche. Zur Allgemeingültigkeit seiner Theorie wies Küssner in seiner berühmten Arbeit nach, daß in ihr alle damals bekannten Tragflächentheorien enthalten waren:

- Possio's Integralgleichung der zweidimensionalen Theorie der schwingenden Tragfläche in kompressibler Unterschallströmung und durch deren weitere Vereinfachung für inkompressible Strömung die Integralgleichung von Walter Birnbaum siehe Abschnitt 2.2.
- die Theorie der nichtstationären, schiebenden Tragfläche unendlichen Seitenverhältnisses in kompressibler Strömung, welche für den Pfeilflügel von Bedeutung ist, und daraus für inkompressible Strömung und verschwindendem Schiebewinkel wieder die Integralgleichung von Walter Birnbaum.
- die Theorie der schwingenden Tragfläche endlicher Spannweite in kompressibler Strömung, für die er zeigt, daß sie für den Fall der stationären Strömung in die Prandtl'sche Traglinientheorie übergeht.

Schließlich weist Küssner noch darauf hin, daß die Prandtl-Kontraktion bei Anwendung der Prandtl-Glauert-Regel das genaue Gegenstück der Lorentz-Kontraktion in der speziellen Relativitätstheorie ist.

Die mehrfach singuläre Kernfunktion in „*Küssner's Integralgleichung*" (20) ist so kompliziert, daß zur damaligen Zeit keinerlei Hoffnung auf eine mögliche Lösung bestand. Ebenso war die Einführung eines schwingenden Ruders in die kinematische Strömungsbedingung selbst bei Possio's einfacherer zweidimensionaler Theorie zu damaliger Zeit hoffnungslos schwierig, weil am Ruderknick eine weitere Drucksingularität auftritt. Trotz erfolgsversprechender Ansätze wurde daher eine Lösung der Küssner'schen Integralgleichung erst zwei Jahrzehnte später mit dem Aufkommen moderner Großrechner möglich, nachdem die Kernfunktion K in eine für eine numerische Lösung zugänglichere mathematische Form gebracht wurde. Dazu kamen, wie bei der Lösung der Possio-Gleichung, zunächst Kollokationsverfahren mit einem Reihenansatz vorgegebener Druckfunktionen und freien Koeffizienten zur Anwendung.

Alternativ zu dieser numerischen „Kernfunktionsmethode" wurde dann Ende der 60er Jahre in den USA die „Doublet-Lattice-Methode" entwickelt, bei welcher – anders als in den Druckansatzfunktionen – keine a priori Bedingungen hinsichtlich des Druckverhaltens an den Kanten der Tragfläche (Wurzelsingularität an der Tragflächenvorderkante, logarithmische Singularität an der Rudervorderkante sowie die Kutta-Bedingung an den Hinterkanten) berücksichtigt werden müssen. Dabei wird die Tragfläche in eine Anzahl N trapezförmiger Flächenelemente aufgeteilt, siehe Abb.11, mit einer Begrenzung der Streifen in Flügeltieferichtung (x-Richtung) parallel zur Anströmung. Flügelvorder-, hinter- und seitenkanten sowie Rudervorder- und seitenkanten sind dabei Begrenzungen dieser Elementarflächen. Das Flächenintegral in Gl.(20) erstreckt sich jetzt jeweils nur über ein diskretes Flächenelement mit den geometrischen Details wie aus Abb.11 ersichtlich und die Integralgleichung (20) kann dann als endliche Summe über sämtliche Elementarflächen wie folgt formuliert werden:

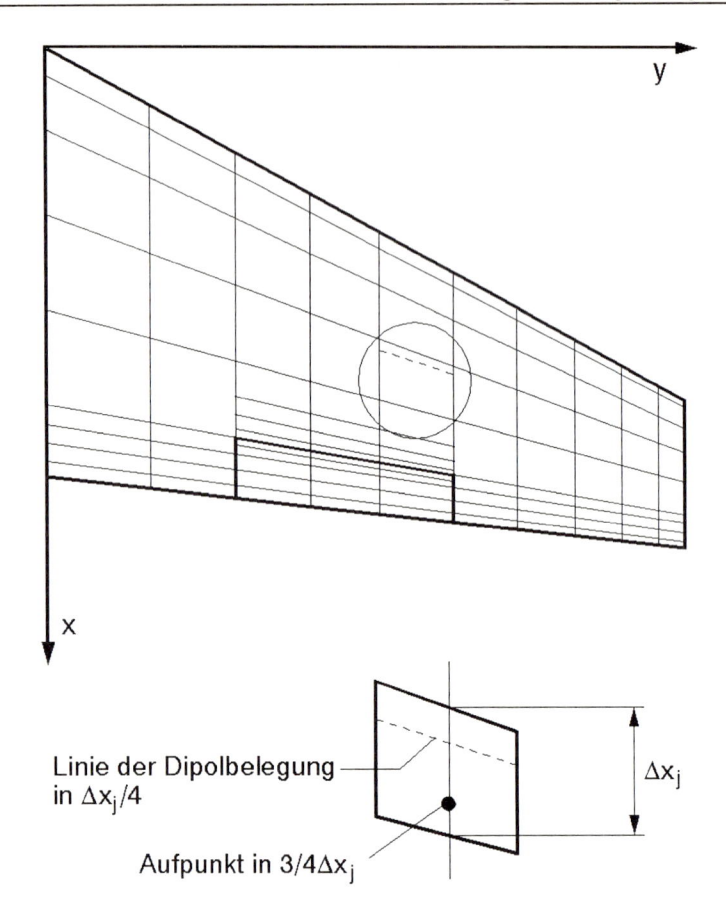

Abb.11: Aufteilung der Tragfläche in Elementarflächen bei der „Doublet-Lattice-Methode".

$$\overline{w}_i(x_i, y_i) = \sum_{j=1}^{N} A_{ij}(Ma_\infty, \omega^*) \overline{\Delta p_j}(x_j, y_j). \tag{21}$$

A_{ij} bedeutet eine der Kernfunktion K äquivalente aerodynamische Einflußfunktion, welche den Zusammenhang beschreibt zwischen der Verschiebungsamplitude $\overline{w}_i$ im Punkte (x_i, y_i) des i-ten Elementes und der daraus am j-ten Element im Punkte (x_j, y_j) induzierten aerodynamischen Druckamplitude $\overline{\Delta p}_j$. Dabei wird nun nicht die gesamte Elementarfläche, sondern nur, wie in Abb.11 gezeigt, die $\Delta x_j/4 - Linie$ eines jeden Flächenelementes mit einer Verteilung von Beschleunigungsdipolen konstanter Stärke belegt. Die diskreten Aufpunkte werden jeweils in $3/4 \Delta x_j$ gewählt, wodurch erfahrungsgemäß die Kutta-Bedingung bereits in guter

Näherung erfüllt wird. Mit der damit wesentlich vereinfachten Kernfunktion K für eine jeweils vorgegebene Mach-Zahl Ma_∞ und reduzierte Frequenz ω^* zu berechnenden NxN-Matrix $[A_{ij}]$ der aerodynamischen Einflußkoeffizienten A_{ij} und der vorgegebenen Schwingungsform $\overline{w}_i(x_i, y_i)$ erhält man dann aus der Lösung des in Gl.(21) formulierten komplexen algebraischen Gleichungssystems

$$\{\overline{w}_i\} = [A_{ij}]\{\overline{\Delta p_j}\} \tag{22}$$

die für harmonische Schwingungen komplexe instationäre aerodynamische Druckverteilung $\overline{\Delta p}_j$ in den N Aufpunkten der N Flächenelemente.

Die Doublet-Lattice-Methode auf der Grundlage von Prandtl's Konzept des Beschleunigungspotentials ist in ihrer mathematischen Handhabung wesentlich einfacher als die Kernfunktionsmethode. Ihre Genauigkeit hängt in hohem Maße von der Anzahl N der Elementarflächen ab sowie von der geschickten Anordnung derselben mit einer Akkumulation an den Kanten der Tragfläche und der Ruder, um dort das spezielle Druckverhalten (Singularitäten und Kutta'sche Abflußbedingung) hinreichend zu erfassen. Sie wurde – später in mehrfachen Varianten bis in den transsonischen Bereich erweitert – zu einer Standardmethode der Aeroelastik zur Berechnung der instationären Luftkräfte an schwingenden Tragflügeln mit Rudern im kompressiblen Unterschallbereich und findet für Entwurfszwecke bis heute vielseitige praktische Anwendung. Bezüglich der weiteren Einzelheiten der Kernfunktionsmethode und der Doublet-Lattice-Methode auf der Grundlage des Beschleunigungspotentials sei auf [11] und [31] verwiesen.

4. Abschließende Bemerkungen

Mit dem Konzept der gebundenen und freien Wirbel und der Einführung des Beschleunigungspotentials hat Ludwig Prandtl grundlegende und richtungsweisende Beiträge zur Entwicklung einer aerodynamischen Theorie der nichtstationären, schwingenden Tragfläche in inkompressibler und kompressibler Unterschallströmung geleistet. Aus der Sicht der Aeroelastik war dies ein erster Meilenstein im Bemühen um das physikalische Verständnis des Flatterproblems und in der Erarbeitung einer aerodynamischen Grundlage zur Lösung dynamischer aeroelastischer Probleme. Seine dabei praktizierte ungewöhnliche und einzigartige Fähigkeit, komplexe physikalische Vorgänge in eine verhältnismäßig einfache mathematische Form zu bringen, war kennzeichnend für sein gesamtes wissenschaftliches Lebenswerk. Leider gibt es keine Autobiographie von Ludwig Prandtl und in seinen wissenschaftlichen Veröffentlichungen von ihm nur ganz selten einmal eine diesbezügliche persönliche Bemerkung. In einer solchen, in einer Rede 1947 anläßlich seiner Ernennung zum Ehrenmitglied der Deutschen Physikalischen Gesellschaft – nachlesbar im Beitrag *„Mein Weg zu hydrodynamischen Theorien"* im Band 3 seiner *„Gesammelte Abhandlungen zur Angewandten Mechanik, Hydro- und Aerodynamik"* [32] - äußerte er sich wie folgt:

„Herr Heisenberg hatte in den mir gewidmeten freundlichen Ausführungen unter anderem behauptet, daß ich die Fähigkeit hätte, den Gleichungen ohne Rechnung anzusehen, welche Lösungen sie hätten. Ich mußte antworten, daß ich zwar diese Fähigkeit nicht hätte, daß ich

mir aber von den den Aufgaben zugrunde liegenden Dingen eine möglichst eingehende Anschauung zu verschaffen strebe und die Vorgänge zu verstehen suche. Die Gleichungen kommen erst später daran, wenn ich glaube die Sache verstanden zu haben."

Diese, für Ludwig Prandtl typische analytische Vorgehensweise bei der mathematischen Formulierung und numerischen Lösung eines physikalisch-technischen Problems ist auch noch heute im Zeitalter der Supercomputer beispielhaft. Ein tiefgehendes physikalisches Verständnis ist nach wie vor die unentbehrliche Grundlage bei der Erstellung von effizienten Rechennetzen und von Finite Elemente-Modellen, wie sie heute zur numerischen Lösung komplexer Probleme der Fluid- und Elastomechanik zur Anwendung kommen; und die Antwort auf die schon oft diskutierte hypothetische Frage, ob Ludwig Prandtl auch bei Verfügbarkeit eines Computers zu seinem genialen Grenzschichtkonzept gelangt wäre, hat er in dem vorstehenden Zitat selbst gegeben.

5. Literatur

[1] LANCHESTER, F.W.: Torsional Vibrations of the Tail of an Airplane. ARC, Reports and Memoranda (R&M), No.276, Part I (1916), S.461-467.

[2] BLASIUS, R.: Über Schwingungserscheinungen an einholmigen Unterflügeln. Zeitschr. für Flugtechnik und Motorluftschiffahrt (ZFM) 16 (1925), S. 39-42.

[3] BUBLITZ, P.: Geschichte der Entwicklung der Aeroelastik in Deutschland von den Anfängen bis 1945. DFVLR-Mitteilungen 86-25 (1986).

[4] PRANDTL, L.: Über die Entstehung von Wirbeln in der idealen Flüssigkeit, mit Anwendung auf die Tragflügeltheorie und andere Aufgaben. Hrsg. Th. von Karman, T. Levi-Civita, Hydro- und Aerodynamik, Berlin: Julius Springer-Verlag, Berlin, 1924, S. 18-33.

[5] BIRNBAUM, W.: Das ebene Problem des schlagenden Flügels. Zeitschr. für Angewandte Mathematik und Mechanik (ZAMM) 4 (1924), S. 277-292.

[6] BIRNBAUM, W.: Die tragende Wirbelfläche als Hilfsmittel zur Behandlung des ebenen Problems der Tragflügeltheorie. Zeitschr. für Angewandte Mathematik und Mechanik (ZAMM) 3 (1923), S. 290-297.

[7] KÜSSNER, H.G.: Schwingungen von Flugzeugflügeln. Luftfahrt-Forschung 4 (1929), S. 41-62.

[8] GLAUERT, H.: Grundlagen der Tragflügel- und Luftschraubentheorie (aus dem Englischen übersetzt von H. Holl). Julius Springer-Verlag, Berlin, 1929.

[9] KÜSSNER, H.G.: Zusammenfassender Bericht über den instationären Auftrieb von Flügeln. Luftfahrt-Forschung 13 (1936), S. 410-424.

[10] THEODORSEN, TH.: General Theory of Aerodynamic Instability and the Mechanism of Flutter. NACA Report 496 (1935).

[11] FÖRSCHING, H.: Grundlagen der Aeroelastik. Springer-Verlag Berlin/Heidelberg/New York, 1974.

[12] LIEBERS, F.: Untersuchungen zum nichtstationären Problem der Tragflügeltheorie. Dissertation der Georg-August-Universität Göttingen, 1924.

[13] WAGNER, H.: Über die Entstehung des dynamischen Auftriebs an Tragflügeln. Zeitschr. für Angewandte Mathematik und Mechanik (ZAMM) 5 (1925), S. 17-35.

[14] PRANDTL, L.: Allgemeine Betrachtungen über die Strömung zusammendrückbarer Flüssigkeiten. Zeitschr. für Angewandte Mathematik und Mechanik. (ZAMM) 16 (1935), S. 129-142.

[15] GLAUERT, H.: The Effect of Compressibility on the Lift of Aerofoils. Proc. Roy. Soc. London, A, 118 (1928), S. 113-119.

[16] PRANDTL. L.: Neue Untersuchungen über die strömende Bewegung der Gase und Dämpfe. Phys. Zeitschrift 8, 1907, S. 23-30.

[17] MEYER, TH.: Über zweidimensionale Bewegungsvorgänge in einem Gas, das mit Überschallgeschwindigkeit strömt. Mitteilungen Forsch. Ing.-Wesen, Heft 62, 1908.

[18] PRANDTL, L.: Theorie des Flugzeugtragflügels im zusammendrückbaren Medium. Luftfahrt-Forschung 13 (1936), S. 313-319.

[19] PRANDTL, L.: Tragflügel-Theorie, 1. und 2. Mitteilung. Nachr. der Gesellschaft der Wissenschaften zu Göttingen, Math.-Phys. Klasse 1918, S. 451-477 und 1919, S. 107-137.

[20] von KÁRMÁN, TH.: Aerodynamik – Ausgewählte Themen im Lichte der historischen Entwicklung. Interavia-Verlag (1956).

[21] SCHLICHTING, H.: Tragflügeltheorie bei Überschallgeschwindigkeit. Luftfahrt-Forschung 13 (1936), S. 320-335.

[22] PRANDTL, L.: Über neuere Arbeiten zur Theorie der tragenden Fläche. Proc. of the Fifth Int. Congress for Applied Mechanics, Cambridge/Massachusetts, 12.-16. September 1938. J. Wiley and Sons, New York 1939, S. 478-482.

[23] PRANDTL, L.: Die Rolle der Zusammendrückbarkeit bei der strömenden Bewegung der Luft. Schriften der Deutschen Akademie der Luftfahrtforschung, Heft 30 (1940), S. 1-16.

[24] PRANDTL, L.: Zur Theorie des Verdichtungsstoßes. Zeitschr. für das gesamte Turbinenwesen, 3 (1906), S. 241-245.

[25] ACKERET, J.: Luftkräfte auf Flügel, die mit größerer als Schallgeschwindigkeit bewegt werden. Zeitschrift für Flugtechnik und Motorluftschiffahrt (ZFM) 16 (1925), S. 72-74.

[26] POSSIO, C.: L´Azione aerodinamica sul profilo oscillante in uno fluido compressibile a velocita iposonara. L´Aerotecnica 18 (1938), S. 441-458.

[27] EICHLER, M.: Auflösung der Integralgleichung von Possio. Jahrbuch 1942 der Deutschen Luftfahrtforschung, S. 169-172.

[28] DIETZE, F.: Die Luftkräfte des harmonisch schwingenden Flügels im kompressiblen Medium bei Unterschallgeschwindigkeit. DVL FB 1733 (1943).

[29] SCHADE, Th.: The Numerical Solution of Possio´s Integral Equation for an Oscillating Aerofoil in Two-Dimensional Incompressible Flow. ARC Rep. 9506 (1946).

[30] KÜSSNER, H.G.: Allgemeine Tragflächentheorie. Luftfahrt-Forschung 17 (1940), S. 370-378.

[31] GEISSLER, W.: Verfahren der instationären Aeordynamik. DLR-FB 93-21 (1993).

[32] LUDWIG PRANDTL: Gesammelte Abhandlungen zur Angewandten Mechanik, Hydro- und Aerodynamik, Band 1 bis 3. Herausgegeben von W. Tollmien, H. Schlichting und H. Görtler. Springer-Verlag Berlin/Göttingen/Heidelberg, 1961.

Ludwig Prandtl als Lehrer in Hannover und Göttingen 1901 - 1947

Walter Wuest[*]

1 Einführung

Ludwig Prandtl ist nicht nur als Gründer der Modellversuchsanstalt der Gesellschaft für Luftschifffahrt in Göttingen hervorgetreten, aus der später die Aerodynamische Versuchsanstalt Göttingen und das Kaiser-Wilhelm-Institut für Strömungsforschung hervorgingen, sondern er hat auch als akademischer Lehrer Generationen von Aerodynamikern ausgebildet. Dies trug der Ausbildungsstätte die Bezeichnung "Göttinger Schule" und Prandtl selbst den ehrenvollen Titel "Vater der Aerodynamik" ein. Der Werdegang von Ludwig Prandtl und seine Berufung nach Göttingen ist von J.C. Rotta [1] in einer sehr ausführlichen Weise dargestellt worden. Ein Lebensbild mit persönlichen Erinnerungen und Dokumenten ist auch von Prandtl's Tocher Johanna Vogel-Prandtl [2] gezeichnet worden. Daher sollen im folgenden nur einige wesentliche Daten in kurzer Form zusammengestellt werden, soweit sie für das folgende von Bedeutung sind.

Ludwig Prandtl wurde am 4. Februar 1875 in Freising geboren und starb am 15. August 1953 in Göttingen. Nach einem Studium der Maschinentechnik an der königlich Bayrischen Technischen Hochschule in München promovierte er 1900 an der Universität München mit der Dissertation "Kippersscheinungen, ein Fall von instabilem elastischem Gleichgewicht". Mit der Strömungslehre kann er während einer kurzen Ingenieurtätigkeit bei der MAN in Nürnberg (1900 - 1901) in Berührung. Am 1.10.1901 wurde Prandtl im Alter von nur 26 Jahren Professor für Mechanik an der Königlichen Technischen Hochschule in Hannover. Zu den Vorlesungen in Hannover schreibt Prandtl im März 1904 folgendes: "Die Mechanikvorlesungen beginnen in Hannover mit dem ersten Studiensemester. Der Stoff ist so gegliedert, daß im ersten Jahr die Grundlagen der Mechanik gegeben werden, im zweiten Jahr erfolgt dann der weitere Ausbau und Einführung in die schwierigeren Probleme. In den folgenden Jahren wird dann in Mechanik II die Dynamik, Elastizitätstheorie und graphische Statik behandelt." In dieser Zeit entwickelte Prandtl nicht nur das anschauliche Seifenhautgleichnis für die Schubspannungsverteilung in einem Torsionsstab sondern er machte Strömungen bei sehr kleiner Reibung dadurch einer Berechnung zugänglich, daß er die Reibung nur in einer dünnen Wandgrenzschicht berücksichtigte, während außerhalb dieser Schicht die Reibung vernachlässigt wurde. Prandtl war durch Beobachtungen in einer von ihm gebauten, handbetriebenen Wasserrinne zu dieser Aufteilung angeregt worden. Das durch diese Arbeiten gewonnene Ansehen führte 1904 zur Berufung Prandtl's an die Universität Göttingen. Auch die Geschichte dieser Berufung

---

[*] DLR Göttingen

wird von J.C. Rotta [1] sehr ausführlich geschildert, so dass hier nur die wesentlichen Vorgänge kurz dargestellt werden sollen. Prandtl wurde am 31. Juli 1904 zum außerordentlichen Professor an der philosophischen Fakultät der Universität Göttingen ernannt und nahm am 1. Oktober 1904 seine Lehrtätigkeit auf. Die ersten Vorlesungen knüpften natürlich an die Tätigkeit in Hannover an. Sie betrafen Maschinenlehre, Mechanik, Statik, Elastizitätslehre, aber auch schon Hydro- und Aerodynamik sowie Gasdynamik. Am 11. Januar 1909 wurde Prandtl beauftragt, das gesamte Gebiet der Aeronautik in Vorlesungen und Übungen zu vertreten. Die Lehrtätigkeit über Luftfahrt-Wissenschaften begann im Sommersemester 1909, als Prandtl eine zweistündige Vorlesung "Wissenschaftliche Grundlagen der Luftschifffahrt" las. Gleichzeitig hielt Privatdozent Dr. A. Bestelmeyer eine Vorlesung über "Grundlagen der Ballonführung".

Die Prandtlschen Vorlesungen sind zum Teil als handschriftliche Manuskripte, vereinzelt auch als Schreibmaschinenmanuskripte oder auch als Ausarbeitung durch Schüler erhalten. Vielfach liegen auch Notizen zu Wiederholungen früherer Vorlesungen vor, die stets auf den neuesten Stand ergänzt wurden.

Prandtl hat von vielen Vorlesungen Teilnehmerlisten geführt. Dadurch ist es möglich die Besucherfrequenz der Vorlesungen festzustellen. Auch gewinnt man dadurch ein Bild über die zahlreichen ausländischen Hörer Prandtlscher Vorlesungen.

Erwähnenswert ist noch, dass Prandtl frühzeitig ein kleines Büchlein angelegt hat, in dem er mögliche Forschungsaufgaben aufzeichnete. Ein Teil dieser Aufgaben ist in Dissertationen bearbeitet worden.

2. Gesamtüberblick über die Vorlesungen von Ludwig Prandtl

2.1 Verzeichnis der Vorlesungen in Hannover und Göttingen

H = handschriftliches Manuskript, S = Schreibmaschinenmanuskript, A = Ausarbeitung durch Schüler, N = Notizen

Hannover

SS	1902	Statik der Baukonstruktionen	
WS	1902/03	Landwirtschaftliche Maschinenkunde	H
SS	1903	Ausgewählte Kapitel der technischen Mechanik	

Göttingen

WS	1904/05	Festigkeitslehre und Hydraulik	N
SS	1905	Maschinentechnik	
WS	1905/06	Hydraulik und Gasdynamik	H
SS	1906	Einführung in die Mechanik	A
WS	1906/07	Dynamik der Punktsysteme und starren Körper	H
SS	1907	a) Maschinenlehre für alle Fakultäten, insbesondere Landwirte und Juristen b) Einführung in die Thermodynamik, insbesondere Thermodynamik der Maschinen	
WS	1907/08	Hydrodynamik und Aerodynamik einschließlich verschiedener Probleme der Hydraulik und Gasdynamik	
SS	1908	a) Technologie b) Ausgewählte Abschnitte aus der Hydrodynamik und Aerodynamik c) Einführung in die Theorie der Elastizität und Festigkeit	N N
WS	1908/09	Statik der Baukonstruktionen	
SS	1909	a) Einführung in die Maschinenlehre b) Wissenschaftliche Grundlagen der Luftschifffahrt	H
WS	1909/10	Einführung in die Mechanik	H
SS	1910	Einführung in die Thermodynamik	
WS	1910/11	Aeromechanik und Luftschifffahrt	N
SS	1911	Elastizität und Festigkeit	H
WS	1911/12	Hydrodynamik	
SS	1912	Statik der Bauwerke	
WS	1912/13	Wissenschaftliche Grundlagen der Luftschifffahrt	
SS	1913	Mechanik der Kontinua	H
WS	1913/14	Hydrodynamik und Aerodynamik	
SS	1914	Thermodynamik	
WS	1914/15	Analytische und graphische Statik	
SS	1915	Elementare Mechanik	H

1915 - 1919   wegen des Baus des Großen Windkanals beurlaubt

SS	1919	Einführung in die Mechanik	H

Zwischensemester	1919	Einführung in die Mechanik	A
Herbst	1919	Einführung in die Mechanik	
WS	1919/20	Mechanik der Kontinua	
SS	1920	Aerodynamik	N
WS	1921/22	Mechanik, insbesondere technische Mechanik	N
SS	1922	Aerodynamik	N
WS	1922/23	Mechanik der Kontinua	
SS	1923	Analytische und graphische Statik	H
WS	1923/24	Thermodynamik	H
SS	1924	Hydrodynamik	
WS	1924/25	Aoeromechanik	N
SS	1925	Analytische und graphische Statik	H
WS	1925/26	Thermodynamik	H
SS	1926	Hydrodynamik und Aerodynamik	
WS	1926/27	Aeromechanik	
SS	1927	Analytische und graphische Statik	H
WS	1927/28	Hydrodynamik	
SS	1928	Thermodynamik	H
WS	1928/29	Aeromechanik	
SS	1929	Analytische und graphische Statik	H
WS	1929/30	Prandtl beurlaubt	
SS	1930	Hydrodynamik und Aerodynamik	
WS	1930/31	Aeromechanik	
SS	1931	Thermodynamik	
WS	1931/32	Einführung in die Mechanik	
SS	1932	Anschauliche und nützliche Mathematik So 11 – 12	S
WS	1932/33	Aeromechanik	
SS	1933	Ausgewählte Abschnitte der Strömungslehre	
WS	1933/34	Einführung in die Thermodynamik	N
SS	1934	Hydrodynamik und Aerodynamik	
WS	1934/35	Aeromechanik	
SS	1935	Ausgewählte Abschnitte der Strömungslehre	
WS	1935/36	Einführung in die Thermodynamik	

SS	1936	Hydrodynamik und Aerodynamik I	
WS	1936/37	Hydrodynamik und Aerodynamik II	
SS	1937	Aeromechanik	
WS	1937/38	Ausgewählte Abschnitte der Strömungslehre	
SS	1938	Hydrodynamik und Aerodynamik I	
WS	1938/39	Hydrodynamik und Aerodynamik II	
SS	1939	Hydrodynamik und Aerodynamik III	
Herbst	1939	(Trimester) Tragflügeltheorie	
WS	1939/40	Aeromechanik	
1-3.Trim.	1940	Hydrodynamik und Aerodynamik I – III	
WS	1940/41	Einführung in die Thermodynamik	
SS	1941	Besprechung von Fragen der Angewandten Mechanik	
WS	1941/42	Besprechung von Fragen der Angewandten Mechanik	
SS	1942	Aeromechanik	
WS	1942/43	Hydrodynamik und Aerodynamik I	N
SS	1943	Hydrodynamik und Aerodynamik II	N
WS	1943/44	Hydrodynamik und Aerodynamik III	
SS	1944	Einführung in die Festigkeitslehre Ausgewählte Abschnitte der Strömungslehre	N
WS	1944/45	Einführung in die Mechanik	N
SS	1945	kein Vorlesungsbetrieb	
WS	1945/46	Einführung in die Mechanik	N
WS	1946/47	Ausgewählte Abschnitte der Strömungslehre (Turbulenz und meteorologische Strömungslehre)	

2.2 Prandtl's Teilnehmerlisten

Prandtl führte bereits in Hannover Teilnehmerlisten seiner Vorlesungen. Zunächst war es eine reine Namensliste. Später wurde auch nach Studiendaten gefragt, die den Ausbildungsstand kennzeichnen z.B. Studienfach, Semesterzahl, u.a.. Teilweise wurde auch die Göttinger Anschrift und die Heimatanschrift erfragt. Prandtl hat die Listen meist in der letzten Vorlesungsstunde angefertigt. Offensichtlich war er über die Besucher seiner Vorlesungen gut im Bilde, denn häufig fügte er noch Namen hinzu mit dem (stenographischen) Vermerk: "war sonst immer da" oder "vorzeitig abgereist". Soweit die Listen die Heimatanschrift enthalten, kann man auf eine Reihe ausländischer Hörer aus folgenden Ländern schließen:

Ausländische Hörer der Vorlesungen von Ludwig Prandtl (soweit in den Hörerlisten erfaßt):

Bulgarien
BL. Doaptschin (Sofia)   1936/37

China
Ta-Shen-Wong (Canton)   1924/25
Cheng-Fu-Wang (Kaifeng)   1924/25
Yü-Li-Djän (Schanghai)   1932/35
Kwei-L. Feng (Canton)   1933
Chen Yü-Thon (Tsie-men)   1934/35
Shon Nan Lu   1937
Hsin-Chen Lu (Peking)   1937
N.C. Chang   Diss. 1942   1942

Dänemark
Malcom Westergaard   1913
Christina Gerthsen (Alsen)   1920

Estland
Alex. v. Baranof   Diss. 1925   1923/24
Edgar Kraten   1923
Bory Pumis   Diss. 1947   1937/43

Finnland
Leo Sokoloff   1921/22

Großbritannien

Louis L. Rosenhead (Cambridge)	1930/31
John Caldwell (Glasgow)	1930/31
Hilda Rilyon	1932/33
Bryan Squire (St. Mots)	1932/33

Kanada

Franklin A. Dobson (St. Thomas)	1932/33

Indien

Nolini Kanto Bose (Kalkutta) Diss. 1923	1932/33
Shankar Manerikar (Bombay)	1932/33
V.M. Ghatage Diss. 1936	1934/35

Japan

K. Aichi	1909
F. Hayashi	1909
H. Yamanonchi (Tokio)	1928/29
Oda Takasuke	1928/29
K. Tabushi (Kioto)	1930
R. Matsufuji (Tokio)	1930/31
Keizo Tabushi	1930/31
Ito Teidi	1933/34

Lettland

G. Lyra (Riga)	1937/38
Georg Lokot	(Riga) 1939

Norwegen

R. Gran Osson (Trondheim)	1933
Leif Myrholt (Oslo)	1936/37

Österreich

V. Grimburg (Wien)	1904/05
H. Rothe	1906
Otto Brezina Diss. 1923	1921/22
Eduard Jahoda (Wien)	1924
H. Winter (Graz)	1930
Klaus Oswatitsch (Wien) Diss. 1942	1938/39
Hans Böhm (St. Michael) Diss. 1942	1938/40
Herbert Schuh (Wien) Diss. 1946	1939
Rudolf Bruniak (Wien)	1944

Rumänien

L.D. Dumitrescu (Bukarest) Diss. 1943	1936/43

Schweden

Erik Petertsohn (Stockholm)	1926/28

Schweiz

A. Buri (Diss. Zürich 1931)	1931
Dr. Cérésote (Zürick)	1904/05
Eduard Jordi	1910
P. Scherrer	1913
Agnes E. Welti (Bern)	1931/33

Südafrika

Irvine Low	1924/25

Tschechoslowakei

Josef Kalb (Karlsbad)	1944
E. Swiczinsky (Ölmütz)	1944

Ungarn

Elül Anderlik (Budapest)	1924
Pogany	1908
Dr. Zimplin (Budapest)	1904/05

U.S.A

Robert J. Blaine	1931/32
W.E. Brooke (Minnesota)	1908/09
Charles Boehnlein (Minneapolis)	1927
W. E. Coates (Ann Arbor Michigan)	1924
Peter Field	1908/09
Hobart Frazy (Harward University)	1913/14
J. P. den Hartog (Pittsburgh)	1930/31
M. O. Pripp (Columbia University)	1910
Stewart Way (Pasadena)	1930

U.S.S.R.

N. Archanikoff (Moskau)	1930/31
Nicolai Cetajew (Kasan)	1930
S. Gerschgorin (Leningrad)	1930
Dipl. Ing. Kogewnikow (Moskau)	1930/31
M. Lewitskaja (St. Petersburg)	1913
J. Nikuradse (Georgien) Diss. 1925	1923
N. Uchanoff (Moskau)	1930/31

Die Gesamtzahl der Hörer lag in Hannover bei etwa 30 je Vorlesung, in Göttingen schwankte die Hörerzahl etwa zwischen 10 und 30, nur 7 Hörer sind im Inflationsjahr 1923 verzeichnet, dafür aber 65 Hörer für die Mechanikvorlesung im WS 1909/10.

3. Die handschriftlichen Vorlesungsmanuskripte

Wie bereits erwähnt, hat Prandtl seine Vorlesungen in verschiedener Weise schriftlich vorbereitet. Am häufigsten sind handschriftliche Aufzeichnungen, die bei einer Wiederholung der Vorlesung durch viele handschriftliche Zusätze ergänzt wurden. Nur in einem Fall existiert ein mit der Schreibmaschine geschriebenes Manuskript (1932). In einigen Fällen haben Schüler ein Schreibmaschinenmanuskript angefertigt. Hierher gehört auch die von Tietjens vorgenommene Ausarbeitung der Vorlesungen Hydrodynamik und Aerodynamik, die in Buchform erschienen ist. In vielen Fällen hat Prandtl jedoch nur Notizen zu den Vorlesungen hinterlassen, wie dies bereits im Verzeichnis der Vorlesungen angegeben wurde.

3.1 Bemerkenswerte Inhalte der Prandtlschen Vorlesungen

3.1.1 Allgemeiner Überblick

Prandtl begann seine Vorlesungstätigkeit in Hannover mit Kursusvorlesungen über Mechanik und Statik, die dann durch Vorlesungen über "Statik der Bauwerke" und "Landwirtschaftliche Maschinenkunde" ergänzt wurden.

Auch nach der Übersiedlung nach Göttingen im Jahre 1904 begann Prandtl mit Mechanik und Festigkeitslehre, letztere bereits im WS 1904/05 mit Hydraulik kombiniert. Erst im Jahre 1908 rückte die Hydrodynamik und Aerodynamik stärker in den Vordergrund und 1909 kam die Luftschifffahrt hinzu, deren wissenschaftliche Grundlagen in einer Vorlesung erarbeitet wurden. In den folgenden Jahren wechseln die genannten Vorlesungen ständig ab. Während die Gasdynamik bereits sehr früh (WS 1904/05) in einer Vorlesung behandelt wird, erscheinen Turbulenz und meteorologische Strömungsprobleme erst sehr viel später. Obwohl Prandtl in seinen Vorlesungen solide Kenntnisse in Differentialgleichungen, Funktionentheorie, Variationsrechnung u.a. voraussetzte, hat er doch rein mathematische Probleme in seinen Vorlesung nicht behandelt. Schon sehr früh setzte er die Vektoren- und Tensorenschreibweise ein und bemühte sich bereits 1903 während seiner Lehrtätigkeit in Hannover um eine einheitliche Vektorenschreibweise, konnte jedoch seine Vorschläge nicht durchsetzen. Bemerkenswert ist, dass Prandtl trotz seiner großen Verdienste um die Entwicklung der Plastizitätstheorie keine Vorlesungen aus diesem Fachgebiet hielt. Lediglich in seiner Vorlesung "Festigkeitslehre und Hydraulik" (WS 1904/05) streifte er die Vorgänge der Fließdehnung.

3.1.2. Mathematik

3.1.2.1 Allgemeine Bemerkungen

Prandtl war von Hause aus Ingenieur und in der Mathematik sah er nur ein Hilfsmittel zur Lösung konkreter Aufgaben. Er machte dabei zur Darstellung dreidimensionaler Vorgänge weitgehend von der Vektorrechnung Gebrauch und war daher daran interessiert, einheitliche Schreibweisen einzuführen. Bei der Darstellung ebener Strömungsvorgänge und auch bei ebenen Festigkeitsproblemen benutzte Prandtl gern die komplexe Schreibweise und die Hilfsmittel der konformen Abbildung. Die Probleme der Strömungsmechanik führen in der Regel auf partielle Differentialgleichungen, die sowohl von elliptischem Typ (Unterschallströmungen), parabolischem Typ (Grenzschichtgleichungen) und hyperbolischem Typ (Überschallströmungen) sein können. In den Vorlesungen der Mathematiker werden die genannten Probleme oft nur unzureichend oder in einer für Ingenieure wenig verständlichen Weise behandelt. Prandtl hat die genannten Probleme vielfach im Laufe seiner Vorlesungen gestreift und in der Vorlesung "Anschauliche und nützliche Mathematik" im SS 1932 zusammenfassend behandelt.

3.1.2.2 Prandtl's Bemühen um eine Vereinheitlichung der Vektorrechung

Prandtl machte in seinen Vorlesungen ausgiebigen Gebrauch von der Vektor- und Tensorrechnung. Daher hatte er auch großes Interesse an einer einheitlichen Schreibweise. Bereits am 2. August 1903 stellt Prandtl Grundsätze für eine einheitliche Schreibung der Vektoren im technischen Unterricht auf. Er schlägt dabei vor, Vektoren nicht durch Schriftarten (z.B. deutsche

Schrift) sondern in der Druckschrift durch Fettdruck und in der Handschrift durch Unterstreichen zu kennzeichnen (Diese Grundsätze sind auch im Jb. Dtsche. Math. Ver. Bd XII S. 244 abgedruckt). Prandtl gerät mit seinen Vorschlägen in Gegensatz zu anderen Auffassungen der Mathematiker. Die eine, die Prandtl die "geometrische Richtung" nennt, baut sich auf den Anschauungen der Grassmannschen Ausdehnungslehre auf und wird vor allem von Mehmke vertreten, der sie auch als "deutsch-italienische" Richtung bezeichnet. Eine zweite Auffassung erweitert die Geometrie der komplexen Ebene mit Hilfe von imaginären Größen auf den dreidimensionalen Raum und steht damit in Verbindung zur Hamiltonschen Quaternionentheorie. Wegen des Zusammenhangs dieses Systems mit der sphärischen Trigonometrie nennt Prandtl diese Richtung die "trigonometrische". Die dritte von Heaviside und Gibbs begründete Auffassung wird von Prandtl vertreten und von ihm als "physikalische" Richtung bezeichnet.

Zur Klärung dieser kontroversen Meinungen setzte die Deutsche Mathematikervereinigung 1903 eine Kommission ein. Nachdem diese Kommission an den gegensätzlichen Auffassungen gescheitert war, wurde auf dem Mathematikerkongress in Rom eine internationale Kommission eingesetzt, die eine vorbereitende Sitzung in Cambridge abhielt. Für diese Sitzung stellt Prandtl am 11. August 1912 handschriftliches Material zur Verfügung, das er als Endergebnis der Arbeiten des Deutschen Ausschusses für Vektorbezeichnungen (1903 - 1904) ansieht. Prandtl schickt dieses Material auch an den französischen Mathmatiker Hadamard. Durch den Ausbruch des ersten Weltkriegs wird die Weiterarbeit der internationalen Kommission beendet. Nach Kriegsende wird die Angelegenheit vom Ausschuß für Einheiten und Formelzeichen (AEF) wieder aufgegriffen. In der Zeitschrift ZAMM 1921 S. 421 werden Vorschläge vorgelegt. Prandtl verfaßt hierzu einen Gegenvorschlag und setzt sich für die Gibbsschen Bezeichnung ein.

3.1.2.3 Mathematische Ergänzungvorlesungen

Von dieser Vorlesung (1919) sind handschriftliche Notizen erhalten, aus denen hervorgeht, dass Prandtl hauptsächlich das Rechnen mit komplexen Zahlen anschaulich entwickelte. Neben den einfachen Rechenoperationen der Addition und Subtraktion erläuterte er auch Multiplizieren, Dividieren, Potenzieren und Radizieren von komplexen Zahlen.

3.1.2.4 Anschauliche und nützliche Mathematik (SS 1932)

Von dieser Vorlesung sind sowohl handschriftliche Notizen (26 Seiten) als auch ein ausgearbeitetes Schreibmaschinen-Manuskript erhalten. Die Vorlesung soll eine persönliche Auswahl von anschaulichen und nützlichen Hilfen zur Lösung realer Aufgaben geben. Nachdem Prandtl in der Einleitung an Beispielen erklärt, dass numerische Rechnungen nur mit einer solchen Genauigkeit durchgeführt worden sollen, die für die Aufgabenstellung sinnvoll ist, gibt er eine Anleitung zum logarithmischen Kopfrechnen. Die beiden ersten Kapitel behandeln die Funktionen x^m und die Kreis- und Hyperbelfunktionen und Prandtl zeigt, dass sich bekannte Eigenschaften dieser Funktionen zeichnerisch leicht bestätigen und anschaulich deuten lassen. Für die Differentiation und Integration von Funktionen werden einige graphische und numerische Hilfsmittel besprochen, darunter der Naatzsche Differenzierapparat mit Spiegellineal und der Prismenderivator. Eine große Bedeutung wird der Möglichkeit beigemessen, irgendwelche Funktionen durch eine Reihenentwicklung darzustellen, wobei Potenzreihen und Fourierreihen die wichtigsten sind. Bei der numerischen Auswertung erreicht man dabei häufig durch Zusammenfassen von Gliedern eine schnellere Konvergenz. Im fünften Kapitel erläutert Prandtl das Umgehen mit Näherungsformeln. Im sechsten Kapitel gibt er Ratschläge für die Auffindung von Wurzeln einer algebraischen Gleichung. Die Erläuterung komplexer Veränderlicher führt dann auf die Funktionen komplexer Veränderlicher und die konforme Abbildung sowie auf die Hodographenmethode bei Flüssigkeitsströmungen. Im Schlusskapitel über Differentialgleichungen werden die verschiedenen Eigenschaften elliptischer, parabolischer und hyperbolischer Differentialgleichungen behandelt.

3.2 Mechanik

3.2.1 Allgemeine Bemerkungen

Wie Prandtl in seiner Vorlesung über "Mechanik der Kontinua" (SS 1913) einleitend bemerkt, ist alle Naturwissenschaft genötigt, die wirklichen Vorgänge durch vereinfachte Gedankenbilder darzustellen, die nicht mit der vollständigen Wirklichkeit übereinstimmen müssen und auch nicht können. Vielmehr ist nach Hertz zu fordern, dass sie 1) logisch zulässig, 2) zutreffend, 3) zweckmäßig seien. Solche Gedankenbilder sind in der Mechanik der materielle Punkt, der starre Körper, das Kontinuum.

Unter Mechanik versteht Prandtl die Lehre von den Kräften und Bewegungsvorgängen, wobei die Lehre von den Kräften allein als Statik, von den Bewegungen allein als Kinematik und das Zusammenwirken von beiden als Dynamik bezeichnet wird. Prandtl hat den Begriff "Mechanik" allerdings nie auf die mechanischen Kräfte verengt gesehen. Das Zusammenwirken mechanischer und nichtmechanischer Energieformen wurde stets einbezogen. Z.B. ist bei der Betrachtung von Reibungskräften die Thermodynamik zu berücksichtigen und die Gasdynamik ist ohne die Thermodynamik gar nicht denkbar.

Entsprechend seinem Einteilungsschema begann Prandtl seine erste Vorlesung in Hannover mit "Statik". Später hat er noch mehrere Vorlesungen über "Analytische und graphische Statik" (WS 14/15, SS 23, 25, 27, 29) und über die Statik der Bauwerke (WS 08/09) gehalten. Über Kinematik hat Prandtl keine eigenen Vorlesungen gehalten. Doch sind in den aufeinanderfolgenden Vorlesungen "Einführung in die Mechanik" (SS 06, WS 09/10, WS 18/19, SS 19, Herbst 19, WS 31/32, WS 44/45, WS 45/46) und "Dynamik der Punktsysteme und starren Körper" (WS 06/07) ausführliche Abschnitte der Kinematik eingefügt.

3.2.2 Einführung in die Mechanik (SS 1906)

Prandtl unterscheidet zwischen "analytischer Mechanik", in der die mathematischen Grundlagen im Vordergrund stehen, der "theoretischen Mechanik", in der die Prinzipien (auch philosophische) im Mittelpunkt des Interesses stehen, und der "technischen Mechanik", der es wesentlich um die Anwendungen geht. Was Prandtl selbst in seiner Vorlesung beabsichtigt, möchte er mit der Bezeichnung "anschauliche Mechanik" oder auch vielleicht "praktische Mechanik" kennzeichnen. Nach seinen Worten "sollen die Grundvorstellungen und Gedankenreihen der Mechanik so richtig ins Gefühl übergehen, dass man ohne langes Rechnen sich schon ein einigermaßen richtiges Bild von den Vorgängen machen kann; es sollen weiter die Gesetzte der Mechanik so herausgearbeitet werden und durch Lösung von Aufgaben geläufig gemacht werden, dass sie zu einem praktischen Werkzeug für die Behandlung der verschiedensten Fragen wird. Experimente und ihre rechnerischen Vorbereitungen werden zur Unterstützung dieses Ziels dienen".

Prandtl hat verschiedene Einteilungskriterien der Mechanik aufgestellt:

1) Auswahl nach den Grundvorstellungen Raum, Zeit, Kraft, woebei Raum und Zeit die Kinematik (auch Phoronomie), Raum und Kraft die Statik und alle drei zusammen die Dynamik oder Kinetik ergeben.

2) Nach Objekten der Betrachtung
   Mechanik des Massenpunktes, der Punktsysteme, der starren Körper, der elastischen und flüssigen Körper.

3) Je nachdem, ob die Geschwindigkeiten klein oder mit der Lichtgeschwindigkeit vergleichbar sind kann man die "gewöhnliche" von der "Relativitätsmechanik" unterscheiden.

Am Beispiel der Federwaage zeigt Prandtl, dass jede Kraft durch eine Gegenkraft kompensiert wird, die Federkraft z.B. durch ein Gewicht oder durch Muskelkraft. Die Gegenkraft kann wie z.B. beim freien Fall auch eine Trägheitskraft oder ein Strömungswiderstand sein. Die Fälle, bei denen die Kraft vom Weg oder der Geschwindigkeit abhängt, führen dann auf die Probleme der gedämpften freien oder erzwungenen Schwingungen. Sehr ausführlich behandelt Prandtl die Maßsysteme, wobei er das "Ortssystem", das "absolute" und das "physikalische" Maßsystem einander gegenüberstellt. Die ersten Beiden haben Länge, Zeit und Kraft als Einheiten, wobei beim "Ortssystem" ein geeichtes Kilogrammgewicht, beim absoluten System das Urkilogramm in Paris als Einheit dient. Beim physikalischen System bildet die Masse die dritte Einheit.

Über diese Vorlesung gibt es eine Ausarbeitung von P. Thorsch, die auch eine Liste der von Prandtl empfohlenen Lehrbücher enthält. Übungen zu dieser Vorlesung sind von G. Hertz ausgearbeitet worden. Die Vorlesung wurde im WS 1909/10, SS 1919, WS 1931/32, WS 1944/45 und WS 1945/46 wiederholt. Für die verschiedenen Vorlesungen wurden meist neue Übungsaufgaben formuliert, für die teilweise Ausarbeitungen vorliegen.

Über Prandtl's Vorlesung "Mechanik" (SS 1919) gibt es eine Ausarbeitung von W. Lohmann (300 Seiten). Wie bereits in der vorstehend beschriebenen Vorlesung setzt sich Prandtl zu Beginn wieder mit den verschiedenen Einteilungsprinzipien der Mechanik auseinander, wobei er als neuen Gesichtspunkt eine Einteilung nach Energieformen ins Spiel bringt. Bewegungsenergie, Gravitation und elastische Energie bilden die eigentliche Mechanik (in Frankreich "mécanique rationelle" genannt), Reibungsenergie und Wärme zählen zur Thermodynamik (in Frankreich "mécanique appliquée" genannt). Prandtl führt die Geschwindigkeit und die Beschleunigung und damit auch die Kraft als Vektor ein, während die Dehnung ein Tensor ist. Am schrägen Seilzug können die Seilkräfte leicht aus dem Vektordiagramm der Kräfte abgelesen werden. Die für statische Kräfte geltenden Gesetze können auch auf dynamische Kräfte ausgedehnt werden, die aus beschleunigter Bewegung entstehen. Auch Richtungsänderungen werden durch Kräfte hervorgerufen. Ein einfaches Beispiel ist die Bewegung auf einem Kreis, die eine Zentripetalbeschleunigung erfordert. Bei einem an einem Faden geführten Körper macht sich dies als Fadenspannung bemerkbar. Weiterhin werden die allgemeinen Bewegungsgleichungen auf den Fall des schiefen Wurfs angewandt und die Gleichung der Wurfparabel abgeleitet. Bei gegebenem Anfangs- und Endpunkt gibt es entweder zwei, eine oder keine Lösung für den Abschusswinkel. Auch die Lösung für die Wurfparabel bei quadratischem Widerstandsgesetz wird von Prandtl abgeleitet. Als einfaches Beispiel einer flächenläufigen Bewegung wird die schiefe Ebene untersucht. Ein einfacher Fall einer linienläufigen Bewegung ist das vertikale Kreispendel und Prandtl zeigt, dass die allgemeine Lösung auf elliptische Integrale führt. Bei einem nicht vertikalen Pendel verläuft die Bewegung auf einer Kugelfläche und man kann die Gesamtbewegung aus zwei senkrecht zueinander stehenden Teilschwingungen zusammensetzen. Bei Phasengleichheit ergibt sich ein Kreis,. bei Ungleichheit eine Ellipse. Den Kreisfall nennt man auch horizontales Kreispendel, konisches Pendel oder Kegelpendel und die Umlaufzeit ist leicht berechenbar ebenso wie die Fadenspannung. Amüsant ist folgende von Prandtl gestellte Aufgabe: Ein schwerer Massenpunkt befinde sich auf einer glatten Halbkugel. Beim Heruntergleiten löst er sich von der Halbkugel und trifft auf den Boden. In welcher Entfernung vom Kugelmittelpunkt trifft er den Boden?

Von der Reibung schreibt Prandt, dass man darüber nur wenig bei den Mathematikern findet, weil sie nur das besonders lieben, was sich elegant behandeln läßt, während die Ingenieure das bevorzugen, was der Praxis entspricht. Prandtl weist darauf hin, dass die Coulomb'sche Reibung vom Wert Null bei der Geschwindigkeit Null auf den vollen Wert bei einer Geschwindigkeit von 10^{-4} cm/sec anwächst. Für technische Aufgaben interessiert der niedrige Geschwindigkeitsbereich kaum, so dass man näherungsweise den vollen Wert bei der Geschwindigkeit Null ansetzen kann. Reibungszahlen sind mit Unsicherheiten belastet, da Staub- und Fettschichten einen wesentlichen Einfluss haben können. In der Technik sucht man allerdings die Festreibung durch einen Schmierfilm zu vermeiden. Ebenso schmilzt auch beim Schlittschuhlaufen das Eis unter Druck und man fährt daher auf einer Wasserschicht.

3.2.3 Dynamik der Punktsysteme und starren Körper (WS 1906/07)

Nach einer Einführung erläutert Prandtl die drei Grundgleichungen, nämlich:

a) Impuls (oder Bewegungsgröße) ist das Zeitintegral der Kraft. Dies wird an den Stoßgesetzen erläutert.

b) Der Läöchensatz (oder Momentensatz) wird als äußeres Vektorprodukt von Weg und Kraft dargestellt. Bei einer Zentralkraft ist dieses Produkt Null und man erhält das 2. Keplersche Gesetz.

c) Der Arbeitssatz besagt, dass das innere oder skalare Produkt von Kraft und Weg gleich der Änderung der kinetischen Energie ist.

Auch die Drehung eines Körpers ist eine Vektorgröße, die man in die einzelnen Komponenten zerlegen kann, umgekehrt kann man Drehungen um mehrere Achsen durch eine resultierende Drehung ersetzen.

Ein Satz der Statik besagt, dass für einen ruhenden Massenpunkt die Summe aller Kräfte Null ist. Dies führt auf insgesamt sechs Gleichungen, nämlich drei für die Kräfte und drei für die Momente. Auch für einen Körper in beschleunigter Bewegung kann man ein Kräftegleichgewicht zwischen der wirkenden Kraft und der Trägheitskraft postulieren, wie es von d'Alembert bereits 1742 angegeben wurde. In dieser Weise kommt Prandtl zur Aufstellung der Lagrangeschen Bewegungsleichungen für starre Körper. Davon ausgehend behandelt Prandtl Systeme mit mehreren Freiheitsgraden. Während er zunächst innere Kräfte (d.h. Kräfte von Massen desselben Systems) von den äußeren Kräften (d.h. Kräfte von Massen außerhalb des Systems) unterschieden hat, unterscheidet er jetzt eingeprägte Kräfte (Massenkräfte) von den Reaktionen (Berührungskräfte). Erstere sind die sogenannten Fernkräfte (Schwerkraft, elektrische Kräfte), die ihren Sitz in der Masse verteilt haben und meist der Masse proportional sind. Im Gegensatz dazu sind die Berührungskräfte Stützdrücke an der Berührungsstelle zweier Körper. Die Reaktionen werden in reibungsfreie und reibende eingeteilt. Die letzteren führen zu Bewegungswiderständen. Die Trägheitskräfte geifen an den Massenteilchen an und gleichen daher den eingeprägten Kräften. Bei verschiedenen Aufgaben können sie daher auch gemeinsam mit diesen behandelt werden. Die eingeprägten Kräfte sind meist von vorneherein nach Größe und Richtung gegeben, die Reaktionen dagegen erst durch die Bewegung selbst bestimmt. Sie treten gerade in solcher Stärke auf, dass die Bewegungsbedingungen dadurch aufrecht erhalten werden.

Eine andere Unterscheidung ist die in konservative und nichtkonservative Kräfte. Konservative Kräfte sind solche Kräfte, die durch die augenblickliche Stellung aller Massen ("Konfigurationen") vollständig bestimmt sind.

Diese mehr allgemeinen Ausführungen erläutert Prandtl durch einfache Beispiele wie z.B. Flaschenaufzug, physisches Pendel (wobei die elliptischen Funktionen durch eine Reihenentwicklung angenähert werden), Reversionspendel, Rollen eines Zylinders auf einer zylindrischen Fläche, wobei es stabile und labile Gleichgewichtslagen geben kann. Ein ähnliches Problem ist die Stabilität eines schwimmenden Schiffes.

Prandtl setzt seine Vorlesung mit einem Abriss der Kinematik ebener, starrer Systeme fort und erläutert bei abrollenden Körpern die Konstruktion der Polbahn und Polkurve (Polhodie und Herpolhodie). Als Beispiel werden die Polbahn und Polkurve einer Strecke bestimmt, deren Endpunkte auf zwei sich schneidenden Geraden gleiten. Als weiteres Beispiel werden die Polbahnen eines Kurbelvierecks bestimmt, ein Problem, das in der Technik häufig vorkommt. Ein weiteres Beispiel ist ein Kurbelmechanismus mit Schubstange. Bei der Betrachtung komplizierterer Mechanismen ist es häufig zweckmäßig, sich mehr als zwei gegeneinander bewegliche Ebenen vorzustellen. Bei drei Ebenen sind dann drei Pole aufzusuchen, die immer auf einer Geraden liegen. Bei einem komplizierteren Beispiel, das in der Vorlesung besprochen wird, werden sogar fünf Ebenen und damit auf fünf Pole benutzt.

Weitere Kapitel der Prandtl'schen Vorlesung befassen sich mit der Dynamik von zwangsläufigen Mechanismen und mit Fundamentkräften. Im letzten Fall wird nach den Kräften und Momenten gesucht, die vom Maschinengestell auf die Fundamente übertragen werden, in Zusammenhang steht damit der Massenausgleich, insbesondere auch für Schiffsmaschinen. Als Beispiele werden die symmetrische Vierkurbelmaschine und die Dreikurbelmaschine besprochen. Als weiteres Problem wird die freie Rotation eines starren Körpers mit einem festen Punkt behandelt. Dies leitet zu einer eingehenden Behandlung des Kreisels über, die Prandtl besonders am Herzen liegt. Dabei wird sowohl die schnelle, als auch die langsame Präzession des Kreisels berücksichtigt, Die Vorlesung schließt mit einer Vorführung des Greenhill-Kreisels.

3.2.4 Statik der Bauwerke und Baukonstruktionen (SS 1902; WS 1908/09, SS 1912), Analytische und graphische Statik (WS 1914/15, SS 1923, 25, 27, 29)

In der Vorlesung vom SS 1923 sagt Prandtl einleitend, dass der ausführliche Vorlesungstitel heißen müsste: "Einführung in die analytischen und graphischen Methoden der Statik der Baukonstruktionen". Deswegen können die oben genannten Vorlesungen zusammengefasst werden.

Man kann das Thema nach Formen der Baukonstruktionen einteilen in:
1) Seilartige Bauwerke
2) Stabförmige Bauwerke (Balkone, Pfeiler, auch Bögen)
3) Stabgerüste (insbesondere Fachwerke, Rahmenwerke)
4) Flächenhafte Bauwerke (Decken, Gewölbe, Kuppeln, Behälter darunter auch Schiffe und Luftschiffe)

Prandtl nimmt noch eine andere Einteilung vor:

a) Lehre von den Belastungen (ruhende Belastung, d.h. Eigengewicht)
b) Lehre von den statisch bestimmten Bauwerken (Sätze der Statik, starre Körper)
c) Lehre von den statisch unbestimmten Bauwerken (die Formänderungen müssen berücksichtigt werden)
d) Konstruktionslehre der Bauglieder

Prandtl erläutert die verschiedenen Aufgabenstellungen sowohl an Beispielen statisch bestimmter als auch statisch unbestimmter Fachwerke (z.B. Brücken). Als Berechnungsbeispiele bei der Balkenbiegung werden sowohl massive als auch genietete I-Träger behandelt. Bei der Untersuchung von Pfeilern (mit vertikaler Last) werden auch exzentrische Belastungsfälle berücksichtigt. In diesem Fall dürfen bei gemauerten Pfeilern keine Zugspannungen auftreten. Beim schlanken Pfeiler mit exzentrischer Belastung kann sogar eine Biegebeanspruchung auftreten. Dies führt natürlich zur Theorie der Knickung. Ein weiteres Kapitel der Vorlesung ist der Theorie statisch bestimmter und unbestimmter Fachwerke gewidmet. Auch für nichteinfache Fachwerke werden Berechnungsmethoden abgeleitet, die aus sogenannten "Grundfiguren" abgeleitet sind. Die einfachste Grundfigur ist das regelmäßige Sechseck mit drei Diagonalen. Auch die Formänderung von Fachwerken wird berechnet, wobei für die Kantenpunktverschiebungen der Verschiebungsplan von Williot zugrunde gelegt wird.

Ein weiteres Kapitel behandelt die Torsion von Stäben mit Kreisquerschnitt, Kreisringquerschnitt, elliptischem und rechteckigem Querschnitt. Weiterhin untersucht Prandtl die Spannungsverteilung in dickwandigen Rohren unter hohem Innendruck, wobei er auch das Aufschrumpfen (franz. Frettage) eines äußeren Rohres berücksichtigt, wie es technisch zur Erhöhung des möglichen Innendrucks angewandt wird. Abschließend behandelt Prandtl die Durchbiegung kreisförmiger oder quadratischer Platten bei Druckbelastung.

3.2.5 Mechanik der Kontinua (SS 1913, WS 1919/20, 1922/23)

Da die festen Körper bekanntlich aus einzelnen Atomen bestehen, ist die Annahme eines Kontinuums nur eine vereinfachende Vorstellung. Der einfachste Fall ist ein eindimensionales Kontinuum, das aus einer geraden oder gekrümmten Linie bestehen kann. Man kann sich eine solche gekrümmte Linie aus aneinandergereihten Kugeln vorstellen, die durch Federn miteinander elastisch verbunden sind. Für jede Kugel gilt dann das Kräftegleichgewicht. Wenn man die Durchmesser und Abstände der Kugeln immer kleiner macht, kommt man im Grenzfall zur kontinuierlichen Linie und die Differentialgleichungen der schwingenden Kugeln gehen in die Schwingungsgleichung einer Linie über. Mit einem solchen Modell untersucht Prandtl die lineare Wellenausbreitung. Für Linien endlicher Länge müssen Grenzbedingungen an beiden Enden aufgestellt werden. Die einfachsten Grenzbedingungen sind: a) kinematisch (Ende festgehalten) b) dynamisch (Ende kräftefrei). Prandtl erläutert an diesem Modell Phasengeschwindigkeit und Gruppengeschwindigkeit.

Im Zweiten Abschnitt der Vorlesung geht Prandtl zu allgemeinen Formulierungen des dreidimensionalen Problems über. Bei kleinen Formänderungen kann das Hookesche Gesetzt mit einer linearen Abhängigkeit der Formänderungen und der Spannungen zugrunde gelegt werden. Innerhalb dieses linearen Zusammenhangs gilt auch das Supperpositionsgesetz, d.h. bei verschiedenen nebeneinander bestehenden Spannungszuständen ergeben sich die Formänderungen als Summe der Teilwirkungen. Als Berechnungsbeispiel wird die Ausbreitung longitudinaler und transversaler Wellen auf einer ebenen Fläche untersucht. Die Torsion eines zylindrischen Stabes führt auf das de Saint-Venantsche Problem, bei dem der Stab nur an den beiden Endflächen Belastungen ausgesetzt ist.

Weitere Vorlesungsabschnitte sind der Kristallelastizität und der Elastizität von Platten gewidmet. Von besonderer Bedeutung ist der abschließende Abschnitt über Plastizität. Wie Prandtl schreibt, gibt es bisher nur wenige Aufgaben, für die das plastische Fließen untersucht worden ist. Dabei unterscheidet er zwei plastische Zustände: den "halbplastischen" Zustand, bei dem von den drei Hauptdehnungen nur zwei die Elastizitätsgrenze überschreiten (Beispiel: Torsion eines Kreiszylinders) und den "vollplastischen" Zustand, bei dem alle drei Hauptdehnungen die Elastizitätsgrenze überschreiten. Zur Berechenbarkeit macht Prandtl vereinfachende Annahmen, nämlich dass nach Überschreiten der Elastizitätsgrenze die Spannung konstant bleibt und dass die Dehnungen so klein sind, dass sie bei den Randbedingungen nicht berücksichtigt werden müssen. Als Anwendungsbeispiel berechnet Prandtl den Spannungszustand in einem dickwandigen Rohr unter Innendruck.

3.2.6 Festigkeitslehre und Hydraulik (WS 1904/05)

Die erste Vorlesung, die Prandtl in Göttingen hielt, hatte den Titel "Festigkeitslehre und Hydraulik". Einleitend sagt er "Festigkeitslehre und Hydraulik sind zwei große Gebiete der Ingenieurmechanik. In der Festigkeitslehre erfährt der Ingenieur, wie stark er die Stangen seiner Maschinen machen muss, welche Abmessungen er den Balken seiner Brücken geben muss, wie dick er die Bleche seiner Dampfkessel nehmen muss. Die Hydraulik belehrt den Ingenieur über die fließenden Gewässer, das Arbeiten der Flüssigkeiten in den Maschinen und über die Bewegung der Schiffe. Aber Mathematiker und Physiker werden wohl nie in die Lage kommen, diese Kenntnisse praktisch anzuwenden. Die Bestrebungen von Felix Klein in Göttingen gehen dahin, ein gegenseitiges Verständnis zwischen Theorie und Praxis, zwischen Universität und technischen Wissenschaften zu schaffen. Die Entstehung der technischen Wissenschaften aus der Praxis heraus und die Missachtung ihrer Arbeit von Seiten der Gelehrten haben zu einer Entfremdung und zu verschiedenen Sprachen beider Seiten geführt. Es gibt eine Unzahl von Punkten, wobei die Einen den Anderen helfen können. Die Anwendungen der Mathematik und Physik auf technische Fragen besitzen indes auch praktische Bedeutung für die Lehrer an den höheren Schulen, welche die zukünftigen Lehrer vorzubereiten haben. Auch wer später mit der Technik nichts mehr zu tun hat, wird seinem Lehrer für alle Anregung zu praktischem Denken und Beobachten dankbar sein. Aber auch wer nicht Lehrer werden will, wird finden, dass eine Menge interessanter Gedanken in diesen Gebieten enthalten ist, so dass es sich auch um dieser Willen lohnt, sie näher kennen zu lernen".

Die beiden Gebiete "Festigkeitslehre" und "Hydraulik" haben manches gemeinsam und lassen sich nach Prandtl als "Ingenieurmechanik des Kontinuums" begreifen. Dabei soll die Vorlesung nicht systematisch aus den Elementen heraus aufgebaut werden, sondern methodisch vom Einfachen zum Schwierigen (gleichzeitig als Beispiel für technische Lehrer).

Der Inhalt der einzelnen Abschnitte soll hier nicht näher besprochen werden, da er in ähnlicher Form auch in anderen Vorlesungen enthalten ist.

3.3 Technik

3.3.1 Landwirtschaftliche Maschinenkunde (WS 1902/03)

Prandtl bezeichnet als Vorteile der Landwirtschaftsmaschinen die größere Tagesleistung, raschere Arbeit und Ersparnis an Arbeitslöhnen, als Nachteil das größere Betriebskapital. Eine Ausnutzung ist daher nur dann rentabel, wenn die Benutzungszeit groß genug ist. In manchen Fällen ist die Maschinenarbeit nicht billiger aber besser als Handarbeit, z.B. bei Sämaschinen, wobei auch Saatgut gespart wird.

Die Mechaniklehre von den Kräften und Bewegungen gilt auch in der Landwirtschaft. Die Zugkraft, die ein Pferd an einem gleichförmig bewegten Wagen auf der Ebene ausübt, ist genau so groß wie die Widerstandskraft, die vom Wagen ausgeübt wird. Durch Schienen oder glatte Wege kann man die Widerstandskraft vermindern. Das Hebelprinzip kann man auch in der Landwirtschaft anwenden, um Lasten gleichmäßig zu verteilen. Prandtl demonstriert dies an einem Pferdegespann mit 1 - 3 Pferden. Auch ein Rädergetriebe kann als Hebelsystem aufgefasst werden. Arbeit ist das Produkt aus Kraft und Weg. Ein Pferd, das nur zieht, ohne das sich der Wagen bewegt, leistet in diesem Sinne keine Arbeit. Wenn 1cbm Wasser 20 m hoch gepumpt wird, ist dafür eine Arbeit von 20.000 mkp erforderlich. Am gleichen Beispiel erläutert Prandtl auch den Begriff "Leistung", d.h. eine Arbeit in der Zeiteinheit.

Ein weiteres Kapitel der Vorlesung ist der "Technologie" gewidmet, worunter Prandtl Kenntnisse in den Materialien und deren Verarbeitung versteht. Bei Eisen und Stahl haben die Ausgangsmaterialien wie Magneteisenerz, Roteisenerz, Brauneisenstein und Spateisenstein und die Verarbeitung wie Schmieden, Walzen, Pressen, Ziehen und Gießen einen wesentlichen Einfluss auf das Endprodukt. Hinzu kommt die Bearbeitung mit schneidenden Werkzeugen wie Schneiden, Drehen, Bohren, Hobeln, Feilen, Stoßen und Fräsen.

Im Kapitel "Wirtschaftliches" schreibt Prandtl: "Nicht das Billigste ist das Empfehlenswerteste, denn eine Maschine, die doppelt so lange aushält, ist auch (abgesehen von der Verzinsung) doppelt so viel wert. Allzu gute Maschinen veralten allerdings. Um der Güte der Maschinen sicher zu sein, sollte man nur bei "guten Firmen" kaufen und sich eine schriftliche Garantie für fehlerfreies Material und solide Arbeit geben lassen". Prandtl erläutert die Wirtschaftlichkeitsberechnung einer landwirtschaftlichen Maschine am Beispiel eines Fowlerschen Dampfpflugs (Beispiel entnommen aus Z.d.VDI 1904 S. 1043) und rechnet aus, dass bis zu 37 Benutzungstagen im Jahr die Gespannarbeit billiger ist.

Ein weiteres Kapitel ist den Einrichtungen zur Erzeugung von mechanischer Arbeit gewidmet, die Prandtl einteilt in:

1) Belebte Motoren: Menschen, Tiere
2) Wasserkraftantriebe: Wasserräder, Turbinen
3) Wärmekraftmaschinen: betrieben mit Dampf, Gas, Benzin
4) Elektrische Maschinen

Bei Mensch und Tier wird die tägliche Arbeitsleistung Pvt ein Maximum bei einer bestimmten mittleren Kraft P_0, einer Geschwindigkeit v_0 und einer Arbeitszeit t_0. Bei Abweichungen kann man die Formel

$$P/P_o + v/v_o + t/t_o = 3$$

zugrundelegen, die besagt, dass man bei Erhöhung eines Faktors den oder die anderen entsprechend herabsetzen muss.

Bei den von Tieren betriebenen Maschinen bespricht Prandtl auch die Tretscheiben und Tretwerke, die verstellbar sein müssen, um Überanstrengungen der Tiere zu vermeiden. Einen wichtigeren Platz nehmen natürlich die übrigen genannten Kraftmaschinen sowie die Pumpen und Hebemaschinen ein. Von den verschiedenen landwirtschaftlichen Maschinen sollen hier nur die von Prandtl aufgestellten Bedingungen für Maschinen zum Säen genannt werden:

1) Keine Beschädigung der Samen
2) Bei jeder Stellung und Geschwindigkeit gleiche Saatverteilung
3) Unveränderlichkeit im Gebrauch
4) Keine Verstopfung durch Fremdkörper
5) Einstellbarkeit der Saatmenge
6) Verwendbarkeit für verschiedene Samen
7) Bequeme Handhabung

3.3.2 Maschinenlehre für alle Fakultäten, insbesondere Landwirte und Juristen (SS 1905, 1907, 1909)

Als Vorbemerkung zu seiner Vorlesung sagt Prandtl: "Es wird die Zeit kommen, wo es ebenso zur allgemeinen Bildung gehört, über die Ingenieurwissenschaften etwas orientiert zu sein, wie es heute etwa dazu gehört, etwas von Geographie usw. zu wissen. Die Ingenieurwissenschaften weisen die Resultate langjähriger Gedankenarbeit auf, so dass auch in dem Studium dieser Gedanken eine gewisse bildende Kraft steckt. Es ist interessant, den Gedankengängen großer Erfinder nachzuspüren".

Als Zweck der Vorlesung bezeichnet Prandtl eine Orientierung über Maschinen, ihre Teile und ihre Wirkungsweise, aber auch über die geistige Arbeit des Ingenieurs. Die Vorlesung richtet sich auch an Juristen, deren Bedürfnisse in einem klaren Erfassen derjenigen Begriffe bestehen, die häufig Gegenstand von Rechtsstreitigkeiten sind, besonders der Begriff der Arbeit und Leistung, Wirkungsgrad usw.

Nach einer Erläuterung der Grundbegriffe der Mechanik und Festigkeitslehre werden in der Vorlesung Maschinenelemente besprochen und zwar Maschinenelemente zum Befestigen (Nieten, Schrauben, Keile), Maschinenteile der drehenden Bewegung (Zapfen, Achsen, Wellen), Zahnräder, Antriebe (Rollentrieb, Schneckentrieb, Riementrieb, Drahtseil), Kupplungen, Sperrvorrichtungen (Ventile, Klappen, Schieber).

Bei den Maschinen unterscheidet Prandtl die Kraftmaschinen (Wasserkraftmaschinen, Wärmekraftmaschinen und elektrische Maschinen, von den Arbeitsmaschinen (Lasthebemaschinen wie Kräne, Aufzüge, Förderanlagen, Pumpen und Transportmaschinen wie Eisenbahn und Schiffe). Sehr ausführlich behandelt Prandtl in diesem Zusammenhang die verschiedenen Arten von Wasserturbinen, bei den Dampfturbinen auch die De Laval-Turbine.

Ein weiteres Kapitel ist dem Hüttenwesen gewidmet, insbesondere der Gewinnung und Verarbeitung der verschiedenen Arten von Eisenerzen und der weiteren Verarbeitung durch gießen, schmieden, walzen usw. Aber auch die Gewinnung und Verareitung der Faserstoffe wie Baumwolle, Flachs, Hanf, Jute, Wolle und Seide werden berücksichtigt. Ebensowenig kommen die Holzbearbeitung und die dafür erforderlichen Maschinen zu kurz sowie die Papierverarbeitung. Sogar an die Einrichtung von Fabrikhallen hat Prandtl in seiner Vorlesung gedacht. Das handschriftliche Manuskript ist durch viele Erläuterungsskizzen belebt. Man bekommt so einen guten Einblick in den Stand der Technik nach der Jahundertwende.

3.4 Thermodynamik

3.4.1 Einführung in die Thermodynamik (SS 1907, SS 1910, WS 1933/34, WS 1935/36, WS 1940/1941)

Von dieser Vorlesung hat Prandtl nur kurze Notizen gemacht, aus denen hervorgeht, dass er wie gewohnt erst die Grundlagen erläutert, wobei er bei der Definition der Temperaturskala dem Wasserstoffthermometer den Vorzug gibt. Im Wesentlichen will er die Wärmeproduktion durch Brennstoffe und ihre Verwendung zum Heizen, Schmelzen, Glühen und zum Betreiben von Kraftmaschinen behandeln.

Nach einer Darstellung der Wärmeleitung wird die Wärme als eine Energieform erklärt und die Beziehungen zwischen Wärme und Arbeit bei Gasen und Dämpfen auf die mechanische Wärmetheorie zurückgeführt, die zum Boyle-Mariotteschen Gesetz führt. Aus der allgemeinen Zustandsgleichung werden Zustandsänderungen mit konstantem Volumen, Druck oder Temperatur abgeleitet. Davon unterscheiden sich polytrope Zustandsänderungen und Prandtl erläutert die Konstruktion der Polytropen. Das Verfahren ist auch zur Extrapolation von graphisch gegebenen Polytropen geeignet.

Von besonderer Bedeutung sind natürlich Kreisprozesse, bei denen ein Körper im Verlauf seiner Zustandsänderungen wieder in seinen Anfangszustand zurückkehrt. Durch Kreisprozesse kann beliebig viel Wärme in Arbeit und Arbeit in Wärme verwandelt werden. Ein Kreisprozess zwischen zwei Adiabaten und zwei Isothermen wird "Carnotscher Kreisprozess" genannt. Für diesen Kreisprozess kann man leicht den Wirkungsgrad angeben, und Prandtl schreibt: "Man kann zeigen, dass man, sobald ein Stoff gefunden wäre, der einen anderen Wirkungsgrad hätte als den Carnotschen, ein Perpetuum mobile bauen könnte".

Als wichtiger Begriff wird die Entropie eingeführt und es wird gezeigt, dass die Gesamtentropie bei allen umkehrbaren Vorgängen konstant bleibt. Zuführung von Reibungsarbeit erhöht die Entropie. Entsprechend der Boltzmannschen Theorie wird die Entropie mit der Wahrscheinlichkeit in Beziehung gebracht, die irgend ein individueller Gaszustand besitzt. Auch der 2. Hauptsatz der Wärmelehre ist ein Wahrscheinlichkeitssatz, der nur bei einer genügend großen Anzahl von Teilchen gilt.

Die gewonnenen Erkenntnisse über Kreisprozesse werden nun auf die Dampfmaschine angewandt und es zeigt sich, dass der Idealprozess nicht durchführbar ist, weil das Wasser in Dämpfen von sehr hohem Wassergehalt nicht schwebend erhalten werden kann. Statt dessen schlägt man den Dampf vollständig im Kondensat nieder und führt es durch eine Pumpe in den Kessel zurück. Der Wirkungsgrad ist nur wenig kleiner als beim Idealprozess. Durch Drosselverluste und Wärmeaufnahme der Zylinderwandungen treten weitere Verluste auf, so dass man nur etwa 70 % der theoretischen Arbeit als "indizierte" Arbeit wiederfindet.

In einem weiteren Kapitel behandelt Prandtl die Kältemaschinen, die auf einem umgekehrten Carnotschen Prozess beruhen. Auch für die Verbrennungsmotoren kann man einen Kreisprozess zugrundelegen, wobei allerdings die Gase ihre chemische Konstitution ändern und daher teilweise auch die Gaskonstante.

Prandtl schließt die Vorlesung ab mit den Worten: "Nach Clausius ist, weil alle Vorgänge streng genommen nicht umkehrbar sind, die Entropie der Welt in steter Zunahme begriffen, was einen allmählich eintretenden Temperaturausgleich und Stillstand (Wärmetod) bedeutet. Praktisch genommen ist aber bei den Energiemengen, die im Weltall vorhanden sind, die Zeit bis dahin so unermesslich, dass auch für kosmische Überlegungen diese Sache kaum von Bedeutung ist."

3.5 Hydro- und Aeromechanik

3.5.1 Allgemeine Bemerkungen

Prandtl unterscheidet zwischen Hydraulik und Hydrodynamik (die er mit Hydromechanik gleichsetzt). "Unter Hydraulik pflegt man die Gesamtheit derjenigen Lehren zu bezeichnen, die uns über das Verhalten von ruhendem wie bewegten Wasser (griech. hydor) Aufschluss geben.

Ihr Gegensatz zur Hydrodynamik besteht einerseits in der Methode, andererseits im Ziel. Die Hydrodynamik will, ausgehend von den Grundeigenschaften des flüssigen Zustands rein analytisch zu einer exakten Darstellung der möglichen Gleichgewichts- und Bewegungszustände gelangen, während in der Hydraulik die Anwendungen im Vordergrund stehen, dementsprechend hier eine synthetische Arbeitsmethode der analytischen in der Hydrodynamik gegenübersteht.

3.5.2 Hydraulik (WS 1904/05) und Hydraulik und Gasdynamik (WS 1905/06)

Solange Wärmevorgänge bei Gasen keine Rolle spielen, behandelt Prandtl Flüssigkeiten und Gase gemeinsam. Er teilt ein in

a) Statik der Flüssigkeiten und Gase

b) Eindimensionale Bewegungen von Wasser, Dampf und Luft in Röhren, Kanälen, Turbinen

c) Zweidimensionale Bewegung (z.B. Wasserwellen)

Vom statischen Druck in ruhenden Flüssigkeiten kommt Prandtl auf die Stabilität von Staumauern. Ein Körper taucht so weit in das Wasser ein, bis das verdrängte Wasser dem Gewicht dieses Körpers entspricht. Bei Schiffen ist auch die Stabilität gegen Drehungen wichtig und die Berechnung des Gleichgewichts und des Metazentrums wird dargelegt. Prandtl gibt auch an, wie man die metazentrische Höhe bei einem Schiff experimentell bestimmen kann. Man kann die Betrachtungen auch auf den Fall ausdehnen, dass ein Körper an der Grenze zweier verschiedener Flüssigkeiten schwimmt. Bei der Übertragung dieser Überlegungen auf ruhende Luft muss man bei großen Höhenunterschieden die Kompressibilität der Luft berücksichtigen und es ergeben sich als Sonderfälle eine isotherme oder eine adiabatische Schichtung. Die adiabatische Schichtung stellt dabei das indifferente Gleichgewicht dar, jedenfalls für trockene Luft. Bei feuchter Luft kann wegen der beim Aufstieg frei werdenden Kondensationswärme eine instabile Luftschichtung eintreten, die zu Gewitterbildung führt.

Der zweite Abschnitt dieser Vorlesung ist der Hydrodynamik gewidmet. Je nachdem ob man die Ortsveränderung jedes Teilchens betrachtet oder das Geschwindigkeitsfeld spricht man von lagrangescher oder eulerscher Darstellung. Die Bahnlinien und die Stromlinien sind nur bei stationärer Strömung einander gleich. Sehr ausführlich wird das Ausflussproblem aus einem Gefäß und der Überfall über ein Wehr behandelt ebenso wie die Schwingungen in zwei miteinander verbundenen Gefäßen. Beim Ausfluss eines Gases aus einer Öffnung bilden sich Wellen und Prandtl berechnet die Wellenlänge für das ebene Problem. Beim Ausfluss eines Gases aus einer kreisförmigen Öffnung ergibt sich eine ähnliche Formel, deren Ableitung allerdings wesentlich komplizierter ist. Als Sonderfall betrachtet Prandtl die De Laval-Düse, die auf Überschallgeschwindigkeit führt.

Bereits in der Vorlesung von 1905/06 behandelt Prandtl die hydraulische Analogie. In einem flachen Gerinne mit ebenem Boden entspricht dabei die Grundwellengeschwindigkeit der Schallgeschwindigkeit, so dass man ebene Überschallströmungen durch Wellenbilder sichtbar machen kann. Diese Analogie ist nach 1950 genauer wissenschaftlich untersucht worden.

Ein weiterer Abschnitt der Vorlesung ist der Strömung mit Reibung und Wärmeleitung bzw. Wärmezufuhr gewidmet. Die Kontinuitätsgleichung bleibt dabei unverändert, die dynamische Gleichung ist durch eine Reibungskraft zu ergänzen und neu hinzu kommt eine Energiegleichung, welche die zugeführte Wärme und die Reibungswärme enthält.

Auch der senkrechte Verdichtungsstoß wird berechnet und dazu auch das hydraulische Analogon. Mit diesen Vorgaben kann Prandtl jetzt auch die Vorgänge in einer De Laval-Düse mit Verdichtungsstößen berechnen.

Die Berücksichtigung der Reibung führt bei der Rohrströmung im laminaren Fall auf das Hagen-Poiseuillesche Gesetz. Für allgemeinere Fälle greift Prandt auf die Messungen von Bazin (1865) zurück.

Abschließend behandelt Prandtl Probleme der Wasserwellen, wobei er auch die 1837 von Scott Russel beschriebene Einzelwelle (solitary wave) berechnet.

3.5.3 Hydrodynamik und Aerodynamik einschließlich verschiedener Probleme der Hydraulik (WS 1907/08, SS 1908, WS 1913/14, SS 1926, SS 1930, SS 1934, SS 1936, WS 1936/37)
Hydrodynamik (WS 1911/12, SS 1924, WS 1927/28),
Aerodynamik (SS 1920)
Aeromechanik (WS 1924/25, 1926/27, 1928/29, 1930/31, 1932/33, 1934/35, SS 1937)

Da die genannten Vorlesungen sich inhaltlich vielfach überschneiden und wesentliche Teile in dem Buch von L. Prandtl und O. Tietjens: Hydro- und Aeromechanik Berlin Springer 19249/44 enthalten sind, sollen hier nur Besonderheiten erwähnt werden.

Die Vorlesung Hydrodynamik (WS 1911/12) hatte Prandtl zunächst nur zweistündig angesetzt. Der Stoff erwies sich aber als so umfangreich, dass Prandtl im Lauf der Vorlesung noch eine dritte Stunde am Samstag einfügen mußte. Am Schluß schrieb er: Bei Wiederholung muß unbedingt vierstündig gelesen werden. In diesem dreistündigen Kolleg kann nur ein verhältnismäßig kleiner Ausschnitt aus der ganzen Wissenschaft gegeben werden. Dieser Ausschnitt soll aber so gewählt werden, dass ein anschauliches Bild von der Natur der Flüssigkeitsbewegungen entsteht. Ganz im Sinne des "Göttinger Programms" will Prandtl abstrakte und praktische Wissenschaft vereinen, d.h. es sollen auch experimentelle Ergebnisse einbezogen werden.

Neben Stromlinien und Bahnlinien führt Prandtl auch den Begriff "Streichlinien" ein, die erhalten werden, wenn von einem festen oder bewegten Punkt Farbe in die Flüssigkeit austritt. Er gibt auch eine Parameterdarstellung der Streichlinien an.

Sehr ausführlich behandelt Prandtl auch Wasserwellen, wobei er auch die Interferenz zweier Wellen untersucht. Bei Berücksichtigung von Gliedern zweiter Ordnung findet er, dass die Wellen in den Wellenbergen stärker gekrümmt sind als in den Tälern und dass die Bahnkurven eines Wasserteilchens nicht geschlossen sind und dass Flüssigkeit von den Wellen transportiert wird und zwar annähernd proportional zum Quadrat der Amplitude.

Auch bei Gassstrahlen können Wellen auftreten, deren Theorie aufgestellt wird. Die Rechnung vereinfacht sich im zweidimensionalen Problem.

nuskript. In diesem wird nach einer Darstellung der allgemeinen Spannungslehre das Gleichgewicht bei inhomogenem Spannungszustand aufgestellt, das zu den Navier-Stokesschen Differentialgleichungen für die Strömung einer zähen Flüssigkeit führt. Man kann daraus das Reynoldsche Ähnlichkeitsgesetz ableiten. Für die zähe Strömung in Rohren beliebigen Querschnitts verweist Prandtl auf die "Membran-Analogie", d.h. für die eingespannte Membran gilt die gleiche Differentialgleichung wie für die zähe Strömung durch ein Rohr. Prandtl bespricht einige strenge Lösungen der Navier-Stokesschen Gleichungen, die Radialströmungen oder Strömungen auf logarithmischen Spiralen entsprechen. Nach einer Berechnung sehr zäher Strömungen um Zylinder und Kugel (Stokessche Näherung) entwickelt Prandtl die Theorie der Grenzschichten. Nach einer Berechnung der Plattengrenzschicht untersucht Prandtl die Grenzschichtströmung um einen Zylinder und den Ablösepunkt.

Bezüglich der ausgebildeten Turbulenz hat Prandtl am 26.1.45 der Akademie der Wissenschaften zu Göttingen eine Abhandlung mit dem Titel "Über ein neues Formelsystem für die ausgebildete Turbulenz" vorgelegt. In Prandtl's letzter Vorlesung über "Ausgewählte Abschnitte der Strömungslehre" (WS 1946/47) kommt er nach Darstellung der klassischen Arbeiten über die turbulente Rohrströmung zu dem 1945 entwickelten Ansatz für die turbulente Energiebilanz. Er entwickelt Formeln für Turbulenz in beschleunigten Strömungen, und zwar sowohl für longitudinale als auch für transversale Beschleunigungen.

Im meteorologischen Teil seiner Vorlesung behandelt Prandtl außer den bereits erwähnten Erscheinungen auch den Einfluss der Corioliskraft der Erddrehung und der Reibung, d.h. den Gradientwind und die Winddrehung mit der Höhe über dem Erdboden (laminare und turbulente Ekmanspirale) sowie die Theorie der Zyklone.

4. Experimentelle und theoretische Forschungsaufgaben (von Prandtl angelegtes Verzeichnis für Vorschläge zu Dissertationen)

Prandtl hat schon frühzeitig ein Büchlein angelegt, in dem er Forschungsthemen oder Aufgaben für Dissertationen aufschrieb. Er teilte das Büchlein von vorneherein in die beiden Hauptgebiete Hydrodynamik und Aerodynamik und Elastizitätstheorie ein und jedes noch einmal in fünf bis acht Abteilungen. Wenn ein Thema bearbeitet war, trug er es mit Quellenangaben in das Büchlein ein. Manche Notizen hat er auch in Kurzschrift beigefügt, von der er auch in seinen Vorlesungsnotizen manchmal Gebrauch machte. Im Folgenden kann nur ein kleiner Ausschnitt gegeben werden.

4.1 Strömungslehre

4.1.1 Hydrodynamik der reibungslosen Flüssigkeiten

Die ersten Eintragungen beziehen sich erwartungsgemäß auf die reibungslose Umströmung einfacher Körper wie Platte, Kugel, Luftschiffkopf, theoretische und experimentelle Untersuchung von Ballonmodellen (Diss. von G. Fuhrmann), Trennungsschichten bei Zylinder, Kugel und gewölbter Platte. Ebenso Probleme des Schraubenstrahls rotationssymmetrischer Schraubenstrahl mit Berücksichtigung der Strahlrotation, Aeroplantheorie, um die Fahrtachse rotierender Aeroplan, verwundener Aeroplan, Doppeldecker, schwingender Aeroplan, Tragfläche als Wirbelfläche, Wellenbewegungen mit Reflexion am Ufer, atmosphärische Wellen mit Berücksichtigung der Corioliskraft der Erddrehung.

4.1.2 Hydrodynamik der reibenden Flüssigkeiten

Die von Prandtl aufgelisteten Forschungsaufgaben zu Grenzschichtproblemen wurden meist in Dissertationen bearbeitet. Plattengrenzschicht (Blasius), längs Rotationskörper (Boltze), um Rotationskörper (Hiemenz), Wärmekonvektion in der Grenzschicht (Ernst Polhausen), experimentelle Bestimmung des Wärmeaustausches (Karl Polhausen), Grenzschichten zwischen zwei Wänden mit variablem Abstand, Grenzschichten an rotierenden Platten oder Rotationskörpern, Grenzschicht hinter einer Platte oder Ecke, Stabilität oder Instabilität der Couetteströmung, Studien zum Umschlag der laminaren Grenzschicht zur Turbulenz (Tietjens, Tollmien).

4.1.3 Widerstand von Körpern

Ähnlichkeitsgesetze bei Platten, Kugeln, Ellipsoiden (Wieselsberger 1914), Druck- und Reibungswiderstand von Ballonmodellen (Fuhrmann 1911/12), Einfluss der Oberflächenbeschaffenheit, Einfluss von Schwingungen auf die Größe des Widerstands, Widerstand von Drähten und Zylindern bis hin zu hohen Reynoldszahlen, Widerstand von Stäben elliptischen oder fischförmigen Querschnitts, Widerstand von Fahrzeugmodellen (hier schlägt Prandtl vor, zur Berücksichtigung des Bodeneinflusses zwei spiegelbildliche Modelle (ohne Boden) zu benutzen), Widerstand einer Scheibe oder Schale mit Loch (Modell eines Fallschirms), Doppeldekker, Tandemflugzeuge, Tragflächen mit Schweifung oder Pfeilung (Betz 1914), Einfluss von Bootskörpern bei Flugzeugen, Entwicklung von Flügelprofilen für vorgegebene Aufgaben. Sechskomponentenmessungen mit Steuerausschlägen und Schwingung um die drei Achsen, Dämpfung durch gyroskopische Kreisel, Einfluss der V-Form. Systematische Untersuchungen an Luftschraubenmodellen (Betz 1912/13), Studium der Hubschrauben auch mit Vorwärtsbewegung, Einfluss der Annäherung an die Schallgeschwindigkeit (bei Schraubenspitzen), Einfluss einer Schraube (vorn oder hinten) auf den Widerstand eines Tragflügels, Auftrieb, Widerstand und Drehmoment bei Messung an einem Rundlauf, Winddruck auf Gebäude, Windschatten und Windschutzeinrichtungen.

4.1.4 Strömung in Rohren und Kanälen

Strömungswiderstand in erweiterten und verengten Kanälen (Diss. Hochschild 1910), Rechteckkanäle (Diss. Kröner), krummlinige Kanäle, Beste Form von Umlenkschaufeln in Ecken, Einfluss einer Rotation auf die Diffusorwirkung, Versuche mit der Eiffeldüse, unsymmetrische Diffusoren, Vorgänge in Kniestücken, Rohre verschiedener Querschnittsform und Rauhigkeit, Wirkung von Gleichrichtern und Sieben, auch bei drehender Bewegung, pulsierende Bewegung in Rohren, Ölbewegung in einem Lager bei verschiedenen Exzentrizitäten, Vorgänge bei der Vereinigung und Verzweigung von Rohrleitungen, Gesetze der Mischung von heißer und kalter Luft und von Wasser und Luft. Vorgänge in natürlichen Flüssen, Geschiebetransport,

Kolkbildung an Brückenpfeilern, Schneeverwehungen, Wirkung von (halbdurchlässigen) Schutzwänden.

4.1.5 Messmethoden für strömende Medien

Studien über Druckmessung durch Anbohrungen (Fuhrmann), Einfluss der Tiefe der Anbohrung, Verhalten bei pulsierenden Strömungen oder bei vibrierender Wand, Strömungsrichtungsmessung (Kröner), Staugeräte (Kumbruch), Untersuchung der Turbulenzempfindlichkeit von Staugeräten, Vergleich von Düsenmessungen mit anderen Mengenmessungen (1912), Drosselscheiben, Hitzdrahtanemometer.

4.1.6 Dynamik der Gase und Dämpfe

Schlierenuntersuchungen an Lavaldüsen, Vorgänge bei der plötzlichen Expansion von Gasströmungen (Diss. Meyer), Ausströmung aus schräg abgeschnittenen Düsen, Einfluss der Kompressibilität auf den Luftwiderstand. Günstigste Geschossformen für Unter- und Überschallgeschwindigkeit, auch bei seitlichem Wind (zur Berechnung der Präzessionspendelung).

4.1.7 Meteorologische Probleme

Schwingungsdauer von Wellen in geschichteter Luft bei Temperaturinversionen mit Berücksichtigung der Corioliskräfte der Erddrehung, Stationäre Strömung von geschichteter Luft über Gebirge, Wellen in der Polarfront, Studium der Bewegungsformen des turbulenten Windes, Einfluss der Corioliskraft, natürlicher Wind an Gebäuden, Widerstand und Auftrieb von Körpern in natürlichem Wind, Strömung bei verschiedener Bodenerwärmung, Strömung einer Flüssigkeit in einem rotierenden Becken mit erwärmten Rand und gekühlter Mitte (Modell der atmosphärischen Zirkulation), Bewegungen in einem symmetrischen Zyklon.

4.1.8 Stabilität der Flugzeuge

Wirkung eines Kreisels (Gnome-Motor), Bedingungen für Stabilität in ruhiger Luft, Versuche über Tragflächenkonstruktionen, die eine bestimmte Abhängigkeit von der Geschwindigkeit ergeben (z.B. abnehmender Auftrieb mit zunehmender Geschwindigkeit).

4.2 Elastizität und Festigkeit

4.2.1 Elastizitätstheorie

Elastizität und Festigkeit von gewellten und gewölbten Membranen, auch von ebenen (nichtlineare Glieder), Schubbeanspruchung unsymmetrischer Profile, Torsion von I-Profilen.

4.2.2 Unelastische Formänderung

- Hysteresis und Nachwirkung
- Halbflüssige Körper (Glas, Pech)
- Plastizität (Festigkeit unter allseitigem Druck, auch Sand, Zement-Sand-Gemisch, Ton, Ton-Sand-Gemisch)
- Plastische Formänderungen bei Stoffen ohne und mit wesentlicher Verfestigung beim Druck- und Eindringversuch
- Plastische Formänderungen bei Aufeinanderfolge von Spannungen in verschiedenen Richtungen, z.B. erst Torsion, dann Zug
- Plastizitätstheorie, Eindringen von scharfen und stumpfen Schneiden (symmetrisch und schief)
- Studium des Trennungsbruches beim allgemeinen Spannungszustand (körniger und muscheliger Bruch) und abhängig von der Deformationsgeschwindigkeit bei halbflüssigen Körpern (Glas, Pech)

4.2.3 Erddruck, Geologische Fragen, Fundamentfestigkeit

Zur Bettung eines festen Körpers in Sand oder Kies schlägt Prandtl verschiedene Möglichkeiten zur Untersuchung vor.

4.2.4 Akustik

Schallauffangen mit Trichtern und dgl., Einfluss einer Anfangsscheibe, Schalldämpfung von Auspufftöpfen, Schallausbreitung unter Wasser, Einfluss der Wellen und des Untergrundes

4.2.5 Wasser und Luft (Kavitation)

Studium der Kavitation in Düsen und an Körpern (Flügeln, Schrauben und dgl.)

5. Persönliche Erinnerungen an Prandtl

5.1 Besuch von Vorlesungen 1937/39

Im Herbst 1936 setzte ich das in Freiburg begonnene Studium in München fort, um beim Altmeister der elektrischen Wellen Professor Jonathan Zenneck in die Geheimnisse der Funktechnik eingeweiht zu werden. Ich besuchte aber auch Vorlesungen aus dem Bereich der angewandten Mechanik und gewann daran immer mehr Interesse an Festigkeitstheorie, aber auch an Flugzeugaerodynamik, die in München vom Prandtlschüler Kaufmann vermittelt wurde. Ich war von den großen Leistungen Prandtls fasziniert und beschloss im Herbst 1937 nach Göttingen zu übersiedeln mit der Absicht später zu promovieren. Da ich die Aerodynamik nicht nur theoretisch sondern auch praktisch erlernen wollte, trat ich auch sofort in die Flugtechnische Fachgruppe Göttingen ein, wo ich schon mehrere prandtlsche Doktoranden antraf. Auch in der Prandtlschen Vorlesung begegnete ich einem erlauchten Kreis, dem u.a. Henry Görtler, Klaus Oswatitsch, G.T. Dumitrescu und auch die Chinesin Hsin-Chen-Lu angehörten, die nach dem Kriege den chinesischen Luftfahrtminister nach Göttingen begleitete. Es war nicht Prandtl's Absicht, nur fertige Ergebnisse vorzutragen, wie man sie auch in den entsprechenden Büchern finden konnte. Es kam ihm mehr darauf an, eine Anleitung zu geben, wie man theoretische Modelle aufstellt und zu einer Lösung kommt.

5.2 Prandtl als Doktorvater

Nach einem Vorlesungsjahr hielt ich es für an der Zeit, mit Prandtl wegen einer möglichen Doktorarbeit zu sprechen. Es war bekannt, dass man sich hierfür erst durch einen Seminarvortrag im Kolloquium für angewandte Mechanik vorstellen musste. Ich hatte einen NACA Report von Klauser zu referieren, der Messungen in einem Krümmer vorgenommen hatte. Nun hat die Krümmerströmung eine gewisse Verwandtschaft mit der Kreiselbewegung, weil in beiden Fällen Wirbel- bzw. Drehachsen bewegt werden und was beim Kreisel Präzession heißt, nennt man bei der Krümmerströmung Sekundärströmung. Prandtl war von dieser Idee fasziniert und hielt den zweiten Teil des Vortrags selbst. Ich bat daher noch um ein zweites Thema, wobei Prandtl versprach, die Diskussion erst nach meinem Vortrag zu eröffnen. Nach dem zweiten Vortrag meldete ich mich wieder bei Prandtl wegen eines Dissertationsthemas. Zur damaligen Zeit waren Gerüchte durchgesickert, dass Versuche unternommen würden, den Propellerantrieb von Flugzeugen durch einen Strahlantrieb zu ersetzen. Ich war von dieser Idee begeistert und hielt sie für durchführbar. Ich schlug Prandtl vor, den rotationssymmetrischen Fall eines mit Überschallgeschwindigkeit austretenden heißen Gasstrahls zu berechnen. Prandtl antwortete, das wäre viel zu schwierig, weil es damals noch kein rorationssymmetrisches Charakteristikenverfahren gab und dieses hätte ich erst erfinden müssen. Dieses Verfahren ist übrigens während des Krieges von Walter Tollmien entwickelt worden und ich habe als sein Mitarbeiter nach dem Kriege diese Aufgabe doch noch bearbeitet. das Ergebnis ist in der Tollmienschen Göttinger Monographie als Bild zu finden. Prandtl hatte sich in der letzten Zeit mit Wasserwellen beschäftigt und darüber auch von H. Motzfled eine experimentelle Arbeit mit festen Wellen durchführen lassen. Eine interessante Frage war, bei welcher geringsten Windgeschwindigkeit Wasserwellen auftreten. Helmholtz hatte für eine Grenzfläche von Wasser und Luft ohne Reibung eine minimale Windgeschwindigkeit von 6,4 m/s gefunden, währen

Beobachtungen eher auf eine kleinste Windgeschwindigkeit von etwa 1 m/s schließen lassen. Prandtl vermutete ganz richtig, dass das abweichende Verhalten auf die Grenzschichten zurückzuführen sei, Er schlug deshalb vor, die Helmholtzsche Theorie durch Luft- und Wassergrenzschichten zu erweitern. Ich fand diese Aufgabe interessant und schlug ein. Ein wesentliches Argument war auch, dass ich die Aufgabe mit dem Prandtlschen Vorschlag linearer Geschwindigkeitsprofile für relativ leicht, aber ausbaubar fand. Ich hatte kurz zuvor im Riesengebirge die Selgeflug-C-Prüfung geflogen und dabei beobachtet, wie die deutsche Wehrmacht schon an der Grenze einmarschbereit stand. Die akute Kriegsgefahr war eine Warnung vor einer zu zeitaufwendigen Doktorarbeit. Im Führjahr 1939 begann ich mit dem Studium der einschlägigen Literatur über Wasserwellen. Nach dem Sommersemester wollte ich noch in Braunschweig-Völkenrode den A2-Schein für Motorflugzeuge erwerben. Als ich gerade den 20sten Alleinflug absolviert hatte, brach der Krieg aus und alle Träume waren dahin. Ich wurde zur Infanterie in Göttingen einberufen. Obwohl ich mich sofort zur Luftwaffe meldete, erreichte ich nur, dass ich nach einigen Wochen zu den Panzerjägern versetzt wurde. Bald war es möglich, wieder mit Prandtl Verbindung aufzunehmen und er bot mir an, einen dreimonatigen Urlaub zur Weiterarbeit oder Vollendung der Doktorarbeit zu beantragen. Nach einiger Zeit bekam ich einen positiven Bescheid. Ich müsste nur noch eine Begründung schreiben, warum die Entstehung von Wasserwellen ein kriegswichtiges Thema sei. Ich lieferte diese Begründung sehr zu Prandtls Erheiterung, der aber hinzufügte, mitunterschreiben könnte er es allerdings nicht. Wie ich später erfahren habe, war es gar nicht so arg gelogen, den 1942 wurde in USA eine Forschungsgruppe gegründet, die sich mit dem Thema der Entstehung und Ausbreitung von Wasserwellen bei Wind befassen sollte und sogar mit einem Flugzeug zur Wellenbeobachtung ausgerüstet wurde. In Amerika ist alles eine Nummer größer. Der dreimonatige Urlaub wurde gewährt und ich entwickelte in dieser Zeit die Theorie mit linearen Grenzschichtprofilen in Wasser und Luft und lieferte das fertige Manuskript an Prandtl. Obwohl diese Ausarbeitung Prandtls ursprünglichem Vorschlag entsprach, hielt ich sie doch nicht ausreichend für eine Doktorarbeit. Ich war daher sehr überrascht, als Prandtl Anfang März 1940 erklärte, dass meine Ausarbeitung als Dissertation angenommen sei. Ich müsste nur noch zur Abrundung einige Versuche im Windkanal machen. Er hatte für mich noch einmal zwei Wochen Sonderurlaub erreicht. Davon sollte ich eine Woche im Windkanal Versuche machen, die zweite Woche war zur Vorbereitung auf die mündliche Prüfung in vier Fächern. Prandtl hatte in der Zwischenzeit in der Zentralwerkstatt der Versuchsanstalt trotz heftigen Widerstands des Werkstattleiters eine Wellenrinne zum Einbau in den Windkanal anfertigen lassen. Da ich noch nie in einem Windkanal gearbeitet hatte, stellte mir Prandtl einen jungen Mann zur Bedienung des Kanals und der hochempfindlichem Messgeräte zur Verfügung. Drei Tage dauerte es, den Kanal so umzubauen, dass er für die Messungen bei kleinen Windgeschwindigkeiten brauchbar war. Aber an den restlichen drei Tagen wurden so gute Ergebnisse erzielt, dass Prandtl hocherfreut war. Prandtl hatte wohl enge Verbindung zum Sohn von Felix Klein. Otto Klein war längere Zeit in USA gewesen und hatte sich von dort auch seine Frau mitgebracht. Er war jetzt Generaldirektor eines Magdeburger Messgeräte- und Armaturenwerks und suchte einen Jungwissenschaftler. Offenbar hatte Prandtl mich empfohlen, denn als ich aus der Tür des Sitzungssaals der Akademie der Wissenschaften in der Göttinger Aula heraustrat, wurde ich vom Direktor des Messgerätewerks dieser Magdeburger Firma in Empfang genommen und es wurde mir gleich ein Anstellungsvertrag angeboten, Da der Kasernenhof nicht zu meinen Lieblingsbeschäftigungen gehörte, habe ich sofort zugesagt und war innerhalb einer Woche von der Wehrmacht entlassen.

Ich lieferte die Pflichtexemplare der Dissertation erst ein Jahr später (1941) ab, da ich noch eine Energiebetrachtung über das Anwachsen der Wellen einfügen wollte. Ich besuchte daher mehrmals Prandtl in Göttingen, einmal, als ich gerade von einer Reise in das Elsass zurückkam. Ich berichtete ihm über den Unwillen der dortigen Bevölkerung über die Germanisierungsbemühungen der deutschen Verwaltung. Prandtl winkte ab und wollte sich nicht in politische Gespräche einlassen. In einem anderen Fall hat sich Prandtl durchaus eingesetzt, nämlich, als es um die Wiederbesetzung des durch den Unfalltod von Arnold Sommerfeld frei gewordenen Münchner Lehrstuhls ging. Prandtl setzte alle Hebel in Bewegung, um Heisenberg auf diesen Lehrstuhl zu bringen. Aber es gab einen strammen SS-Mann als Gegenkandidaten, der ein Buch über zähe Strömungen geschrieben hatte. Prandtl lud ihn zum Kolloquium in Göttingen ein, aber er muss offenbar keinen günstigen Eindruck hinterlassen haben. Durch seine politische Unterstützung setzte er sich durch und selbst Hermann Göring konnte Prandtl nicht zum Erfolg verhelfen.

5.3 Nachkriegszeit

Kurz vor Kriegsende wurden die Laboratorien des Magdeburger Messgeräte- und Armaturenwerks nach Göttingen verlegt. Nachdem 1945 die Russen das Werk in eine Sowjet-AG umgewandelt hatten, kam auch Otto Klein nach Göttingen zurück und richtete in der oberen Etage der Firma Karstadt ein Ingenieurbüro ein. Da ich bei der Firma nicht mehr weiterbeschäftigt werden konnte, suchte ich eine neue Tätigkeit und hatte das Glück, von Prof. Tollmien zur Mithilfe beim Abfassen der Göttinger Monographien eingestellt zu werden. In dieser Zeit konstruierte ich am Reißbrett eine Reihe Berechnungsbeispiele des rotationssymmetrischen Charakteristikenverfahrens. Später verfasste ich auch den Monographieteil "Aerodynamische Geschosstheorie". 1943 hatte ich bei einer ukrainischen Lehrerin Russisch gelernt. Nach dem Kriege übersetzte ich eine Reihe russischer aerodynamischer Arbeiten in die deutsche Sprache, darunter auf besonderen Wunsch von Prof. Lyra auch eine Arbeit über Leewellenströmungen am Kaukasus. Prandtl hatte hiervon erfahren. Damals stand er in Briefwechsel mit Prof. G. Bock, dem früheren Leiter der DVL-Berlin-Adlershof, der von den Russen in die Umgebung von Moskau entführt worden war. Bei Prandtls Antwortbriefen musste auf dem Briefumschlag rechts die Adresse in lateinischen, links in kyrillischen Buchstaben stehen. Die linke Seite bereitete Prandtl Schwierigkeiten. So übernahm ich es, die linke Seite zu schreiben. Eines Tages schickte Prof. Bock eine russische Übersetzung von Prandtls Führer durch die Strömungslehre, die allerdings nicht autorisiert war. In dieser Übersetzung gab es eine Reihe Anmerkungen, die im Original nicht vorhanden waren und daher Prandtl beunruhigen. Ich übersetzte diese Anmerkungen, die in einem internen Bericht des MPI f. Strömungsforschung (53 B 08. 1953) aufgelistet sind. Es gibt von diesem Bericht auch eine englische Übersetzung. Meist enthalten diese Anmerkungen die Mitteilung, dass ein russischer Forscher diese Dinge schon viel früher gefunden hat. Dies war der letzte Dienst, den ich Prandtl persönlich leisten konnte.

6. Literatur

[1] Prandtl, L.: Über Flüssigkeitsbewegung bei sehr kleiner Reibung. Verhandlungen des II. Internat. Math.-Kongr. Heidelberg, 8.-13. Aug. 1904. Leipzig: Teubner 1905

[2] Vogel-Prandtl, J.: Ludwig Prandtl. Ein Lebensbild, Erinnerungen, Dokumente. Mitt. Max-Planck-Institut für Strömungsforschung, Nr. 107, Göttingen 1993

Prandtls "Führer durch die Strömungslehre"

40 Jahre erlebte Geschichte eines Buches

W. Schneider[*]

1. Vorbemerkung

Ludwig Prandtl persönlich zu begegnen, ihn vielleicht sogar bei der Diskussion eines wissenschaftlichen Problems zu erleben, war mir leider nicht vergönnt. Die auf dem Gebiet der Strömungslehre im 20.Jahrhundert herausragende Persönlichkeit ist mir hauptsächlich aus den lebhaften Schilderungen meines Lehrers Klaus Oswatitsch, selbst ein Schüler Prandtls, vertraut - Information aus zweiter, wenn auch sehr berufener Hand! Prandtls berühmtestes Buch jedoch, der "Führer durch die Strömungslehre", begleitet und unterstützt mich seit 40 Jahren bei meinem Bemühen, die faszinierende Welt der Strömungen von Flüssigkeiten und Gasen besser zu verstehen. Aber nicht nur ich - als Leser, später auch als Mitverfasser - bin dabei gealtert, auch das "Prandtl-Buch" hat diese 40 Jahre nicht unverändert überstanden. Davon soll im Folgenden die Rede sein. Es ist natürlich eine sehr persönliche Geschichte. Den Mut, sie dennoch zu schreiben, schöpfe ich aus der Hoffnung, dass es jüngere Kollegen geben mag, die sich für das wissenschaftliche Erbe Prandtls interessieren. Vielleicht gelingt es mir auch, bei den Kollegen meiner Generation, denen das "Prandtl-Buch" ähnlich wie mir sehr viel bedeutet, die eine oder andere schöne Erinnerung zu wecken.

2. Erste Begegnung - aus der Sicht eines Studenten

Liebe auf den ersten Blick war es nicht. Es war pure Neugierde, die mich 1960 bewog, in der Bibliothek der Technischen Hochschule Wien in das Buch "Führer durch die Strömungslehre" hineinzuschauen und rasch festzustellen, dass es als Lehrbuch für unsereinen - einen in Eile befindlichen Maschinenbaustudenten im 8. Semester - nicht viel taugte. Veranlasst hatte diese erste Begegnung mit dem "Führer durch die Strömungslehre" das Gerücht, ein berühmter Mann namens Oswatitsch sei drauf und dran, aus Schweden, dem Land, wo trotz Nachkriegszeit Milch und Honig flossen, ins karge Heimatland Österreich zurückzukehren. Er sei, hieß es, ein Schüler des noch berühmteren Prandtl, und da wollte man sich als Student natürlich ein Bild darüber machen, was man von einem solchen Mann zu erwarten hätte.

Die Strömungsmechanik wurde damals an der TH Wien - vermutlich auch an vielen Technischen Hochschulen in Deutschland - in sehr formaler, auf mathematischen Begriffen beruhender Weise gelehrt, aber von dieser Art Strömungslehre war im "Führer durch die Strömungs-

---

[*] Technische Universität Wien

lehre" nicht viel zu sehen. Das schien uns Studenten, denen Klaus Oswatitschs Sicht der Dinge noch fremd war, insofern verwunderlich, als das Buch offensichtlich erfolgreich war: 1960 erschien bereits die fünfte Auflage des "Führers durch die Strömungslehre", zugleich - wie auf dem Titelblatt zu lesen war - die siebente Auflage des "Abrisses der Strömungslehre". Es war dies ein unveränderter Nachdruck einer noch von Ludwig Prandtl selbst verfassten und 1949 erschienenen Auflage, also der letzte *Original*-"Prandtl". Wie schon im ersten "Abriß der Strömungslehre" aus dem Jahr 1931 wurden in vier Abschnitten die folgenden Themen behandelt: I Eigenschaften der Flüssigkeiten und Gase. Gleichgewichtslehre. II Kinematik der Flüssigkeiten. Dynamik der reibungsfreien Flüssigkeit. III Bewegung zäher Flüssigkeiten; Turbulenz; Widerstände; Technische Anwendungen. IV Strömung mit erheblichen Volumenänderungen (Gasdynamik). In einem fünften, 1942 hinzugekommenen Abschnitt wurden "Verschiedene Einzelausführungen" zusammengefasst: A Zusammenwirken mehrerer Aggregatzustände. B Rotierende Körper und rotierende Bezugssysteme. C Strömungen in geschichteten schweren Flüssigkeiten. D Wärmeübergang bei strömenden Flüssigkeiten; Strömungen durch Wärme.

Wenngleich das Urteil des damaligen Studenten über die Eignung des "Prandtl" als Lehrbuch von Unkenntnis geprägt war, so war es doch auch nach meiner heutigen Meinung nicht ganz falsch. Ludwig Prandtl selbst deutet das schon in seinem Vorwort vom Oktober 1931 an, wenn er einleitend das Handwörterbuch der Naturwissenschaften als Vorläufer des "vorliegenden kleinen Buches" erwähnt und anschließend schreibt: "Mathematische Ausdrucksweise läßt sich, will man bei dem vorliegenden Gegenstand sich einigermaßen klar ausdrücken, nicht ganz vermeiden", und schließlich darauf hinweist, dass "Der Weg über das Physiklehrbuch (von Müller-Pouillet, Anm. d. Verf.) ... gewisse Spuren hinterlassen (hat)"- mehr offenbar nicht! Klaus Oswatitsch und Karl Wieghardt, die Herausgeber späterer Neuauflagen, charakterisieren das Buch im Vorwort vom Juli 1965 mit den Worten: "Nach wie vor ist das Werk nur insofern ein Lehrbuch, als für das jeweils betrachtete Strömungsproblem die physikalisch wesentlichen Grundvorgänge und -begriffe eingehend erläutert werden, die zur Bildung eines Gedankenmodells erforderlich sind. Die mathematische Durchführung der Theorie wird dann aber nur angedeutet, um schnell zu Schlußfolgerungen und Vergleichen mit Versuchsergebnissen zu gelangen. Nur so läßt sich die Absicht L. Prandtls verwirklichen: 'mittels des Buches den Leser auf einem sorgfältig angelegten Weg durch die einzelnen Gebiete der Strömungslehre zu führen'." In wissenschaftlichen Angelegenheiten nie zu Kompromissen bereit, hat daher Klaus Oswatitsch auch entschieden gegen den - nur einmal vom Verlag unternommenen - Versuch protestiert, dem "Prandtl-Buch" durch Aufnahme in eine Lehrbuchserie einen größeren Leser- und Käuferkreis zu erschließen.

Bei der Stoffauswahl hat Ludwig Prandtl eigene Interessen durchaus bevorzugt. Das macht das Werk aus heutiger Sicht besonders reizvoll. Als ein Beispiel zur typischen Vorgangsweise sei die Grenzschicht-Theorie erwähnt. In fünf Abschnitten ("Paragraphen") des Kapitels III gibt Prandtl zunächst eine Einführung in das Grenzschichtkonzept einschließlich der Grundgleichungen und der (damals zur Verfügung stehenden) Berechnungsmethoden, behandelt anschließend die Ursachen für die Entstehung der Turbulenz einschließlich der Ergebnisse der Stabilitätstheorie, beschreibt dann die Eigenschaften der Strömungen mit ausgebildeter Turbulenz, wendet den Mischungswegansatz auf freie Turbulenz, Rohrströmungen und Grenzschichten an, untersucht den Einfluss der Schwerkraft auf die Turbulenz (mit dem "Einschlafen des Windes" als Beispiel), erläutert die Windkanalturbulenz und diskutiert schließlich die Grenzschicht-Ablösung (vgl. Abb. 1) einschließlich Wiederanlegen und Maßnahmen zur

Grenzschichtbeeinflussung (Abb. 2 a,b). Das alles - einschließlich 28 Abbildungen, die sich teilweise noch heute in den Standardwerken der Strömungslehre finden - auf nicht mehr als 36 Seiten! Ähnlich die Vorgangsweise bei der Tragflügeltheorie: Auf 30 Seiten wird nicht nur alles Wesentliche zur Theorie gesagt, es werden auch zahlreiche Anwendungen besprochen, die vom Doppeldecker über Propeller und Windmühlen bis zum Vogelflug (Abb. 3 a,b) reichen.

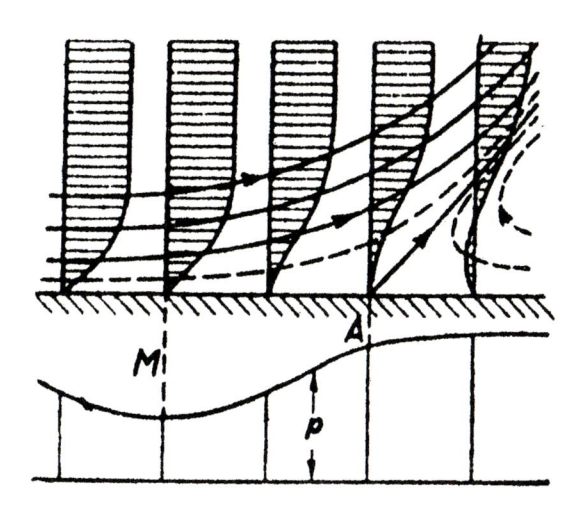

Abb. 1: Ablösevorgang (M = Geschw.-Max., A = Ablösungspunkt).[1]

[Fünfte Aufl., 1960, Fig. 101a]

---

[1] Die Abbildungen und die Bildunterschriften sind aus den angegebenen Auflagen des „Führers durch die Strömungslehre" übernommen worden.

a)

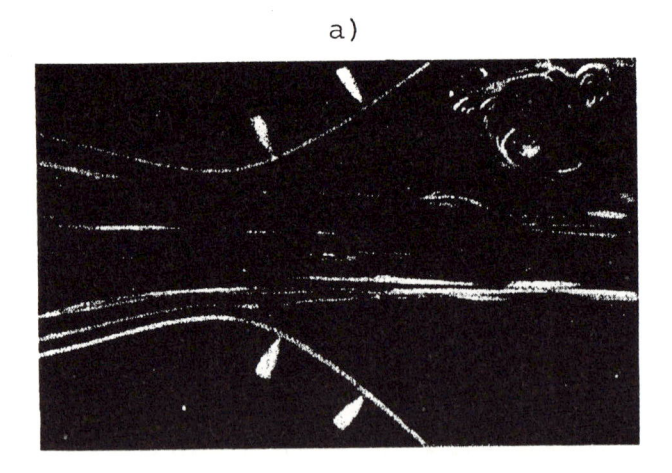

b)

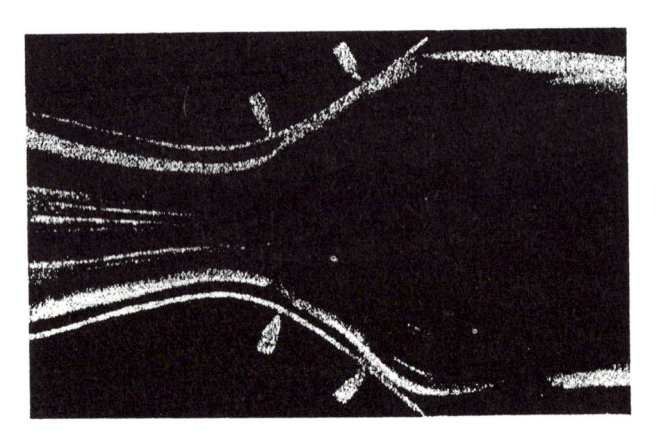

Abb 2: a) Gewöhnliche Strömung in einem stark erweiterten Kanal.
b) Strömung in einem stark erweiterten Kanal mit Absaugung an den Wänden. Die weißen Marken zeigen die Lage der (unsichtbaren) Absaugeschlitze an.
[Fünfte Aufl., 1960, Fig. 107 und 108]

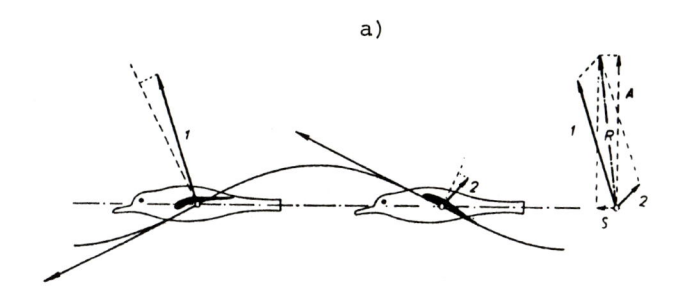

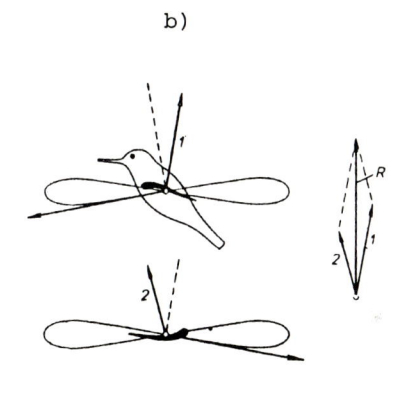

Abb. 3: a) Schema des Ruderflugs.
b) Schema des Schwirrflugs
[Fünfte Aufl., 1960, Fig. 184 und 184a]

3. Erste Neubearbeitung - Beobachtungen und Hilfstätigkeiten eines Doktoranden

"Die moderne Strömungslehre hat sich auch nach dem Tode ihres Begründers Ludwig Prandtl unaufhaltsam weiterentwickelt. Damit ist den Herausgebern der Neuauflage die verantwortungsvolle Aufgabe erwachsen, die neueren Erkenntnisse in der bekannten, anschaulichen Darstellungsweise des verehrten Lehrers einzufügen. Hierzu suchten sie Unterstützung hauptsächlich bei seinen ehemaligen Göttinger Mitarbeitern. Die Reibungsvorgänge im Inkompressiblen wurden von J. C. Rotta bearbeitet. D. Küchemann ergänzte die Ausführungen über Tragflügel und Flugzeuge und fügte ihnen vor allem die neueren Entwicklungen im Schall- und Überschallbereich hinzu. Der darauf folgende Überblick über die Strömungsmaschinen stammt von W. Dettmering. Die Abschnitte über Wärmeübergang und Hochgeschwindigkeitsgrenzschichten, über Versuchswesen und über meteorologische Anwendungen der Strömungslehre wurden von H. Schuh, H. Ludwieg und E. Kleinschmidt neu gefasst. Die neuere Entwicklung machte auch gewisse weitere Umstellungen im Werk erforderlich; insbesondere wurde die Gasdynamik entsprechend ihrer grundlegenden Bedeutung nach vorn gezogen. ... Nicht nur die Darstellungsweise, auch die Auswahl des stark angewachsenen Stoffes sollte noch möglichst im Sinne L. Prandtls erfolgen; denn ein einziges Buch kann natürlich nicht mehr über alle Teilgebiete der Strömungslehre berichten." Mit diesen Worten aus dem Vorwort zur 6. Auflage des "Führers durch die Strömungslehre" beschreiben die Herausgeber, K. Oswatitsch und K. Wieghardt, die Neubearbeitung, die in den 60er Jahren notwendig geworden war.

Keiner der "Mitarbeiter" nahm seine Aufgabe leicht. Die Herausgeber selbst leisteten Schwerarbeit, nicht nur als Koordinatoren des Gesamtwerkes, sondern auch bei der Bearbeitung des Textes. Als Doktorand von Professor Oswatitsch beobachtete ich staunend die mühevolle Arbeit. Ich hatte mir gedacht, dass dem Verfasser des großen Standardwerkes über Gasdynamik das Schreiben eines vergleichsweise harmlos aussehenden Kapitels zum gleichen Thema leichter fallen müsste! (Erst viele Jahre später, als ich selbst mich mit der Neubearbeitung von zwei Kapiteln abmühte, wurden mir die Ursachen für die Schwierigkeiten bewusst - davon wird im nächsten Abschnitt noch die Rede sein.) Abgesehen von den fachlichen Problemen war auch die technische Durchführung der Neubearbeitung eines Buches mit einem Aufwand an Zeit und Mühen verbunden, der heute unvorstellbar ist. Es gab ja kein Xerox oder etwas Ähnliches, und natürlich auch keinen PC. Fotokopieren war teuer und zeitraubend, numerische Rechnungen wurden i. a. mit Rechenschieber und elektro-mechanischen Tischrechnern durchgeführt. Für die Neuauflage wurden vom Verlag zwei speziell für diesen Zweck angefertigte Exemplare des Buches zur Verfügung gestellt. Sie zeichneten sich dadurch aus, dass von zwei Doppelseiten immer nur eine Seite bedruckt war, während in die gegenüberliegende "weiße" Seite handschriftlich die Korrekturen eingetragen werden konnten – je einmal für die Druckerei und für den Verfasser selbst. Größere Ergänzungen wurden mit der Schreibmaschine auf gesonderten Blättern mit "Durchschlägen" getippt, die Formeln von Hand eingetragen - ins "Original" vom Professor selbst, in die Durchschläge von den Assistenten und Doktoranden. Als Doktorand hatte ich außerdem die Aufgabe, die neuen Zeichnungen und Diagramme anzufertigen. Hatte man Glück und gab es "exakte" Formeln oder waren in der Originalliteratur Tabellenwerte angegeben, konnte man die Kurven auf Millimeterpapier zeichnen (Abb. 4), andernfalls mussten die Kurven mit Stechzirkel oder anderen Hilfsmitteln übertragen werden (Abb. 5). Bei schematischen Darstellungen konnte man den Professor mit elementaren Kenntnissen aus der Darstellenden Geometrie beeindrucken (Abb. 6). Die Druckvorlage war selbstverständlich in Tusche, meist auf Transparentpapier, auszuführen.

Zusammenfassend ist festzustellen, dass man als Doktorand einen zwar ins Detail gehenden, aber doch recht einseitigen Einblick in den "Führer durch die Strömungslehre" gewann.

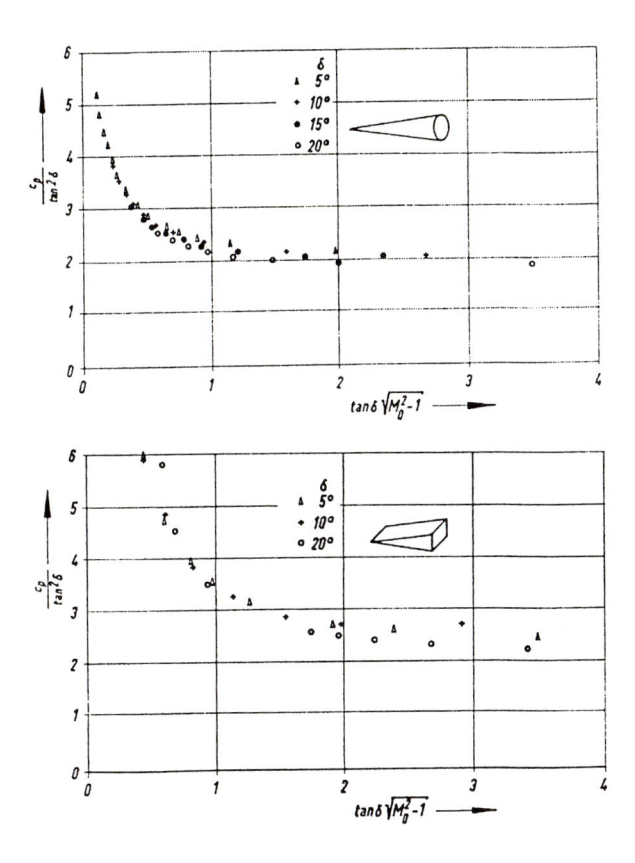

Abb. 4: Druckkoeffizient bei Hyperschallströmung am Keil und am Kegel (exakte Theorie, δ halber Öffnungswinkel) in Ähnlichkeitsauftragung

[6. Aufl., 1965, Bild 3/52]

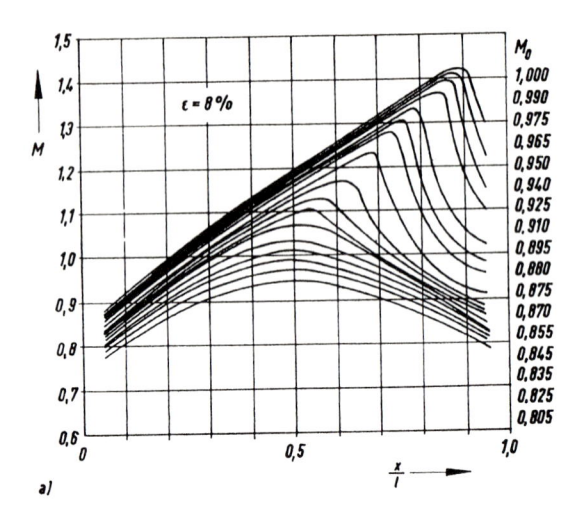

Abb. 5: Lokale Machzahl an einem linsenförmigen Profil bei Schallnähe

(ε = Dickenverhältnis = Flügeldicke zu -tiefe)

[6. Aufl., 1965, Bild 3/47 a)]

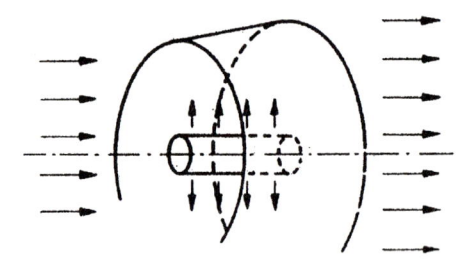

Abb. 6: Aufblasen des Querschnittes durch Achsenquellen

[6. Aufl., 1965, Bild 3/60]

4. Nochmalige Neubearbeitung – Erfahrungen eines "Mitarbeiters"

Im Vorwort zur 6. Auflage (1965) räumen Klaus Oswatitsch und Karl Wieghardt ein, dass "noch nicht alle der 'verschiedenen Einzelausführungen' in der Zeit seit der Übernahme der neuen Auflage durch die Herausgeber ergänzt werden konnten". Diese 'Einzelausführungen' enthielten eine Fülle von hochinteressanten, in mancher Hinsicht einzigartigen Darstellungen von Teilgebieten und Anwendungen der Strömungslehre, gaben jedoch im Wesentlichen den Wissensstand von 1948 wieder. Anfang der 80er Jahre war eine Neubearbeitung vor allem dieses Teils des Werkes von Prandtl unvermeidlich geworden. Es erschien jedoch unmöglich, einen Kollegen zu finden, der das Kapitel 'Einzelausführungen' als Ganzes hätte bearbeiten können - vielleicht hätte nicht einmal Prandtl selbst, wäre er noch am Leben gewesen, den notwendigen Überblick über die rasant wachsenden Teilgebiete haben können! Mein früherer Lehrer, Professor Oswatitsch, suchte verzweifelt nach einem Ausweg. Da ich bereits mit der Neubearbeitung des Kapitels "Konvektive Wärme- und Stoffübertragung" betraut worden war, machte ich das Angebot, einen Teil der 'Einzelausführungen' als Grundlage für ein neues Kapitel "Strömungen mit mehreren Phasen" zu verwenden. Klaus Oswatitsch ergriff mit der ihm eigenen Begeisterung diesen "Strohhalm", obwohl das auch für ihn und seinen Freund Karl Wieghardt sehr viel zusätzliche Arbeit bedeutete: Eine Umstrukturierung des Buches war erforderlich, und die restlichen 'Einzelausführungen' mussten in bereits bestehende Kapitel eingearbeitet werden.

Nun erfuhr ich selbst, was es hieß, Ludwig Prandtl nachahmen zu wollen. Zwar war mir als Prandtls wissenschaftlichem Enkel seine Methode wohlvertraut, "mittels des Buches den Leser auf einem sorgfältig angelegten Weg durch die einzelnen Gebiete der Strömungslehre zu führen" (Zitat aus dem Vorwort zur ersten Auflage des "Führers durch die Strömungslehre", 1942). Die Schwierigkeiten steckten jedoch im Detail. Sollte man alles, was noch von Prandtl selbst stammte, übernehmen, auch wenn manche Begriffe, beispielsweise aus der Thermodynamik, nicht der heutigen Lehrmeinung entsprachen? Wie sollte man dann mit diesen Begriffen in den notwendigen Ergänzungen umgehen? Konnte man es aber, andererseits, als unbedeutender Enkel wagen, Textstellen neu zu schreiben, in denen der Begründer der modernen Strömungslehre seine Gedanken dargelegt hatte? Die unvermeidliche Folge solcher Überlegungen waren viele Kompromisse, deren Spuren für den Leser leider als Inhomogenitäten im Text erkennbar blieben.

Mitarbeiter, denen Prandtls Art und Weise, Strömungsvorgänge zu sehen und zu analysieren, eher fremd waren, hatten es naturgemäß besonders schwer. Wollten sie in die Neubearbeitung allzu sehr ihren eigenen Stil einbringen, stießen sie auf den höflichen, aber unnachgiebigen Widerstand Oswatitschs. In einem besonders ernsten Fall wäre es beinahe sogar zum Scheitern des Gesamtprojekts gekommen.

Ein besonderes Problem stellte natürlich die Numerik dar, die für die Anwendungen der Strömungslehre eine wichtige Rolle spielt. Klaus Oswatitsch und Karl Wieghardt bemerkten dazu im Vorwort zur 8. Auflage unter Berufung auf die oben zitierte Absicht Prandtls: "Die Betonung liegt also auf der Beschreibung der Vorgänge und nicht der Verfahren. In diesem Sinne sind die gegenwärtig so wichtigen numerischen Methoden nur durch ein Beispiel am Ende des Buches vertreten." So blieb es auch in der 9., vorläufig letzten Auflage.

5. Schlussbemerkung

Oft habe ich mich gefragt, was Ludwig Prandtl selbst über das Ergebnis unserer Bemühungen, sein Werk zu erhalten und weiterzuführen, gedacht hätte. Es war gewiss im Sinne Prandtls, die Übertragung des Grenzschichtkonzepts auf strahlende Gase (Abb. 7) und die zu erstaunlichen Ergebnissen führenden Wechselwirkungen zwischen Grenzschicht und Außenströmung in den Neubearbeitungen zu berücksichtigen. Während etwa das Auftreffen eines Verdichtungsstoßes auf eine Grenzschicht als *lokale* Wechselwirkung zu behandeln ist (Abb. 8, aus dem Beitrag von *A. Kluwick*), kann eine Wechselwirkung zwischen Grenzschicht und induzierter Zuströmung das *globale* Verhalten von Freistrahlen wesentlich beeinflussen (vgl. 9. Aufl., Abschn. 4.7.3). Vielleicht hätte es Prandtl Vergnügen bereitet zu sehen, dass es beim Absetzen von Partikeln in Flüssigkeiten ein Analogon zu der nach ihm und T. Meyer benannten zentrierten Expansionswelle in Überschallströmungen gibt (Abb. 9). Verallgemeinerungen ermöglichen die quantitative Beschreibung eines bereits 1920 von einem Arzt namens A. E. Boycott bei der Blutsenkung beobachteten Effektes (vgl. 9. Aufl., Abschn. 6.5.3). Vermutlich hätte Ludwig Prandtl mit Interesse die Anwendung der Tragflügeltheorie in der Bautechnik verfolgt (Abb. 10, aus dem Beitrag von H. Sockel). Und sicher hätte er Freude daran gehabt, dass sich in der 9. Auflage zu den von ihm sehr geliebten meteorologischen Problemen (neu bearbeitet von F. Wippermann) die ozeanographischen Anwendungen (verfasst von J. Sündermann) gesellt haben (vgl. Abb. 11).

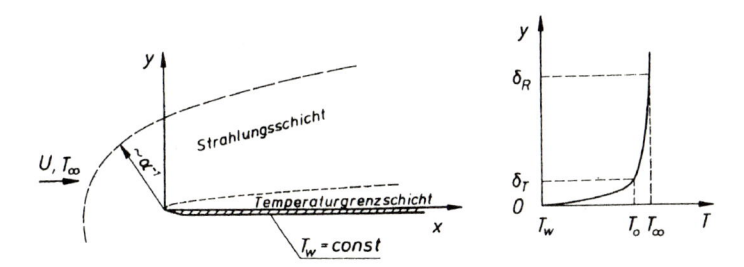

Abb. 7: Laminare Strömung eines strahlenden Gases über eine ebene Platte.
Linkes Bild: Strömungsfeld; rechtes Bild: Temperaturprofil
[8. Aufl., 1984, Bild 5.20]

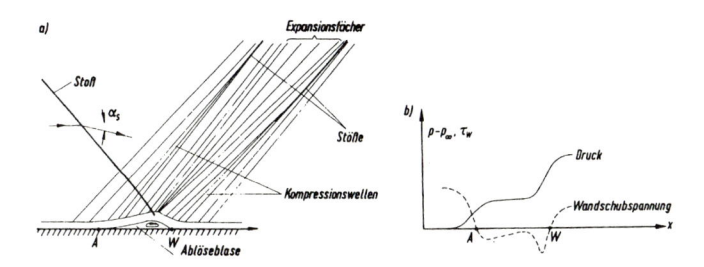

Abb. 8: Reflexion eines schiefen Verdichtungsstoßes an einer ebenen Platte bei laminarer Grenzschicht (schematisch). A Ablösepunkt; W Wiederanlegepunkt
a) Strömungsfeld
b) Druck- und Wandschubspannungsverteilung
[8. Aufl., 1984, Bild 5.29]

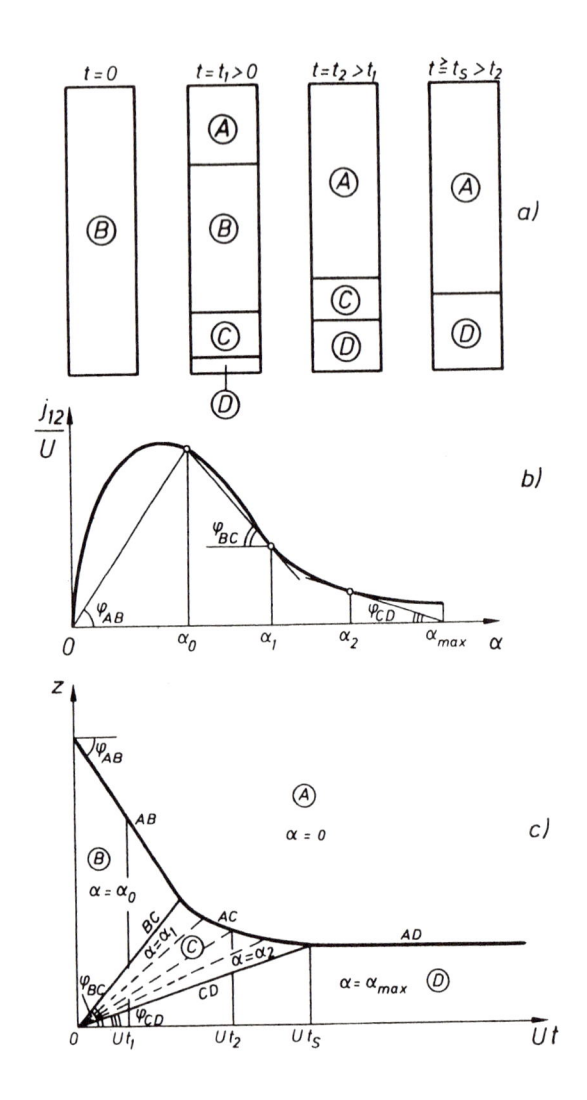

Abb. 9: Sedimentation fester Teilchen in einem flüssigkeitsgefüllten Absetzbehälter.
   a) Visuelle Beobachtung zu verschiedenen Zeiten
   b) Driftfluss-Diagramm
   c) Weg-Zeit-Diagramm (--- Wellenfronten; AB, AC, AD, BC, CD kinematische Stöße)
   [8. Aufl., 1984, Bild 6.28]

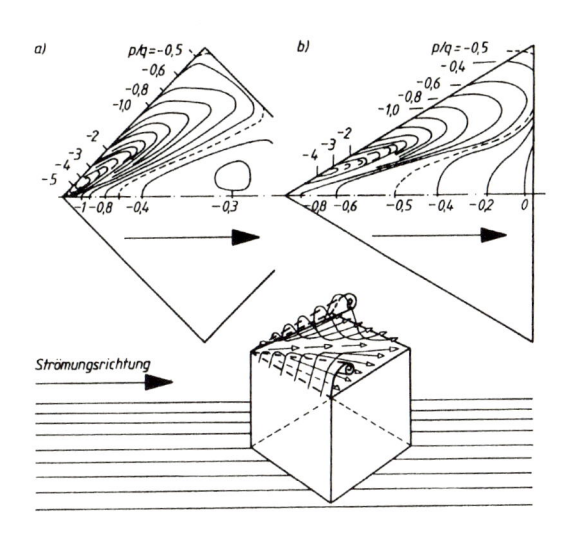

Abb. 10: Druckverteilung auf einem Würfel und einem Deltaflügel
[8. Aufl., 1984, Bild 4.76]

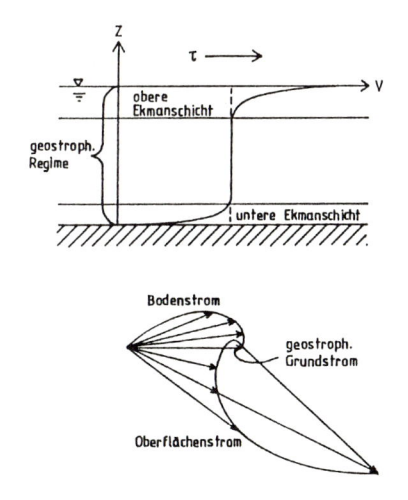

Abb. 11: Ekmanscher Elementarstrom
[9. Aufl., 1990, korr. Nachdruck 1993, Bild 9.4]

Ludwig Prandtl and Early Fluid Dynamics in the Netherlands

J.L. van Ingen[1]

Summary

The influence of Ludwig Prandtl on the early development of fluid dynamics in the Netherlands is described from a viewpoint determined by the author's experience as professor in aircraft aerodynamics at Delft Aerospace. Since J.M. Burgers can be considered as the "father of fluid dynamics" in the Netherlands, the personal contacts between Prandtl and Burgers, as evidenced by their extensive correspondence, will form the main part of this Dutch contribution to the Prandtl Memorial Volume.

1. Introduction

In addition to the influence, which Ludwig Prandtl had through his writings on the worldwide development of fluid dynamics in the twentieth century, there has also been an influence through personal contacts during the first half of the century. The present contribution to this memorial volume tries to describe this personal influence on Dutch fluid dynamics before the Second World War. To limit the size and scope of the article and to bring it within the limits of the present author's own experience, the main focus will be on the Technical University of Delft with its Departments for Mechanical Engineering, Shipbuilding and Aerospace Engineering and the National Aerospace Laboratory (NLR).

The Department for Aerospace Engineering has had different names in the past. It started as Department of Aeronautics in 1940; the present name is Delft Aerospace. Before 1940 some aeronautics courses had been given by the Department of Mechanical Engineering.

The present National Aerospace Laboratory (NLR), started as the "Government Service for Aeronautical Studies" (Rijks Studiedienst voor de Luchtvaart, RSL) in 1919. From 1937 to 1961 it was known as the National Aeronautical Laboratory (NLL).

The best known Dutch fluid dynamicist in the period concerned without doubt is Professor J.M. Burgers of the Departments of Mechanical Engineering and Shipbuilding at Delft. The extensive correspondence between Burgers and many scientists all over the world has been

---

[1] Prof. Dr. Ir. J.L.van Ingen, Emeritus professor of aerodynamics at Delft Aerospace, the Faculty of Aerospace Engineering of the Delft University of Technology. Kluyverweg 1, 2629 HS, Delft, the Netherlands.

Prandtl Memorial Lecturer in 1996, [1]

conserved in the archives of the J.M. Burgers Center for Fluid Dynamics. From the many letters, which have been exchanged between Burgers and Prandtl, the early development of fluid dynamics in the Netherlands can be traced. The present article contains a number of references to and quotations from these letters. Hopefully this can add to the knowledge about the work and personality of the man to whom this book is dedicated: Ludwig Prandtl.

An earlier tribute to Ludwig Prandtl, containing a description of some research in fluid dynamics by the author and his group at Delft, was given in his 1996 Ludwig Prandtl Memorial Lecture. The title: "Looking Back at Forty Years of Teaching and Research in Ludwig Prandtl's Heritage of Boundary Layer Flows" [1], indicates the author's life long commitment to boundary layers.

2. Dutch Applied Mechanics and Fluid Dynamics, 1914-1940

Although there have been important developments in applied mechanics and hydraulics in e.g. the Department of Civil Engineering at Delft, these will not be discussed here because of the limitations of the scope of the present article as explained in the Introduction.

The first person to be mentioned here is certainly Prof. Dr. Ir. C.B. Biezeno. He was appointed in 1914 as professor of applied mechanics at the very young age of 26. His inaugural lecture [2] was entitled "The Importance of Mathematics as Auxiliary Science for Applied Mechanics" and emphasized the need to include applied mathematics and mechanics in the curriculum for engineering education at a sufficiently high academic level. Apparently at that time he had to fight the widespread idea that the engineering profession would need no more than handbook knowledge. As an example he mentioned a paper by P. von Lossow in the *Zeitschrift des VDI* [3] with the title "Zur Frage der Ingenieur Ausbildung". Certainly the young Biezeno will have been confronted with the same ideas in Delft. Later he developed close contacts with German colleagues like Prandtl, von Mises, Grammel and all those who's names can be connected to the early years of ZAMM, GAMM, IUTAM etc. The close relation between Biezeno and Grammel has resulted in the monumental work "Technische Dynamik" [4], of which two editions have appeared (1939 and 1953) and which has been translated into English, Russian, Spanish and Japanese.

As an important Ph.D. student of Biezeno has to be mentioned W.T. Koiter, who would acquire world fame for his research on elastic stability, which was started with his Ph.D. thesis [5] in 1945. Later Koiter was appointed professor in applied mechanics in the Department of Mechanical Engineering at Delft; he also taught applied mechanics to students of the Departments of Shipbuilding and Aeronautics. For many years, together with Biezeno and Burgers, he played an important role in IUTAM, the International Union for Theoretical and Applied Mechanics. Koiter was the first Dutch scientist who has been invited to present the Prandtl Memorial Lecture; ("Elastic Stability", 1985, [6]).

Another Ph.D. student of Biezeno, who should be mentioned, is A. van der Neut. His Ph.D. thesis was on "the elastic stability of the thin-walled sphere" (1932, [7]). Van der Neut has worked at NLL until 1945 when he was appointed as professor in aircraft structures at the Department of Aeronautics at Delft. He has made important contributions to the theory of stringer stiffened shells.

In 1918 the need was felt in the Departments of Mechanical Engineering and Shipbuilding in Delft to appoint another professor in applied mechanics, but now for fluid mechanics. It was quite natural that the ideas of Biezeno about the value of applied mathematics in engineering education led to the choice for somebody with a background in mathematical physics. In 1918 J.M. Burgers was appointed on the chair for "Aero- and Hydrodynamics" at the age of 23 while he was still working on his Ph.D. thesis on the model of the atom according to Bohr [8] with Ehrenfest in Leiden . From Burgers' own writings [9,10,11,12] it is known, that during his studies in physics he and his colleagues *"had only a vague idea about fluid dynamics";* a German translation of Lanchester's "Aerdynamics" [2] was available but considered to be *"an incomprehensible fantasy".* The subject came more to life when a small book by Grammel: "Hydrodynamische Grundlagen des Fluges" [13] became available. It should be mentioned that Burgers, in Leiden, had also good contacts with Nobel prizewinner H.A. Lorentz. In 1918 Burgers had worked for Lorentz as "conservator" of the Physics Laboratory of the Teyler Foundation in Haarlem, until he accepted the chair in Delft. Lorentz had written two fundamental papers on hydrodynamic subjects. *"One of the latter treated basic solutions of the Navier-Stokes equations, corresponding to impressed point forces. The other discussed the theory of fluid motion in which, among other matters, Lorentz improved Reynolds' estimate for the limit of stability of laminar motion as derived from an energy criterion, by introducing a particular type of elliptic vortex."* (Burgers in [9], page 2). Furthermore Lorentz played an important role in the solution of the applied hydraulics problems related to the plans for closing off the Zuiderzee from the North Sea by means of a dike.

In his inaugural lecture in Delft on 12 December 1918 [14], Burgers was already able to present a work program for the coming years, based on his quick mastering of the available literature. Like Biezeno he stressed the importance of a theoretical approach, but at the same time ensuring the more conventional engineering professors that this would be to the benefit of *"solving problems raised by practice".* It was not thought necessary that Burgers should become an expert in technical aircraft aerodynamics, because of the availability of the RSL (NLL, NLR).

J.M. Burgers is rightly considered to be the father of fluid dynamics in the Netherlands and therefor it is fitting that the "Research School for Fluid Dynamics", in which all Dutch university departments working in this field are cooperating, is called the "J.M. Burgers Center". In following sections of this contribution we will pay detailed attention to the contacts between Burgers and Prandtl, which certainly will have influenced not only their own further understanding of fluid dynamics, but also through them, the education of their students. Many of them later became professors of fluid dynamics themselves.

Burgers developed many contacts all over the world, although in the beginning the emphasis was on the German applied mechanics community. In the Burgers archives we find correspondence with a great number of scientists, such as Betz, Biot, Durand, Ferrari, Hopf, Kampé de Fériet, von Kármán, Levi-Civita, Mellvil Jones, Milne, von Mises, von Neumann, Nikuradse, Oseen, Prandtl, Southwell, Taylor, Trefftz, etc.

Especially with von Kármán a close relationship developped; the relation with Prandtl remained more formal, although in later years the letters contain more personal remarks, extending to inquiries into the well-being of the respective families.

---

[2] Well known references, which can be found e.g. in the books of Schlichting or Rosenhead will not be listed in the present paper.

It would be very interesting and rewarding to study and report about the correspondence with all the mentioned scientists in some detail and put this within the history of fluid mechanics. However, this would require a very detailed study of the correspondence; which would go beyond the scope of the present paper.

It should be remarked that the work of both Prandtl and Burgers has covered a much broader range than fluid mechanics alone. As a few topics on which Burgers worked in addition to boundary layers and turbulence we can mention: the motion of small particles in fluids, the viscosity of polymer suspensions, rheology, groundwater flow, shock-waves, gasdynamics of cosmical clouds, etc. The present author has neither the time nor the experience to cover this broader area. For a review of Burgers work and life the interested reader is referred to his collected papers in [11] and his biography by Alkemade in [12]. Burgers' own account of *"some memories of early work in fluid mechanics at the Technical University of Delft"* in volume 7 (1975) of the Annual Review of Fluid Mechanics [9] is recommended reading as an introduction to the present paper.

Before a separate Department of Aeronautics was established in Delft, Burgers also taught courses on wing theory and aircraft motions. This gave him an additional subject about which he was able to cooperate with scientists from the RSL. His most important contacts in the late twenties and early thirties were the first director of the RSL, Dr. Ir. E.B. Wolff, the deputy director Ir. C. Koning, the first assistant to Wolff: Ir. F. D. Pigeaud , Dr. Ir. H.J. van der Maas and Ir. A.G. von Baumhauer. Van der Maas had graduated in shipbuilding in 1923 and had started working for the RSL directly after that. He was charged with the scientific work on aircraft stability and control and in order to do that work properly, he had taken the military pilot training at Soesterberg airbase. In 1929 he obtained a Ph.D. degree in Delft on a thesis on aircraft stability characteristics [15], with Burgers as promotor. In 1940 van der Maas became the first professor in aeronautical engineering in Delft and the founding father of the Department of Aeronautical Engineering; at present known as "Delft Aerospace."

To complete the picture of the teachers who had their influence on the education in aerodynamics of the present author, R. Timman should be mentioned. As a mathematician he had worked at Fokker and NLL. In 1952 he was appointed as professor of mathematics and applied mechanics in the Mathematics Department in Delft; he gave many advanced courses in fluid mechanics for various engineering departments. Before coming to Delft as a professor Timman had already a number of times taken over some courses from Burgers while he was visiting elsewhere. Timman himself had obtained a Ph.D. from Delft in 1946 on a thesis [16] about the aerodynamic forces on oscillating wings in compressible flow. Professor Bremekamp from the Mathematics Department and Burgers acted as promotors.

One of the students in Mechanical Engineering who took Burgers' courses on fluid dynamics in the early thirties was E. Dobbinga, who after working a number of years as an aerodynamicist at RSL and NLL, became in 1949 professor of applied aerodynamics in the Department of Aeronautics in Delft. Until 1982 all students of aerospace engineering at Delft have received their basic training in applied aerodynamics from Dobbinga. All of them were very early in their study confronted with the "Prandtl Film" on viscous effects in flows and the formation of vortices (section 6 of the present paper will be devoted to this film). Until 1960 the students in Aerospace Engineering received their basic training in theoretical aerodynamics from Burgers and his successors in the Department of Mechanical Engineering. From 1960 onwards Delft Aerospace had its own professor of theoretical aerodynamics in the person of J.A. Steketee who had been a student of Burgers and after graduation in 1950 had been working as lecturer and assistant professor in mechanics at the University of Toronto. In the same period he was also a research associate at the Institute of Aerophysics in Toronto. Until the present time aerospace engineering students take courses on turbulence from Burgers and his successors (professors Hinze, Ooms and Nieuwstadt).

The present author started his study in aerospace engineering in 1949 and has had among others as his professors Burgers, Biezeno, Koiter, van der Neut, Dobbinga, van der Maas and Timman. He enjoyed very much the courses by Burgers and Timman on boundary layer theory and by Burgers on his work on the model equation for turbulence, which later would be named after him. These lectures have resulted in the author's life long interest in boundary layers. After graduation in 1954 he was given the task to develop and teach a course on boundary layer theory for aerospace engineering students and to start viscous flow research in the just established low speed wind tunnel laboratory of the Department. The basic material for the author's lectures has been found in the papers by Prandtl himself, the lecture notes of Burgers and Timman and the book by Schlichting. Due to the difference in age (he graduated in 1954) the present author has never met Prandtl personally. However through the strong support of van der Maas and Timman the author has been given the opportunity to meet many of the "second generation" fluid dynamicists after Prandtl. A strong relation with Prandtl is felt through the subject of boundary layer theory and the contacts with this second generation. Therefor it has been an honor and a pleasure for the author to present some of his work "in Ludwig Prandtl's heritage of boundary layer flows" in the 1996 Prandtl Memorial Lecture [1]. In this lecture he has stated that working in this field has always given him an enormous satisfaction. In the same way it is a pleasure to contribute to the present memorial volume.

3. The National Aerospace Laboratory (NLR)

In 1919 a "Government Service for Aeronautical Studies" (Rijks Studiedienst voor de Luchtvaart, RSL, later NLL and NLR) was established in Amsterdam. Its first director was Dr Ir. E. B. Wolff; his first assistant was Ir. F. D. Pigeaud. Before that time some modest experimental equipment for aerodynamics research had been made available to the Technical University at Delft by the Royal Netherlands Aeronautical Society, but not much seems to have been done with that. Von Baumhauer had worked with this equipment in 1913 while still being a student, it was later transferred to the RSL. Some names of scientific staff members at the RSL have already been mentioned; Pigeaud had studied electrical engineering and already in 1920 he spent some time in Germany and certainly has visited Prandtl in Göttingen. Von Baumhauer had done early research on helicopters and windmills. Koning has done original research on flutter and on the effects of propellers on other parts of the airplane. About the latter subject he contributed a section [17], to the well know series on Aerodynamic Theory [18] of which Durand was the editor. Another contribution from the Netherlands to this series has been given by Burgers together with von Kármán on "General Aerodynamic Theory-Perfect Fluids", [19].

Burgers had intensive contacts with the RSL; in the years 1924 to1926 some interesting experimental research on airfoils has been done in cooperation between the RSL and Burgers, in which his assistant Van der Hegge Zijnen played an important role. The experiments concerned boundary layer measurements on airfoils and the effects of a rotating cylinder in the leading edge of an airfoil on boundary layer separation and stalling, [20,21,22,23].

A detailed history of the RSL-NLL-NLR has been written by Prof. Ir. J. A. van der Bliek, one of the later directors of NLR, [24].

4. Delft Hydraulics and the Wageningen Ship Model Basin

Besides the NLR two more laboratories, engaged in early fluid dynamics research in the Netherlands should be mentioned here. The first one is the Delft Hydraulics Laboratory, which was established in 1927. Its first director was Professor J. Th. Thijsse. Before this appointment Thijsse had been chief engineer of the Zuiderzee project. The second laboratory to be mentioned is the Netherlands Ship Model Basin in Wageningen, established in 1929, with L. Troost as its first director. In these early days there was a regular contact between Burgers, Wolff, Thijsse and Troost, where their respective problems in fluid dynamics could be discussed. Without doubt the other institutes will have shared the profit from Burgers' intensive contacts with foreign scientists like Prandtl. This surely will have contributed to the development of fluid dynamics as a whole in the Netherlands.

5. The beginning of IUTAM

In 1922 a conference on Aero- and Hydrodynamics was organized by von Kármán and Levi-Civita in Innsbruck. This conference brought together 33 scientists from countries like Germany (14), Austria, Russia, Italy, Norway, Sweden, the Netherlands (6), etc. (nobody from the UK or from outside Europe). It is remarkable that from the 33 participants 20 came from Germany and the Netherlands. The handwritten list of participants (reproduced in [25]) shows a number of now famous names, such as Bjerkness, Burgers, Cisotti, Ekman, Heisenberg, Hopf, von Kármán, Levi-Civita, Oseen, Prandtl, Trefftz, and Wieselsberger. Besides Burgers the Dutch delegation consisted of the following 5 persons: von Baumhauer, Koning, Pigeaud, Thijsse and Van der Hegge Zijnen, all of which have been mentioned already in the preceding sections. This clearly shows the beginning of a close relationship between the Dutch and German fluid dynamics communities with Prandtl, von Kármán and Burgers as the most important exponents. The proceedings of this conference [26] contain papers by Burgers, Thijsse and von Baumhauer.

After Innsbruck it was thought that a similar conference on applied mechanics as a whole would serve a good purpose to re-establish the contacts between scientists who had been separated by physical and political barriers during and after the First World War. Biezeno and Burgers were asked to take the initiative to organize this conference in Delft in 1924. Although this was already 6 years after the war and the conference would be on "neutral ground" in the Netherlands, there appeared still to be such strong feelings that both Prandtl and von Mises refused to cooperate with possible Belgian and French members of the organizing committee. This problem has resolved itself however, because there were no positive reactions from these countries to participate in the organizing committee. The conference was a great success as can be seen from the proceedings, [27] and from the related correspondence by Burgers. In total there were 235 participants of which 54 from Germany and 113 from the Netherlands.

The conferences in Innsbruck and Delft have initiated a regular series of such meetings, which lasts up till the present time. Later an international society was established, the Union for Theoretical and Applied Mechanics (IUTAM), in which for many years Biezeno, Burgers and Koiter have played an essential role from the Dutch side. Through IUTAM the Dutch applied mechanics community has always been able to profit from these international contacts. In 1976 the congress returned to Delft; on this occasion the history of IUTAM up till 1976 was described in a brochure from the ASME entitled "From Delft to Delft"[25]. In this brochure the meetings in Innsbruck and Delft are listed as IUTAM conferences number zero and one, respectively. Other interesting studies about the history of IUTAM may be found in [28] and [29].

6. The Prandtl Film

Ludwig Prandtl has been famous for his early work on flow visualization, demonstrating the effects of viscosity on separation of flows and the generation of vortices. Every student of fluid dynamics will have seen the still pictures of these flow visualizations in the famous "Prandtl-Tietjens" books. A film was made by Prandtl in the nineteen twenties; it has been described by Prandtl himself in [30,31]. During the present author's presentation of his Prandtl Memorial Lecture in 1996 it appeared, to his great surprise, that not many persons in the audience had ever seen this film; hence it was decided to show it in full on that occasion. Due to the good contacts with Prandtl a copy of the film was made available to RSL, probably in 1933. At RSL a report was written [32], which in detail explained every sequence in the film. This explanation was preceded by a brief introduction into the theory of boundary layers and vorticity. The film was of course also made known to other Dutch institutes. The Prandtl film was introduced by Dobbinga into the aerodynamics curriculum for aerospace engineers when he moved from the NLL to the Aeronautics Department in Delft in 1949. The present author remembers how much he was impressed by these flow visualizations when he saw the film for the first time as a first year student in aeronautical engineering in 1949. This experience, together with the unforgettable lectures by Dobbinga, Burgers and Timman certainly have started his life long interest in viscous flows. The present author himself was already soon after his graduation in 1954 charged with the teaching of boundary layer theory. Gradually he was made responsible for the management of the low-speed laboratory and was appointed senior lecturer in 1967 and full professor in 1970. The presentation of the Prandtl film has for a long timed remained part of the aerodynamics curriculum in Delft. Of course present-day computer-, film- and video techniques could produce better quality images and visualizations of flows. However, Prandtl's selection of the various topics, showing the real basics of viscous and vortex flows, remains unsurpassed. This achievement and his publications alone would already have been a sufficient reason to honor Prandtl for his lasting influence on the teaching of fluid dynamics in the Netherlands.

In his early years in Delft J.M. Burgers has followed with success the examples in flow visualization by Prandtl and Ahlborn, by making flow pictures in a water channel to illustrate his lectures with basic flow phenomena. Very soon however he realized that to fully understand these flows, especially in the turbulent state, it was also necessary to obtain more quantitative data. The idea of using hot wires as suggested by L.V. King around 1914 appealed very much to Burgers, which resulted in much pioneering research in this field. Reviews of this early use of the hot wire technique were given by Burgers in 1931 in the "Handbuch der Experimental Physik, edited by Schiller [33] and in 1968 [34].

7. A brief review of early contributions by J.M. Burgers to Fluid Dynamics

For a good understanding of the correspondence between Ludwig Prandtl and J.M. Burgers it would be necessary to first review in detail Burgers' work. This would go far beyond the scope of the present article. However a good impression can be obtained from the review that Burgers himself has given in the 1975 issue of the Annual Review of Fluid Mechanics [9]. A review in Dutch is available in his farewell lecture when leaving Delft for the Institute for Fluid Dynamics of the University of Maryland in 1955 [10]. The life and work of J.M. Burgers have been extensively described in "Selected Papers by J.M. Burgers" [11], edited by F.T.M. Nieuwstadt and J.A. Steketee, in which a great number of his papers have been collected. A biography of Burgers, written by A.J.Q. Alkemade [12] is contained in [11]. In order to ease the understanding of the following section, devoted to the Burgers-Prandtl correspondence, we will briefly quote some major points from [9]. Readers who would like to have a more detailed view should at least read the original article.

About the character of his work, Burgers remarked himself in [9], (page 1):

I may even say that the major part of my scientific work has been directed toward interpretation, more than to finding new results, although interpretation often opens the mind for a new view. (Lorentz and Ehrenfest, to whom I owe very much, were both, each in his own way, great interpreters.) (See also the letters 13-12-1920 BP and 15-01-1921 PB later in section 8 of this paper).

On page 3-4 we read:

In technical respects I was helped by the circumstance that in the same year, 1918, the Dutch Government had created an Institute for Research in Aerial Navigation (RSL), located in Amsterdam. A fruitful cooperation developped with the scientific staff of this Institute, which on the one hand helped me to see what was done in the world of aeronautics, and on the other hand relieved me of the necessity to move too far into technical matters.

On page 5:

A small but convenient laboratory had been built up for me in 1920 and became available for work in 1921. One part of the equipment was a small towing tank (8x1x0.8 m) of the type used by Ahlborn, whose flow pictures had attracted much attention a few years earlier and had demonstrated the production of vortices in all types of real flow, as opposed to ideal non viscous flow. Many flow pictures were made, and the tank could be used as a welcome demonstration instrument to make my lectures for the students more lively. The other main part of the equipment, built in 1921, was a small wind tunnel of the Eiffel type, with a working section of 4x0.8x0.8 m.

On page 6:

In 1919 or 1920 I had read L.V. King's (1914 ?) paper 'on the convection of heat from small cylinders in a stream of fluid' which became the basic paper for the evolution of hot-wire anemometry.

First Burgers tried to use hot wires in the water tank, but soon turned to the easier use in the wind tunnel. In 1921 von Mises had started ZAMM, in the first issue of which appeared four papers by von Kármán and his assistants on the following topics: the momentum equation for boundary layer flow; practical solutions of that equation (Pohlhausen); the similarity law for turbulence and the deduction of the 1/7th-power law from the Blasius resistance formula for pipe flow; and the relation between turbulent resistance and heat transfer. Elsewhere [10] Burgers has stated that only after reading these papers and visiting von Kármán in Aachen that same year, the real practical importance of boundary layer theory had become fully clear to him .In this respect it is also instructive to quote a remark made by H.L. Dryden, in the second Prandtl Memorial Lecture [35], (1958).

The idea of the boundary layer was introduced by him *(Prandtl)* 20 years before the first measurements of a velocity profile *(by Burgers and Van der Hegge Zijnen)*. At that time there were only three institutes-namely in Göttingen, Aachen and Delft-that were interested in this subject. In the 20 years from 1904 to 1924 there appeared in the literature only 20 papers on boundary layer problems. Today (1958) this number appears every 60 days.

In view of this remark by Dryden it becomes even more interesting to highlight the relation between Burgers and Prandtl.

In 1923 Van der Hegge Zijnen, the first assistant to Burgers, had started the now classical experimental work on the flat plate boundary layer [9,36,37,38]. In this respect it is also interesting to consult the re-evaluation of these experiments by Fernholtz, [40] in [39].

Increasingly the hot wire was used in Burgers' laboratory to measure turbulent fluctuations and correlations. This required more knowledge of electronics than Burgers had himself. Therefore it was a great help when, around 1928, another assistant could be appointed (M. Ziegler) who had an electronics background. One of the interesting results which was obtained is described by Burgers as follows ([9], page 8):

when making oscillographic records of the velocity fluctuations in the boundary layer along a glass plate, he (Ziegler) *again found that the boundary layer can be steady and laminar over a certain distance, while in the region of transition this laminar flow appeared to be interrupted at irregular intervals by short periods of complete turbulence. These periods were found to grow in duration and number as one goes downstream. Thus Ziegler observed the intermittency of incipient turbulence.* (see also the letter from Burgers to Prandtl, 14-06-1932 BP)

In 1923 Burgers started his theoretical work on turbulence, which has led to the model equation for turbulence, which now bears his name.

8. The Correspondence between L. Prandtl and J.M. Burgers

The present generation of fluid dynamicists should be thankful for the fact that in the early period of contacts between Burgers and his (foreign) colleagues the telephone was not much used. In Prandtl's letterhead there appears a telephone number as early as 1919. However there is no indication of using the phone to contact Burgers; if a letter or postcard was expected not to arrive in time a telegram was sent; this has happened only on very rare occasions. Burgers was very careful in archiving his correspondence; there are files of letters exchanged with scientists all over the world. It would be of lasting value if present day scientists in the telephone, fax and e-mail society would be as meticulous as Burgers in documenting their contacts. The Burgers archive has provided fascinating reading to the present author; the richness of the material would warrant a much more detailed study in which the contents of the letters could be put in the context of a history of fluid mechanics.

In order, to better understand the relation between Prandtl, von Kármán and Burgers it is useful to note that they were born in 1875, 1881 and 1895 respectively. Hence in the year 1919, in which Burgers wrote his first letter to Prandtl, they were 44, 36 and 24 years of age respectively; Burgers being by far the youngest and of course at that time the least experienced.

The correspondence between Burgers and Prandtl starts with a letter from Burgers to Prandtl on 25 October 1919 in which Burgers presents himself to Prandtl as a young professor who still has to learn a lot. Very soon the two came to an equal level, where Prandtl could also learn something from Burgers. While the first letters are rather formal, they later contain more personal aspects. The last letter, which the present author has seen, dates from 1936. In total there are about 50 letters to and from Prandtl which the present author has been able to consult in the archive. However, there is a gap from 1924 to 1927; the first letter after this gap is from Burgers to Prandtl, dated 4 January 1927. There is no evidence that the contacts have been suspended during that period, hence there might be more letters, not yet known to the author.

Of course it is impossible to describe in detail the contents of the letters; therefor we will satisfy ourselves by following the letters in chronological order and giving some quotations and/or comments on the subjects under discussion. Inevitably the selection of the quotations has been subject to the author's own interest and experience. However, it is hoped that in this way the reader will have as much pleasure as the author, in coming closer to these two great fathers of fluid dynamics in Germany and the Netherlands respectively.

Reference to the individual letters will be made by using a code, which contains the date, the author and addressee of the letter, in this order. As an example dd-mm-yyyy BP means the letter written by Burgers to Prandtl on that date. All letters have been written in the German language, the translations into English are from the present author, who of course remains responsible for its correctness. Not being a professional translator from German into English the author apologizes for any remaining imperfections. Translated literal quotations are printed in *italics*.

<u>25-10-1919 BP</u>   This seems to be the first letter from Burgers to Prandtl. In it, he first refers to a volume of the Göttinger Nachrichten which he had received through Wolff. This publication contained recent work by Prandtl and his group on airfoil and wing theory which was read with much interest by Burgers. (Wolff had also brought from Germany the first issue of ZAMM). Then Burgers presents himself to Prandtl as recently appointed professor in Delft, who of course still has to learn much. He wants to use Prandtl's publications in his lectures and for this purpose he also requests a copy of the dissertation by Munk.

Then the subject of boundary layer theory is raised and it is asked whether, in addition to the papers Burgers had been able to consult (Prandtl, 1904; Blasius, 1908; Boltze, 1908; and Hiemenz, 1911), anything else had been published.

Burgers asks about clarification with respect to the singularity which appears in the Blasius solution at the leading-edge of the flat plate. (v becoming infinite at x=0, leading to kinks in the streamlines). Would this not cause too large deviations in the flow field? *I have worked on this for some time without a result. Please could you give me some indication how to proceed?* It is also mentioned that in Delft a water basin will be constructed in which flow visualization work similar to Prandtl's and Ahlborn's will be done. Further information on the techniques used is requested.

05-11-1919 PB   This is Prandtl's prompt reply to the previous letter. It is interesting to note that in boundary layer theory no further publications than those mentioned by Burgers have appeared. Attention in the last years has been directed to wing theory and *as I believe with good results.* (See also the remarks by Dryden, quoted in section 7).

Then follows an extensive answer comprising more than one page on the problem with the Blasius solution. Because of its interest for the history of boundary layer theory this part of the letter is quoted in detail here.

Concerning your special questions about the behavior of the Blasius solution for the plate at $x=0$, I would like to make the following remark:

The Blasius solution is obtained through a mutilation of the differential equation, that one can express in words, by saying that only the longitudinal mass of the fluid is taken into account and only the transverse friction effect, while the transverse mass and the longitudinal friction effect are neglected, and hence the solution is everywhere an approximation, where flows along a wall with large velocity differences of the different layers occur. Along a flat plate one then will obtain an approximation for the real flow at all points along the plate for which small values of ν occur. That is at $x=0$ of course not the case; however the behavior at some distance from the leading-edge will be represented very accurately. The Blasius solution discusses in fact the limiting case for viscosity going to zero, for which then also the boundary layer thickness becomes infinitely small. The area, in which the solution can not be used, in this case also shrinks together into a strip, which becomes infinitely small. If one applies this solution for a finite viscosity, then keeping the x-coordinate means increasing the y-coordinate in the ratio of the square root of the viscosities. Hence, the picture that one obtains is –strictly speaking- an infinite enlargement of the solution which is correct for infinitely small viscosity. The streamline picture in the neighborhood $x=0$ (see sketch; reproduced here together with a fragment of the original letter *) is therefore in the same way distorted as it is the case with pictures of rivers.* (The hand written addition reads: *In reality a gradual changeover instead of the kink is to be expected, something like the dotted lines).*

The real solution for finite viscosity might not easily be found. One could possibly so proceed, that one- maybe in parabolic coordinates? – finds a suitable function, that than is improved using the method of successive approximation. Often I have tried this already, but up to now without good results. It would be very nice if you could make progress on this point which really needs clarification.

08-12-1919 BP   Thanks for the explanation about the Blasius theory; I do hope to find later some time to do some calculations on this problem. However I am afraid that it will stay without success.

02-12-1919 PB   The paper by Betz "Schraubenpropeller mit geringstem Energieverlust" is mentioned. Hence it can be concluded that all aspects of fluid dynamics were the subject of their correspondence.

13-12-1920 BP   *In the last few weeks I have tried to put together a compilation of a few steady flows which have appeared in the literature, such as Stokes and Oseen-Lamb for Reynolds* number $\to 0$; one solution by Oseen for $R \to \infty$ and your boundary layer theory. However for intermediate values of R, I do not know any work, and I had to leave open the questions at what R the corresponding vortices appear at the backside and when they become unstable. Now, yesterday I was visited by Mr. Pigeaud* (from the RSL; apparently he had been visiting Göttingen) after his return from Germany and he told me that you are working on these problems and have obtained some experimental results. Please could I receive some information on that subject?

30-12-1920 PB A graph with results on the drag of circular cylinders as a function of Reynolds number is sent; reference is made to a formula by Lamb which is valid for very low Reynolds numbers. *Happy New Year!*

05-01-1921 BP Thanks for the results on cylinders; some references to British work is given. *In case you did not yet receive these through Mr. Pigeaud I will be glad to send them to you. Stimulated by your research I will try to construct a towing apparatus to observe the various flow patterns at small R. Also happy New Year to you.*

15-01-1921 PB *Measurements on the drag of cylinders are also contained in the new book by Eiffel. They show, as for the earlier measurements on spheres, that his airflow is highly turbulent.* Some more references to other work on cylinders are mentioned. Then Prandtl refers to earlier work of Burgers (referred to in 13-12-1920 BP ?). *I read it with much interest. I am inclined to judge the value of a paper on the question to what extent it increases our positive knowledge about the subject, or to what extent it opens new ways to increase our knowledge. I believe, that your work, if I did not miss the essential point due to language problems, is more of the type that it looks for a new form for known things. I do not believe that it will be possible in this way to obtain results that one could not obtain simpler in the normal way. However I will be glad to be corrected.*

Here we see a difference in attitude towards doing science between the two. Burgers himself has explained his inclination to interpretative work in the Annual Review article [9], referred to in section 7.

10-05-1921 BP With this letter Burger offers to Prandtl a reprint of communication to the Royal Netherlands Academy of Sciences with the remark: *I do very well know that to this work the same would apply as to the earlier one: it contains nothing essentially new, only a (I do hope) clear compilation of known things. For the near future you should not expect differently from me; I have to get on terms with these things first for myself.*

Burgers is looking forward to some visiting lectures by Wieselsberger which were announced by Pigeaud.

14-05-1921 PB This is a detailed comment on a publication sent earlier by Burgers. Partly it is concerned with finding the vorticity distribution for a given velocity distribution. Prandtl suggests a method of successive approximation, which he expects to converge to the real flow for not too high Reynolds numbers. *Of course it will be difficult to carry out this process all the way analytically, some graphical or numerical process might have to be applied. However, the exact way to go I do not yet see myself.*

Below a fragment of letter 05-11-1919 PB is reproduced (at 70 % of the original size).

kleine Werte von v ergeben. Das ist bei x = 0 natürlich nicht der Fall; die Verhältnisse in einigem Abstande von der Anfangsstelle der Platte werden dagegen sehr genau wiedergegeben. Die Blasius'sche Lösung behandelt genau genommen den Grenzfall einer verschwindend kleinen Reibung, in dem dann auch die Dicke der Grenzschicht verschwindend klein wird. Das Gebiet, in dem die Lösung unbrauchbar ist, schrumpft in diesem Falle ebenfalls auf einen verschwindend kleinen Streifen zusammen. Wendet man diese Lösung auf eine endliche Zähigkeit an, so bedeutet das bei Beibehaltung der x Koordinaten eine Vergrösserung der y Koordinaten im Verhältnis der Wurzel aus den Zähigkeiten. Das Bild, das man erhält, ist also eine - genau genommen unendlich starke - Ueberhöhung der für unendlich kleine Reibung richtigen Lösung. Das Stromlinienbild in der Gegend x = 0 (vergl. nebenstehende Skizze) ist daher in ähnlicher Weise verzerrt, wie dies auch bei überhöhten Bildern von Flussläufen und dergl. der Fall ist. In Wirklichkeit ist ein allmählicher Uebergang statt des Knickes zu erwarten, etwa so wie punktiert.

Die wirkliche Lösung für endliche Zähigkeit dürfte nicht leicht zu finden sein. Man kann wohl so vorgehen, dass man - etwa in parabolischen Koordinaten(?) - eine passende Funktion findet, die dann mit der Methode der sukzessiven Approximation verbessert wird. Ich habe mehrfach schon derartige Versuche gemacht, bisher aber ohne rechten Erfolg. Es wäre sehr schön, wenn Sie in diesem Punkte , der tatsächlich der Aufklärung noch bedarf, weiter kommen könnten.

Mit hochachtungsvoller Begrüssung

Ihr sehr ergebener

L. Prandtl.

04-08-1921 PB   In July Burgers had visited von Kármán for the first time in Aachen and now he would like to come to Germany again to spend one week at Aachen, one week in Göttingen and then go on to Jena to attend the "Naturforschertage".

08-08-1921 PB   Burgers is very welcome in Göttingen; in addition Prandtl refers to the annual meeting of the Wissenschaftliche Gesellshaft für Luftfahrt to be held in München, where Betz, Wieselsberger and Prandtl himself will be going. *I do also hope to have much profit from this personal contact.*

12-08-1921 BP   Further arrangements for the trip to Germany; Burgers would also like to attend the WGL meeting and possibly become a member.

28-06-1923 BP   In this letter Burgers refers to Prandtl's research program that had become known to him through his contacts with NLR and Fokker, which in turn had learnt about this from the German industrial firm Schweringer Industriewerke. Burgers interest was aroused by the plans to "study boundary layers on some airfoils and the separation process for airfoil flows"; he is interested in the way Prandtl is going to perform these measurements. *In our laboratory we are at present performing extensive measurements with the hot wire method, and my assistant, Ir Van der Hegge Zijnen has made good progress in the last few months. With airfoils we did not yet occupy ourselfs; on our program is up till now the boundary layer on a smooth flat plate, and on a circular cylinder, especially with regard to the beginning of turbulence. Later we do hope to extend this research to rough surfaces.*

The measurements are being performed in our 80x80 cm wind tunnel.

Some of the results of the measurements on a flat plate with a blunt leading-edge are presented in some detail. For this fully turbulent flow, measurements were made with hot wires of different diameters. The experimental results for the mean velocity profile are compared with the 1/7- power law as proposed by Prandtl and von Kármán. *The results of the measurements very clearly show the laminar layer between the turbulent layer and the wall.*

Then some problems concerning the experimental techniques are posed.

1. Is the calibration curve for a hot wire dependent on the degree of turbulence of the flow? They tried to compare calibrations in the tunnels in Delft and Amsterdam and also in a flow with increased turbulence by means of a screen. However no final conclusion was reached.

2. What correction is required when the wire comes very close to the wall? They followed a procedure where the heat losses due to the flow and to the wall are just simply added; the heat loss to the wall was then taken equal to that at zero speed. Results for different wire diameters show a good correspondence.

3. There are small deviations between the experimental calibration and the theoretical curve given by L.V. King. For all wires this occurs in a similar but not exactly equal way, which we can not yet explain. *It is quite well possible that a relation exists with the flow condition around the wire (the occurrence of the turbulence in the boundary layer).*

If in your laboratory you have experienced similar things, we would be very glad to hear about it. Furthermore it is asked whether one can always rely on the Pitot tube in flows with different degrees of turbulence, etc.

23-07-1923 PB   After the previous letter apparently another set of results on turbulent flows has been sent by Burgers. In the present letter Prandtl comments on both.

Your measurements with the hot wire I find very interesting. We ourselves have not yet worked with it except for some measurements 4 years ago by K. Pohlhausen. The planned boundary layer measurements will be done with thin total head tubes. Some remarks on the calibration of Pitot tubes in turbulent flows are also made.

Your measurements look fine. That there should be a laminar layer between von Kármán's curve and the wall, was to me, and supposedly also to von Kármán always clear. Our formula describes, so to say, the limit for viscosity going to zero. For finite viscosity Mr. Heisenberg has in the mean time, in his (not yet printed) dissertation, proposed the following formula:

$$y = a w + b w^7$$

I believe that this formula corresponds very well with your curve, possibly with modification of the exponent 7.

Prandtl has objections against the proposed correction for the presence of the wall because the heat loss directly to the wall may depend on the airflow. *The best way to check such a correction would be to measure a well know laminar flow.*

The differences with King's curve, that Prandtl would not like to call "a theoretical one" are possibly comparable to the differences one finds in the drag of wires.

In October 1923 Burgers, Biezeno, Wolff and Schouten (Professor for Mathematics and Mechanics in the Department of Mathematics) start with the preparations for the 1924 Mechanics Congress in Delft. These preparations will keep Burgers very busy for the coming year.

<u>22-10-1923 BP</u>   In this letter Prandtl is asked for permission to put his name under the invitation to the conference, which then would have as a kind of "Scientific Committee" the following members:

Prof. J.S.Ames, Baltimore	Prof. T.Levi-Civita, Roma
Prof. P.Appell, Paris	Prof. A. Mesnager, Paris
Prof. L. Bairstow, London	Prof. R. von Mises, Berlin
Prof. V. Bjerkness, Bergen	Prof. C.W. Oseen, Uppsala
Prof. E.G. Coker, London	Prof.Th. Pöschl, Prag
Prof. Ph. Forchheimer, Graz	Prof. L. Prandtl, Göttingen
Mr. A.A. Griffith, South Farnborough	Col.Roubert, Saint-Cyr, Paris
Prof. Th. von Kármán, Aachen	Dr. T.E. Stanton, Teddington
Prof. L. Lecornu, Paris	Prof. A. Stodola, Zürich

From this list it is clear that the conference was mainly a European affair, only one member of the committee coming from outside (Ames, who however has not been present at the conference. It should be remembered of course that crossing the Atlantic Ocean was still quite an undertaking at that time).

<u>30-10-1923 PB</u>   This letter must have been a disappointment to Biezeno and Burgers because Prandtl refuses to be a member of the committee, if this would mean that he would be in formal contact with Belgian and French scientists, unless they would clearly denounce the current

political conduct of their governments. He refers of course to the end of the First World War in 1918. A similar letter had been received from von Mises. However, Prandtl would not be offended when the organizers would choose for the French or Belgians, if this would be necessary for the success of the congress.

08-12-1923 BP   In this letter Burgers explains that it would have been impossible for the organizers in Delft to put certain conditions on participants such as the French and Belgians. However the problem had resolved itself because the French and Belgians had either not answered on the invitation or they had announced not to intend to participate. This opened the way for the participation of the Germans, otherwise the value of the congress would have been much less. From this point in time Prandtl has been an enthusiastic supporter of the congress.

He can give papers on plasticity or on new results of wing theory, which have been obtained after Innsbruck. He also mentions that Glauert and Woods in Farnborough have been active in wing theory and hence should be invited.

In the following letters there is much business about the conference. For further information on that the reader is referred to section 5 and the proceedings [27] of the conference.

27-03-1924 PB   *Furthermore I would like, with reference to my weak command of foreign languages , to request not to be asked to chair a session, there would be enough people more suitable for that. Also I would like to be able to switch between sessions.*

NB.   After 07-06-1924 the available correspondence jumps to 1927.

04-01-1927 BP   Burgers has come across a publication by W. Heisenberg on "Stability and turbulence of fluid flows". Burgers does not agree with some of Heisenberg's statements and asks Prandtl's opinion about it.

12-01-1927 PB   Prandtl agrees with Burgers opinion on Heisenberg's work. Then he proceeds:

I have been told about work you should have done to measure the fluctuations in a turbulent flow. I do not remember to have seen this myself and would be thankful if you could send it to me.

14-01-1927 BP   Burgers sends some further information and reprints of work about turbulent fluctuations. After the measurements of the mean flow in the flat plate boundary layer- as reported in Van der Hegge Zijnen's dissertation [37] and at the 1924 Congress- Burgers and Van der Hegge Zijnen had more and more directed their attention to the use of hot wires to measure turbulent fluctuations. More detailed information can be found in Burgers contribution to the 1975 Annual Review of Fluid Mechanics [9]; (see also section 7). The relevant publications can be found in [11].

03-10-1928 BP   Apparently Burgers had just returned from a visit to Prandtl and his wife in Göttingen and thanks them for their hospitality. Also Van der Hegge Zijnen would like to visit Göttingen in the near future.

05-10-1928 PB   Prandtl sends his regards and announces that Van der Hegge Zijnen is welcome to visit Göttingen; he also will meet Betz there. For the three reports sent by Burgers Prandtl expresses his thanks, but *please could in the future such reports have a summary for easier orientation on the contents.*

06-06-1929 BP   This letter has been written in the period in which the International Congress in Stockholm is being prepared. Apparently there has been a proposal (by Burgers?) to ask somebody to give a review of propeller theory and Prandtl has given a reaction to that on which Burgers answers as follows. *I admit that the most important questions will have been cleared; however in the papers of the last years there is still a lot of approximate theory and hence I would think that summarizing this subject, with a clear overview of the approximating assumptions made and possibly a deepening of the mathematical treatment would certainly be in place.*
Both Prandtl and Burgers will travel to Moscow, Prandtl on his way to the world engineering congress in Tokyo and Burgers for visits to Moscow and Leningrad. Both will give lectures in Moscow and some coordination about the subjects they will discuss seems wanted. They may discuss this when meeting in Aachen one of these days.

10-06-1929 PB   *Thank you for your kind letter .Of course I have nothing against a paper on propeller theory, when a speaker is available who summarizes the subject in a new and nice way, and in one way or another adds something to what Betz has done at the Physics Day in Kissingen in 1927. Maybe you will give this paper yourself?*

Prandtl intends to talk in Moscow about three subjects:
1. About the origin of vortices in fluids with small viscosity
2. On developed turbulence
3. On the flow of gases at supersonic speed

14-06-1929 BP   Burgers indicates what he is going to discuss in Moscow and Leningrad. Lately he has been very busy on calculations for pumps to be used in the Zuiderzee works. He is certainly not intending to present the review on propellers himself.

25-03-1931   This letter from Prandtl is not directed to Burgers but to Van der Hegge Zijnen; it contains very detailed remarks on the techniques for flow visualization which are used in Göttingen. Apparently there is still an interest in this field in Delft.

29-06-1931 BP   Burgers request the support from Prandtl to obtain a scholarship for Van der Hegge Zijnen from the Rockefeller Foundation to spend some time with von Kármán in California. Burgers and Van der Hegge Zijnen have worked for many months on the calculation of a pump for the Zuiderzee project using conformal transformation techniques. Burgers states that *the calculations required the use of log-tables in 7 decimal places*

Recent work of Van der Hegge Zijnen is concerned with the distribution of the mixing length in the boundary layer on a rough surface consisting of parallel rods.

Burgers himself did not do much interesting work because of the pump calculations and a trip to California (together with Mrs. Burgers) at the invitation of Durand to work together with von Kármán on their contribution to Durand's *"encyclopedia"*.

06-07-1931 PB   Prandtl gives his comment on an earlier paper sent by Burgers about the determination of the mixing length. *The problem is very charming and instructive, especially if you would do a second experiment with a different distance between the needles. I think that in any case one of the needles should be replaced by a hollow tube that can be rotated about its axis, so that also the pressure distribution and the drag are obtained.*

What wondered me most is that l/δ should be a function of y. I had expected that it, at a sufficiently high Reynolds number, would be a function of y/δ; I do not have a good explanation for the other result. That von Kármán's law does not agree, may be related to the fact that the basic flow does not comply with the similarity transformation and hence also the turbulent fluctuations are not geometrically similar.

07-07-1931 BP   Thanks for the suggestion to replace one needle by a tube. *We will try it.*

24-05 1932 BP   A more than four pages long handwritten letter in which, besides some personal matters, a lot of technical problems are put forward. Apparently they had met the week before in Hamburg. Burgers remarks that his assistant Ziegler is working on an experimental investigation, in which by using hot wires they will investigate *oscillation problems such as:*

1. *Frequency and amplitude of the disturbances*
2. *Intensity distribution between the various components*
3. *Correlations*
4. *Character of the disturbances that lead to turbulence*

Van der Hegge Zijnen is busy with velocity distributions along rough walls.
All experiments will, for the time being, be done in boundary layers (or better in friction layers). At your institute at present the most known research, if I am not mistaken, relates to the friction law and to the concept of the mixing length.
As a possible research program for a female Russian scientist they both know, Burgers is thinking about this kind of oscillation problems.
I think that already earlier I have written her that a wind tunnel with the least possible disturbances would be of much value. One could then try to influence the laminar boundary layer along a smooth wall using well-defined disturbances and in this way investigate the stability in an experimental fashion

30-05-1932 PB   *At this moment there are gradually so many people doing research in hydrodynamics that it becomes difficult to avoid that at different places the same is done. I experience also myself a noticeable decrease of the number of problems that are really rewarding.*

14-06-1932 BP   A nine page letter about the planned research for both institutes. Burgers is not negative about the same subject being investigated at different places. It can even be useful because there will always be differences in set-up and viewpoints so that the experiments can complement and check each other. Burgers is interested in Prandtl's correlation measurements and refers to earlier measurements by himself in 1926. This had not been further pursued until the arrival of Ziegler (who had an electronics background).

The last publication by Ziegler, that you already received, is concerned with the case that turbulence appears in the boundary layer, immediately after the flow around a sharp edge. However, Ziegler has also worked on the case where the leading edge is placed in such a direction to the original flow that no disturbances are generated. Then the boundary layer first shows laminar flow over a considerable length; however from time to time there appear little clouds of turbulence ("Turbulenz-Wölkchen"). Using two independent wires at different distances from the leading edge of the plate, (e.g. one at 90 cm, the other at 130 cm; under favourable conditions the more forward wire had no discernable influence on the flow hitting the second one) it was possible to observe the development in time of such a small cloud. This research has not yet been finished. That is what I meant with 'character of the disturbances that introduce turbulence'. We hoped that there might be preferred periods of these clouds. However, up till now this has not yet been observed. Furthermore we thought about influencing the flow e.g. by using a thin cylinder to generate these.

This is a remarkable observation of what later have been called "turbulent spots". Note that Burgers himself also refers to this in the Annual Review article [9], without claiming the credit for him and Ziegler of the discovery of this phenomenon. Also observe that ideas are put forward, that much later have been realized by Schubauer and Skramstadt. A more detailed investigation into Burgers' papers and laboratory journals of that period might reveal more interesting observations.

25-07-1932 PB   *With regard to the various items on hot wires Dr. Reichardt will contact your Mr. Ziegler.*

12-10-1932 BP   In this letter Burgers puts forward a question from his colleague Westendorp at Delft about the drag of railway cars. Has any research on this been done in addition to what has been published in Göttinger Ergebnisse III ? The new two-car train between Hamburg and Berlin seems to have a different shape!

A report by Nikuradse on smooth tubes has been received. *I am now curious about the results for rough tubes.*

20-10-1932 PB   With regard to the question about drag measurements on railway cars the answer is that there have been done measurements for the "Fly-Train Company" ("Flugbahn-Gesellschaft") but these are confidential. It is said that the "Rail-Zeppelin" ("Schienen Zeppelin") has been measured in Friedrichshafen. The manuscript on the measurements in rough tubes is not yet finished; *if you in the mean time would need some material for your own work we will be glad to send you something.*

02-06-1933 BP   On 6 and 7 June 1933 there will be a conference in Göttingen to celebrate the 25th anniversary of the first German wind tunnel for aeronautics. A number of colleagues from Delft, under which Burgers and Biezeno, send their congratulations and their regret of absence. To show the close relation which had grown over the years between Delft and Göttingen, and especially between Burgers and Prandtl ,we give the full letter in translation.

To the 25th anniversary of the first aeronautical wind tunnel in Germany, we congratulate you most cordial, not only because of this wind tunnel, but still much more because of its great results and because of the in all directions so far reaching stimulus, which your work in the field of fluid dynamics and applied mechanics in general has achieved. For you and your friends and assistants it must mean a great joy, that the ideas, which have been put forward in your spirit had such a high propagation speed, and that the "characteristics"- to use the language of a field which you are familiar with - can be followed everywhere.

The program for the meeting, which is planned next week, contains many very interesting themes. Due to examinations and other work in the university we will be unable to make the trip to Göttingen. Therefore we have to limit ourself to this written congratulation, and to express the hope that the next 25 years will be as rich in scientific achievements as the past.

08-02-1935 BP   On February 4th Prandtl celebrated his 60th birthday, on the occasion of which a special issue of ZAMM was published. Due to a high workload Burgers had been unable to submit a contribution to this issue, however there was a paper by Biezeno, *so that from the Dutch side there was a sign of sympathy.*

Of the occasions, where I could meet you, I have always kept a nice memory and with great thankfulness I remember what I learnt from you. Biezeno and I have often with amazement wondered, how much you have thought out, investigated and done; very often I have to mention your name to my students. And we can only guess how much personal care and activity must have been given to your assistants and students. I hope very much, that your work has given you also very, very much joy, and that it always will be so.

In this letter there is also much of a personal nature about family life. One sees an approach to friendship, albeit very slowly.

The Durand book takes much time.

28-01-1936 BP   In this and many subsequent letters Burgers tries- also on behalf of Biezeno- to have Prandtl visit Delft to give some lectures. Prandtl is offered hospitality in Burgers' home and if his daughter would like to come along she is also welcome.

23-03-1936 BP   In "Nature" Burgers has read that Prandtl will become an Honorary Doctor at Cambridge. Congratulations are expressed and again it is asked whether Prandtl could find time to come to Delft in this academic year.

27-03-1936 PB   As on many other occasions the answer of Prandtl is that it is difficult to find time to come to Delft; maybe in the fall or winter.

I am asking myself anyway whether such a lecture, that I can of course only give in German, would have sufficient positive effects, in addition, I can tell you and your colleagues hardly anything new, that you at least would not know as well and could tell the people in Dutch. According to my observations in Göttingen, lectures that are given by guests in a foreign lan guage, in general really have a small efficiency. Mostly it turns out that this foreign guest is just shown around to the audience, like an animal from an exotic country, (what of course, as I like to admit, gives some pleasure to the audience).

27-10-1936 PB   It is still difficult to find the time to come to Delft. *If it could be arranged what would you expect from the (series of) lectures. Should it be aimed at students in general or a selected smaller circle of experts and what subject would you prefer?*

With regard to the language problem, a subject with many pictures might be preferred, if it would be a larger group, e.g. Schlieren pictures of supersonic flows or flow pictures in the water tank etc. (my old film is of course already available in Delft and known, in the mean time we made also some new pictures.)

04-11-1936 BP   Burgers reminds Prandtl of the Mechanics Congress to be held in Cambridge, USA, in 1938. Apparently Burgers expects political problems which might prevent Prandtl to obtain permission from the authorities to make the trip. *It might be good to stress in discussions (with the authorities) that the congress committee has always been a non-political body, that painstakingly always has stayed out of government interference or representation. When at the formation of the first committee the French refused to join, it was done without them. ------ If it would be impossible for you, for whatever reason, to act as a committee member and to travel to America, then would the committee continue its work even without German members. Hence, if you think that in the interest of the German colleagues, a representation of Germany in the committee is desirable, then it is important that your cooperation is secured in time.*

09-11-1936 PB   *With regard to taking part in the Mechanics Congress in 1938, on instigation of Grammel, I have already sent a letter to the Ministry in charge.*

9. Closing Remarks

Apparently Prandtl did attend the Congress in the USA. It remained difficult for him however to find time to come to Delft. It is nearly certain that he, after the congress in 1924, never visited Delft again.

Very soon the dark clouds of the Second World War came over Europe and prevented contacts between the Dutch scientific community and much of the outside world. Only after the war, with the beginning of the second half of the twentieth century approaching, could contacts be resumed. In Burgers archive there is much evidence of his activities to learn what had happened in fluid dynamics research in the other countries during this period. These circumstances, together with Prandtl's decreasing physical condition, which set in around 1950 may have brought the long relationship between Burgers and Prandtl to an end

10. Acknowledgement

The author is indebted to Prof. Dr. Ir. F.T.M. Nieuwstadt, presently occupying Burgers' chair, and to Prof.Dr. Ir. G.J. Ooms, previous holder of the Burgers chair and now Scientific Director of the J.M. Burgers Center, for permission to consult the Burgers archive and to quote from it. Thanks are also due to Dr. Ir. A.J.Q. Alkemade, author of the Burgers biography [12], for his advice about where to look in the archive and for giving his comments on the draft of the present paper.

11. References

1. Ingen, J.L. van: Looking back at forty years of teaching and research in Ludwig Prandtl's heritage of boundary layer flows. 39th Ludwig Prandtl Memorial Lecture, 1996, ZAMM, 78, 1998, 1, 3-20.
2. Biezeno, C.B.: De beteekenis der wiskunde als hulpwetenschap der toegepaste mechanica. (The importance of mathematics as auxiliary science for applied mechanics). Delft, 30 September 1914.
3. Lossow, P. von: Zur Frage der Ingenieurausbildung. Zeitschrift VDI, 1899.
4. Biezeno, C.B., Grammel, R.: Technische Dynamik. 2 Vols. 1939, 1953.
5. Koiter, W.T.: Over de stabiliteit van het elastisch evenwicht. (On the stability of the elastic equilibrium). Ph.D. thesis, Delft, 1945.
6. Koiter, W.T.: Elastic Stability. 28th Prandtl Memorial Lecture, 1985, ZFW, 9, 1985, 205-210.
7. Neut, A. van der: De elastische stabiliteit van den dunwandigen bol. (The elastic stability of the thin-walled sphere). Ph.D. thesis, Delft, 1932.
8. Burgers, J.M.: Het atoom model van Rutherford-Bohr. Ph.D. thesis, Leiden, 1918.
9. Burgers, J.M.: Some memories of early work in fluid mechanics at the Technical University of Delft. Annual Review of Fluid Mechanics, Vol 7, 1975, 1-11.
10. Burgers, J.M.: Terugblik op de hydrodynamica. (Hydrodynamics in retrospect). Farewell lecture, Delft, 1955.
11. Nieuwstadt, F.T.M.; Steketee, J.A. (eds.): Selected papers of J.M. Burgers. Kluwer Academic Publishers, Dordrecht/Boston/London, 1995.
12. Alkemade, A.J.Q.: Biography of J.M. Burgers. In: [11].
13. Grammel, R.: Die hydrodynamischen Grundlagen des Fluges. Braunschweig, 1917.
14. Burgers, J.M.: De hydrodynamische druk (The hydrodynamic pressure). Inaugural lecture, Delft, 1918. (also in: De Ingenieur, Vol. 33, 1918, 1003-1006).
15. Maas, H.J. van der: Stuurstandslijnen van vliegtuigen; de bepaling ervan door middel van vliegproeven en hare betekenis voor de beoordeling der stabiliteit. (Stick position lines of aircraft; the determination by flight tests and the significance for stability criteria). Ph.D. thesis, Delft, 1929. Also: RSL Report V. 325/ Reports and Transactions Part V, 1929.
16. Timman, R.: Beschouwingen over de luchtkrachten op trillende vliegtuigvleugels waarbij in het bijzonder rekening wordt gehouden met de samendrukbaarheid van de lucht. (Considerations of the aerodynam,ic forces on oscillating aircraft wings in which in particular the compressibility of the air is taken into account). Ph.D. thesis, Delft, 1946.
17. Koning, C.: Influence of the propeller on other parts of the airplane structure. Part M, Vol. IV in [18].
18. Durand, W.F. (editor in chief): Aerodynamic Theory. A general review of progress. 6 vols. Springer, Berlin, 1934-1935.
19. Kármán, Th. von, Burgers, J.M.: General Aerodynamic Theory-Perfect Fluids. Part E, Vol II in [18].
20. Anon.: Report on tests of the aerofoil model of the international trials. RSL Report A. 117, published around 1925.

21. Wolff, E.B.: Voorlopig onderzoek naar den invloed van een draaiende rol aangebracht in een vleugelprofiel (Preliminary investigations of the influence of a rotating cylinder mounted at the nose of an airfoil). RSL Report A. 96, 1924.

22. Wolff, E.B., Koning, C.: Voortgezet onderzoek naar den invloed van een draaienden rol, aangebracht in een vleugelprofiel. (Further investigations of the influence of a rotating cylinder mounted at the nose of an airfoil). RSL Report A. 105, 1925.

23. Hegge Zijnen, B.G. van der: Metingen van de snelheidsverdeeling in de grenslaag aan een draagvlak model, waarin een draaienden rol is aangebracht. (Velocity measurements in the boundary layer of an airfoil, incorporating a rotating cylinder). RSL Report A. 129, 1926.

24. Bliek, J.A. van der: 75 Years of aerospace research in the Netherlands. A sketch of the National Aerospace Laboratory, NLR 1919-1994. Amsterdam, 1994.

25. Anon.: From Delft to Delft. 14th IUTAM, 1976, Applied Mechanics Reviews, Report AMR, no 59, 1976.

26. Kármán, Th. von, Levi-Civita, L. (eds.): Vorträge aus dem Gebiete der Hydro- und Aerodynamik. Innsbruck, 1922. Springer, Berlin, 1924.

27. Biezeno, C.B., Burgers, J.M. (eds.): Proceedings of the first International Congress for Applied Mechanics. Delft, 1924. Waltman Jr. Delft, 1925.

28. Juhasz, S. (ed.): IUTAM, A short history. Springer, Berlin, etc. 1988.

29. Alkemade, A.J.Q.: IUTAM 1946-1996; Fifty years of impulse to mechanics. Kluwer, Dordrecht, etc. 1996.

30. Prandtl, L: The generation of vortices in fluids of small viscosity. Journal Royal Aeronautical Society, 1927, p 720.

31. Prandtl, L: Vorführung eines Hydrodynamischen Films. ZAMM, 7,1927, p 436.

32. Anon.: Description of the film "Production of vortices by bodies travelling in water". Report NLL A 624, year estimated at 1935.

33. Burgers, J.M.: Hitzdraht Messungen (Hot-wire measurements). In: Schiller, L. (ed.), Handbuch der Experimental Physik, Vol. 4, Leipzig, 1931.

34. Burgers, J.M.: Early developments of hot-wire anemometry in the Netherlands. In: Melnik, W.L.; Weske, J.R. (eds). College Park 1967. (College Park, 1968).

35. Dryden, H.L.: Gegenwartsprobleme der Luftfahrt Forschung. (Today's problems in aeronautics research . Second Ludwig Prandtl Memorial Lecture. 1958, ZFW, 6, Vol. 8, August 1958, 217-233.

36. Burgers, J.M., van der Hegge Zijnen, B.G.: Preliminary measurements of the distribution of the velocity of a fluid in the immediate neighborhood of a plane smooth surface. Trans. Roy. Neth. Ac. of Sc. (KNAW), Section Physics, Vol. XIII, 1924, no. 3, 1-33.

37. Hegge Zijnen, B.G. van der: Measurements of the velocity distributions in the boundary layer along a plane surface. Ph.D. Thesis Delft, 1924.

38. Burgers, J.M.: The motion of a fluid in the boundary layer along a plane smooth surface. In [27], 113-128.

39. Henkes, R.A.W.M.: Ingen, J.L. van (eds.): Transitional boundary layers in aeronautics. Proceedings of the colloquium organized by the Royal Netherlands Academy of Sciences, Section Physics, Part 46. North-Holland, Amsterdam/Oxford/New York/Tokyo. 1996, (ISBN 0-444-85812-1).

40. Fernholz, H.H.: Preliminary measurements of the distribution of the velocity of a fluid in the immediate neighbourhood of a plane, smooth surface by J.M. Burgers and B.G. van der Hegge Zijnen- revisited and discussed. In [39], 33-38.

Prandtls Schüler in Aachen

E. Krause

U. Kalkmann*

Die moderne Strömungslehre, die sich nach der Jahrhundertwende als eigenständige Wissenschaftsdisziplin etablierte, ist untrennbar mit einem Namen verbunden: *Ludwig Prandtl*. Er gilt als Begründer dieser Wissenschaftsdisziplin, und seine Forschungen beeinflußten die folgenden Wissenschaftlergenerationen in aller Welt nachhaltig. Mit Ausnahme der Universität Göttingen hat keine andere Hochschule Prandtls wissenschaftliches Werk in vergleichbarer Weise fortgesetzt wie die Technische Hochschule Aachen. Vier seiner Schüler, Theodore von Kármán, Carl Wieselsberger, Fritz Schultz-Grunow und Klaus Oswatitsch, wurden an die Aachener Hochschule berufen, und es ist nicht zuletzt ihnen zu verdanken, daß die Aachener Strömungsforschung heute einen hervorragenden Ruf besitzt. Ihr großer wissenschaftlicher Erfolg und ihre Art zu lehren und zu forschen sind sicherlich auf ihre jeweiligen Persönlichkeiten wie auch auf Prandtls prägenden Einfluß zurückzuführen.

Betrachtet man die Anfänge der Strömungsforschung an den deutschen Hochschulen, so erscheint die große Wertschätzung, die Prandtl und die Strömungslehre heute besitzen, nicht selbstverständlich. Ende des 19. Jahrhunderts bestand ein schier unüberwindlicher Gegensatz zwischen den 'reinen', d. h. den an den Universitäten betriebenen Naturwissenschaften und den weniger angesehenen 'angewandten' Forschungs- und Lehrmethoden der Fächer - darunter die Mechanik – an den noch jungen Technischen Hochschulen. Es ist sicherlich kein Zufall, daß es die Universität Göttingen war, an der viele namhafte Gelehrte wirkten, die die Kluft zwischen beiden Seiten überwand. Göttingen galt damals als "mathematischer Nabel der Welt", ein Ruf, den vor allem herausragende Persönlichkeiten wie Felix Klein, Hermann Minkowski und David Hilbert prägten. Es war Felix Klein, eine Kapazität in seinem Fachgebiet und ein weitsichtiger Hochschulpolitiker, der den entscheidenden Anstoß für eine partielle Neuorientierung der universitären Forschungsausrichtung gab und damit der Strömungslehre zu ihrem Durchbruch verhalf. Auf sein Drängen und gegen massiven Widerstand der Universitätskollegen und der Technischen Hochschulen richtete die Wissenschaftsverwaltung um die Jahrhundertwende in Göttingen neue Lehrbereiche ein, die sich neben der 'reinen' Wissenschaft auch der Technikanwendung widmeten. Einer dieser neuen Lehrstühle wurde 1904 mit dem damals 29jährigen Prandtl besetzt. Noch im gleichen Jahr stellte Prandtl seine Grenzschichttheorie auf dem 3. Internationalen Mathematiker-Kongreß vor [1], wonach er das Strömungsfeld in der Umgebung eines Körpers in ein wandnahes Gebiet mit wesentlicher Reibungswirkung und ein äußeres Gebiet mit vernachlässigbarer Reibungswirkung aufteilte. Diese geniale Konzeption bot zum ersten Male die Möglichkeit, den Widerstand eines umströmten Körpers bei großen Reynoldsschen Zahlen zu berechnen. Sie gilt als der Beginn der modernen Strömungslehre.

In den Prandtlschen Kreis trat 1906 von Kármán ein, der in Göttingen seine naturwissenschaftliche Ausbildung vervollständigen wollte. Hier fand von Kármán die entscheidenden Anregungen für seine weiteren wissenschaftlichen Arbeiten, die ihn in aller Welt bekannt machen sollten.

---

* Rheinisch-Westfälische Technische Hochschule Aachen

Seine ersten Göttinger Arbeiten behandelten theoretische und experimentelle Festigkeitsfragen, die er 1908 auch zum Thema seiner Dissertation über Knickfestigkeit machte. In der Fachwelt berühmt wurde er 1911 mit seinen Untersuchungen über die Wirbelstraße. Von Kármán zeigte, daß das bei der Umströmung eines Zylinders sich im Totwasser bildende Wirbelsystem nur dann stabil bleibt, wenn sich die Wirbel an beiden Seiten abwechselnd ablösen und dabei ein bestimmtes Verhältnis zwischen der Breite der Wirbelstraße und dem Abstand zwischen den Wirbeln in Strömungsrichtung besteht. Schon bald nach der Veröffentlichung dieses Ergebnisses wurde ein solches Wirbelsystem als Kármánsche Wirbelstraße bezeichnet.

Für die Aachener Hochschule war es ein außerordentlicher Glücksfall, daß von Kármán, der in Göttingen keine Möglichkeit für eine akademische Karriere sah, 1912 nicht auf einen damals in München vakanten Lehrstuhl berufen wurde. Ein Jahr später nahm er, 31jährig, den Ruf der TH Aachen auf den Lehrstuhl für Mechanik und flugtechnische Aerodynamik ohne Zögern an, obwohl die Aachener Hochschule damals vor allem als Zentrum für Bergbau, Bauingenieurwesen und Gießereitechnik bekannt war.

Von Kármáns eigene Darstellung seines Beginns in Aachen sieht entsprechend nüchtern aus. In seiner Autobiographie "Die Wirbelstraße" erinnert er sich, daß er keine großen Pläne für die Zukunft parat hatte [2], was sicherlich von seinem ersten Eindruck der Aachener Gegebenheiten geprägt war. Das 1913 erbaute Aerodynamische Institut der Technischen Hochschule Aachen war äußerlich eher unscheinbar und mit den Göttinger Einrichtungen nicht zu vergleichen. Die damals zweitkleinste deutsche TH hatte dennoch bereits eine Tradition auf dem Gebiet der theoretischen und angewandten Mechanik aufzuweisen. Diese Tradition war von August Ritter, der hier bis 1899 Mechanik gelehrt hatte, Arnold Sommerfeld, der im Jahre 1900 - auf Kleins Initiative - nach Aachen berufen worden war, seinem Nachfolger Hans Reissner und Hugo Junkers begründet worden. Reissner untersuchte hier als einer der ersten Probleme der Flugtechnik mit wissenschaftlichen Methoden. 1909 erwarb er ein Patent für einen aus Aluminium gefertigten Metallflügel, und in Zusammenarbeit mit Hugo Junkers, der von 1897 bis 1912 Professor für Wärmetechnik in der Fakultät für Maschinenwesen der Technischen Hochschule Aachen war, entstand nach seinen Patenten der erste gewölbte, selbsttragende Tragflügel aus Wellblech. Erwähnt werden muß auch, daß Reissner schon 1908 einen verspannten Eindecker baute, mit dem im April 1909 mehrere über 100 m weite Flüge in Bodennähe auf der Brander Heide bei Aachen unternommen wurden. Die nachfolgende Entwicklung, die sogenannte Reissner-Ente, brachte das erste Ganzmetallflugzeug, das 1912 in Aachen seinen Erstflug bestand.

Es ist nicht verwunderlich, daß diese Forschungen von Kármán beeinflußten. Junkers, der 1912 die Aachener Hochschule verlassen hatte, besuchte von Kármán zwei Jahre später und stellte ihm seine neuen Pläne für ein Ganzmetallflugzeug mit selbsttragendem Flügel vor. Dabei lenkte er von Kármáns Aufmerksamkeit auf das Problem des Tragflügelentwurfs. Nach Junkers Einschätzung war die 1910 von dem russischen Mathematiker und Mechaniker N. J. Shukowski aufgestellte Profiltheorie für den Entwurf nicht besonders geeignet, da die nach dieser Theorie gestalteten Profile an der Hinterkante spitz zulaufen mußten, schwer herzustellen waren und zum Flattern neigten.

Obwohl der Flugzeugbau nicht zu den Hauptaufgaben des Instituts gehörte - von Kármán war auf den Lehrstuhl für Mechanik und flugtechnische Aerodynamik nach Aachen berufen worden - nahm er sich dieses Problems an. Er bot dem damals ebenfalls gerade aus Göttingen nach Aachen gekommenen jungen Mathematiker Erich Trefftz eine Assistentenstelle an, und beide begannen mit der Erarbeitung einer Methode für den Entwurf beliebiger Tragflügelprofile. Aus dieser Zusammenarbeit entstanden die später weltbekannt gewordenen Kármán-Trefftz-Profile, die wesentlich zur Entwicklung des Flugzeugbaus in Deutschland beitrugen.

Diese Arbeit ermöglichte es, aerodynamisch günstige Profilformen zu finden, die in ihrem Innern einen tragenden Holm aufnehmen konnten, so daß Verstrebungen und Haltedrähte, die hohen Luftwiderstand erzeugen, überflüssig wurden. Der Krieg und von Kármáns Tätigkeiten für die österreichisch-ungarische Armee verzögerten die Veröffentlichung der Ergebnisse, die erst 1918 unter dem Titel "Potentialströmung um gegebene Tragflächenquerschnitte" in der *Zeitschrift für Flugtechnik und Motorluftschiffahrt* erschienen, nahezu gleichzeitig mit Prandtls Traglinientheorie in den *Göttinger Nachrichten*. Beide Theorien sollten den Flugzeugentwurf revolutionieren, und der Erfolg ließ nicht lange auf sich warten.

Aachen entwickelte sich zu einem Zentrum für die theoretische und praktische Erprobung von Segelflugzeugen, deren Bau im Versailler Vertrag nicht verboten war. Flugbegeisterte Aachener Studenten gründeten die Flugwissenschaftliche Vereinigung Aachen, heute die älteste akademische Fliegergruppe, und von Kármán unterstützte diese Aktivitäten. Bald entstand im Aerodynamischen Institut ein Segelflugzeug, das, nach Prandtls und von Kármáns und Trefftz' Theorien sowie dem Junkersschen Konzept entworfen, als Eindecker gebaut wurde. Für den Bau verantwortlich war Werner Klemperer, von Kármáns Assistent, der den "Schwarzen Duevel", wie das Flugzeug getauft wurde, bei einem Rhönwettbewerb 1920 zwei Minuten und zweiundzwanzig Sekunden in der Luft hielt. Schon ein Jahr später flog Klemperer mit einer verbesserten Version, der "Blauen Maus", Weltrekord. Der Flug war der erste Überlandflug überhaupt und dauerte 13 Minuten. Ohne die Aachener und Göttinger Theorien wäre dieser Fortschritt nicht möglich gewesen. Aerodynamik, Leichtbau und auch die Meteorologie wurden seitdem ständig gefördert, und heute werden fast alle Hochleistungssegelflugzeuge in Deutschland gebaut [3].

Der Segelflugzeugbau war, wie A. Naumann, Direktor des Aerodynamischen Instituts von 1963 bis 1973, bestätigt [4], jedoch nur einer der Bereiche, zu denen Aachen einen wesentlichen Beitrag beisteuerte. Die Prandtlsche Grenzschichtnäherung hatte die Navier-Stokes-Gleichungen wesentlich vereinfacht und dadurch erst einer mathematischen Lösung zugänglich gemacht, doch blieb die Lösung der Grenzschichtgleichungen immer noch ein schwieriges Problem. Von Kármán brachte diese Problematik mit nach Aachen, und die Erforschung der Grenzschichten bildete hier wie in Göttingen in den zwanziger Jahren einen Schwerpunkt der Institutsarbeit.

Um auch experimentelle Untersuchungen durchführen zu können, hatte von Kármán nach seinem Wechsel von Göttingen nach Aachen den von Reissner 1913 erbauten offenen Windkanal, der heute als Eiffel-Kanal bezeichnet wird, in einen geschlossenen Kanal Göttinger Bauart umbauen lassen, der die Vorteile größerer Wirtschaftlichkeit und der Unabhängigkeit vom Wetter bietet. Auch damals schon stand der Windkanal auf dem Dach des Instituts, da anderswo kein Platz war. Aus heutiger Sicht erstaunt es, in welch kurzer Zeit der Umbau gelang: im Oktober 1913 begonnen, war er schon Anfang 1914 abgeschlossen. Jetzt war von Kármán ebenso wie Prandtl in der Lage, theoretisch und experimentell zu arbeiten. Nur unter dieser Voraussetzung war es möglich, Aachen zu einem der wichtigsten Zentren der deutschen Luftfahrtforschung auszubauen, was von Kármán in den folgenden Jahren in beeindruckender Weise gelang. Bis in die Mitte der dreißiger Jahre sollte die TH Aachen neben Göttingen - und Berlin - die Spitzenstellung auf diesem Gebiet einnehmen.

Die Konkurrenz, die zwischen den drei Hochschulen bestand, wirkte sich positiv auf die wissenschaftlichen Forschungen aus, wofür sicherlich auch das gute persönliche Verhältnis zwischen Prandtl und von Kármán mit verantwortlich war. Der Prandtl-Schüler H. Blasius hatte 1908 für den einfachsten denkbaren Strömungsfall, die längs angeströmte ebene Platte, eine Lösung der Grenzschichtgleichungen, zweier nichtlinearer partieller Differentialgleichungen, in seiner Dissertation vorgestellt. Er wandelte die Grenzschichtgleichungen mit einer Ähnlichkeitstransformation in eine nichtlineare gewöhnliche Differentialgleichung um und löste sie mit einer asymptotischen Näherung und einer Reihenentwicklung. Auf diesem Wege konnte zum ersten Mal der Reibungswiderstand einer beidseitig umströmten ebenen Platte für eine laminare Strömung angegeben werden. Die Lösung ist schon seit langem in der Weltliteratur als Blasius-Lösung bekannt.

Von Kármán widmete sich dem praxisnahen Problem, Grenzschichten an beliebigen Körperformen zu berechnen. An ihnen ist die Grenzschicht dem sich örtlich ändernden Druck der Außenströmung unterworfen. Nimmt der Druck stark zu, kann die Strömung in der Grenzschicht nicht mehr der Körperkontur folgen und löst sich von dieser. Außerdem schlägt die Strömung in der Grenzschicht bei hinreichend großen Reynoldsschen Zahlen von einer laminaren in eine turbulente Strömungsform um, was bei nahezu jeder Strömung in technischen Anwendungen vorkommt. Es gelang ihm, die Grenzschichtgleichungen in einer Integralformulierung zusammenzufassen und so eine exakte Beziehung zwischen Volumenverdrängungsdicke, Impulsverlustdicke, Druckgradienten und Wandschubspannung herzustellen. Theoretisch konnte jetzt die Verteilung der Wandschubspannung an beliebigen Körpern und damit auch deren Widerstand berechnet werden, solange nur die Strömung in der Grenzschicht der Körperkontur folgte und die Volumenverdrängungs- und die Impulsverlustdicke bekannt waren. Zur Ermittlung dieser beiden Größen muß jedoch die Geschwindigkeitsverteilung in der Grenzschicht bekannt sein.

Hierzu lieferte Karl Pohlhausen im Jahre 1921 in seiner Dissertation bei Prandtl einen wichtigen Beitrag. Er konnte zeigen, daß für viele Strömungsfälle die Geschwindigkeitsverteilung in der Grenzschicht durch relativ einfache Polynomansätze dargestellt werden kann. Damit war der Weg frei für die ingenieurmäßige Anwendung der Prandtlschen Grenzschichttheorie. Die Integralformulierung wird seit langem weltweit als von Kármánsche Integralbedingung bezeichnet und deren Näherungslösung als von Kármán-Pohlhausen-Methode. Beide Arbeiten wurden 1921 im ersten Band der noch jungen *Zeitschrift für angewandte Mathematik und Mechanik* (ZAMM) und gleichzeitig im ersten Heft der damals durch von Kármán gegründeten Abhandlungen aus dem Aerodynamischen Institut veröffentlicht. Später auf turbulente und kompressible Grenzschichten ausgedehnt, gehören die Grenzschichtlösungen heute zum Lehrstoff einer jeden Grundlagenvorlesung. Die Kármán-Pohlhausen-Methode wird heute noch wegen ihres geringen Rechenaufwandes in der Industrie häufig für Entwurfsarbeiten benutzt. Die Prandtlsche Grenzschichttheorie drang in nahezu alle Teilgebiete der Naturwissenschaften ein. Sie wurde zur Grundlage einer mathematischen Lösungsmethodik, die heute als die Methode der angepaßten asymptotischen Entwicklungen bekannt ist.

Nach Darstellung von K. Millsaps [5] war Pohlhausen auch ein begabter Karikaturist. Die nachstehend abgebildete Karikatur aus [5] zeigt Fritz Klein, Ludwig Prandtl, David Hilbert und andere in einer akademischen Prozession, von Pohlhausen noch vor dem Ersten Weltkrieg gezeichnet.

Obwohl im äußersten Maße wissenschaftlich spektakulär, sind die ersten Arbeiten zur Lösung der Grenzschichtgleichungen nur der Anfang einer in den zwanziger Jahren aufblühenden Grenzschichtforschung. Damals wie heute ging und geht es um die Frage, ob die ungeordnet erscheinende turbulente Strömung in der Grenzschicht, die auch in Rohrströmungen, Nachläufen und Strahlen anzutreffen ist, nicht doch einer Ordnung unterliegt, wie die schon vorhandenen Göttinger experimentellen Ergebnisse anzudeuten schienen. Wenn dies zutraf, waren die in den Daten verborgenen Gesetzmäßigkeiten aufzuspüren und eine Antwort auf die Frage zu finden, ob die in turbulenten Strömungen beobachteten Schwankungsbewegungen in einem bestimmten

Fritz Klein, Ludwig Prandtl, David Hilbert und andere in einer akademischen Prozession, karikiert von Pohlhausen vor dem Ersten Weltkrieg [5].

Zusammenhang mit der zeitlich gemittelten Grundströmung stehen.

Prandtl wie auch von Kármán griffen diese Problematik auf. Prandtl ging von der Hypothese aus, daß sich kleine Flüssigkeitsballen in der Strömung ausbilden, die sich in Hauptströmungsrichtung und auch quer dazu bewegen. Auf ihrem Wege vermischen sie sich mit der sie umgebenden Flüssigkeit, bis sie ihren überschüssigen Impuls vollständig abgegeben haben und sie nicht mehr von ihrer Umgebung zu unterscheiden sind. Die Länge dieses Weges wird nach Prandtl als Mischungsweglänge bezeichnet. Diese Mischungsweg-Hypothese, im Jahre 1925 in der ZAMM veröffentlicht und die heute in jedem Kurs über Grenzschichten gelehrt wird, erwies sich als äußerst erfolgreich. Auch heute noch wird sie zur Berechnung turbulenter Strömungen in Rohren, Kanälen, an Platten und in freien Scherschichten weltweit benutzt.

Von Kármán postulierte in seinen Untersuchungen, daß die turbulenten Schwankungen sich im gesamten Strömungsfeld ähnlich sind. Mit dieser Annahme konnte er nachweisen, daß die Mischungsweglänge nur von der Geschwindigkeitsverteilung, nicht aber von ihrer Größe abhängt. Aus seinen Ableitungen fiel eine universelle Konstante heraus, die, gültig für alle turbulenten Strömungen, als von Kármánsche Konstante bekannt ist. Mit dieser Betrachtung gelang es auch, ein universell gültiges Gesetz für die Geschwindigkeitsverteilung in Wandnähe herzuleiten, das als universelles Wandgesetz nach von Kármán, 1930 in den *Göttingen Nachrichten* veröffentlicht, in die Literatur einging. Die ungeheure Spannung, die diese Arbeiten begleitete, läßt sich leicht erahnen. Von Kármán informierte Prandtl über seine neuen Ergebnisse. Dieser lud ihn darauf zum Vortrag in die Wissenschaftliche Gesellschaft nach Göttingen ein, wo sein universelles Wandgesetz mit großer Begeisterung aufgenommen wurde [2].

Die zwanziger Jahre brachten nicht nur in der Turbulenzforschung große Erfolge. Durch den Ersten Weltkrieg waren die Kontakte deutscher Wissenschaftler zu ihren ausländischen Kollegen fast vollständig abgerissen, und vornehmlich französische Stellen versuchten, Deutschland weiterhin in der Wissenschaft zu isolieren. Diese nationalistischen Tendenzen lehnte von Kármán grundsätzlich ab. Seinem wissenschaftlichen Renommee und nicht zuletzt seiner ungarischen Herkunft war es zu verdanken, daß die deutschen Kontakte zu ausländischen Wissenschaftlern wieder hergestellt werden konnten. Mit Hilfe des Italieners T. Levi-Civita lud er im Jahre 1922 zu einer Internationalen Konferenz für Mechanik nach Innsbruck ein, die ein großer Erfolg wurde. Zwei Jahre später folgte ein zweites Treffen in Delft, welches als Internationaler

Mechanik-Kongreß förmlich konstituiert wurde. Heute hält die aus dieser Initiative hervorgegangene Internationale Union für Theoretische und Angewandte Mechanik (IUTAM), der an die 40 nationale und über 10 affiliierte wissenschaftliche Gesellschaften angehören, weltweit in regelmäßigen Abständen Kongresse und Symposien ab [3].

Auch die Windkanäle Göttinger Bauart, wie der auf dem Dach des Aachener Aerodynamischen Instituts, erfreuten sich weltweiter Beliebtheit. Im Sommer 1926 wurde von Kármán von dem japanischen Admiral Yoshida eingeladen, den Kawanishi-Werken in Kobe, den größten Flugzeugwerken in Japan, bei der Einrichtung eines Luftfahrt-Forschungsinstituts zu helfen. Von Kármán erklärte sich bereit, einen dem Aachener Kanal ähnlichen zu erbauen. Der Kanal - viel größer als der Aachener konzipiert - wurde von von Kármáns damaligem Assistenten E. Kayser ausgeführt. Nach dessen Mitteilung aus dem Jahre 1981 wurde der Kanal nach dem Zweiten Weltkrieg von den Amerikanern gesprengt [6].

Von Kármáns Ruf und seine Kontakte zu ausländischen Kollegen brachten Mitte der zwanziger Jahre auch die entscheidende Anregung für seinen späteren Wechsel in die USA. 1926 lud der Nobelpreisträger Richard A. Millikan von Kármán ein, ihn bei der Einrichtung eines Forschungsinstituts für Aerodynamik am California Institute of Technology zu beraten. Dieses Angebot nahm von Kármán an, weil ihn die neue Aufgabe reizte und die amerikanischen flugtechnischen Einrichtungen finanziell großzügig ausgestattet wurden. Eine seiner wichtigsten Aufgaben bestand zunächst darin, einen Windkanal zu entwerfen und zu bauen. Von Kármán riet Millikan, die Pläne eines schon konzipierten Kanals nicht zu verwirklichen, sondern statt dessen einen Kanal Göttinger Bauart erstellen zu lassen; dessen größere Wirtschaftlichkeit im Vergleich zu anderen Kanaltypen war ja bekannt. Aus der Beratertätigkeit wurde bald ein halbjähriger Aufenthalt in Pasadena, der eine entsprechende Beurlaubung in Aachen notwendig machte [7].

Die deutschen Stellen stimmten einem Arrangement zu, wonach von Kármán abwechselnd ein Semester in Pasadena und in Aachen lehren und forschen sollte. Auch die TH Aachen fügte sich. Von Kármán gehörte nicht nur zu den bekanntesten Aachener Hochschullehrern, er und Prandtl waren die weltweit führenden Wissenschaftler auf dem Gebiet der Strömungslehre. Es ist deshalb nicht verwunderlich, daß sowohl die Hochschule als auch das Wissenschaftsministerium befürchteten, von Kármán könnte in die USA wechseln. Verständlicherweise nutzte dieser seine einzigartige Position, um für die Aachener Luftfahrtforschung weitere finanzielle Mittel zu erhalten [7].

Im Zusammenhang mit der Eröffnung des Erweiterungsbaus des Aerodynamischen Instituts gewann er 1929 das Reichsverkehrsministerium für seine Ausbaupläne. Der Minister riet in einem Schreiben dem für die TH Aachen zuständigen Kultusministerium: "Die Andeutungen des Professors von Karman haben in mir die Besorgnis erweckt, daß dieser namhafte Gelehrte, dem - wie ich hörte - dauernd lockende Angebote aus den Vereinigten Staaten und aus Japan gemacht werden, der deutschen Luftfahrtwissenschaft verloren gehen könnte. [....] Ich möchte nicht verhehlen, diese Sachlage zu Ihrer Kenntnis und Erwägung zu stellen und wäre Ihnen für eine gelegentliche Unterrichtung dankbar, ob Sie eine Möglichkeit sehen, Maßnahmen in der von Herrn von Karman offenbar gewünschten Richtung in Angriff zu nehmen"[8].

Verwirklichen konnte das Kultusministerium die hier erwähnten Anregungen jedoch nicht. Die Weltwirtschaftskrise erlaubte keinen Ausbau der deutschen Hochschulen. Als alle Etatanträge von Kármáns, etwa die Einrichtung einer neuen Professur für Angewandte Mathematik und Strömungslehre, abgelehnt worden waren, drohte er schließlich, Deutschland zu verlassen [9]. Er konnte sich darauf berufen, daß Millikan ihm die Leitung des neuen Aeronautics Laboratory am California Institute of Technology angeboten hatte und Daniel F. Guggenheim ihn als Direktor des damals gerade gegründeten "Daniel Guggenheim Airship Institute" gewinnen wollte.

Die deutsche Seite blieb jedoch nicht untätig. Das Kultusministerium stellte von Kármán vorübergehend eine Berufung an die besser ausgestattete TH Berlin in Aussicht, und die TH Aachen erklärte sich dazu bereit, einen vakanten Lehrstuhl für Darstellende Geometrie in den von von Kármán geforderten Lehrstuhl umzuwandeln. Auch in der Stellenfrage folgte die Wissenschaftsverwaltung einer Anregung von Kármáns. Sie berief 1930 den Prandtl-Schüler Karl Wieselsberger auf einen neuen Aachener Lehrstuhl für Flugwissenschaft und Strömungsmechanik. Daß zu diesem Zeitpunkt - die Weltwirtschaftskrise befand sich auf ihrem Höhepunkt - ein zusätzliches Ordinariat eingerichtet wurde, zeigt, welchen Stellenwert das Kultusministerium von Kármán für die deutsche Wissenschaft beimaß. Zusätzlich stellte das Reichsverkehrsministerium weitere Finanzen in Aussicht. Damit sollte sichergestellt werden, daß von Kármán in Aachen bleiben würde.

Trotz seiner Verpflichtungen in Pasadena fand von Kármán noch Zeit für organisatorische und wissenschaftliche Leistungen. Er und Prandtl initiierten 1928 die Bildung eines "Deutschen Forschungsrates für Luftfahrt", der die von finanziellen Kürzungen betroffene deutsche Luftfahrtforschung effektiver organisieren sollte. Daß beide Wissenschaftler maßgeblich die Inhalte und die Arbeit dieses Forschungsrates bestimmten, dokumentiert eindrucksvoll ihre nationale Führungsposition. Der Luftfahrtforschungsrat koordinierte in den folgenden Jahren die verschiedenen Arbeitsprogramme auf dem Gebiet der Luftfahrt, wobei Prandtl und von Kármán darauf achteten, daß die Hochschulautonomie und damit ihr Führungsanspruch gewahrt blieb. Als besonderes Ziel wurde eine vermehrte Praxisnähe angestrebt. Durch seine Tätigkeit an einer Technischen Hochschule war von Kármán mit dem Prinzip der Finanzierung durch private Spenden, heute spricht man von Drittmitteln, vertraut. Diese Verbindung zwischen Hochschulwissenschaft und industrieller Praxis - noch heute eines der wichtigsten Markenzeichen der RWTH Aachen - sollte einen Ausweg aus der finanziellen Misere bieten [9].

Auf wissenschaftlichem Gebiet machte sich in den dreißiger Jahren die rasante Weiterentwicklung der Luftfahrt nachhaltig bemerkbar. Überschallströmungen waren damals nur in ersten Ansätzen bekannt, und es bestand ein großer Bedarf an entsprechender Versuchstechnik. In Göttingen entstand ein erster Überschallwindkanal und auch von Kármán erhielt die Mittel zum Bau eines solchen Kanals.

Anläßlich der Fertigstellung des für diesen Kanal vorgesehenen und schon erwähnten Erweiterungsgebäudes des Aerodynamischen Instituts im Sommer 1929 lud von Kármán die Fachwelt zu einem internationalen Symposium nach Aachen ein. Dieses Symposium, wahrscheinlich das erste seiner Art, bestätigte erneut von Kármáns herausragende wissenschaftliche Rolle in der internationalen Fachwelt: über 90 Aerodynamiker folgten seinem Ruf nach Aachen. Mehrere ausländische Wissenschaftler sollten auf von Kármáns Vorschlag ausgezeichnet werden, doch stieß dieser Vorschlag auf heftigen Protest gewisser Studentengruppen, die nicht zulassen wollten, daß Wissenschaftler aus ehemals feindlichen Ländern durch die Aachener Hochschule geehrt wurden. Von Kármán befremdete diese Einstellung sehr, ja sie stimmte ihn äußerst mißtrauisch gegenüber der sich anbahnenden politischen Entwicklung. Das Symposium, das ein Höhepunkt werden sollte, wurde so mit einer nicht zu verzeihenden Peinlichkeit belastet. Das nachstehende Bild aus dem Aerodynamischen Institut wurde während des Symposiums aufgenommen. Es zeigt die Teilnehmer des Symposiums vor dem Haupteingang der TH Aachen.

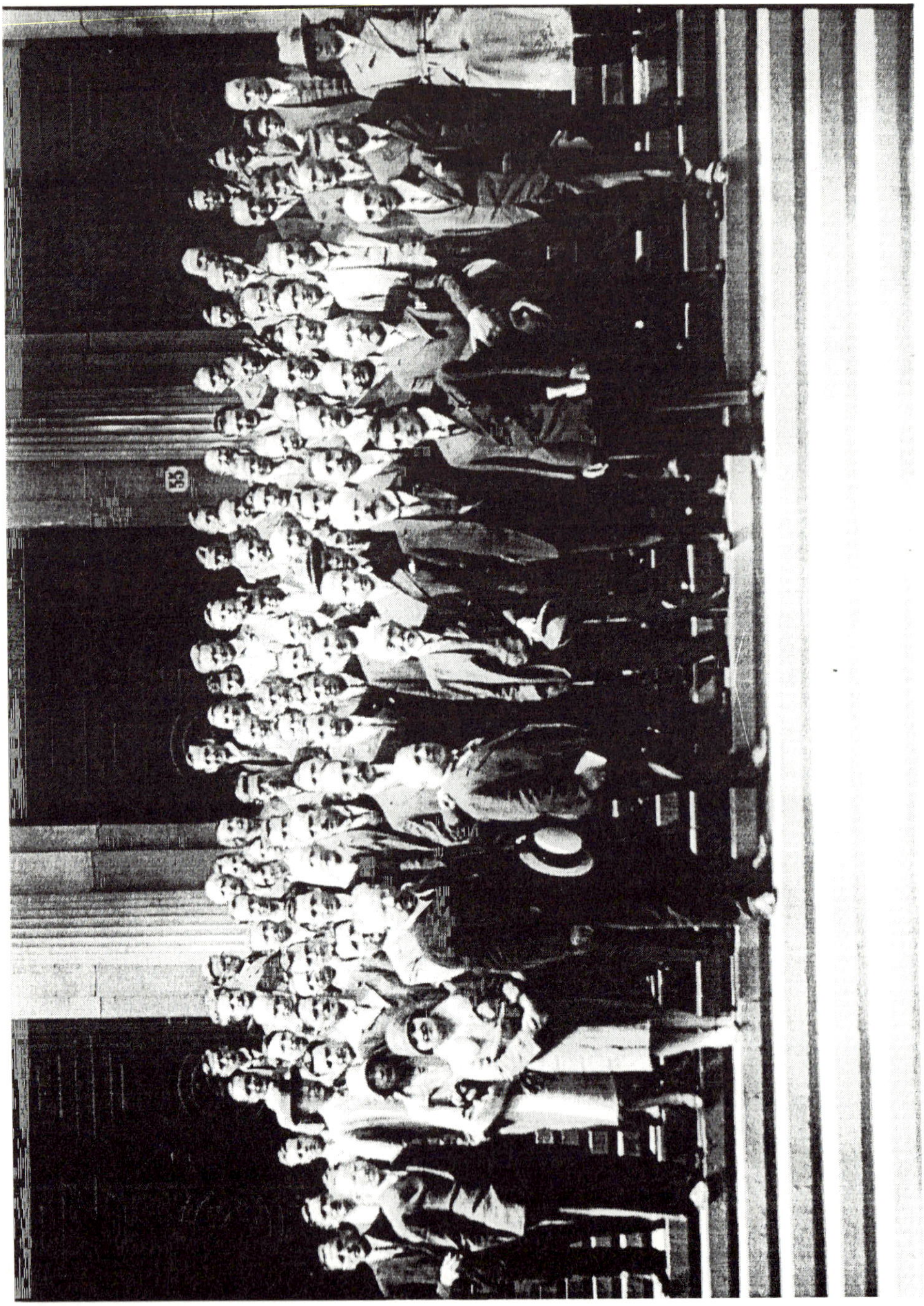

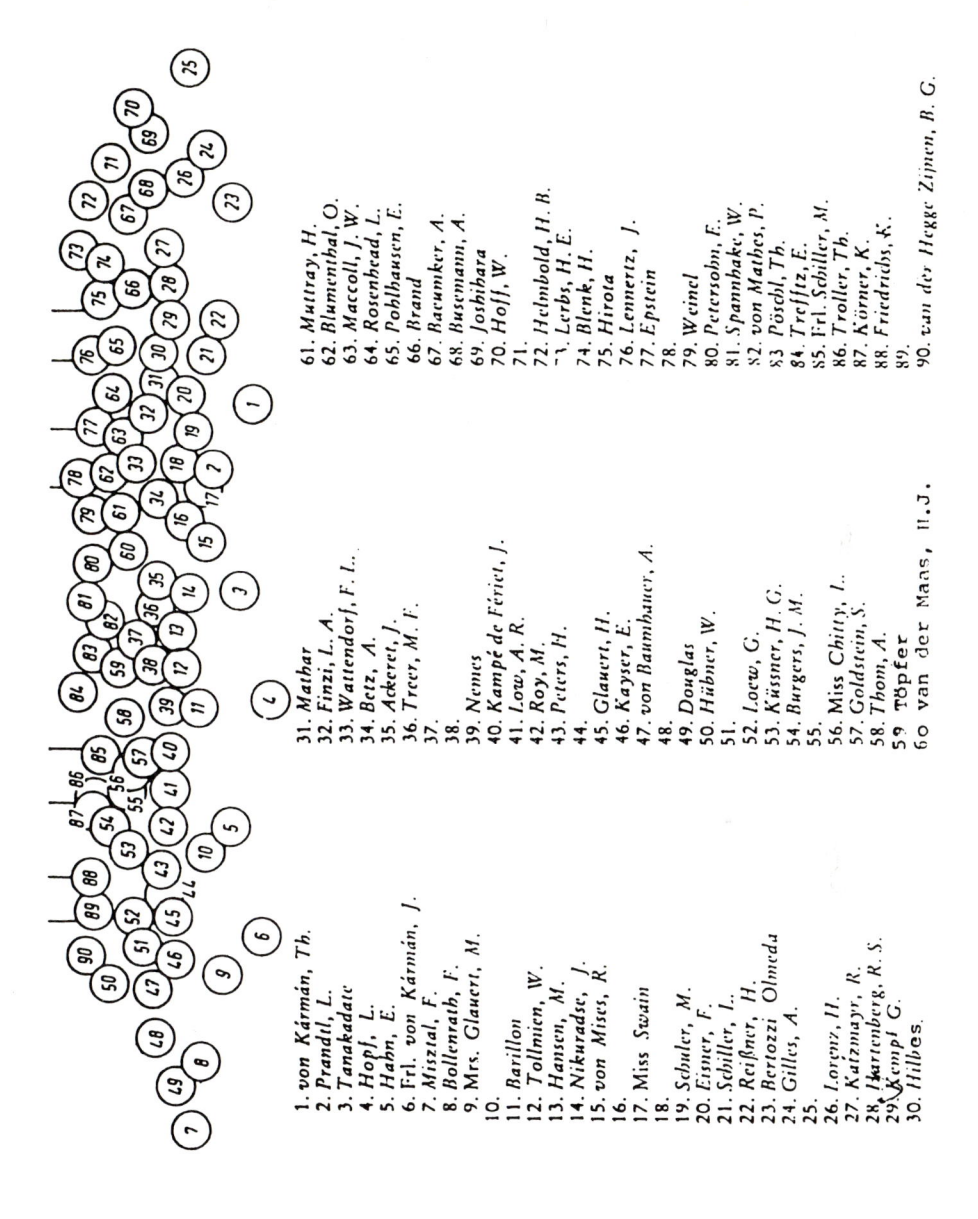

1. *von Kármán, Th.*
2. *Prandtl, L.*
3. *Tanakadate*
4. *Hopf, L.*
5. *Hahn, E.*
6. *Frl. von Kármán, J.*
7. *Misztal, F.*
8. *Bollenrath, F.*
9. *Mrs. Glauert, M.*
10. *Barillon*
11. *Tollmien, W.*
12. *Hansen, M.*
13. *Nikuradse, J.*
14. *von Mises, R.*
15. *Miss Swain*
16.
17. *Schuler, M.*
18. *Eisner, F.*
19. *Schiller, L.*
20. *Reißner, H.*
21. *Bertozzi Olmeda*
22. *Gilles, A.*
23.
24. *Lorenz, H.*
25. *Katzmayr, R.*
26. *Hartenberg, R. S.*
27. *Kempf, G.*
28. *Hilbes*

31. *Mathar*
32. *Finzi, L. A.*
33. *Wattendorf, F. L.*
34. *Betz, A.*
35. *Ackeret, J.*
36. *Trefftz, M. F.*
37.
38. *Nemes*
39. *Kampé de Fériet, J.*
40. *Low, A. R.*
41. *Roy, M.*
42. *Peters, H.*
43.
44. *Glauert, H.*
45. *Kayser, E.*
46. *von Baumbauer, A.*
47.
48. *Douglas*
49. *Hübner, W.*
50.
51. *Loew, G.*
52. *Küssner, H. G.*
53. *Burgers, J. M.*
54.
55. *Miss Chitty, L.*
56. *Goldstein, S.*
57. *Thom, A.*
58. *Töpfer*
59. *van der Maas, H. J.*

61. *Muttray, H.*
62. *Blumenthal, O.*
63. *Maccoll, J. W.*
64. *Rosenbrad, L.*
65. *Pohlhausen, E.*
66. *Brand*
67. *Baeumker, A.*
68. *Busemann, A.*
69. *Joshihara*
70. *Hoff, W.*
71.
72. *Helmbold, H. B.*
73. *Lerbs, H. E.*
74. *Blenk, H.*
75. *Hirota*
76. *Lennertz, J.*
77. *Epstein*
78.
79. *Weinel*
80. *Petersohn, F.*
81. *Spannhake, W.*
82. *von Mathes, P.*
83. *Pöschl, Th.*
84. *Trefftz, E.*
85. *Frl. Schiller, M.*
86. *Troller, Th.*
87. *Körner, K.*
88. *Friedrichs, K.*
89.
90. *van der Hegge Zijnen, B. G.*

Teilnehmer des Aerodynamik-Symposiums, das von Kármán im Jahre 1929 an der TH Aachen veranstaltete

Die erwähnten Schwierigkeiten mit einzelnen studentischen Gruppen waren nur ein Vorgeschmack auf die Folgen der „Machtergreifung" der Nationalsozialisten im Januar 1933. Zu diesem Zeitpunkt befand sich von Kármán in Pasadena und bat Anfang April 1933 die TH Aachen telegraphisch, statt wie vereinbart in Sommer erst im Winter 1933/34 nach Aachen kommen zu dürfen. Obwohl sich Wieselsberger - damals Dekan der Fakultät für Allgemeine Wissenschaften - damit einverstanden erklärte, falls von Kármán auch im Sommersemester in Aachen bleiben würde, scheiterten alle nachfolgenden Verhandlungen [10]. Von Kármáns endgültige Entlassung aus dem Staatsdienst erfolgte zum 1. April 1934, 21 Jahre nach seiner Berufung [11]. Damit ging auch ein großes Kapitel Prandtl-von Kármánscher Strömungsforschung zu Ende.

Ein Dankesschreiben der Hochschule an von Kármán anläßlich seiner Verabschiedung verdeutlicht die große Wertschätzung, die er nicht nur in Aachen erfuhr: "Die Hochschule [...] hält es für ihre Pflicht, Ihnen beim Scheiden von unserer Hochschule einen besonderen Dank auszusprechen. Die Arbeiten, die Sie als Gelehrter hier durchführten, und die grundlegend für die Entwicklung der von Ihnen vertretenen Wissenschaftszweige sind, sowie ihre Erfolge als Lehrer hier aufzuführen, dürfte müßig sein, da Ihre Tätigkeit in den wissenschaftlichen Kreisen der ganzen Welt bekannt ist. Die TH zu Aachen fühlt sich veranlaßt, Ihnen besonders zu danken, für die unermüdlichen energischen Arbeiten an Ihrem Lehrstuhl und in dem von Ihnen geleiteten Institut, die nicht nur diesem, sondern auch der ganzen Hochschule zum Weltruhm verholfen haben [...]. Die TH Aachen wird stets gerne und mit Stolz an Sie denken [...]" [12].

In Anbetracht der politischen Verhältnisse sind die Formulierungen im Dankesschreiben ungewöhnlich. Daß eine deutschen Hochschule einem Wissenschaftler jüdischer Herkunft in solcher Weise würdigte, gehörte 1934 zu den wenigen Ausnahmen. Von Kármáns elf aus politischen und 'rassischen' Gründen vertriebenen Aachener Kollegen erhielten keine vergleichbaren Schreiben. Es konnte nicht festgestellt werden [13], ob dieses Dankesschreiben je abgeschickt wurde, doch in jedem Fall hätte es Prandtl sicherlich mit Stolz erfüllt. Diese Anerkennung eines Schülers mußte selbst dem berühmtesten Lehrer zur Freude gereichen. Allerdings genoß von Kármán nicht bei allen seiner Kollegen eine so hohe Wertschätzung. Durch sein persönliches Auftreten hatte er sich bei einigen von ihnen unbeliebt gemacht, und diese weinten ihm keine Träne nach, als er Aachen verließ [7].

Daß die Nationalsozialisten von Kármáns fachliches Wissen schätzten und ihn gerne für die deutsche Rüstungsforschung gewonnen hätten, hatte der Reichsminister für Luftfahrt dem Kultusministerium im November 1933 mitgeteilt [14]: "In Anbetracht der wissenschaftlichen Geltung des Professors Dr. von Karman und seiner grundlegenden Arbeiten auf dem Gebiet der Aerodynamik, die auch in Zukunft für die gesamte Entwicklung des Flugwesens von grosser Bedeutung sein werden, würde ich es begrüssen, wenn Professor Dr. von Karman weiter in seiner Stellung als Preussischer Professor belassen werden kann".

Der neu ernannte Chef der deutschen Luftfahrtforschung, Adolf Bäumker, machte 1934 von Kármán ein Angebot, als Berater ins Luftfahrtministerium einzutreten, wo er angeblich vor politischer Verfolgung sicher gewesen wäre. Noch 1937 bedauerte Bäumker, daß von Kármán Deutschland endgültig verlassen hatte, und damit der deutschen Forschung "Ihre [von Kármáns] ketzerische Einstellung auf dem Wissenschaftsgebiete" verloren gegangen sei [15].

Von Kármán nach Verleihung der ersten National Medal of Science mit Präsident John F. Kennedy im Garten des Weißen Hauses am 18. Februar 1963.

Von Kármáns Entscheidung für Pasadena brachte für die deutsche Strömungsforschung und insbesondere für die TH Aachen einen großen Verlust. Die Hochschule verlor in den folgenden Jahren ihre national führende Stellung im Bereich der Luftfahrtforschung. Nicht nur die ab 1935 ausgearbeiteten Pläne, Berlin, Braunschweig und Stuttgart - später kamen noch München und Breslau hinzu - als neue Lehr- und Forschungszentren auf diesem Gebiet auszubauen, dokumentieren die Folgen für die TH Aachen. Von Kármáns Lehrstuhl wurde im August 1937 in einen für Angewandte Mathematik und Darstellende Geometrie umgewandelt. Damit verfügte die Hochschule nur noch über einen flugtechnischen Lehrstuhl.

Von Kármán setzte sein Werk in den USA fort [2]. Ihm wurden zahlreiche Ehrungen zuteil. Kurz vor seinem Tode am 7. Mai 1963 in Aachen verlieh ihm der amerikanische Präsident John F. Kennedy für seine Verdienste um Forschung und Lehre die erste National Medal of Science. Das vorstehende Bild zeigt den Präsidenten John F. Kennedy und von Kármán bei der Verleihung des Preises im Garten des Weißen Hauses.

Der Lehrstuhl für Angewandte Mathematik und Strömungslehre war, wie bereits erwähnt, 1930 auf von Kármáns Drängen neu eingerichtet und mit dem Prandtl-Schüler Carl Wieselsberger besetzt worden. Diese Personalentscheidung bedeutete zum zweiten Male einen Glücksgriff für die Hochschule. Wieselsberger hatte an der Technischen Hochschule in München allgemeinen Maschinenbau studiert und dort 1912 mit einer Arbeit über die statische Stabilität von Flugzeugen promoviert. Mit seinem anschließenden Wechsel nach Göttingen trat er in Prandtls Institut ein, wodurch auch sein Wirken entscheidend geprägt wurde.

Wieselsberger widmete sich von da an vor allem flugtechnischen Anwendungen, veröffentlichte jedoch auch bedeutende theoretische Arbeiten. Sein experimentelles Können stellte er dabei schon früh unter Beweis. Gustave Eiffel hatte 1912 als erster den Widerstand einer Kugel in Windkanalexperimenten gemessen und festgestellt, daß der Widerstand stark abnimmt, wenn die Reynoldssche Zahl, die ja das Verhältnis der Größenordnungen von Trägheits- und Reibungskräften in der Strömung darstellt, einen Wert von etwa 300 000 überschreitet [16]. Dieser Abfall des Widerstands ist, wie heute allgemein bekannt, auf den laminar-turbulenten Umschlag der Strömung um die Kugel zurückzuführen. Prandtl hatte die These aufgestellt, daß die Strömungsablösung an der Kugel durch den laminar-turbulenten Umschlag verzögert werden kann und daß als eine Folge davon die Größe des Totwassergebietes unmittelbar stromab von der Kugel abnimmt und somit deren Formwiderstand verringert.

Zwei Jahre nach dem Eiffel-Experiment bewies Prandtl seine These - wie Eiffel wiederum mit einem Experiment -, mit dem er zeigte, daß die Strömungsablösung tatsächlich durch Transition verzögert wird. Er spannte einen dünnen Drahtring um die Kugel und erzwang damit den laminar-turbulenten Umschlag in der Strömung, der jetzt früher erfolgte als ohne den Ring. Die Kraftmessungen zeigten eine Widerstandsverringerung, ähnlich wie sie Eiffel in seinem Experiment bei natürlicher Transition beobachtet hatte [17]. Noch im selben Jahr visualisierte Wieselsberger in Göttingen in einem weiteren Versuch die Kugelumströmung mit Rauch. Da sich die Rauchpartikel im Totwassergebiet sammeln und dort eine wesentlich größere Konzentration haben als anderswo in der Strömung, konnte er die Verkleinerung des Totwassergebiets durch photographische Aufnahmen unmittelbar zeigen [18] und Prandtls These erneut belegen [19].

Im Jahre 1923 ging Wieselsberger nach Japan, wo er bis 1929 als Berater der Regierung für den Ausbau des Flugforschungswesens wirkte. Seine wesentlichen Aufgaben bestanden dort im Bau und der Entwicklung von Windkanälen und deren meßtechnischer Anwendung. Unter seiner Anleitung entstanden in Tokio und mehreren anderen Orten Windkanäle. Mit dieser Thematik hatte sich Wieselsberger schon in seiner Münchener Zeit beschäftigt. Dort hatte er einen kleinen Windkanal gebaut und die statische Längsstabilität von Drachenflugzeugen untersucht [4].

Dieser ausgezeichnete "Experimentator mit sehr großer Erfahrung im Ausbau von Versuchseinrichtungen", wie von Kármán als Dekan der Fakultät für Allgemeine Wissenschaften im Juli 1930 dem Ministerium mitteilte [20], wurde wenige Monate später nach Aachen berufen. Von Kármán wurde für die Zeit seiner Lehrtätigkeit in Aachen die Mitbenutzung des nunmehr dem ordentlichen Professor Wieselsberger unterstellten Aerodynamischen Instituts im Einvernehmen mit diesem gestattet.

Die Jahre seiner Institutsleitung brachten einen gewaltigen Aufschwung der Flugtechnik, die eine Steigerung der Fluggeschwindigkeit bis an die Schallgrenze mit sich brachte. Auch die Ballistik begann sich mit der gasdynamischen Begründung ihrer Fluggesetze auseinanderzusetzen. Um diesen Entwicklungen gerecht zu werden, begann Wieselsberger in Aachen mit dem Aufbau einer intermittierend arbeitenden Überschallanlage.

Aus Japan brachte er die Pläne für eine von ihm entwickelten Sechskomponenten-Waage mit nach Aachen. Diese wurde nachgebaut und an dem von von Kármán auf dem Dach des Instituts errichteten Windkanal für kleine Geschwindigkeiten (bis zu 50 m/sec) installiert. Generationen von Flugzeugbau-Studenten haben mit dieser Waage das Messen aerodynamischer Kräfte an einem Tragflügelmodell im Windkanal gelernt, darunter auch Tuncer Habibi, der spätere Staatspräsident von Indonesien und der nachmalige Vizepräsident der Airbus Industries, H. Flosdorff.

Professor Dr.-Ing. Carl Wieselsberger. Aufnahme aus [4].

Im Windkanal für kleine Geschwindigkeiten nahmen Wieselsberger und seine Mitarbeiter umfangreiche Messungen von Schub- und Drehmomentenbeiwerten und Wirkungsgraden von Luftschrauben vor. Ein anderes Hauptarbeitsgebiet des Instituts war damals die Erforschung flugtechnischer Grundlagen, vor allem Fragen der Interferenz. Wieselsberger studierte unter anderem die gegenseitige Beeinflussung von Flügel und Luftschraube, die Auftriebsänderung in Bodennähe, das aerodynamische Verhalten von Flügel-Rumpf-Kombinationen wie auch ballistische Fragestellungen. So wurden zum Beispiel an Projektilen durch den Magnuseffekt erzeugte Seitenkräfte vermessen. Auch wurden Innenströmungen experimentell untersucht, besonders solche, die stark durch Wandkrümmungen beeinflußt werden, wie Strömungen in gekrümmten Rohren und in Schaufelkanälen von Leiträdern [4].

Wieselsberger war wahrscheinlich der erste, der sich in Deutschland mit der experimentellen Erforschung aerodynamischer Probleme bei großen Geschwindigkeiten befaßte [21]. Er baute schon 1931 einen kleinen Überschallkanal mit einen Meßquerschnitt von 10 x 10 cm². Die Kontur der Laval-Düse war mit der Charakteristiken-Methode, die Prandtl und Busemann erst 1929 in der Stodola-Festschrift veröffentlicht hatten, zeichnerisch ermittelt worden. Die Düsenwände wurden mit einer Gipsschicht belegt, um eine hinreichende Oberflächenglätte zu gewährleisten. Eine ausreichende Maßhaltigkeit konnte nur erreicht werden, wenn die Trockengeschwindigkeit des Gipses richtig gewählt und für eine bestimmte Zeit konstant gehalten wurde. Nach mündlichen Mitteilungen von Naumann war dies ein sehr mühsames Verfahren zur Herstellung von Überschalldüsen. Es wurde auch bald aufgegeben. Das für die geplante Überschallströmung erforderliche Druckgefälle wurde durch Evakuieren der im Institut vorhandenen Druckkessel erzeugt, deren Volumen von 90 m³ eine Blaszeit von etwa 25 sec zuließ.

Bald nach Fertigstellung des Aachener Kanals wurde eine rätselhafte Erscheinung in der Nähe des Düsenhalses, des engsten Querschnitts der Laval-Düse, beobachtet. Da es zunächst keine Erklärung dafür gab, wurde dieses Phänomen als "Geist" bezeichnet. Aber bald gelang es Wieselsberger, den "Geist" als einen Verdichtungsstoß zu entlarven, der sich als Folge der Kondensation des in der Luft enthaltenen Wasserdampfes gebildet hatte, heute als Kondensationsstoß bekannt. Wieselsberger berichtete darüber 1935 dem Volta-Kongreß in Rom [22], wo das nachstehende Bild aufgenommen wurde. Es zeigt Prandtl in der Mitte rechts und Wieselsberger links neben ihm.

Nach diesen ersten Arbeiten setzten dann zahlreiche Untersuchungen ein, in denen Kondensationsstöße und die durch sie hervorgerufenen Verfälschungen von Messungen in Überschallkanälen umfassend analysiert wurden. Es zeigte sich, daß der "Geist" durch die freiwerdende Kondensationswärme hervorgerufen wird und unter bestimmten Bedingungen nicht zu vermeiden ist. Aus diesem Grunde wurden in späteren Überschallanlagen häufig Lufttrockner installiert. Auch die meisten der heute ausgeführten Kanäle werden mit den schon damals konzipierten Silicagel-Lufttrocknern ausgestattet.

Die relativ kurzen "Blaszeiten" des von Wieselsberger erbauten intermittierend arbeitenden Kanals, wie derartige Kanäle heute bezeichnet werden, erforderte die Entwicklung einer neuen Meßtechnik. Wieselsberger beschrieb schon 1937 ein Verfahren, mit dem durch elektromagnetische Induktion aerodynamische Kräfte gemessen werden konnten. Dieses Verfahren reifte inzwischen zu der heute üblichen induktiven Kraft- und Druckmeßmethode für Hochgeschwindigkeitskanäle heran. Dehnungsmeßstreifen waren damals nicht bekannt, und es fehlten auch die heute üblichen elektronischen Übertragungsverfahren. Verglichen mit heutigen Geräten war die von Wieselsberger entwickelte induktive Waage noch primitiv, jedoch ermöglichte sie Kraftmessungen in Unterschall- wie auch in Überschallströmungen [4].

Nach einschlägigen Erfahrungen mit der ersten Überschallanlage wurde eine zweite mit einer größeren Meßstrecke und einem Querschnitt von 20 x 20 cm² erstellt, welche wegen des größeren Luftdurchsatzes nur eine Blaszeit von 5 sec zuließ. Mit dieser Anlage wurden systematische Messungen von Luftkräften und -momenten an ballistischen Flugkörpern bei Überschallanströmung möglich. Schon 1936 waren in diesem Kanal Stabilitätsmessungen an einem Modell des Flugkörpers A3, einem Vorläufermodell der später entwickelten V2, durchgeführt worden.

Die Ermittlung geeigneter Flossenformen zur Pfeilstabilisierung von Flugkörpern bei Überschallanströmung bereitete große Schwierigkeiten. Die im Aachener Kanal gemessenen Daten hatten wegen der im Vergleich zur Großausführung viel zu kleinen erreichbaren Reynoldsschen Zahlen nur begrenzten Wert, stellten aber von 1936 bis 1939 die einzigen verfügbaren Meßdaten dar, bis der große DVL-Kanal in Adlershof betriebsbereit war [4]. Die Heeresversuchsanstalt

Peenemünde entschloß sich schließlich, dort selbst einen Überschallkanal zu errichten. Dieser wurde nach dem Vorbild des Aachener Kanals von Rudolf Hermann, der im April 1937 das Institut verließ und nach Peenemünde überwechselte, entwickelt und erbaut. Der Kanal sollte der leistungsfähigste seiner Zeit werden.

Prandtl (rechts) und Wieselsberger (links neben ihm) 1935 in Rom.

Die Kenntnis der Strömungsvorgänge in Hochgeschwindigkeitskanälen war damals noch recht mangelhaft. Naumann bemerkt in [4]: "Es lagen weder Erfahrungen über den Aufbau oder Abbau der Überschallströmung in dem System Lavaldüse-Diffusor vor, noch waren Diffusorwirkungsgrade im hohen Unterschall- oder im Überschall bekannt. Einige grundlegende Versuchsserien versuchten hier erste Erkenntnisse zu verschaffen. Messungen an Diffusoren bei hohen Unterschallgeschwindigkeiten, die im wesentlichen 1939/40 während der Verlagerung des Instituts nach Göttingen [...] durchgeführt wurden, konnten 1942 veröffentlicht werden".

Auch der Einfluß der endlichen Strahlabmessungen war bei hohen Unterschallgeschwindigkeiten unbekannt; Korrekturen wurden mit Hilfe der Prandtlschen Regel nach den für inkompressible Strömungen bekannten Gesetzen vorgenommen. Wieselsberger studierte vor allem den Einfluß geführter und ungeführter Strahlen auf die Meßergebnisse. Es gelang ihm, erste Strahlummantelungen zu entwerfen, mit denen zum Beispiel der Strahleinfluß auf den induzierten Widerstand bei Unterschallanströmung nahezu zum Verschwinden gebracht werden konnte. Die zunächst aus Holzlatten hergestellten schlitzartigen Strahlummantelungen waren die Vorläufer der späteren geschlitzten Wände in Windkanälen für schallnahe Geschwindigkeiten [4].

Diese Arbeiten sollten das wissenschaftliche Fundament für weiterführende Arbeiten in der experimentellen Gasdynamik bilden, ein Gebiet, das nach dem Zweiten Weltkrieg einen ungeahnten Aufschwung erlebte. Wieselsberger konnte daran jedoch nicht mehr teilnehmen. Er verstarb am 26. April 1941 nach einer langen und schmerzhaften Krankheit. Er trug in den nur zehn Jahren, in denen er das Institut leiten konnte, zu dem weiterhin guten Ruf der Aachener Luftfahrtforschung bei.

Aus den hier beschriebenen Wieselsbergerschen Arbeitsbereichen läßt sich erahnen, daß deren Anwendungen vornehmlich Kriegszwecken dienten. Schon Mitte der dreißiger Jahre war das Institut so mit Rüstungsaufträgen überlastet, daß Wieselsberger einen Drei-Schichten-Betrieb einführen wollte. Bezeichnenderweise scheiterte dies an der ungenügenden Stromversorgung des Instituts beziehungsweise der Weigerung des Kultusministers, das dafür verantwortliche Maschinenlaboratorium zu modernisieren. Die Nationalsozialisten waren sich der Bedeutung der Aachener Einrichtungen bewußt, förderten jedoch aus politischen und geographischen Gründen andere Forschungseinrichtungen. Ein Vergleich zwischen dem Aachener Institut und der Deutschen Forschungsanstalt für Luftfahrt (DFL) in Braunschweig-Völkenrode veranschaulicht den Unterschied. Während sich in Aachen die Zahl der Mitarbeiter auf etwa 30 bis 40 belief, waren in Braunschweig zeitweise über 1000 Mitarbeiter tätig [23].

Mit Wieselsbergers politischer Einstellung hatte dies jedoch nichts zu tun. Charakteristisch für seine Haltung gegenüber den Nationalsozialisten ist eine Begebenheit aus dem Jahre 1933. Als Kultusminister Rust bestimmte, daß alle Hochschulen, an denen nach dem 30. Januar keine Neuwahlen stattgefunden hatten, neue Rektoren und Dekane wählen mußten, um die Hochschulen mit dem "Willen der Regierung" gleichzuschalten, machte der scheidende Dekan Wieselsberger öffentlich, daß die Aachener Wahlen unter dem "Gesichtspunkt der Gleichschaltung" abgelaufen seien. Die Tatsachen widersprechen jedoch deutlich dieser Aussage: Keiner der vier neuen Dekane kann zur Gruppe der aktiven Nationalsozialisten gezählt werden, im Gegenteil, Wieselsbergers Nachfolger im Amt des Dekans, der Physiker Hermann Starke, war als Hitler-Gegner bekannt [13]. Auch Wieselsbergers spätere Handlungen lassen ihn zu der Gruppe von Hochschullehrern zählen, die keine sonderliche Begeisterung für die Nationalsozialisten zeigten, sich auf der anderen Seite jedoch nicht gegen Unrechtsmaßnahmen zur Wehr setzten. Über die Gründe für seinen Eintritt in die NSDAP im Juli 1939 ließe sich nur spekulieren. Vielleicht spielte seine Begeisterung für die Fliegerei dabei eine Rolle. 1914 hatte er sich als Kriegsfreiwilliger zur Fliegertruppe gemeldet und war zum Militärflugzeugführer ausgebildet worden. Daß er bereits im Frühjahr 1915 die Fliegerei wieder aufgeben mußte, als er nach Göttingen abkommandiert wurde, enttäuschte ihn nach Aussage seines Mitarbeiters Dirksen außerordentlich. Zwanzig Jahre später wandte er sich erneut dem Fliegen zu, das nun von den Nationalsozialisten massiv gefördert wurde. Auch sein Engagement für die deutsche Luftrüstung ist wohl auf seine nationale und weniger auf seine nationalsozialistischen Einstellung zurückzuführen. Es gehört zu den tragischen Tatsaschen unserer deutschen Geschichte, daß Wissenschaftler wie Wieselsberger einem verbrecherischen Regime dienten.

Sein Nachfolger wurde Friedrich Seewald, bis 1941 Leiter der Deutschen Versuchsanstalt für Luftfahrt in Berlin-Adlershof. Bei dieser Personalentscheidung profitierte die Hochschule vom guten Ruf der Aachener Luftfahrtforschung. Zudem half ihr die Tatsache, daß Seewald nach persönlichen Differenzen mit Generalluftzeugmeister Ernst Udet in Berlin entlassen wurde, er aber in Udets Nachfolger, Erhard Milch, einen einflußreichen Förderer fand. Seewald gehörte zu den einflußreichsten Persönlichkeiten der deutschen Luftfahrtforschung und war neben Prandtl Mitglied der Reichsstelle Forschungsführung des Reichsluftfahrtministeriums [24]. Zu den wichtigsten Forschungsstätten in Berlin und Braunschweig konnte das Aerodynamische Institut aber auch unter seiner Leitung nicht aufschließen. Das Institut wurde im Winter 1943/44 zum Schutz vor alliierten Bombenangriffen von Aachen nach Sonthofen im Allgäu verlagert, wo es in die Hände der Amerikaner fiel. Kurz nach Kriegsende wurde die Überschallanlage beschlagnahmt und nach den USA überführt. Auch der Niedergeschwindigkeitskanal auf dem Dach des Instituts wurde auf Anordnung der alliierten Besatzungsmächte demontiert. Mit ihm ging nicht nur ein Denkmal aerodynamischer Geschichte verloren [4], das Geschehen symbolisiert gleichermaßen das vorläufige Ende einer Tradition, die von Reissner, Junkers und von Kármán begründet worden war.

Der dritte Prandtl-Schüler, Fritz Schultz-Grunow, erhielt 1941 - unmittelbar vor Wieselsbergers Tod - den Ruf auf den Lehrstuhl für Allgemeine Mechanik der TH Aachen. Zwischen der Mechanik und der Aerodynamik bestanden in Aachen seit von Kármán engste Beziehungen. Der bis 1933 tätige Lehrstuhlinhaber, der Einstein-Schüler Ludwig Hopf, hatte sich ebenfalls mit der Flugtechnik und der Strömungslehre beschäftigt und einen Teil der Kármánschen Vorlesungen übernommen, als dieser semesterweise in die USA beurlaubt worden war. Nachdem Hopf von den Nationalsozialisten wegen seiner jüdischen Herkunft entlassen wurde, behandelte auch sein Nachfolger, der gegen den Willen der Hochschule nach Aachen berufene Mechaniker Hermann Müller, in seinen Forschungen überwiegend Fragen der Flugtechnik. Müller gehörte jedoch nicht zu den wissenschaftlich führenden Persönlichkeiten auf diesem Gebiet, war ein überzeugter Antisemit und verantwortlich dafür, daß die Aachener Mechanik zwischen 1934 und 1939 ihren national guten Ruf einbüßte. Daß die Hochschule nicht unglücklich über Müllers Wechsel nach München war, ist durchaus verständlich, ebenso ihr Bestreben, großen Wert auf die fachliche Qualifikation der Nachfolger zu legen [23]. Die Probevorlesungen mehrerer Kandidaten im Sommer 1940 brachten aber nicht das von der Hochschule gewünschte Ergebnis. Erst als Wieselsberger die Fakultät auf den jungen Prandtl-Schüler Schultz-Grunow, der zu der Zeit in Göttingen als Assistent tätig war, aufmerksam machte, fiel eine Entscheidung, die alle Seiten zufriedenstellen sollte. Als sich seine Berufung wegen der zahlreichen Prüfungen durch politische Gremien verzögerte, intervenierte Schultz-Grunow mit Unterstützung des Rektors der TH Aachen im Ministerium. Seine Ernennung erfolgte dann zum 1. Februar 1941. Es war eine der wenigen Berufungen, die ohne förmliches Verfahren, d. h. ohne Dreierliste, vorgenommen wurde. Politisch hatte die verantwortlichen Stellen nichts gegen ihn auszusetzen, Schultz-Grunow war seit Mai 1933 Mitglied der NSDAP, und seine fachliche Reputation war als Prandtl-Schüler hervorragend.

Nach Abschluß seines Diploms für Maschineningenieure an der Eidgenössischen Technischen Hochschule in Zürich im Jahre 1929 war der 22jährige dem Angebot eines Oberingenieurs namens Jakob Ackeret der Wasserturbinenfabrik Escher-Wyss in Zürich gefolgt, in der Versuchsanstalt der Firma zu arbeiten. Als die Firma drei Jahre später Konkurs anmeldete, kündigte sie allen ausländischen Angestellten. Der aus München stammende Schultz-Grunow verlor somit nicht nur seine Arbeit, sondern auch seine Aufenthaltsgenehmigung und mußte nach Deutschland zurückkehren, wo er zunächst keine Stelle fand. Weil angesichts der Weltwirtschaftskrise die Aussicht auf eine baldige Anstellung äußerst ungewiß erschien, beschloß er, für sich selbst zu arbeiten, und fertigte in dem folgenden halben Jahr eine Promotionsarbeit über die Festigkeitsberechnung achsensymmetrischer Böden und Deckel an. Mit dieser Arbeit promovierte er 1933 an der ETH Zürich. Als auch danach immer noch keine Anstellung in Aussicht war, folgte er schließlich dem Rat seines Lehrers Professor Stodola aus dem Jahre 1929, der ihn schon damals an Prandtl verwiesen hatte [26].

Prandtl in der Mitte und Schultz-Grunow rechts neben ihm mit langem schwarzen Schlips unter den Teilnehmern des 4. IUTAM-Kongesses 1938 in Cambridge, Mass., USA, auf dem Gelände der sich in Vorbereitung befindlichen Weltausstellung in New York [25].

In Göttingen war 1933 aufgrund der Sparmaßnahmen der Nationalsozialisten jedoch auch keine Stelle frei, so daß sich Schultz-Grunow entschloß, ohne Bezahlung bei Prandtl zu arbeiten. Er bestritt seinen Lebensunterhalt mit Einkünften aus Erfindungen, die er früher in der Schweiz gemacht hatte, erhielt dann für einige Zeit ein Anstellung als Konstrukteur bei der Firma Henschel in Kassel und kehrte im Sommer 1935 nach Göttingen zu Prandtl zurück, der jetzt in der Lage war, ihm eine Assistentenstelle anzubieten.

Schultz-Grunow stürzte sich gleich in die Arbeit. Zuerst beschäftigte er sich mit der turbulenten Strömung in verzögerten Grenzschichten, ein Thema, über das er vier Jahre später habilitierte [27]. Einige Ergebnisse dieser Arbeit stellte er auf dem 4. Internationalen Kongreß für theoretische und angewandte Mechanik vor, der im Herbst 1938 in Cambridge, Mass., USA abgehalten wurde, unmittelbar vor den Verhandlungen in München zwischen Hitler, Mussolini, Chamberlain und Daladier. Hermann Blenk berichtet in [25], daß die politische Lage sich kurz vor dem Kongreß so zugespitzt hatte, daß die deutsche Regierung nicht allen deutschen Wissenschaftlern, die an dem Kongreß teilnehmen wollten, die Reise gestattete.

Auch in seiner nachfolgenden Arbeit untersuchte Schultz-Grunow turbulente Grenzschichten [28]. Er studierte den äußeren Teil der Grenzschicht und leitete aus seinen Ergebnissen ein neues Widerstandsgesetz ab. Aber nur wenig später wechselte er die Thematik und beschäftigte sich mit eindimensionalen Wellenvorgängen in Gasströmungen, eine Arbeit, die erst 1942 - also nach Beginn seiner Tätigkeit in Aachen mit 34 Jahren - veröffentlicht wurde [29]. Schultz-Grunows wissenschaftliche Flexibilität, die sich hier bereits andeutete, sollte charakteristisch für sein gesamtes Lebenswerk bleiben. In seiner Rede zu Schultz-Grunows 75. Geburtstag im Jahre 1981 sagte H. Maier-Leibnitz, der vormalige Präsident der Deutschen Forschungsgemeinschaft [30]:

"In dieser Zeit [nach Schultz-Grunows Rückkehr nach Göttingen im Sommer 1935] muß ich Herrn Schultz-Grunow kennengelernt haben, der als Volontär nach Göttingen kam, um in dem noch intakten Institut von Ludwig Prandtl zu lernen. [....] Damals muß Schultz-Grunow auf den Geschmack von Forschung gekommen sein, und damals begann seine Vielseitigkeit sich zu entfalten. Die Festigkeitslehre, sein erstes Feld, lag weit ab von dem, was bei Prandtl gemacht wurde, und er hat dann über viele Jahre das neue und große Gebiet mit immer neuen Themen bearbeitet. Ich muß annehmen, daß ihm dabei Prandtls Vielseitigkeit geholfen hat und die ungeheure Klarheit, die die Probleme unter seinen Händen erhielten. [....] Bei Herrn Schultz-Grunow fällt auf, daß er sich immer wieder, offenbar zunächst allein, Gebieten zugewandt hat, wo er wenig Vorbilder hatte. Ein großer Teil seiner Wirkung hat wohl darin bestanden, daß etwas davon in seinem Kreis von Jüngeren aufgenommen, weiter verfolgt und bis zu den Anwendungen getragen wurde. Ich glaube, daß das eine der schönsten Arten des Forschens für einen Hochschullehrer ist".

Schultz-Grunows Forschungen auf dem Gebiet der instationären Vorgänge [31] beschäftigten sich mit Strömungen in Verbrennungsmotoren, eine Thematik, die erst viel später mit dem für diese Problematik erforderlichen Aufwand eingehend untersucht werden konnte. Schon in Göttingen wurden die Arbeiten durch das Reichsverkehrsministerium unter dem Titel "Probleme der instationären Strömung mit Anwendung im Motorenbau" gefördert, wie auch später in Aachen, wo Schultz-Grunow bald nach seiner Berufung auf den Lehrstuhl für Mechanik auch zum Direktor des gleichnamigen Instituts ernannt wurde [32].

Die eben schon angesprochene Themenvielfalt spiegelt sich in Schultz-Grunows Veröffentlichungen der folgenden Jahre wieder. So wurden zum Beispiel die Arbeiten über nichtstationäre eindimensionale Gasbewegungen bis Ende des Zweiten Weltkrieges auf nichtstationäre kugelsymmetrische Gasbewegungen, solche in Düsen und Diffusoren und auf nichtstationäre Verdichtungsstöße und Detonationswellen ausgedehnt. Mehrere dieser Arbeiten sollten richtungsweisend für die Berechnung instationärer gasdynamischer Vorgänge werden. Insgesamt lagen Schultz-Grunows wissenschaftliche Schwerpunkte bei Kriegsende auf den Bereichen pulsierende Strömungen, Gasdynamik, Aerodynamik, Festigkeit, Thermodynamik in Bezug auf motorische Verbrennungsvorgänge, Detonation und innere Ballistik [31]. Viele dieser Arbeiten führte er im Auftrag des Reichsluftfahrtministeriums und verschiedener Rüstungsfirmen durch. Zu dieser Zeit erhielten die Hochschullehrer nur für Rüstungsaufträge finanzielle Unterstützung, Schultz-Grunow behandelte vier geheime Rüstungsaufträge der höchsten Priorität, doch beschäftigte er sich daneben weiter mit theoretischen Grundlagenforschungen.

Nach Kriegsende wurde er zunächst von den Alliierten aus seinem Amt als Hochschullehrer entlassen, da er zwischen 1941 und 1945 als Stützpunktleiter des Außenamtes der Dozentenschaft und Rottenführer des Kraftfahrkorps tätig gewesen war. Ein über diese Aktivitäten hinausgehendes politisches Engagement für die Nationalsozialisten hatte Schultz-Grunow jedoch nicht gezeigt, so daß er von der britischen Militärregierung wieder in sein Amt als Ordinarius und Institutsleiter eingesetzt wurde.

Professor Dr. sc. techn. Dr.-Ing. E. h. Fritz Schultz-Grunow

In den folgenden Jahren baute er das weitgehend zerstörte Institut für Mechanik wieder auf. Er konnte es sogar noch vergrößern. Zusätzlich zu den bisher bearbeiteten Forschungsgebieten wurde noch die Rheologie aufgenommen, und in den folgenden Jahren untersuchte er Fließeigenschaften hochzäher und plastischer Stoffe und Suspensionen, rheologische Probleme von Schmierölen und entwickelte Methoden zur Bestimmung von Fließkurven an Rohr- und Rotationsviskosimetern [32]. Darüber hinaus griff er immer wieder Themen der Strömungsmechanik auf, mit denen er sich seit 1935 beschäftigt hatte. Sein späteres Wirken in Aachen wird treffend durch seine Schüler G. Adomeit, H. Grönig, D. Müller-Arends und G. Wortberg beschrieben [32]: "Fritz Schultz-Grunow hatte bereits in den vierziger Jahren Strömungen mit Energiezufuhr untersucht. Dieses Gebiet griff er zu Anfang der fünfziger Jahre erneut auf. Er trug in den folgenden Jahrzehnten durch wesentliche Arbeiten entscheidend dazu bei, die Dynamik realer Gase und die Aerothermochemie - wie Theodor von Kármán dieses Gebiet nannte - von einem Gebiet, in dem Grundlagen und technische Anwendungen weit auseinanderfielen, zu einer anerkannten ingenieurwissenschaftlichen Disziplin zu entwickeln, ohne die der heutige Stand der Luft- und Raumfahrt, des Turbinen- und Motorenbaus und der Energiegewinnung und -umwandlung nicht hätte erreicht werden können. Dabei erkannte Schultz-Grunow, daß eine Übertragung der in der Strömungsmechanik gewonnenen Erkenntnisse, der dort hochentwikkelten theoretischen und experimentellen Verfahren und der dort eingespielten Wechselwirkung zwischen technischer Anwendung und wissenschaftlicher Erforschung eine überaus befruchtende Wirkung haben würde. Zur Durchführung dieser Untersuchungen setzte er vor allem Stoßwellenrohre ein. Diese Versuchsanlagen und die zugehörige Kurzzeitmeßtechnik entwickelte er zusammen mit seinen Mitarbeitern zu einem wirkungsvollen, präzisen Instrument ingenieurwissenschaftlicher Forschung.

Die Anlagen waren aus Platzmangel an der Hochschule lange Jahre im unterirdischen, ehemaligen Luftschutzbunker 'Römerkeller' nahe dem Aachener Hauptbahnhof untergebracht. Erst 1971 wurde er aufgrund einer Berufungszusage durch das jetzige Stoßwellenlaboratorium ersetzt. Durch systematischen Ausbau dieses ehemaligen Bunkers gelang es, neben mehreren Stoßwellenrohren einen größeren Stoßwellenkanal für Strömungs-Mach-Zahlen zwischen 6 und 14 zur Untersuchung von Wiedereintrittsproblemen zu errichten. Zu den Forschungsproblemen gehörten unter anderem die Bestimmung der Stoßwellenstruktur in Gasen und die Untersuchung von chemischen Reaktionsprozessen im chemischen Stoßwellenrohr. [...] Außerdem konnte die Wärmeleitfähigkeit von Argon in einem Temperaturbereich von 4000 bis 5000 K hinter reflektierten Stößen erstmals direkt bestimmt werden. Weiter wurde die Zündung in der Gasphase von verdampftem Brennstoff theoretisch wie experimentell untersucht".

Im Vergleich zu den Ergebnissen, die Wieselsberger in Aachen erzielen konnte, wird hier die rasante Fortentwicklung der Strömungsmechanik deutlich: Wieselsberger hatte im ersten Aachener Überschallkanal Strömungs-Mach-Zahlen von etwa 2 erreicht, der Schultz-Grunowsche Stoßwellenkanal dagegen Mach-Zahlen von 10 und mehr. Auch die Meßmethoden hatten sich wesentlich verändert. Waren damals Meßzeiten von einigen Sekunden erforderlich, benötigte Schultz-Grunow nur Meßzeiten von einigen Millisekunden [33]. Der Aachener Stoßwellenkanal ist heute die einzig verfügbare Anlage dieser Art in Westeuropa. Die bisher mit ihr erarbeiteten Ergebnisse sind inzwischen weltweit bekannt geworden.

Nicht nur Schultz-Grunows wissenschaftliche Vielseitigkeit erinnert an von Kármán. Auch er wurde durch seine Erfolge in den sechziger Jahren zu einem begehrten Wissenschaftler, und er erhielt wie von Kármán zusätzlich die Leitung eines weiteren Instituts übertragen. Das Bundesverteidigungsministerium nutzte Schultz-Grunows Ideenreichtum, Können und seine persönliche Dynamik und beauftragte ihn 1967, das Ernst-Mach-Institut in Freiburg zu leiten [32]. Aus diesem Arrangement zogen alle Beteiligten Nutzen. Schultz-Grunow wurde nach eigenen Aussagen mit neuen, vordringlichen wissenschaftlichen Problemen bekannt [34], an deren Lösung seine Aachener Hörer und Mitarbeiter mit Diplom- und Doktor-Arbeiten teilhatten, und das Ernst-Mach-Institut profitierte von Schultz-Grunows besonderer Erfahrung und Kenntnis der strömungsmechanischen Vorgänge, die im Bereich von Mikrosekunden ablaufen.

Hatte das Kultusministerium von Kármán 1926 noch semesterweise für dessen Tätigkeit in Pasadena beurlauben müssen, stellte die Entfernung zwischen Aachen und Freiburg nun kein sonderliches Problem dar, wie Schultz-Grunow selber berichtete [35]: "Die zeitliche Inanspruchnahme sei mit folgendem erläutert. In den letzten beiden Semestern, in denen ich Dekan der Mathematisch-Naturwissenschaftlichen Fakultät war, fuhr ich, wenn für Freitag keine Ausschußsitzung anberaumt war, am Donnerstag in der Nacht nach der Senatssitzung nach Freiburg zum Ernst-Mach-Institut und kehrte Freitagnacht wieder zurück, um am Samstag an meinem Lehrstuhl die Übungsaufgaben und Vorlesung für die kommende Woche vorzubereiten und um mit Doktoranden zu arbeiten, wie ich das auch vorher regelmäßig tat". Die Fahrten nach Freiburg waren natürlich in besonderer Weise arrangiert [36]. Da es damals auf der Autobahn kaum Geschwindigkeitsbegrenzungen gab, wurden die Fahrten nach Freiburg in der Regel mit einem schnellen Privatwagen, gesteuert von einem äußerst fahrsicheren Doktoranden, oft in heute nicht mehr erreichbarer Rekordzeit zurückgelegt. Glaubhafte Quellen wissen auch zu berichten, daß neben der wissenschaftlichen Arbeit in Freiburg auch noch Zeit für den guten Kaiserstühler Wein blieb.

Von Kármán und Schultz-Grunow in Aachen.

Im Jahre 1973 übernahm Schultz-Grunow noch ein weiteres Amt. Nach der Emeritierung von Professor. A. W. Quick, des langjährigen Sprechers des von der Deutschen Forschungsgemeinschaft von 1970 bis 1983 an der RWTH Aachen geförderten Sonderforschungsbereichs „Strömungsmechanik und Thermo-Gasdynamik" (SFB 83), wurde Schultz-Grunow zu dessen Nachfolger gewählt. Dem Sonderforschungsbereich gehörten folgende 14 Institute, Lehrstühle und Lehrgebiete der RWTH Aachen und der DVL bzw. der DFVLR an: Die Lehrstühle und Institute für Allgemeine Mechanik, Dampf und Gasturbinen, Luft- und Raumfahrt, Strahlantriebe und Turboarbeitsmaschinen, Thermodynamik, der Lehrstuhl für Strömungslehre und das Aerodynamische Institut, die Lehrstühle für Dynamik der Flugkörper und Mechanik, das DVL-Institut für Theoretische Gasdynamik in Aachen und die DVL-Institute für Angewandte Gasdynamik und Luftstrahlantriebe in Köln. Zu den Mitgliedern der Gründungsphase gehörten die Professoren G. Adomeit, H. Gallus, H. Grönig, C. Heinz, A. Heyser, K.-F. Knoche, H. Kühl, A. Naumann, K. Oswatitsch, A. W. Quick, F. Schultz-Grunow, W. O. Seibold, H. Zeller und die Dozenten M. Fiebig und A. Frohn.

Das Forschungsprogramm des SFB, stark durch Schultz-Grunow geprägt, war auf Grundlagenuntersuchungen angelegt. Ziel des Programms war, durch freiwilligen Zusammenschluß der genannten Lehrstühle und Institute, durch Ausrichtung der Arbeiten auf vereinheitlichte Themen, durch organisatorische Koordinierung und Kolloquien eine erhöhte Effizienz in der Forschung zu erreichen. Das Programm umfaßte folgende Themen: Entstehung, Struktur, Ausbreitung und Interferenz von Stoßwellen; Ausbreitung von Strahlen und Interferenz zwischen Strahlen und Körpern; Grenzschichten dissoziierter und ionisierter Gase; gaskinetische Untersuchungen von Nichtgleichgewichtsströmungen im Gebiet von Molekular- und Kontinuumsströmung; Nachlaufuntersuchungen im Hyperschall; Verhalten von Wiedereintrittskörpern bei kleinen Geschwindigkeiten; Stoßschwingungen im transonischen und Überschallbereich; Leistungssteigerung von Strahltriebwerken durch Durchsatzerhöhung; Verdichter und Turbinen für höhere Mach-Zahlen und Temperaturen; Zustandsänderungen strömender Gase unter Einfluß chemischer Reaktionen und Phasenwechsel und Düsendurch- und ausströmung bei geringer Gasdichte.

Der SFB 83 gehörte mit zu den größten Sonderforschungsbereichen, die von der DFG eingerichtet wurden. Abgesehen von den erarbeiteten Ergebnissen, die in der Mehrzahl internationale Anerkennung fanden, war der SFB vor allem auch in der Hinsicht erfolgreich, daß die beteiligten Lehrstühle und Institute, die bis dahin unabhängig voneinander gearbeitet hatten, bald die Vorteile erkannten, in einem koordinierten Verbund zu forschen. Der Erfolg des SFB 83 bildete somit auch die Voraussetzung für spätere langfristige Forschungsvorhaben. Schon 1979 gelang es, einen zweiten Sonderforschungsbereich, den SFB 25 zum Thema „Wirbelströmungen in der Flugtechnik" einzurichten, welcher bis 1994 gefördert wurde. Es folgte ein dritter zum Thema „Grundlagen des Entwurfs von Raumflugzeugen", der 1989 eingerichtet, heute noch gefördert wird. Forschung in Sonderforschungsbereichen ist an der RWTH Aachen sehr beliebt. Heute werden 15 SFBs in Aachen gefördert. Schultz-Grunow leitete den SFB 83 zwei Jahre bis zu seiner Emeritierung im Jahre 1975.

Die Leitung der beiden Institute und des Sonderforschungsbereichs schien Schultz-Grunow nicht sonderlich zu belasten. Das Ernst-Mach-Institut leitete er ebenso erfolgreich wie das Aachener Institut. Auch die Aachener Studenten kamen durch Schultz-Grunows Nebentätigkeit nicht zu kurz, was sicherlich von den Hörern aus dieser Zeit bestätigt werden kann. Er war ein engagierter und temperamentvoller Lehrer [32]. Er hielt seine Vorlesungen fast frei, stets nur mit Hilfe von wenigen Zettelaufzeichnungen. Als er einmal aus Versehen in einer Vorlesung Mechanik I mit dem Stoff der im selben Semester gelesenen Mechanik III begann und die Studenten daraufhin zischten, fragte er nach dem Grund, sagte: "Wo waren wir stehen geblieben?", und hielt die Vorlesung frei ohne Aufzeichnungen unter großem Beifall seiner Hörer.

Zu Schultz-Grunows Zeiten nahm die Mechanik stets einen breiten Raum in den Lehrveranstaltungen ein [37]. Von seiner Berufung im Jahre 1941 bis zum Ende der 50er Jahre war Schultz-Grunow der einzige Fachvertreter der Mechanik. Damals war für alle Fachrichtungen, ausgenommen Chemie und Architektur, Mechanik ein Pflichtfach, das sich für den größten Teil der Hörer über vier Semester erstreckte. Heute bestehen drei Lehrstühle, Mechanik und Baukonstruktion in der Fakultät für Bauingenieurwesen, Technische Mechanik und Allgemeine Mechanik in der Fakultät für Maschinenwesen, ein Lehr- und Forschungsgebiet Mechanik in der Mathematisch-Naturwissenschaftlichen Fakultät und das aus der Allgemeinen Mechanik hervorgegangene Lehr- und Forschungsgebiet Hochtemperatur-Gasdynamik in der Fakultät für Maschinenwesen. Die höchsten Hörerzahlen, die je erreicht wurden, betrugen im Maschinenwesen bis zu 950, bei den Bauingenieuren bis zu 500 und bei den Elektrotechnikern bis zu 650.

Mitte der 50er Jahre begann auch der Zustrom ausländischer Studenten an die Aachener Hochschule, welche in relativ kurzer Zeit einen bedeutenden Prozentsatz der Gesamtzahl der Studenten ausmachten [38]. Schultz-Grunow war einer der ersten, der die damit verbundenen Probleme tatkräftig anging. Schon in seiner Tätigkeit als Stützpunktleiter des Außenamtes hatte er bis 1944 ausländische Graduierte betreut und auch nach dem Krieg konzentrierte er seine Bemühungen darauf, auftretende Schwierigkeiten der ausländischen Kommilitonen zu beheben. Er führte am Lehrstuhl für Mechanik ein Mentorenprogramm ein, um den ausländischen Studierenden eine möglichst individuelle und intensive fachliche Betreuung zukommen zu lassen. Die Studienerfolge verbesserten sich spürbar und nach einiger Zeit wurde der RWTH Aachen eine größere Zahl von Planstellen für wissenschaftliche Assistenten speziell zur fachlichen Betreuung der ausländischen Studenten bewilligt.

Ende März 1975 wurde Schultz-Grunow nach 34jähriger Tätigkeit von seinen amtlichen Verpflichtungen an der RWTH Aachen entbunden. Wegen der Einführung einer neuen Prüfungs- und Studienordnung in der Fakultät für Maschinenwesen zum Wintersemester 1975/76 wurde er noch bis Ende Sommersemester 1976 mit der Vertretung der Lehrverpflichtungen des Lehrstuhls Allgemeine Mechanik beauftragt. Zu seiner Abschiedsvorlesung im Sommer 1976 kamen weit über 1000 ehemalige Schüler und Studenten. Das Auditorium Maximum war bis auf den letzten Platz gefüllt, und auch die Treppenaufgänge waren voll besetzt. Als Schultz-Grunow aus dem Dozentenraum in das Auditorium kam und zum Pult schritt, hallte ihm ein frenetischer Beifall entgegen, der gar nicht aufhören wollte. Schultz-Grunow stand vorn am Pult und mußte diese Huldigung über sich ergehen lassen. die Zuhörer wollten ihm zu verstehen geben, daß sie begriffen hätten, wieviel er ihnen mitgegeben hatte. Die Prüfungen in Mechanik waren ja stets gefürchtet gewesen, aber jetzt feierten sie ihn mit ihrem Beifall.

Nach seiner Emeritierung konnte ein so dynamischer Geist wie Schultz-Grunow nicht einfach mit dem aufhören, was er sein Leben lang betrieben hatte. Die Forschung ließ ihn nicht los, und er befaßte sich weiterhin mit wissenschaftlichen Fragestellungen, besonders mit solchen, die er wegen anderer Verpflichtungen in den vergangenen Jahren nicht weiter verfolgen konnte. Er bearbeitete Stabilitätsprobleme, stellte ein exaktes Stabilitätskriterium für Grenzschichten an gekrümmten Wänden auf und studierte die Struktur von Detonationswellen und den Zerfall von Wirbelringen. Schließlich mußte auch er sich seinem Schicksal beugen und es wurde still um ihn. Er verstarb am 8. 11. 1987 in Aachen.

Der vierte Prandtl-Schüler, der in Aachen gelehrt und geforscht hat, Klaus Oswatitsch, kam erst im Jahre 1956 nach Aachen, drei Jahre nach Prandtls Tod. Das war die Zeit, in der in der Bundesrepublik der Wiederaufbau der Luftfahrtforschung begann. In Aachen leitete der bereits erwähnte Friedrich Seewald das Aerodynamische Institut, dem es in den Jahren 1954 und 1955 gelang, einen neuen Niedergeschwindigkeitswindkanal zu erbauen; wiederum auf dem Dach des Instituts, da sonst auf dem Hochschulgelände kein geeigneter Baugrund zur Verfügung stand. In ihm wurden und werden heute noch das aerodynamische Labor durchgeführt, Studien- und Diplomarbeiten angefertigt und die Studenten vor allem mit Problemen vertraut gemacht, die sich aus industriellen Entwicklungsaufgaben ergeben [4], wie zum Beispiel die Belastung von Bauwerken im Wind oder deren aerodynamische Schwingungsanregung. Kompressible Strömungen, während des Krieges ein Hauptarbeitsgebiet des Instituts, durften nach dem Kriege nur mit Bezug auf Innenströmungen, so zum Beispiel mögliche Beeinflussungen des Ladungswechsels in Zweitaktmotoren und die Wellenausbreitung in Leitungssystemen, unter Aufsicht eines Kontrolloffiziers der britischen Militärregierung vorgenommen werden. Versuchseinrichtungen für diese Aufgaben waren in den fünfziger Jahren nicht vorhanden. Sie konnten nur sehr langsam mit Hilfe der Deutschen Forschungsgemeinschaft und der Mainzer Akademie der Wissenschaften und Literatur beschafft werden [4]. Ab 1952 stellte dann das Land Nordrhein-Westfalen auch Mittel für Forschungsvorhaben zur Verfügung.

Der nordrhein-westfälische Ministerpräsident Karl Arnold gehörte zu den eifrigsten Verfechtern der Idee, im Westen Deutschlands ein Zentrum für die Luftfahrtforschung zu schaffen. Weil Berlin-Adlershof zur sowjetischen Besatzungszone, beziehungsweise zur Deutschen Demokratischen Republik gehörte, mußte ein Ausweichort gefunden werden. Doch zuvor konstituierte sich 1950 auf Betreiben des Ministerialdirektors L. Brandt die Arbeitsgemeinschaft für Forschung, die die notwendigen Schritte zur Forschungsförderung einleitete und die Voraussetzungen für einen Wiederaufbau der DVL schuf. Als das alliierte Kontrollgesetz Nr. 25 und damit die Forschungsverbote u. a. in den Bereichen Kernenergie, Nachrichtentechnik und Luftfahrt wegfielen, wurde die RWTH Aachen zum nordhein-westfälischen Zentrum der Luftfahrtforschung bestimmt. Brandt, der schon bei von Kármán Vorlesungen gehört hatte und somit der Hochschule verbunden war, und Seewald sammelten in Aachen die vor den sowjetischen Truppen nach Westdeutschland geflohenen ehemaligen Institutsleiter aus Berlin-Adlershof. F. Bollenrath, F. A. F. Schmidt, K. F. Leist, K. Lürenbaum, A. Esau, A. W. Quick und andere erhielten Professuren. Sie bildeten sozusagen das Grundgerüst für die neugegründete DVL. Von den 1955 bestehenden zehn DVL-Instituten wurden fünf von Aachener Professoren geleitet [39].

So verdankt die RWTH Aachen insbesondere Seewald und Brand, daß die Hochschule ihre Tradition in der Erforschung kompressibler Strömungen, vor allem der Überschallströmungen fortsetzen konnte. In der neu gegründeten DVL wurden zwei Gasdynamik-Institute eingerichtet, beide mit Sitz in Aachen. Das eine war das Institut für Angewandte Gasdynamik, das zunächst zum Teil im Aerodynamischen Institut untergebracht wurde, und das andere das Institut für Theoretische Gasdynamik, zu dessen Leiter 1956 Klaus Oswatitsch ernannt wurde.

Oswatitsch hatte in Graz theoretische Physik und Mathematik studiert und sein Studium 1935 mit der Promotion abgeschlossen. Zwar arbeitete er während dieser Zeit als Demonstrator für Physik für den Nobelpreisträger Schrödinger, doch wirkte sich für seine weitere Laufbahn entscheidend aus, daß er im Herbst 1938 mit 28 Jahren ein Stipendium der Deutschen Forschungsgemeinschaft für einen Studienaufenthalt bei Prandtl erhielt. Auf dessen Vorschlag hin arbeitete sich Oswatitsch in Probleme der theoretischen Gasdynamik ein, ein Gebiet, das damals im Vergleich zur Tragflügeltheorie, Turbulenz und Grenzschicht-Theorie nur wenig Interesse fand. Prandtl schlug ihm vor, den von Wieselsberger beobachteten und auch im Göttinger Überschallkanal erschienenen "Geist" zu analysieren und mit Hilfe theoretischer Methoden eine Erklärung für dessen Entstehen zu geben.

Oswatitsch nahm diese Problematik auf und zeigte schließlich, daß die in Überschalldüsen entstehenden Stoßgebilde, auch X-Stöße genannt, nicht auf das Anwachsen der sich in der feuchten Luft befindlichen Wassertröpfchen zurückzuführen waren, sondern auf die zufällige Bildung von Clustern von Wassermolekülen [40]. Er habilitierte sich 1942 an der Universität Göttingen und hielt dort bis 1946 Vorlesungen über Gasdynamik, Thermodynamik und Hydrodynamik.

Noch während der letzten Kriegsjahre beschäftigte sich Oswatitsch in Göttingen mit einer Problematik, die erst viel später für technische Anwendungen in der Luftfahrt Bedeutung gewinnen sollte. Luftatmende Triebwerke für den Über- und Hyperschallflug entnehmen den für die Oxidation des Brennstoffs in der Brennkammer erforderlichen Sauerstoff der Umgebungsluft. Dabei wird die in den Triebwerkseinlauf einströmende Luft abgebremst, wobei sich ohne Beeinflussung der Strömung ein senkrechter Verdichtungsstoß mit großen Verlusten ausbildet, der den Wirkungsgrad des Triebwerks stark einschränkt [41]. Schon 1944 schlug Oswatitsch vor, die Einlaufgeometrie so zu gestalten, daß mehrere schwächere schräge Verdichtungsstöße mit einem das Überschallfeld abschließenden ebenfalls schwachen senkrechten Verdichtungsstoß entstehen müssen. Er konnte sogar zeigen, wie die einzelnen Stöße angeordnet werden müssen, damit der Druckverlust in der Strömung minimal wird. Heute werden die nach diesem Prinzip entworfenen Einlaufdiffusoren als Oswatitsch-Diffusoren bezeichnet. Für die sich in der Entwicklung befindlichen wiederverwendbaren Raumtransportsysteme haben die Oswatitsch-Diffusoren große Bedeutung. Sie werden in der Regel für den Reiseflug nach dem von ihm entworfenen Prinzip ausgelegt, zumindest orientieren sich die Entwurfsingenieure bei der Auslegung der Einlaufgeometrien daran.

Das Ende des Zweiten Weltkrieges bedeutete für Oswatitsch auch das Ende seiner Tätigkeit in Göttingen. Zunächst arbeitete er ein Jahr lang am englischen Royal Aircraft Establishment in Farnborough und fand anschließend eine Anstellung bei einer französischen Dienststelle in Freiburg im Breisgau [42]. Dort habilitierte er sich um und hielt 1948 und 1949 Vorlesungen an der Universität Freiburg. Ähnlich wie von Kármán wurde er in den folgenden Jahren immer wieder von verschiedenen Forschungseinrichtungen zur Mitarbeit herangezogen. Im Herbst 1949 folgte er einem Angebot der Kungelike Tehniska Högskolan in Stockholm, wo er bis zu seiner Ernennung zum Direktor des Aachener DVL-Instituts für Theoretische Gasdynamik tätig war. Eine seiner Tätigkeiten umfaßte die Beratung der schwedischen SAAB-Werke und der Stal-Laval Turbine Corporations. SAAB entwickelte und produzierte eigenständig Kampfflugzeuge für den schallnahen und den Überschallflug. Beide Firmen profitierten bei der Lösung vieler gasdynamischer Probleme, wie in späteren Diskussionen mit schwedischen Wissenschaftlern [43] des öfteren zu hören war, immer wieder von Oswatitschs Wissen und Erfahrung.

In dieser Zeit entstanden auch mehrere Arbeiten, die weltweite Bedeutung erlangten und seine spätere Tätigkeit in Aachen beeinflußten. Erinnert sei hier nur beispielhaft an Oswatitschs Ähnlichkeitsgesetze für Hyperschallströmungen aus dem Jahre 1950 [44]. Er wies damals nach, daß Stoßkonfigurationen und Verläufe von Strom- und Mach-Linien bei hinreichend großen Machschen Zahlen nicht mehr von diesen abhängen. Schon 1952, ein Jahr vor Prandtls Tod, erschien sein erstes Buch unter dem Titel "Gasdynamik". Es offenbart die wissenschaftliche Vielseitigkeit des Autors und die fast verwirrende Anzahl der von ihm erarbeiteten Ergebnisse. Die Fachwelt akzeptierte das Buch wegen der gelungenen Darstellung der Grundlagen und der vielen neuen Einsichten und Erkenntnisse sofort. Nur vier Jahre später wurde es ins Englische übersetzt. Das Buch wurde auch ins Chinesische übersetzt. Da der chinesische Verlag Oswatitsch kein Honorar zahlte, bat er eines Tages um eine kleine chinesische Handarbeit als Anerkennung für sein Buch. Nach einiger Zeit erhielt Oswatitsch eine Benachrichtigung, von der Post ein Päckchen aus China abzuholen. Als er es schließlich zu Hause voller Erwartung öffnete, hatte er eine Mao-Bibel in der Hand, natürlich in chinesischer Schrift geschrieben.

Im Jahre 1956 entschloß sich Oswatitsch, den Aufbau des neu gegründeten DVL-Instituts für Theoretische Gasdynamik in Aachen zu übernehmen, wo er gleichzeitig zum außerplanmäßigen Professor an der RWTH Aachen ernannt wurde. Es dauerte nur wenige Jahre, bis das Institut unter seiner Leitung internationale Anerkennung gefunden hatte. Obwohl er jetzt hauptamtlich mit den Leitungsaufgaben des Instituts betraut war, fand er neben dieser Tätigkeit genug Zeit, seine wissenschaftliche Arbeit fortzusetzen. So verallgemeinerte er im gleichen Jahr das Kármánsche Ähnlichkeitsgesetz für schallnahe Strömungen und schrieb über die Berechnung wirbelfreier Überschallfelder. Ein Jahr später untersuchte er die Ablösung laminarer Grenzschichten und ermittelte den Winkel, unter dem sich bei vorgegebenem Druckgradienten eine laminare Grenzschicht von der Kontur ablöst, ein Ergebnis, das für spätere Untersuchungen große Bedeutung haben sollte. Er beschäftigte sich mit den physikalischen Grundlagen der Strömungslehre, der Ähnlichkeit und Äquivalenz in kompressiblen Strömungen und - 1959 - den Antrieben mit Heizung bei Überschallgeschwindigkeit [45]. Gerade die zuletzt genannte Arbeit ist den wissenschaftlichen Erkenntnissen ihrer Zeit weit voraus. Er schreibt: "Läßt sich eine Wärmezufuhr an die Luft bei Überschallgeschwindigkeiten ermöglichen, so kommen Antriebe bei Überschallgeschwindigkeiten in Frage, bei denen auch die Heizung selbst bei Überschallgeschwindigkeiten erfolgt. Gute Wirkungsgrade sind allerdings nur bei sehr hohen Machschen Zahlen zu erreichen. Dort ist andererseits ein volles Abbremsen der Luft wegen der dadurch bedingten hohen Stautemperaturen gar nicht erwünscht. Bei diesen hohen Machschen Zahlen wäre dann ein Antrieb vorzuziehen, welcher durch Anheizen der Luft am Profilheck gegeben ist". Wie schon vorher im Zusammenhang mit den Triebwerkseinläufen für den Überschallflug erwähnt, werden auch heute Antriebssysteme mit strömungs- und temperaturbeeinflußten Oberflächen der Schub-aggregate für wiederverwendbare Raumtransportsysteme untersucht.

Oswatitschs wichtigstes Arbeitsgebiet beinhaltete in den fünfziger Jahren die schallnahen Strömungen [46]. Zu der Zeit stand die aerodynamische Forschung vor der schwierigen Aufgabe, den Widerstand von Flügel-Rumpf-Kombinationen kleiner Streckung beim Schalldurchgang zu reduzieren. Diese Forderung war einmal dadurch gegeben, daß der Widerstand eines jeden Flugkörpers beim Schalldurchgang am größten ist; zum anderen hatten Messungen gezeigt, daß der Widerstand von Flügel-Rumpf-Kombinationen beim Schalldurchgang viel größer ist als die Summe der Flügel- und Rumpfwiderstände. Schon 1952 konnten Oswatitsch und Fritz Keune in theoretischen Untersuchungen nachweisen, daß alle Körper kleiner Flügelstreckung bei gleicher Querschnittsflächenverteilung in Hauptströmungsrichtung in schallnaher Unter- und Überschallströmung vergleichbaren und in Sonderfällen gleichen Wellenwiderstand haben, der den größten Anteil am Gesamtwiderstand ausmacht. Dieser Zusammenhang bildet den Inhalt des seither nach Keune und Oswatitsch benannten Äquivalenzsatzes für schallnahe Strömungen. Er wurde der Fachwelt 1952 auf dem 8. Internationalen Kongreß für theoretische und angewandte Mechanik in Istanbul in der Formulierung „der Raumeinfluß aller äquivalenten Körper ist auch in der nichtlinearen Theorie schallnaher Strömungen gleich" vorgestellt [47].

Der Äquivalenzsatz wirkte sich nicht nur auf die weiteren theoretischen Untersuchungen aus, sondern besonders auch auf die Konstruktion von Flugzeugen, die mit schallnaher Geschwindigkeit fliegen. Ein Flugzeug zeigt dann denselben Wellenwiderstand wie ein Rotationskörper, wenn es eine zum Rotationskörper äquivalente Querschnittsverteilung in Hauptströmungsrichtung hat. Diese kann durch örtliche Einschnürung des Rumpfquerschnitts um den Betrag der lokalen Querschnittsfläche der Flügel und Leitwerke verwirklicht werden.

Fast gleichzeitig mit der Vorstellung des Äquivalenzsatzes 1952 in Istanbul veröffentlichte R. T. Whitcomb in den USA Meßergebnisse über das Widerstandsverhalten von Flügel-Rumpf-Kombinationen bei schallnaher Anströmung [48]. Seine Experimente zeigten, daß ein rotationssymmetrischer, vorn zugespitzter Rumpf mit einem Flügel kleiner Streckung einen besonders großen Widerstand in schallnaher Strömung erzeugt, ferner, daß durch örtliche Einschnürung des Rumpfes in der Flügelgegend der Widerstand beträchtlich verringert werden kann und schließlich, daß die Widerstandsverringerung am größten ist, wenn die Flügel-Rumpf-Kombination und der rotationssymmetrische Rumpf dieselbe Querschnittsverteilung in Hauptströmungsrichtung haben. Diese Regel wird als Whitcombsche Flächen-Regel bezeichnet.

Damit kamen Whitcomb, Oswatitsch und Keune nahezu gleichzeitig zu demselben Ergebnis, allerdings mit unterschiedlichen Methoden. Während Oswatitsch und Keune auf der theoretischen und rechnerischen Seite Grundlagen erarbeitet hatten, war Whitcomb allein durch Versuche zu diesem Ziel gelangt. Äquivalenzsatz und Flächen-Regel und deren Zusammenhänge wurden während Oswatitschs Aachener Zeit in zahlreichen schriftlichen und mündlichen Beiträgen auf internationalen Tagungen eingehend diskutiert. Dafür gab es genug Diskussionsstoff. Maßnahmen zur Einschnürung des Rumpfes entlang der Flügelwurzel wurden schon während des Krieges aus verschiedenen Gründen in Deutschland diskutiert. So schlug zum Beispiel Dietrich Küchemann den Wespentaillen-Rumpf zur Verringerung der Flügel-Rumpf-Interferenz vor. Küchemanns Bezeichnung „Wespentaille" wurde ins Englische mit „Coke-Bottle"übersetzt [41]. Naumann fand in seinen Experimenten während des Krieges heraus, daß Rumpfeinschnürungen nach der Art der „Eierbecherform" zur Rumpfstabilisierung beitragen. Bei den Ernst Heinkel-Flugzeugwerken gelang es 1941/42 H. B. Helmbold, F. Keune und O. Schrenk zu zeigen, daß durch eine Rumpfeinschnürung die kritische Machsche Zahl des Flugzeugs erhöht werden kann. Hier sei daran erinnert, daß unter der kritischen Machschen Zahl diejenige der Anströmung zu verstehen ist, bei der zuerst in der örtlichen Umströmung des Flugzeugs Schallgeschwindigkeit auftritt. Schließlich schlugen H. Hertel, O. Frenzel und W. Hempel 1944 in einer Patentschrift vor, zur Erhöhung der kritischen Machschen Zahl und zur Reduktion des Widerstands der Querschnittsverteilung des gesamten Flugzeugs eine solche Form zu geben, daß sie bis zu ihrem Maximum nur ansteigt und dahinter nur abfällt [47]. Keune bemerkt zu dem Vorschlag in [47]: „Dieser [...] Gedanke [gemeint ist der Patentvorschlag] ist dem Sinn nach der Forderung äquivalenter Körper gleichzusetzen. Auch der physikalische Kern dieses Gedankens ahnt die im Äquivalenzsatz und der Regel von Whitcomb enthaltenen Ergebnisse voraus". Zahlreiche Flugzeuge wurden in den Folgejahren auch mit einer Rumpfeinschnürung nach dem Äquivalenzsatz oder nach der Whitcombschen „Area-Rule" ausgelegt.

Spätere Versuche ergaben, daß die Vorteile äquivalenter Körper bezüglich des Wellenwiderstands auf den schallnahen Bereich begrenzt sind. Bei Überschallgeschwindigkeiten weisen eingeschnürte Rümpfe sogar größere Wellenwiderstände als einfache rotationssymmetrische Rümpfe auf. Die heute gebauten Militärflugzeuge haben keine Wespentaillen-Rümpfe mehr, was damit zusammenhängt, daß sie, begünstigt durch die Leistungssteigerung der Triebwerke in den vergangenen Jahren, bevorzugt für den Überschallflug ausgelegt werden.

Die angeführten Beispiele machen deutlich, daß Rumpfeinschnürungen die Flugzeugumströmung in mehrfacher Weise beeinflussen können. Dadurch waren natürlich auch Fehlinterpretationen und falsche Zuordnungen von Namen der Forscher und der ihnen zugeschriebenen Ergebnisse möglich. Hinzukam, daß in die damalige Diskussion unter Umständen auch nationale Interessen einflossen, was vielleicht auch mit den politischen Verhältnissen erklärt werden kann. In den Beiträgen "A British Approach to the Area Rule" [49] von W. T. Lord und „The Area Rule" [50] von W. T. Gunston in der Zeitschrift "Flight" aus dem Jahre 1955 war Küchemann, der nach dem Kriege im Royal Aircraft Establishment in Farnborough in der Aerodynamik tätig war und sie später auch leitete, als eigentlicher Urheber der Whitcombschen Area-Rule bezeichnet worden. Zwei Jahre zuvor - 1953 - war das Projekt einer Europäischen Verteidigungsgemeinschaft (EVG) an nationalen Egoismen gescheitert. Das Mißtrauen gegenüber der deutschen Seite, die gerade begonnen hatte, wieder eine eigene Luftfahrtforschung aufzubauen, blieb nach wie vor bestehen, was der Beitritt der Bundesrepublik zur NATO 1955 nur langsam änderte. Die Luftfahrtforschung blieb in den sechziger Jahren ein Prestigeobjekt einzelner Staaten, bei dem militärische Interessen eine übergeordnete Rolle spielten. Dennoch zeichnete sich bereits in diesen Jahren wieder die ersten Ansätze eines Wissenschaftsaustausches auf internationaler Ebene ab, wozu nicht zuletzt die internationalen Kongresse beitrugen.

Der erfolgreiche Aufstieg des Instituts in Aachen unter Oswatitschs Leitung brachte auch bald Veränderungen für ihn selbst: Im Jahre 1960 nahm er einem Ruf auf das Ordinariat für Strömungslehre der Technischen Hochschule Wien an, behielt aber auch die Leitung des Aachener Instituts. Hier wie dort entstanden Arbeiten, die rasch Eingang in die internationale Literatur fanden. Zu den Themen, für die er sich jetzt interessierte, gehörten Probleme der Wellenausbreitung, Probleme des Überschallknalls, und auch solche, die an seine frühen Göttinger Forschungen erinnern. Im Zusammenhang mit dem von ihm 1945 formulierten Fundamentalsatz über den Luftwiderstand als Integral des Entropiestroms versuchte er 1969 ein Maß für die Wirbelstärke zu finden, die für kompressible Strömungen durch den Croccoschen Wirbelsatz mit der Entropie eng verknüpft ist. Bis zu seiner Emeritierung im Jahre 1980 veröffentlichte er allein und zusammen mit Mitarbeitern und Schülern über 40 Arbeiten und promovierte über 30 seiner Schüler.

Das Institut für Theoretische Gasdynamik konnte auch nach Oswatitschs Übernahme des Ordinariats für Strömungslehre in Wien seine Arbeiten erfolgreich fortsetzen. Die bis dahin vorliegenden Ergebnisse über schallnahe Strömungen wurden weltweit beachtet. Im Jahre 1962 veranstaltete Oswatitsch im Auftrag der Internationalen Union für theoretische und angewandte Mechanik das „Symposium Transonicum", das die Fachwelt zur Diskussion dieser Thematik nach Aachen zusammenbrachte. Dieses Symposium wurde als „Symposium Transonicum II" zur Fortsetzung der Diskussion 1975 in Göttingen erneut einberufen.

Die Aachener Zeit des Instituts für Theoretische Gasdynamik endete 1973. Bis dahin hatten die Aerodynamische Versuchsanstalt in Göttingen, die Deutsche Forschungsanstalt für Luftfahrt in Braunschweig und die Deutsche Versuchsanstalt für Luftfahrt, die 1966 von Aachen nach Köln übersiedelte, beschlossen, sich zur Deutschen Forschungs- und Versuchsanstalt für Luft- und Raumfahrt zusammenzuschließen. Im Zuge der Konzentrationsmaßnahmen wurde das DVL-Institut für Theoretische Gasdynamik am 1. Juli 1973 von Aachen in das Forschungszentrum AVA Göttingen der DFVLR verlegt und in das dortige Institut für Strömungsmechanik eingegliedert. Oswatitsch wurde zu dessen Mitdirektor ernannt.

So schloß sich der Kreis für Oswatitsch in doppelter Hinsicht. Er war nach Österreich zurückgekehrt und lehrte und forschte in der Hauptstadt seines Heimatlandes. Gleichzeitig war er mitverantwortlich für eines der größten Forschungsinstitute für Strömungsmechanik in der Bundesrepublik, in Göttingen, wo er einst vor 35 Jahren unter Prandtls Leitung mit der Erforschung gasdynamischer Probleme begonnen hatte.

Die Deutsche Gesellschaft für Luft- und Raumfahrt (DGLR) ehrte Professor Oswatitsch noch im selben Jahre 1973 in Anerkennung seiner wegweisenden Arbeiten auf dem Gebiete der Aerodynamik mit der Verleihung des Ludwig-Prandtl-Rings. Oswatitsch war nach von Kármán der zweite Aachener Prandtl-Schüler, der mit dieser höchsten Auszeichnung der DGLR geehrt wurde. Der Ludwig-Prandtl-Ring wurde im Jahre 1956 von der damaligen Gesellschaft für Luftfahrt gestiftet. Er wird jährlich höchstens einmal an eine Persönlichkeit im In- oder Ausland verliehen, die sich durch hervorragende eigene wissenschaftliche oder technische Arbeiten um die Flugwissenschaften oder die Flugtechnik verdient gemacht hat. Der Ring trägt den Namen „Ludwig Prandtl" und ist mit einem Bergkristall mit einer Adlerdarstellung als Symbol der Freiheit aus der Zeit der gotischen Wanderzüge verziert.

Der Vorsitzende der Deutschen Gesellschaft für Luft- und Raumfahrt Ministerial-Dirigent Dr. Theodor Benecke überreicht Professor Klaus Oswatitsch den Ludwig-Prandtl Ring 1973.

Auch Schultz-Grunow wurde 1979 mit dem Ludwig-Prandtl-Ring ausgezeichnet. Wieselsberger war es wegen seines frühen Todes nicht vergönnt, für diese Ehrung vorgeschlagen zu werden. Es ist jedoch bekannt, daß der japanische Kaiser ihn für seine Tätigkeit in Japan mit einem goldenen Becher geehrt hat. Die Prandtl-Ring-Träger treffen sich jedes Jahr zu einer Diskussion mit Nachwuchswissenschaftlern.

Das besondere Anliegen der Treffen der Prandtl-Ring-Träger mit den Nachwuchswissenschaftlern besteht darin, die wissenschaftliche Diskussion zwischen den Generatiionen zu pflegen, um die jüngeren auch mit der überlieferten Prandtlschen Denkweise vertraut zu machen und um den älteren einen Einblick in die Probleme der nachfolgenden Generation zu gewähren. Diskussionen mit der Jugend haben Schultz-Grunow wie auch Oswatitsch zu allen Zeiten mit größtem Engagement geführt. Beide waren stets offen für das Einschlagen neuer Wege und die Förderung des Nachwuchses in wissenschaftlichen Belangen. Der Präsident der European Community on Computational Methods in Applied Sciences, O. Mahrenholtz, sah Oswatitsch als herausragendes Beispiel für eine kosmopolitische Lebensauffassung, mit der er die politisch schwierigen Jahre vor und während des Zweiten Weltkriegs und erst recht die Zeit nach dem Kriege meisterte: In Slowenien geboren, in Österreich und Deutschland studiert, in England, Schweden, Deutschland und Österreich geforscht und gelehrt und mit den Ergebnissen der eigenen Arbeiten weltbekannt geworden. Für nationale und ethische Enge hatte er nie Verständnis. Oswatitsch verstarb am 1. 8. 1993, 13 Jahre nach seiner Emeritierung. Wie die anderen Aachener Prandtl-Schüler hat auch er ganz nach der Prandtlschen Schule geforscht und gelehrt und Großes geleistet.

Treffen der Prandtl-Ring-Träger 1980: Herbert Wagner, Ludwig Bölkow, Fritz Schultz-Grunow, Erich Truckenbrodt und Klaus Oswatitsch (von links nach rechts).

Man mag fragen, worin das Besondere an Prandtls Auffassung von Forschung und Lehre bestand. Vielleicht findet man die Antwort auf diese Frage bei Prandtl selbst. Hermann Blenk zitiert in [25] eine Stelle aus Prandtls Artikel „Mein Weg zu hydrodynamischen Theorien" [51] wie folgt: „Herr Heisenberg hatte in den mir gewidmeten freundlichen Ausführungen unter anderem auch behauptet, daß ich die Fähigkeit hätte, den Gleichungen ohne Rechnung anzusehen, welche Lösungen sie hätten. Ich mußte antworten, daß ich zwar diese Fähigkeit nicht hätte, daß ich aber mir von den den Aufgaben zugrunde liegenden Dingen eine möglichst eingehende Anschauung zu verschaffen strebe und die Vorgänge zu verstehen suche. Die Gleichungen kommen erst später, wenn ich die Sache glaube verstanden zu haben; sie dienen einerseits dazu, quantitative Aussagen zu gewinnen, die natürlich durch Anschauung allein nicht zu erreichen sind; andererseits sind die Gleichungen ein gutes Mittel, um für meine Schlüsse Beweise beizubringen, die auch andere Leute anzuerkennen bereit sind".

Literatur

[1] Prandtl, L.: Über Flüssigkeitsbewegung bei sehr kleiner Reibung. Verhandlungen des III. Internat. Math.-Kongress. Heidelberg , 8. – 13.8. 1904. Reprinted in: Vier Abhdl. Zur Hydro- u. Aerodynamik, Göttingen 1927.

[2] Von Kármán, Th., with Edson, L.: The Wind and Beyond, Boston/Toronto, S. 146, 1967.

[3] Krause, E. unter Mitwirkung von U. Kalkmann: Theodore von Kármán 1881 -1963, in: K. Habetha (Hrsg.): Wissenschaft zwischen technischer und gesellschaftlicher Herausforderung. Die Rheinisch-Westfälische Technische Hochschule Aachen 1970 bis 1995, Aachen, S. 267-274, 1995.

[4] Naumann, A.: 50 Jahre Aerodynamisches Institut, in: Abh. Aerodyn. Institut, RWTH Aachen, Heft 17, S. 1-32, 1963.

[5] Millsaps, K.: Karl Pohlhausen, as I remember him, in: M. Van Dyke/J. V. Wehausen/J. L. Lumley (Editors): Annual Review of Fluid Mechanics, Vol. 16, Annual Reviews Inc., Palo Alto, CA, USA, S. 1-10, 1984.

[6] Kaiser, E. an Vf. vom 1. 5.1981, in: Archiv des Aerodynamischen Instituts der RWTH Aachen.

[7] Kalkmann, U.: Von Kármán zwischen Aachen und Pasadena, in: Abh. Aerodyn. Institut, RWTH Aachen, Heft 32, S. 1-8, 1996.

[8] Reichsverkehrsministerium an Erziehungsministerium vom 13.7.1929, in: Geheimes Staatsarchiv (GStA), Abteilung Merseburg, Rep. 76, Vb, Sekt. 6, Tit. III, Bd. 1, Bl. 203. Ministerialrat O. von Rottenburg notierte handschriftlich auf diesem Brief: "Die Anmeldung einer Professur erscheint aussichtslos".

[9] Habetha, K./E. Krause/U. Kalkmann: Theodore von Kármán 1881-1963, in: B. Kasties/M. Sicking (Hrsg.): Aachener machen Geschichte, SHAKER Verlag, Aachen, Band 1, S. 108-121, 1997.

[10] Dekan der Fakultät für allgemeine Wissenschaften, C. Wieselsberger, an Erziehungsministerium vom 4.4.1933, in: Hochschularchiv der RWTH Aachen (HAAc), 447, o.Bl.

[11] Erziehungsministerium an von Kármán vom 21.4.1934.

[12] Dankesschreiben der TH Aachen für von Kármán, Entwurf, in Haag, 2988 I, TH Aachen.

[13] Erziehungsministerium an von Kármán vom 21. 4. 1934, in: GStA, Abteilung Merseburg, Rep. 76, Vb, Sekt. 6, Tit. III, Bd. 1, Bl. 422.

[14] Luftfahrtministerium an Erziehungsministerium vom 16.11.1933, in: ebd., Bl. 394.

[15] Bäumker A. an von Kármán vom 22.5.1937, zitiert nach: R. Siegmund-Schultze: Mathematiker auf der Flucht vor Hitler, Braunschweig/Wiesbaden, S. 252, 1998.

[16] Eiffel, G.: Sur la résistance des spheres dans l'air en mouvement, Comptes Rendus, 166, 1597, 1912.

[17] Prandtl, L.: Über den Widerstand von Kugeln, in: Göttinger Nachrichten, 177, 1914.

[18] Wieselsberger, C.: Der Luftwiderstand von Kugeln, in: ZFM, 5, S. 140-144, 1914.

[19] Schlichting, H.: Boundary Layer Theory, in: McGraw-Hill Book Company, Fourth Edition, S. 37 - 38, 1960.

[20] Dekan der Fakultät für allgemeine Wissenschaften, v. Kármán, an Erziehungsministerium vom 28.7.1930, in: HAAc 507, o.Bl.

[21] Wieselsberger, C.: Die Überschallanlage des Aerodynamischen Instituts der Techn. Hochschule Aachen, in: Luftwissen, 4, S. 301, 1931. Vgl. B. Dirksen: Carl Wieselsberger, in: Luftfahrt-Forschung, 19, S. 121-123, 1942.

[22] Wieselsberger, C.: Diskussionsbem, in: Convegno Di Scienze Fisiche, Mat. E. Nat, Roma, S. 558, 1935.

[23] Kalkmann, U.: Die Technische Hochschule Aachen im Dritten Reich 1933-1945, Diss. RWTH Aachen, im Druck.

[24] Vgl. den Vorgang in: Seewald F.:, Fragebogen der Militärregierung vom 6.8.1946, in: Hauptstaatsarchiv Düsseldorf, NW 1079, HA SK Ac, 7956 u. Personalakte der RWTH Aachen (PA) Seewald.

[25] Blenk, H.: Erinnerung an Ludwig Prandtl, Vortrag beim 3. Treffen der Ludwig-Prandtl-Ring-Träger mit jungen Wissenschaftlern und Ingenieuren am 9. Mai 1972 in Bad Godesberg, Deutsche Gesellschaft für Luft- und Raumfahrt.

[26] Schultz-Grunow, F.: Lebenslauf vom 20. 12. 1947, in: PA Schultz-Grunow, o.Bl.

[27] Schultz-Grunow, F.: Über das Nachwirken der Turbulenz bei örtlich und zeitlich verzögerter Grenzschichtströmung, Habilitationsschrift, Universität Göttingen, 1939.

[28] Schultz-Grunow, F.: Neues Reibungswiderstandsgesetz für glatte Platten, in: Luftfahrt-Forschung, 17, S. 239 - 246, 1940.

[29] Schultz-Grunow, F.: Nichtstationäre eindimensionale Gasbewegung, in: Forsch. Ing.-Wesen, 13, S. 125, 1942.

[30] Maier-Leibnitz, H.: Erinnerungen an große alte Männer, in: G. Adomeit/H.-J. Frieske (Hrsg.): Neue Wege in der Mechanik. Festschrift zum 75. Geburtstag von Prof. Dr. sc. techn., Dr.-Ing. E. h. F. Schultz-Grunow, VDI Verlag Düsseldorf, S. 13 - 18, 1981.

[31] Adomeit G./H.-J. Frieske (Hrsg.): Veröffentlichungen von Prof. F. Schultz-Grunow, in: ebd., S. 7 - 12.

[32] Adomeit, G./H. Grönig/D. Müller-Arends/G. Wortberg: Einleitung, in: ebd., S. 3 - 5.

[33] Jessen, C./M. Vetter/H. Grönig: Experimental studies in the Aachen hypersonic shock tunnel, in: Z. Flugwiss. Weltraumforsch, 17, S. 73 - 81. 1993.

[34] Schultz-Grunow an Kultusminister über den Rektor der RWTH Aachen vom 12, 7. 1968, in PA Schulz-Grunow, o. Bl.

[35] Schultz-Grunow an Rektor der RWTH Aachen vom 11. 9. 1968, in PA Schulz-Grunow, o. Bl.

[36] Limberg, W.: Persönliche Mitteilung an Vf., 1975.

[37] Adomeit, G.: Mechanik, in: K. Habetha (Hrsg.): Wissenschaft zwischen technischer und gesellschaftlicher Herausforderung: die Rheinisch-Westfälische Technische Hochschule Aachen 1970 bis 1995, einhard verlag, Aachen, S. 375 - 381, 1995.

[38] Dekan an Rektor und Senat der RWTH Aachen vom 8. 7. 1976, in PA Schulz-Grunow, o. Bl.

[39] Ricking K.: Der Geist bewegt die Materie. Mens agitat molem. 125 Jahre Geschichte der RWTH Aachen, Aachen, S. 186ff., 1995.

[40] Oswatitsch, K., Wieghardt, K.: Ludwig Prandtl and his Kaiser-Wilhelm-Institut, Ann. Review . Fluid Mech. 1987, 19, 1-25

[41] Oswatitsch, K.: The Pressure Recovery on Jet-Propelled Projectiles at High Supersonic Speeds. Forschungen und Entwicklungen des Heereswaffenamtes (Research and Development of the Armay Weapons Office) No. 1001, 1944.

[42] Benecke, Th.: Laudatio anläßlich der Verleihung des Ludwig-Prandtl-Ringes an Herrn Prof. Oswatitsch, in: DGLR-Mitteilungen, Heft 4, S. 17 - 18, 1973.

[43] Drougge, G./M. Landahl/I. Ryhming: Persönliche Mitteilungen an Vf., 1973ff.

[44] Oswatitsch, K.: Similarity Laws for Hypersonic Flow, in: KTH-AERO TN, 16, 1950.

[45] Oswatitsch, K.: Antriebe mit Heizung bei Überschallgeschwindigkeit, DVL-Bericht Nr. 90, Westdeutscher Verlag, Köln/Opladen, 1959.

[46] Schneider, W.: Klaus Oswatitsch: His Scientific Career and Work, in: W. Schneider/M. Platzer (Hrsg.): Contributions to the Development of Gasdynamics, Vieweg Verlag, Braunschweig/Wiesbaden 1980.

[47] Keune, F.: Zusammenfassende Darstellung und Erweiterung des Aequivalenzsatzes für schallnahe Strömung, DVL-Bericht Nr. 8, Westdeutscher Verlag, Köln und Opladen, 1956.

[48] Whitcomb, R. T.: A study of zero-lift drag rise characteristics of wing-body combinations near the speed of sound. NACA Research Memorandum, L 52, H 108, 1952.

[49] Lord, W. T.: A British Approach to the Area Rule, in: Flight, 18, S. 769-771, 1955.

[50] Gunston, W. T.: The Area Rule, in: Flight, 30, S. 549-522, 1955.

[51] Prandtl, L.: Gesammelte Abhandlungen zur angewandten Mechanik, Hydro- und Aerodynamik. 3 Bde., Berlin/Göttingen/Heidelberg 1961.

Die Autoren danken dem Generalsekretär der Deutschen Gesellschaft für Luft- und Raumfahrt - Lilienthal-Oberth E. V., Herrn H. Lüttgen und Frau M. Mess für die Bilder der Prandtl-Ring-Träger und dem Institut für Allgemeine Mechanik für die Schultz-Grunow-Abbildungen; ferner den Herren O. Thomer und J. Krömer vom Aerodynamischen Institut der RWTH Aachen bei der Herstellung des Textes. In einem Kommentar zum Manuskript hat E.H. Hirschel bemerkt, daß O. Frenzel die Flächenregel 1943 experimentell gefunden hat.

Forscher an Prandtls Weg*

K. Magnus**

Bei den bisher stattgefundenen "Treffen der Prandtl-Ring-Träger mit jungen Wissenschaftlern" haben die Vortragenden fast immer über ihre Erinnerungen an Ludwig Prandtl, über seine Arbeiten, seinen Arbeitsstil und über die vielfältigen Folgen berichtet, die durch das Wirken Prandtls ausgelöst wurden. Ich denke hier vor allem an die auch veröffentlicht vorliegenden Darstellungen der Kollegen Focke, Blenk und Oswatitsch, ferner an das Referat, das Herr Schulz-Grunow bei dem letzten Treffen über "Das geistige Erbe Ludwig Prandtls" gehalten hat. Wenn man nun noch bedenkt, daß auch bei fast jeder der alljährlich stattfindenden "Ludwig-Prandtl-Vorlesungen" sowie bei den Veranstaltungen zur Verleihung des Ludwig-Prandtl-Ringes Erinnerungen einfließen, daß uns ferner Herr Görtler bei der Gedächtnis-Veranstaltung aus Anlaß des hundertsten Geburtstages einen ebenso farbigen wie umfassenden Bericht zum Thema "Ludwig Prandtl - Persönlichkeit und Wirken" geschenkt hat, daß schließlich vor sechs Jahren Herr Truckenbrodt eine vielseitige, sehr sorgfältig recherchierte Dokumentation zum Prandtl-Ring und zu den Prandtl-Ring-Trägern vorgelegt hat, dann kann man eigentlich nur zu dem Schluß kommen: alles ist bereits gesagt worden - zum Teil auch schon mehrfach.

Auch das Thema "Prandtl und die Folgen" ist von berufener Seite, von ehemaligen Schülern, Mitarbeitern und Kollegen variantenreich abgehandelt worden. Auch hierzu läßt sich kaum etwas Neues sagen, es sei denn, man wollte die Untersuchungen über Prandtls Einfluß auf die Arbeiten der ihm folgenden zweiten und dritten Forschergeneration gewissermaßen analytisch fortsetzen. - Aber eine Lücke könnte es doch noch geben, die auszufüllen nicht nur interessant sondern auch nützlich sein dürfte. Um es einmal strömungstechnisch auszudrücken: den Nachlauf Prandtls kennen wir gut, wie aber steht es mit der Anströmung? Auch sie kann doch für das Gesamtbild sehr wesentlich sein. So stellt sich also die Frage nach dem wissenschaftlichen Umfeld, in dem Prandtl aufgewachsen ist, und nach den Männern, die seinen Weg kreuzten, die ihn beeinflußt und geprägt haben.

Natürlich werde ich auch hier nichts völlig Neues bieten können. In jeder Prandtl-Biographie finden sich Daten und Fakten. Dennoch kann es wünschenswert sein, manchen Details genauer nachzugehen, um so die Situation jener Zeit deutlich werden zu lassen, die einen Prandtl hervorgebracht hat. Auf diese Weise läßt sich doch etwas von den Wurzeln sichtbar machen, aus denen die so oft geschilderten Anschauungen, Arbeitsweisen oder Charaktereigenschaften Prandtls herausgewachsen sind.

---

* Dieser Vortrag wurde 1985 bei einem von der DGLR veranstalteten Treffen der Träger des Ludwig Prandtl-Ringes gehalten und in GAMM-Mitteilungen 1994, Heft 1 veröffentlicht. Er ist insbesondere für GAMM-Mitglieder von Interesse, da Ludwig Prandtl einer der Gründungsväter der GAMM gewesen ist und als 1. Vorsitzender ihre Entwicklung über mehr als zwei Jahrzehnte entscheidend mitgestaltet hat.

** Prof. Dr. Kurt Magnus, Luitpoldstr. 4, 82131 Gauting

Zunächst zur Erinnerung einige Daten: Ludwig Prandtl wurde 1875 in Freising, vor den Toren Münchens geboren. Seine Schul- und Studienzeit verbrachte er in München; dort war er als Student der Technischen Hochschule Schüler und später Assistent von August Föppl, der damals gerade seine so überaus fruchtbare Tätigkeit in München begonnen hatte. Nach kurzer, aber folgenreicher Industrietätigkeit nahm der erst 26 Jahre alte Prandtl im Jahre 1901 den Ruf auf einen Lehrstuhl für Mechanik an der Technischen Hochschule Hannover an. Dort traf er mit Carl Runge zusammen, von dem er später sagte, daß die Zusammenarbeit mit diesem umfassend gebildeten und vielseitig interessierten Mathematiker-Kollegen außerordentlich fruchtbar gewesen sei. Drei Jahre später, 1904, wurden Prandtl und Runge an die Universität Göttingen berufen, wo damals Felix Klein als dominierende Persönlichkeit voller Tatkraft daran gegangen war, die zwischen den mathematischen Wissenschaften und ihren Anwendungsgebieten entstandene Kluft zu überbrücken. Wirkungsvolle Hilfe bei diesem Bestreben erhoffte er sich von Runge und Prandtl: Runge wurde zum Leiter des Instituts für Angewandte Mathematik, Prandtl zum Leiter des Instituts für Angewandte Mechanik ernannt.

Fast ein halbes Jahrhundert hat Prandtl dann in Göttingen gelebt und gearbeitet, eingefangen von der einzigartigen Atmosphäre, die die Göttinger Universität in jenen Jahren zu einer Art Wallfahrtsort für Mathematiker und Naturwissenschaftler werden ließ. Ohne Zweifel hat dieses stimulierende, die Fachgrenzen überschreitende Klima einer Gemeinschaft der Forschenden starken Einfluß auf Prandtls Werden und Wirken gehabt. Und zunehmend hat er dann selbst dazu beigetragen, dieses stimulierende Umfeld mit zu gestalten und zu prägen. So wurde auch er zu einem der Repräsentanten des in zahlreichen Veröffentlichungen und Berichten beschworenen Göttinger Geistes jener Zeit. Viele bekannte und bedeutende Wissenschaftler haben seinen Weg gekreuzt; gebend und nehmend ist er mit ihnen in Kontakt gekommen. Fragt man aber nach Leitfiguren auf Prandtls forscherischen Lebensweg, dann muß man ganz klar diese drei zuerst nennen: August Föppl, Felix Klein und Carl Runge.

Von ihnen will ich berichten - und ausklingend noch von einigen anderen, die neben und nach diesen Großen im Göttinger Konzert der Forscher mitgespielt haben.

August Föppl

Von August Föppl soll zuerst gesprochen werden, und damit von einem Manne, der einer ganzen Generation von Ingenieuren seinen Stempel aufgedrückt hat - nicht nur, weil insgesamt etwa zehntausend Studierende in seinen Vorlesungen gesessen haben, sondern vor allem, weil seine Lehrbücher in zusammen fast hunderttausend Exemplaren verbreitet worden sind.

Wer war dieser Mann, der kurz vor seiner Emeritierung als Professor der Mechanik an der Technischen Hochschule München einmal gestand, daß es für ihn tatsächlich einen Höhepunkt des Daseins bedeute, die Stellung des Hochschulprofessors einzunehmen innerhalb eines Wissensgebietes, in dem er sich so sicher fühle, daß er darin keinen anderen über sich anzuerkennen brauche. Freilich schränkt er diese selbstbewußte Aussage sogleich wieder ein - und hier möchte ich aus seinen Lebenserinnerungen zitieren:

"Es könnte sonst jemand denken, daß ich den Professorengipfel überhaupt als den höchsten im ganzen Gebirge hinstellen möchte. Es ist freilich der, den ich selbst am meisten liebe und schätze. Von einem Hochmut aber, wie man ihn den Professoren häufig nachsagt, weiß ich mich vollständig frei. Ich lasse gern und neidlos allen anderen ihre Gipfel und freue mich

herzlich, wenn es recht viele gibt, die sich auf einem solchen wohlfühlen. So möge man auch mir die Freude gönnen, die ich über meinen Aufstieg empfand."

August Föppl

Wir verstehen eine solche Aussage besser, wenn wir uns diesen Aufstieg einmal genauer ansehen.

Geboren 1854 als Sohn eines Landarztes in einem kleinen Ort im Odenwald, wuchs August Föppl in ländlicher Umgebung auf und verbrachte die ersten Schuljahre auf der kleinen Volksschule seiner Vaterstadt. Dort unterrichtete ein einziger Lehrer die Schüler aller Altersstufen gleichzeitig nebeneinander. Aber der Vater nahm seinen Sohn häufig bei Patientenbesuchen in die umliegenden Dörfer mit und unterrichtete ihn unterwegs in Latein und Griechisch. Auch der Pfarrer bemühte sich, Bildungslücken des wissbegierigen Schülers soweit auszufüllen, daß dieser den Anschluß an das Darmstädter Gymnasium fand und dort die schulische Ausbildung 1869 abschließen konnte.

Das Studium des Bauingenieurwesens, das sich nun anschloß, verlief nach Plan und eigentlich ohne besondere Ereignisse. Bemerkenswert ist höchstens die Begeisterung, mit der Föppl von seinem Professor für Technische Mechanik in Stuttgart, Otto Mohr, berichtet:

"Mohr hatte nicht nur in mir einen begeisterten Schüler. Alle seine Hörer haben vielmehr in seltener Einmütigkeit darin übereingestimmt, daß er ein Lehrer von Gottes Gnaden war. Dabei hatte er nichts weniger als einen glänzenden Vortrag; die Rede kam ihm nur schwer und ungelenk vom Munde. Auch wenn er Zeichnungen an der Tafel entwarf, erwies er sich keineswegs als besonders geschickt. Aber über alle diese Mängel sah man leicht hinweg; der wohldurchdachte Inhalt seines Vortrages wirkte häufig wie eine Offenbarung auf uns."

Erinnert dieses Zitat nicht an Äußerungen, wie wir sie mehrfach auch von Prandtls Schülern hörten? Auch Prandtl war ja - sagen wir es offen - kein Vortragskünstler, aber er faszinierte seine Hörer, weil er stets etwas zu sagen hatte.

Unter Mohrs Einfluß hat sich Föppl dann auch nach dem Abschluß seines Studiums noch ausführlicher mit der Theorie von Fachwerken beschäftigt. Mit zwei Buchveröffentlichungen zu diesem Thema wurde er - inzwischen als Lehrer der Gewerbeschule in Leipzig tätig - an der Universität Leipzig promoviert. Und eben diese Universität bot ihm, diesem durch Veröffentlichungen und Vorträge bekannt gewordenen, vielseitig interessierten Fachmann im Jahre 1892 die Stelle eines Extraordinarius für Landwirtschaftlichen Maschinenbau an. Offensichtlich jedoch war ein Mann von der Arbeitskraft des August Föppl durch diesen Posten nicht ausgelastet. Er überraschte die Fachwelt 1894 mit der Veröffentlichung eines Buches über die "Maxwellsche Theorie der Elektrizität", ein Buch, bemerkenswert vor allem dadurch, daß die damals noch so wenig bekannten und etwas geheimnisvollen Vektoren konsequent und sinnvoll eingesetzt wurden.

Im Jahre 1894 erhielt Föppl dann einen für ihn ebenso attraktiven wie ehrenvollen Ruf, an der Technischen Hochschule in München den durch die Emeritierung des berühmten Werkstoff-Fachmanns Bauschinger freigewordenen Lehrstuhl für Technische Mechanik zu übernehmen und damit zugleich auch das Mechanisch-technische Laboratorium zu leiten. Und in München fand Föppl nun den geeigneten Boden vor, auf dem jene Erfolge in Forschung und Lehre reifen konnten, die ihn in fast dreißigjähriger Tätigkeit zu dem anerkannten Meister seines Faches gemacht haben, als der er in Erinnerung geblieben ist.

Natürlich könnte ich nun ausführlich über die verschiedenen Arbeitsgebiete berichten, auf denen Föppl - zusammen mit einer Schar begabter und begeisterter Schüler - tätig gewesen ist. Wichtiger jedoch erscheinen mir Hinweise auf Aussagen, die die Föpplsche Grundeinstellung erkennen lassen - eine Einstellung, die durch sein Vorbild dann sicher auch auf manche seiner Schüler übertragen wurde. So möchte ich als ein markantes und typisches Beispiel die Bemerkung zitieren, mit der sich Föppl bald nach seinem Amtsantritt in München einen Freiraum und damit Eigenständigkeit an der Hochschule erkämpft hat. Er schrieb:

"Die Erwartung und selbst das Verlangen, daß der Nachfolger eines gefeierten Mannes die Lebensarbeit seines Vorgängers einfach da fortsetze, wo dieser aufhörte, sind menschlich erklärlich genug, aber man wird sich dabei kaum der Ungerechtigkeit bewußt, die in einem solchen Verlangen liegt. Man vergißt zu leicht, daß in den Stücken, die ganz besonders die Größe und Eigenart eines hervorragenden Mannes ausmachten, ihn ein Nachfolger niemals erreichen kann. Schlimm genug, wenn er es überhaupt versucht: wer Erhebliches leisten will, darf sich nach keinem Meister und daher auch nicht nach seinem Vorgänger richten."

Und zu einem ähnlichen Endergebnis kommt Föppl auch nach Betrachtungen über die Rolle, die das Gedächtnis für einen Forscher spielt:

"Ein gutes Gedächtnis ist gewiß eine köstliche Gabe und ich war immer geneigt, jeden zu beneiden, der darüber verfügt. Aber man hat diese Gabe nicht umsonst und muß auch einige Nachteile mit ihr in Kauf nehmen. Wer immer genau weiß, was andere gesagt oder in einem bestimmten Falle getan haben, ist nur zu leicht geneigt, sich dies zur Richtschnur dienen zu lassen. Die Selbständigkeit des Urteils und die eigene Prüfung des Sachverhalts kann dadurch stark beeinträchtigt werden. Für mein eigenes Leben, für die Entwicklung, die ich genommen habe und für die Erfolge, die mir auf wissenschaftlichen Gebieten zuteil geworden sind, scheint mir das schlechte Gedächtnis geradezu eine der wichtigsten Vorbedingungen zu sein."

Und weiter sagt er, daß das schlechte Gedächtnis zwar in der Schule das Fortkommen erschwere, daß jedoch im späteren Leben

"bei sonst gleichen Fähigkeiten der Mann mit dem schlechten Gedächtnis bessere Aussichten haben wird, Neues zu ersinnen oder irgendeinen Fortschritt anzubahnen, als seine gedächtniskräftigeren Fachgenossen."

So ist es denn verständlich, daß Föppl Wert auf die Feststellung legt, stets seine eigenen Wege gegangen zu sein. Kennzeichnend ist auch seine durchaus pragmatische Einstellung zur Theorie: nicht richtige oder falsche Theorien gäbe es, sondern nur gute oder weniger gute. Das gängige Schlagwort von dem angeblichen Gegensatz zwischen Theorie und Praxis schätzte er gar nicht. Er, der die Praxis kannte, wollte auf das ordnende Element einer Theorie auf keinen Fall verzichten, auch nicht in Dingen des alltäglichen Lebens - und das, obwohl eine solche Verhaltensweise, wie auch später bei Prandtl, gelegentlich merkwürdig bis komisch anmuten mußte. So hatte er sich zum Beispiel eine Theorie der Partnersuche zurechtgelegt: in der Mehrzahl der Fälle - so dozierte er - sei es eigentlich gar nicht der Mann, der sich die Frau wählt, sondern umgekehrt suche sich die Frau den ihr passenden Mann aus. Zur Rede gestellt, daß sich dies ja wohl kaum nach den Prinzipien der Mechanik entscheiden lasse, rechtfertigt er sich und schrieb in seinen Lebenserinnerungen später:

"Darauf erwidere ich, daß ich auch in meiner wissenschaftlichen Tätigkeit stets ein Theoretiker gewesen bin, der nicht müde wurde die verschiedenen Tatsachen, die sich durch Beobachtung feststellen lassen, in Regeln und Gesetze zu fassen, sowie auch umgekehrt wieder die überlieferten Regeln und Gesetze auf ihre Übereinstimmungen mit der Wirklichkeit zu prüfen. - Das wird zur Gewohnheit und schließlich zum Bedürfnis. Ein guter Theoretiker besteht auch gar nicht so hartnäckig auf seiner Theorie. Er ist vielmehr stets bereit, sie zu ändern oder sie fallen zu lassen, sobald sie sich widerlegen läßt. Er weiß, daß die meisten Theorien vergänglich sind und daß ihr Hauptwert darin besteht, einerseits eine übersichtliche Ordnung der bereits genügend festgestellten Beobachtungstatsachen zu geben und andererseits zu neuen Fragestellungen und damit zu erweiterten Erfahrungen zu führen."

Nach diesen Zitaten kann man sich wohl auch den Dozenten Föppl vorstellen und den Eindruck abschätzen, den er auf seine Studenten machte. Und zu diesen Studenten gehörte gerade im ersten Semester Föppls an der Technischen Hochschule in München auch der junge Ludwig Prandtl. Wir wissen aus mancherlei schriftlichen und mündlichen Äußerungen Prandtls, wie sehr ihn die starke Persönlichkeit Föppls angezogen hat, dieses Lehrers, in dem sich Gründlichkeit des Denkens mit Wahrheitsliebe und einem fast starren Gerechtigkeitssinn wie selbstverständlich verbanden. Aber auch dem Lehrer fiel der so eifrig mitarbeitende und mitdenkende Schüler auf, und so ist es verständlich, daß der vielbeschäftigte und voller Pläne steckende Dozent dem ihm geeignet erscheinenden Studenten Prandtl die Mithilfe bei der Ausarbeitung der Vorlesungen anbot. Daraus entwickelte sich dann im Laufe der Studienjahre eine sehr persönliche Beziehung. Für Prandtl, der damals bereits Mutter und Vater verloren hatte, scheint Föppl die Rolle eines gestrengen, aber wohlwollenden Förderers, ja eines väterlichen Freundes übernommen zu haben. Jedenfalls verkehrte Prandtl im Hause Föppl und freundete sich mit den vier Föppl Kindern, zwei Töchtern und zwei Söhnen, an.

Ein Chronist kann nun nicht umhin, hier die Keimzelle der späteren Mechaniker-Dynastie, einer Art Föppl-Clan, zu registrieren. Sowohl die Söhne Ludwig und Otto, als auch die späteren Schwiegersöhne, Ludwig Prandtl und Hans Thoma, waren Schüler von August Föppl. Alle vier wurden Hochschullehrer für Mechanik bzw. Maschinenbau und wurden als hervorragende Wissenschaftler anerkannt und geschätzt. Prandtl heiratete etwa zehn Jahre nach dem Weggang aus München die ältere der beiden Föppl-Töchter. Inzwischen war er, vor allem auch durch seinen bahnbrechenden Vortrag "Über Flüssigkeitsbewegung bei sehr kleiner Reibung" auf dem Heidelberger Mathematiker-Kongress, als ideenreicher Forscher weltweit bekannt geworden. Die Frage bleibt offen, ob nun bei der Prandtlschen Ehe die Föpplsche Theorie von der Partnersuche bestätigt oder widerlegt wurde.

Doch noch einmal zurück zu August Föppl. Es war schon beeindruckend, daß eine Schar selbst schon berühmter Schüler, angeführt vom Clan der Söhne und Schwiegersöhne, ihrem gefeierten Lehrer zum siebzigsten Geburtstag 1924 eine inhaltreiche Festschrift widmeten. Als Mitautoren finden wir unter anderen auch so bekannte Namen wie: Heinrich Hencky, Theodor von Karman, Otto Mader, Ernst Schmidt, Max Schuler, Stefan Timoschenko und Constantin Weber. Bemerkenswert ist dabei noch die Tatsache, daß über die Hälfte der 21 Beiträge in der Festschrift Themen aus der Festigkeitslehre und Elastizitätstheorie gewidmet sind. Nur ein einziger Beitrag gehört in den Bereich der Strömungslehre, und der wurde nicht einmal von Prandtl verfaßt, sondern von dem anderen Föppl-Schwiegersohn Hans Thoma.

Soviel also zu der ersten der eingangs genannten Leitfiguren auf Prandtls wissenschaftlichen Lebensweg. Machen wir nun einen Sprung von München nach Göttingen.

Felix Klein

Als die überragende Persönlichkeit im Göttinger Universitätsleben um 1904, dem Jahre, in dem Prandtl nach Göttingen kam, wird der Mathematiker Felix Klein geschildert. Als repräsentative, kraftvolle Erscheinung fiel er allgemein auf: er war groß und stattlich, mit dunklem Haar und dunklem Bart, ausdrucksvollem Gesicht und einem Lächeln, von dem Zeitgenossen berichten, daß man es nicht so schnell vergessen könne. Wie ein Patriarch, voller Würde, soll er über die Mathematiker seiner Fakultät geherrscht haben - und sie ließen es sich gefallen, denn sie verdankten ihm viel.

Eine der kennzeichnenden Eigenschaften dieses ungewöhnlichen Mannes - so wird berichtet sei es gewesen, daß für Klein die Grenzen seines Faches niemals auch die Grenzen seines Gesichtskreises gewesen seien. Als Mathematiker hat er es verstanden, einen Standpunkt zu gewinnen, der weit über die Mathematik hinaus große Bereiche von Wissenschaft und Leben zu überschauen gestattete. Solche Überschau aber brachte ihn zu der Erkenntnis, daß es dringlich sei, die Verbindungen zwischen der Mathematik und ihren vielfältigen Anwendungen in Naturwissenschaft, Physik und Technik zu festigen und damit einen Brückenschlag zwischen abstrakter Theorie und anwendungsnaher Praxis zu versuchen. Gerade dies aber war der Bereich, in dem er mit Prandtl in Kontakt kam, ihn nach Göttingen holte und hier fast 20 Jahre lang fachlich und menschlich eng mit ihm verbunden war.

Felix Klein

Was wissen wir von Felix Klein? Die Daten sind rasch berichtet, aber was sie eingrenzen, kann nur unvollkommen angedeutet werden. Geboren in Düsseldorf 1849, also fünf Jahre vor August Föppl, studierte Klein in Bonn, wurde als Siebzehnjähriger bereits Assistent des berühmten Geometers Plücker und habilitierte sich, 22-jährig, in Göttingen. Schon ein Jahr später, 1872, wurde der durch tiefschürfende Veröffentlichungen bekannt gewordene Klein als Ordinarius nach Erlangen berufen. Die Antrittsrede des 23-jährigen Professors erregte Aufsehen; als "Erlanger Programm" ist sie in die Geschichte der Mathematik eingegangen. In einem genialen Wurf gelang es ihm mit dieser programmatischen Schrift, alle scheinbar so weit auseinanderliegenden geometrischen Theorien unter gemeinsamen Gesichtspunkten zusammenzufassen, ein klares, übersichtliches und durchgreifendes Einteilungsprinzip für die Geometrie mit Hilfe der Begriffe der Invarianz und der Transformationsgruppe zu finden und damit einen

Rahmen zu schaffen, in den sich zwanglos jede denkbare geometrische Problemstellung einfügen läßt. Mit Recht hat man darauf hingewiesen, daß das Erlanger Programm bereits den mathematischen Kern für die erst vierzig Jahre später entstandene allgemeine Relativitätstheorie enthalte.

Nach drei Jahren Erlangen, fünf Jahren München und sechs Jahren Leipzig kam Klein 1886 an die Universität Göttingen. Hier nun zeigte sich eine eigentlich nicht erwartete Wandlung in den Interessen Kleins. Man hatte ihn den "erfolgreichsten Apostel des Riemannschen Geistes" genannt, einer Richtung also, die sich in esoterisch anmutenden geometrisch-nichteuklidischen Gedankenspielen erging. Jetzt aber wurde Klein von einer Idee erfaßt, die zunehmend klarer hervortrat: die exakten Universitätswissenschaften - so meinte er - hätten die Fühlung mit dem wirklichen Leben in bedrohlicher Weise verloren und suchten ihren Ruhm nur noch in der selbstgewählten Isolation als "reine Wissenschaft". Das aber müsse überwunden werden. Eine lebendige Beziehung zu den Anwendungsgebieten müsse hergestellt werden.

Mit bewundernswerter Zielstrebigkeit ging er daran, Folgerungen aus seiner Vision zu ziehen und danach zu handeln, obwohl er zu jener Zeit von manchen seiner Fach-Kollegen als eine Art Don Quichote belächelt wurde. Aber schon in Leipzig hielt er eine Antrittsrede zum Thema "Über die Beziehung der neueren Mathematik zu den Anwendungen". In Göttingen trat er dann mit zwei sehr kontrovers diskutierten Vorträgen an die Öffentlichkeit. Er sprach 1896 "Über den Plan eines physikalisch-technischen Instituts an der Universität Göttingen" und 1898 über das Thema "Universität und Technische Hochschule".

Merkwürdigerweise geriet Klein nun zwischen die Fronten zweier festgefügter Interessengruppen und mußte sich nach zwei Seiten zugleich verteidigen. Die Vertreter der Technik und der Technischen Hochschulen, denen Klein doch gerade helfen sollte, verhielten sich skeptisch oder gar feindselig. Offensichtlich fürchteten sie ein Durchkreuzen ihrer eigenen Reformpläne, die auf das Einrichten von Ingenieur-Laboratorien hinausliefen. Aber auch die Kollegen von der Universität blieben reserviert bis ablehnend. Anwendungen waren ihnen suspekt, sie würden die mathematische Forschung nur behindern. Schließlich wolle man doch nicht zu einer "Schmierölfakultät" werden, deshalb lege man auch keinen Wert auf eine Zusammenarbeit mit den "angewandten Trotteln". Selbst die Naturwissenschaftler fürchteten "ein Übertönen der leisen Musik der Naturgesetze durch die Trompetenstöße der technischen Erfolge".

Ein anderer hätte bei solcher Gegenwehr wohl das Handtuch geworfen. Klein aber trat die Flucht nach vorn an und handelte. Er konzipierte und hielt selbst Vorlesungen über Themen der angewandten Mechanik, zum Beispiel 1895/96 über den Kreisel - daraus entstand dann in Zusammenarbeit mit seinem Assistenten Sommerfeld das berühmt gewordene, vierbändige Werk "Über die Theorie des Kreisels". Ein Seminar wurde eingerichtet, in dem die verschiedensten Gebiete der technischen Mechanik und der Elektrotechnik abgehandelt und diskutiert wurden.

Solche Aktivitäten waren von einer klugen Berufungspolitik begleitet. Es gelang Klein 1895 Hilbert, 1902 Minkowski, 1904 Runge und Prandtl für die Göttinger Universität und für seine Pläne zu gewinnen. Sogar Hilbert, den die Mathematiker zu Recht als einen ihrer Größten feiern, konnte sich dem suggestiven Werben Kleins nicht entziehen. Er nahm Kontakt zu den theoretischen Physikern auf, beschäftigte sich intensiv mit Problemen der mathematischen Physik und gewann daraus die häufig zitierte Überzeugung, daß man die Physiker eigentlich nur bedauern könne, da die Physik für sie im Grunde doch viel zu schwer sei. Hilberts Arbeiten fanden später in dem zusammen mit Courant herausgegebenen zweibändigen Werk "Methoden der mathematischen Physik" einen viel beachteten und noch immer nachwirkenden Niederschlag.

Der bestgelungene Schachzug Kleins aber war ohne Zweifel die Organisation der "Göttinger Vereinigung zur Förderung der angewandten Physik und Mathematik". Hier fanden sich namhafte Wissenschaftler mit einem Kreis führender Industrieller zusammen, Männer, die sich für Kleins Ideen interessierten und die seine Pläne finanziell und ideell zu fördern entschlossen waren. Dieser Vereinigung ist es zu verdanken, daß bereits in den ersten zehn Jahren ihres Bestehens, zwischen 1898 und 1908, vier Institute - für angewandte Mathematik, angewandte Mechanik, angewandte Elektrizität und Geophysik - ihre Lehr- und Forschungsarbeiten aufnehmen konnten. Außerdem konnte die Zahl der für Mathematik und Physik zur Verfügung stehenden Lehrstühle im gleichen Zeitraum von fünf auf zehn erhöht, also verdoppelt werden. Es muß damals eine rechte Aufbruchstimmung geherrscht haben. Prandtl hat einmal - wohl zu Recht - von dem prachtvollen Optimismus Kleins gesprochen, der alle Beteiligten fortriß und zu Leistungen brachte, an die sie selbst oft gar nicht recht glauben wollten.

Im Sog dieses Aufbruchs sind auch, worüber Blenk einmal ausführlich berichtet hat, Einrichtungen entstanden, die man als Keimzellen der Luftfahrtforschung und der Luftfahrttechnik bezeichnen kann: 1906 die "Motorluftschiff-Studiengesellschaft", 1907 eine Modellversuchsanstalt, Vorläufer der späteren " Aerodynamischen Versuchsanstalt", dann 1912 die " Wissenschaftliche Gesellschaft für Luftfahrt", Vorläufer der jetzigen DGLR, schließlich 1925 das "KaiserWilhelm-Institut für Strömungsforschung", dessen Errichtung auf eine mehr als zehn Jahre zurückliegende, von Klein angeregte, aber von Prandtl verfaßte Denkschrift zurückgeht.

Auf viele, sicher auch interessante Einzelheiten kann ich hier nicht eingehen. So gestrafft jedoch mein Bericht über Klein auch ausfallen muß, **eine** großartige Leistung darf auf keinen Fall übergangen werden: Die Organisation und Herausgabe der wahrhaft monumentalen "Enzyklopädie mathematischer Wissenschaften mit Einschluß ihrer Anwendungen". Von Mises hat dieses Werk als das größte literarische Unternehmen bezeichnet, das je im Bereich der exakten Wissenschaften durchgeführt worden ist. An einen solchen Plan konnte sich wohl nur ein Mann von der Weitsicht, dem Optimismus und der Durchsetzungskraft Kleins heranwagen. Schließlich hat er dazu mehr als 200 Mitarbeiter, meist die bedeutendsten Vertreter ihrer Spezialfächer, zusammenführen müssen. Er hat durch seinen überragenden Willen gerade jene Klasse von Menschen, die sich als meist eigenwillige Individualisten bekanntlich am schwersten organisieren lassen, einer gemeinsamen Sache dienstbar gemacht. Überflüssig zu sagen, daß auch Prandtl einer der Mitautoren dieses Gemeinschaftswerkes gewesen ist.

Prandtl war es auch, der - neben manchen Anderen - Felix Klein nach dem Tode im Jahre 1925 durch einen Nachruf ein würdiges Denkmal setzte. Einer der ganz Großen im Reiche der Wissenschaft - so schrieb Prandtl damals - sei von uns gegangen. Prandtl hat ihm nahegestanden, und er hat zwanzig Jahre lang in dem ideen- und tatensprühenden Umfeld dieses bedeutenden Mannes wirken können.

Carl Runge

Doch nun zu Runge. Was aber soll man vorbringen, wenn nach dieser Jupiter-Figur Felix Klein von dem kongenialen, aber doch so ganz anders gearteten, feinsinnigen und zutiefst musisch bestimmten Carl Runge berichtet werden soll? Für die große Zahl der Wissenschaftler und Ingenieure, die auf Mathematik als eines ihrer wichtigsten Werkzeuge angewiesen sind, ist der Name Runge seit jeher mit zwei anderen Namen assoziiert: Runge-Kutta und Runge-König. Kutta hatte in seiner Dissertation, mit der er 1901 in München promoviert wurde, ein auf Euler zurückgehendes, dann von Runge erweitertes Verfahren für das Ausrechnen der Lösungen gewöhnlicher Differentialgleichungen nochmals verbessern können. Seitdem ist "Runge-Kutta" eines der Standardverfahren zur Integration von Differentialgleichungen - und wohl jeder von uns hat schon einmal damit gearbeitet, für jeden Computer gibt es dafür entsprechende Programme.

Carl Runge

Vorlesungen über numerisches Rechnen hat Runge zusammen mit seinem Assistenten König in Buchform herausgegeben; und in der Zeit der noch computerlosen mathematischen Numerik wurde der "Runge-König" zu einer Fundgrube für alle, die nicht nur Mathematik treiben, sondern auch rechnen mußten.

Worin unterscheiden sich nun Runge und Klein, obwohl doch beide auf gleichem Feld arbeiteten? Wie ich schon sagte, hat Felix Klein in klarer Erkenntnis der allgemeinen Situation der sogenannten exakten Wissenschaften gefordert, die Mathematik den Anwendungen zu öffnen; Carl Runge aber ist einer der Vollstrecker solcher Forderung gewesen; ja, er wurde sogar als Vater der angewandten Mathematik, speziell der Numerik bezeichnet. Was er für die angewandte Mathematik getan hat, ist von Courant als ein wichtiges Stück mathematischer Zeitgeschichte charakterisiert worden.

Sehen wir uns nun einige Situationen dieses Lebens an: Geboren in Bremen 1856, verlebte Runge seine Kindheit in Havanna. Sein Vater, ein weltoffener Kaufmann, der mit einer Engländerin verheiratet war, verwaltete dort zugleich ein Konsulat. Nach dem frühen Tode des Vaters blieb die Mutter mit acht Kindern zurück. Carl besuchte das Gymnasium in Bremen und begann danach ein Studium der Literatur und der Philosophie in München. Sehr bald jedoch wandte er sich der Mathematik zu, ging nach Berlin, wo die damals führenden Mathematiker Weierstraß und Kronecker einen starken Einfluß auf ihn ausübten. Nach Promotion und Habilitation in Berlin erhielt Runge 1886, also als Dreißigjähriger, einen Lehrstuhl für Mathematik an der Technischen Hochschule in Hannover. Gut 18 Jahre hat er in dieser Position gelebt, gearbeitet - und dabei eine Wandlung erfahren.

In Berlin fesselten ihn - wie könnte es angesichts der dort dominierenden mathematischen Koryphäen anders sein - die Zahlentheorie und die gerade aktuellen funktionentheoretischen Ideen. Auf diesen Gebieten vollbrachte Runge Leistungen, die seinen Namen bald bekannt machten. Schon dabei fiel sein eigener Stil, mathematische Probleme anzugehen, auf. Sehr treffend hat später einmal sein Schwiegersohn Courant ausgesprochen, was Runge an der Mathematik faszinierte:

"Runges wissenschaftliches Lebenselement war nicht, in leidenschaftlichem Ringen, vielleicht unter Qualen und Schmerzen, immer wieder ein Einzelproblem anzupacken. ... Für ihn war es höchstes Lebensglück, mit den Mitteln mathematischer Erkenntnis ein großes Stück der Natur zu ergründen und in die verschiedensten Gebiete hinein die quantitative mathematische Erfassung der Zusammenhänge zu tragen. Was er wissenschaftlich geleistet hat, sind nicht Kraftäußerungen eines wissenschaftlichen Tatwillens, sondern beinahe natürliche, ohne Mühen am Wege gepflückte Früchte, die sich seinem Auge darboten, weil er mit einer einzigartigen, feinsinnigen und liebevollen Versenkung in die Dinge mehr sah als andere. Grundlage seines wissenschaftlichen Lebens war eine harmonische, vielseitige wissenschaftliche Kultur, wie sie wohl in unseren Zeiten fast einzigartig dasteht."

Will man Runges Arbeiten recht würdigen, dann muß man bedenken, daß an der Front der mathematischen Forschung jener Zeit das kritische Abklopfen der Grundlagen der Mathematik mit einer solchen Intensität und Hingabe betrieben wurde, daß die Zusammenhänge mit den anderen Wissenschaften gelockert und ein Zustand von bedenklicher Wirklichkeitsferne heraufbeschworen wurde. Es war zur Mode - fast bin ich versucht zu sagen: zur Unsitte - geworden, mathematische Probleme zwar zu formulieren, aber nicht mehr zu lösen. Man begnügte sich damit, zu zeigen, daß Lösungen existierten oder eben nicht existieren. Tatsächlich reichen bei manchen schwierigen Problemen die Kräfte der Mathematik nicht mehr aus, neben dem Existenzbeweis auch noch den weiteren Schritt zu tun und die Lösungen selbst auszurechnen.

Runge war einer der ersten, der solch einen Zustand als unerträglich empfand. **Er** wollte mit seiner Mathematik etwas Brauchbares für die Erklärung der Wirklichkeit liefern. Deshalb bemühte er sich, den Weg von der allgemeinen theoretischen Einsicht zu den spezifischen

Eigenheiten des individuellen Problems zu finden. Andererseits sah er - dank enger Kontakte mit Physikern, Technikern und Astronomen - die manchmal hilflose Naivität der Praktiker, die, verlassen von den Vertretern der mathematischen Fächer, auf eigene Faust, oft mit dem Holzhammer, mit ihren Problemen fertig zu werden versuchten. Ihnen zu helfen, sah Runge als seine Aufgabe an, und er hat schließlich mit seinen Arbeiten entscheidend dazu beigetragen, jenen Zustand des Abwendens von der Wirklichkeit in der Mathematik zu überwinden.

Schon in der Berliner Zeit bot sich ihm eine Gelegenheit, mathematische Hilfestellung bei der Lösung einer aktuellen physikalischen Frage zu leisten. Er hatte von den merkwürdigen Zahlenverhältnissen gehört, die Balmer für die Wellenlängen der Linien des Wasserstoffspektrums entdeckt hatte: die "Balmer-Serien" waren damals eine Sensation für die Fachwelt. Runge durchsuchte nun das bis dahin vorliegende spektroskopische Material und fand dabei Anfänge von weiteren, bisher noch nicht bekannten Spektralserien. Dieses Problem faszinierte ihn so stark, daß er allgemein über die Spektren der Elemente zu arbeiten begann - nicht nur theoretisch, sondern auch experimentell. So erwarb er sich Anerkennung als Spektroskopiker, war Teilnehmer bei einer Expedition zur Vermessung einer Sonnenfinsternis und erhielt danach sogar zweimal Angebote, als Astrophysiker in Observatorien zu arbeiten, also ganz zur Astronomie überzuwechseln.

Prandtl, der von 1901 bis 1904 den Lehrstuhl für Mechanik in der Maschineningenieur-Abteilung der Technischen Hochschule Hannover innehatte, kam dort mit Runge in Kontakt. Daraus entwickelte sich eine tiefe Freundschaft, von der Prandtl nach dem Ableben Runges in bewegten Worten berichtete. Der kontaktfreudige Runge nahm gern die Fühlung mit den Kollegen **der** technischen Fächer auf, die seiner exakten Denkungsart nahestanden. Er besprach mit Physikern, Geodäten, Vermessungsfachleuten und Statikern die gerade interessierenden Aufgaben und gab ihnen mathematische Ratschläge. Auch Prandtl bekannte, daß er dem 19 Jahre älteren Runge "*in dieser Zeit ungemein viel wertvollste Belehrung und Förderung*" verdanke. Deshalb dürfen wir wohl vermuten, daß eine Portion Rungescher Erfahrung auch in die mathematische Formulierung der damals gerade entstandenen, so berühmt gewordenen Grenzschichttheorie eingeflossen ist.

Die freundschaftliche Zusammenarbeit zwischen Runge und Prandtl vertiefte sich noch, nachdem beide im Herbst 1904, dem Rufe Kleins folgend, zur Universität Göttingen gegangen waren. Als Zeichen solcher Zusammenarbeit kann die Tatsache gewertet werden, daß die zuvor getrennten Institute für angewandte Mathematik und angewandte Mechanik zu einem gemeinsamen "Institut für Angewandte Mathematik und Mechanik" vereinigt wurden. Und in einer Festschrift aus dem Jahre 1906 haben Runge und Prandtl ihre Vorstellungen vom Aufbau und von den Aufgaben des Institutes dargestellt. Sie legten dabei ganz besonderen Wert auf die Feststellung, daß die Zusammengehörigkeit der beiden Institute keineswegs eine nur äußerliche sei, etwa bedingt durch die Tatsache, daß sie im gleichen Gebäude untergebracht waren. Es gab nicht nur einen gemeinsamen Hörsaal, gemeinsame Lese- und Besprechungszimmer, sondern vor allem auch gemeinsame Seminarveranstaltungen. In diesen wurden von den Teilnehmern Vorträge zu aktuellen Themen der technischen Wissenschaften gehalten. Durch fächerübergreifende Vorbesprechungen wurden die Vorträge aufbereitet und hinterher ausführlich diskutiert. Solch ein Unterricht - so schrieben Runge und Prandtl: "*setzt sich zum Ziel, die Entwicklung der mathematischen Methoden zu vereinigen mit dem vollen Verständnis der praktischen Probleme in dem Umfang und in der Fassung, wie sie sich dem ausübenden Ingenieur darbieten. ... Die technischen Wissenschaften sind reich an Kapiteln, deren volles Verständnis eine tiefe mathematische Bildung erfordert.*"

Nach allem, was wir von der Freundschaft zwischen Runge und Prandtl wissen, muß der Einfluß Runges auf Prandtl, auf seine Entwicklung und auf seine Arbeiten sehr hoch eingeschätzt werden. Von Runges Haus berichtet Courant, es sei eine Art Kristallisationspunkt im gesellschaftlichen Leben Göttingens und zugleich ein Hort für junge Wissenschaftler gewesen. Hier kamen bei ausgiebigem Musizieren und weitläufigen Gesprächen die gewinnenden Charaktereigenschaften Runges so recht zur Geltung. Prandtl berichtet von der überwältigenden Liebenswürdigkeit, von dem auch in Tagesfragen unbestechlichen Urteils des weitgereisten Mannes, sowie von der natürlichen Bescheidenheit Runges. Insbesondere auch war er von dem herzlichen Familienleben der achtköpfigen Runge-Familie angetan sowie von der für Runge so kennzeichnenden Fähigkeit zu lebenslangen Freundschaften. Zum Kreis der Runge-Freunde gehörte übrigens auch Max Planck, ein Weggenosse Runges aus der Studienzeit.

Schwer zu entscheiden bleibt, welcher der beiden Sterne am Göttinger Mathematikerhimmel den größeren Einfluß auf Prandtl ausgeübt hat - Klein oder Runge. Beide waren sie einzigartig; wenn auch weitgehend einig im Ziel, waren sie dennoch sehr verschieden nach Wesen und Wirkung - man könnte vielleicht sagen - komplementär, sich gegenseitig in glücklicher Weise ergänzend.

Und nun noch einige Bemerkungen zu der Umgebung Prandtls an der Göttinger Universität.

Kollegen an Göttingens Universität

In vielfältiger Weise haben die von Föppl, Klein und Runge entwickelten Vorstellungen, Ideen und Methoden in Göttingen nachgewirkt - wohlgemerkt: auch die Föpplschen, obwohl August Föppl selbst nie in Göttingen gelehrt hat. Aber die Zahl seiner an Göttingens Universität tätigen Schüler war so groß, daß man fast von einer Münchener Mafia sprechen könnte. Abgesehen einmal von Föppls Schwiegersohn Prandtl haben auch beide Söhne einige Zeit in Göttingen zugebracht. So hat Otto Föppl ab 1909 zweieinhalb Jahre lang als "Beobachter", also als Meßingenieur, an der gerade in Betrieb genommenen Modellversuchsanstalt gearbeitet. Sein Nachfolger auf diesem Posten wurde Albert Betz, der ebenfalls einige Zeit in München bei August Föppl studiert hatte. Der ältere Föppl-Sohn Ludwig hat sich nach dem Abschluß seines Münchner Studiums in Göttingen vorwiegend mit mathematischen Studien beschäftigt und hat dort 1914 seine Habilitationsschrift zu einem Thema der Starrkörperdynamik: "Rotierendes Ei auf horizontaler Unterlage", eingereicht. Wir dürfen wohl vermuten, daß diese Arbeit in engem Kontakt auch mit Felix Klein entstanden ist, der das entsprechende Problem beim Spielkreisel in seinem Buch ausführlich abgehandelt hatte.

Und noch ein Name muß hier erwähnt werden: Max Schuler. Er hat sich nach Abschluß seines Studiums in München besondere Anerkennung als Erfinder und technischer Direktor der Firma Anschütz in Kiel erworben. Seine herausragenden Erfolge waren die Aufklärung des beim Einkreiselkompaß auftretenden Schlingerfehlers, die Konstruktion des vom Schlingerfehler freien Dreikreisel-Kompasses, insbesondere aber die Entdeckung des für Navigationsgeräte - und damit für die Trägheitsnavigation - wichtigen Prinzips der beschleunigungsfreien Abstimmung, das oft vereinfachend als 84-Minuten-Prinzip bezeichnet wird. Schuler gab 1923 seine Industrietätigkeit auf, ging an die Universität Göttingen, erwarb dort die Lehrbefugnis und übernahm bald danach die Leitung des zuvor noch von Prandtl geführten Instituts für angewandte Mechanik. Prandtl selbst hatte sich zu jener Zeit auf die Arbeiten in der Aerodynamischen Versuchsanstalt und vor allem auf den Aufbau des 1925 in Betrieb genommenen "Kaiser-Wilhelm-Instituts für Strömungsforschung" konzentriert; er arbeitete jedoch eng mit Schuler zusammen und betreute auch weiterhin eine Reihe von Forschungsarbeiten in seinem früheren Institut.

Den Wirkungsbereich Prandtls in Göttingen könnte man durch eine Art Schalenmodell beschreiben: Die innerste Schale ist dabei das Kaiser-Wilhelm-Institut für Strömungsforschung; darum legt sich als zweite Schale die von Betz betreute Aerodynamische Versuchsanstalt fast schon ein Großbetrieb der Forschung. Darum wieder gruppieren sich das Institut für angewandte Mechanik unter Schuler, dann die Fakultät mit Studenten und Kollegen und schließlich die Universität, für die das damals noch so verträumte Göttingen einen ebenso geeigneten wie stimulierenden Rahmen bot.

Auch die von Klein und Runge erfolgreich begonnenen Pionierarbeiten zu einer anwenderfreundlichen Mathematik wurden von den Nachfolgern weitergeführt. Kleins Nachfolger wurde der Hilbert-Schüler Richard Courant, dessen Lehrbücher uns jungen Studenten den Weg in das Reich der höheren Mathematik gewiesen haben; sie fanden weltweite Verbreitung. Obwohl vollwertiges Mitglied der so berühmt gewordenen Göttinger Mathematiker-Familie um David Hilbert hielt Courant doch engen Kontakt zu den Anwendungen und beschäftigte sich mit praktischen Problemen zum Beispiel der Schwingungslehre, der Strömungslehre und der Stabilitätstheorie. Bezeichnend ist, daß er nach seiner Emigration in die USA die an der New-York-University für ihn eingerichtete Forschungsstätte nach Göttinger Vorbild unter der Bezeichnung" Institute for Mathematics and Mechanics" führte. Wichtige Arbeiten zur Theorie der Strömungen sind dort entstanden, und Courant berichtet voller Stolz, daß er das von dem "mechanischen Genie Prandtl" aufgedeckte Seifenhautgleichnis mit großem Erfolg auch zur experimentellen Untersuchung von Minimalflächen genutzt habe. In Göttingen wurde Courant wegen seines Organisationstalents, seiner Kontaktfreudigkeit und seiner cleveren Intelligenz hoch geschätzt, wenngleich er in Erscheinungsbild und Arbeitsstil so gar nicht dem würdevoll-patriarchalischen Habitus seines Vorgängers entsprach.

Nachfolger Runges wurde 1925 der bemerkenswert vielseitige Mathematiker Gustav Herglotz. Auch er war offen für die bei Anwendungen auftretenden Probleme. Seine Interessen galten hier der mathematischen Astronomie, der Himmelsmechanik und der analytischen Mechanik. Es war ein ästhetischer Genuß seinen, stets ohne Skriptum oder Spickzettel vorgetragenen Stegreif-Vorlesungen zu folgen. Eine Hörerin jener Zeit hat darüber geschrieben:

"Herglotz hatte etwas von der Atmosphäre und der Eleganz des 19. Jahrhunderts und kleidete sich wirklich wie Goethe. Und er hatte richtig leuchtende Augen. Er wirkte wie jemand, der sich glänzend amüsiert - und er hatte etwas Seherisches an sich. ... Seine Vorlesungen waren von großer Schönheit."

Privat aber lebte Herglotz zurückgezogen, fast eigenbrötlerisch, ein Junggeselle, der sich höchstens einmal mit Busemann bei einer Flasche Wein zusammensetzte.

Weniger direkten Kontakt hatte der Kreis um Prandtl mit der Gruppe der Physiker, die vor allem in den zwanziger Jahren unter der Führung von Born, Franck und Pohl atomphysikalisches Neuland beackerten und dadurch Fachleute aus aller Welt anzogen. Doch ist darüber so häufig und so ausführlich berichtet worden, daß ich dies hier ausklammern kann; es würde uns auch vom Thema wegfuhren. Beachtenswert und für uns interessant bleibt jedoch, daß den Physikern die herausragende Bedeutung Prandtls nicht verborgen blieb. Sie trugen ihm 1947 die Ehrenmitgliedschaft der Deutschen Physikalischen Gesellschaft an. In seiner Laudatio sprach Heisenberg von der so bewunderten Fähigkeit Prandtls, Vorgänge der realen Welt durch, sinnvolle, dem Vorgang angepaßte mathematische Modelle erfassen und beschreiben zu können - und dies dann auch weiter zu vermitteln.

Damit aber wären wir schon wieder bei der Wirkung Prandtls auf seine Umwelt - bei der Nachströmung also; und da ich hier vor allem von der Anströmung zu berichten versprochen hatte, werden Sie verstehen, wenn ich an dieser Stelle aufhöre. Es mag sein, daß mein Bericht allzusehr an wissenschaftliche Archäologie erinnert. Aber ich finde es doch nachdenkenswert, herauszufinden, vielleicht sogar zu verstehen, wie einzelne der so oft beschriebenen Einstellungen und Charaktereigenschaften Prandtls möglicherweise von dem diszipliniert-strengen Lehrer Föppl, von dem genialisch-souveränen Tatmenschen Klein oder aber von dem musisch-einfühlsamen Denker Runge induziert oder zumindest beeinflußt worden sind.

Ludwig Prandtl und die Gesellschaft für Angewandte Mathematik und Mechanik

G. Alefeld*

Am 04. Februar 2000 jährte sich zum 125. Mal der Geburtstag Ludwig Prandtls. Die Gesellschaft für Angewandte Mathematik und Mechanik gedenkt aus diesem Anlaß in Dankbarkeit und Verehrung ihres Ehrenvorsitzenden. Zusammen mit Richard von Mises und Hans J. Reißner hat Ludwig Prandtl die Vorarbeit geleistet, die 1922 zur Gründung der Gesellschaft für Angewandte Mathematik und Mechanik geführt hat. Prandtl besaß das wissenschaftliche Ansehen und das Vertrauen aller Fachkollegen und wurde zum ersten Vorsitzenden gewählt. Durch mehrmalige Wiederwahl behielt er dieses Amt bis zum Ende des 2. Weltkrieges inne. Die Schwierigkeiten während dieser Zeit werden in der von H. Gericke zusammengestellten Chronik der GAMM [2] ausführlich geschildert. In der Nachkriegszeit hat sich Ludwig Prandtl mit großem Einsatz und Erfolg an der Neugründung beteiligt (obwohl eine formale Neugründung – wie sich herausstellte – glücklicherweise gar nicht notwendig war, da die GAMM bei ihrer Gründung 1922 nicht in das Vereinsregister eingetragen worden war). 1950 konnte die erste wissenschaftliche Jahrestagung der GAMM nach dem 2. Weltkrieg abgehalten werden. Prandtl wurde auf dieser Tagung in Darmstadt zum bis heute einzigen „Ehrenvorsitzenden auf Lebenszeit" ernannt. Hierdurch wurde der Dank für seine einzigartigen Verdienste um die GAMM, um die Mechanik, um die Angewandte Mathematik und um die Vertiefung der gegenseitigen Wechselwirkung zwischen Angewandter Mathematik und Mechanik zum Ausdruck gebracht. Ernst Becker, GAMM-Präsident in den Jahren 1974-1976, hat anläßlich der Feierlichkeiten aus Anlaß des 100. Geburtstages von Ludwig Prandtl im Jahre 1975 formuliert [1]:

„Wir bewundern in Ludwig Prandtl den genialen Forscher, dessen bahnbrechende Arbeiten für eine ganze Generation von Wissenschaftlern der Angewandten Mathematik und Mechanik die Richtung gewiesen haben und die auch heute noch das Fundament sind, auf dem ein Teil unserer aktuellen Arbeit aufbaut".

Diese Aussage hat auch heute noch ihre volle Gültigkeit. Das überragende Verdienst Ludwig Prandtls besteht darin, daß er sich mit großer Überzeugung und Engagement für den Brückenschlag zwischen der Mathematik und ihren technisch physikalischen Anwendungen in den Ingenieurwissenschaften eingesetzt hat.

Im Jahre 1956 beschlossen die Vorstände der wissenschaftlichen Gesellschaft für Luftfahrt (WGL), der Gesellschaft für Angewandte Mathematik und Mechanik (GAMM) und der Göttinger Akademie der Wissenschaften, ihren Mitgliedern die Einrichtung von Ludwig-Prandtl-Gedächtnis-Vorlesungen vorzuschlagen um die Erinnerung an Ludwig Prandtl in der Fachwelt und bei jüngeren Wissenschaftlern wachzuhalten. Die Akademie der Wissenschaften zu Göttingen stimmte zu, sich an der ersten dieser Vorlesungen zu beteiligen. Die GAMM erklärte

---

* Institut für angewandte Mathematik, Universität Karlsruhe

sich damit einverstanden, daß alle Vorlesungen künftig als gemeinsame Veranstaltung der WGL (heute DGLR) und der GAMM durchgeführt werden. Diese Vereinbarung hat bis zum heutigen Tage Gültigkeit.

Seit der Gründung der GAMM vor inzwischen nahezu acht Jahrzehnten hat sich die Mathematik stürmisch entwickelt und ihre Anwendung über die ingenieurwissenschaftlichen Fächer hinaus verbreitet. Die bis heute andauernde rasante Weiterentwicklung von Computern beeinflußt sowohl die Mechanik als auch die Mathematik innerhalb der GAMM. Prandtl hat diese Entwicklung nicht mehr in ihrer vollen Breite erleben können. Aber schon um 1940 hatte er – wie H. Görtler [3] berichtet – einen (unerfüllt gebliebenen) Traum, der in diese Richtung zeigte:

„Auf seine Anregung hatte ich für das Anfangs–Randwertproblem der laminaren Grenzschichten ein Differenzenverfahren entwickelt: Eingabe eines Anfangsgeschwindigkeitsprofils und unter Berücksichtigung der Änderung der Geschwindigkeit am äußeren Rand der Grenzschicht und der Bedingungen an der Wand Berechnung des Geschwindigkeitsprofils einen endlichen Schritt stromabwärts. Genau dies sollte eine von Prandtl vor und noch während des Krieges entwickelte mechanische Rechenanlage mit viel Gestänge, vielen Kugellagern und Federn leisten: Einstellung des Anfangsprofils, Druck auf den Antrieb und, mit einigem Lärm und Gerüttel, Ausgabe des Profils einen Schritt stromabwärts. Prandtls Ziel: ein mechanisches Gerät mit dem man durch Variieren der Rand- und Anfangsverteilungen je nach Forderung aus der Praxis zu optimalen Grenzschichtverläufen gelangen konnte. Heute existiert wenigstens noch eine aus dem Jahre 1941 stammende Entwurfszeichnung dieses Gerätes aus der Zeit unmittelbar vor den Relais- und Elektronenröhren–Rechengeräten und erst recht vor dem Zeitalter der elektronischen Rechenanlagen".

[1] E. Becker: "Gedächtnisveranstaltung für Ludwig Prandtl aus Anlaß seines 100. Geburtstages, verbunden mit der 18. Ludwig-Prandtl-Gedächtnis-Vorlesung". Z. Flugwiss. 23 (1975), 150.

[2] H. Gericke: 50 Jahre GAMM. Ing.-Arch., Beiheft zu Band 41 (1972), 36 Seiten

[3] H. Görtler: Ludwig Prandtl – Persönlichkeit und Wirken. Z. Flugwiss. 23 (1975), 153 – 162.

Ludwig Prandtl und der Flugsport

Walter Wuest[*]

Übersicht

Im Jahre 1907 wurde unter Mitwirkung von Ludwig Prandtl in Göttingen der Niedersächsische Verein für Luftschifffahrt gegründet, der sich wesentlich dem Freiballonsport widmete. Auch Prandtl erwarb die Lizenz zum Führen eines Freiballons. Im November 1911 lud Prandtl den Flugpionier August Euler zu Flugvorführungen in Göttingen ein und erwarb von ihm ein Gleitflugzeug, mit dem am Fassberg bei Göttingen kurze Gleitflüge ausgeführt wurden. Nach langer Unterbrechung durch den ersten Weltkrieg entstand auf Initiative von Professor Prandtl 1926 am Sportinstitut der Universität Göttingen eine Segelfluggruppe (Akaflieg). 1930 wurde an der Aerodynamischen Versuchsanstalt eine technisch orientierte Fluggruppe (FLAVAG) gegründet, der auch Prandtl's ältere Tochter als Lyzeumsschülerin beitrat. Prandtl selbst legte auf dem Kerstlingeröder Feld die A-Prüfung für Segelflugzeuge ab. Trotz Einheitsbestrebungen im "Dritten Reich" konnte die Akaflieg nach einer Unterbrechung wieder neu gegründet werden und die Aufgaben der früheren FLAVAG wurden bis 1945 von der Flugtechnischen Fachgruppe Göttingen (FFG) übernommen, die nach Wiedererlangung der Lufthoheit 1954 als Flugwissenschaftliche Forschungsgruppe wiedergegründet wurde und noch heute besteht.

1. Freiballonsport

Bereits vor der Berufung Prandtl's nach Göttingen wurde im Jahre 1900 von der Universität Göttingen der Antrag auf ein internationales Studium der Luftelektrizität gestellt. Der preußische Staat und vor allem der Industrielle Krupp von Bohlen und Halbach bewilligten Geldmittel für diese Forschungen, die mit Freiballonen durchgeführt wurden. Im Jahre 1904 wurde auf Vorschlag des berühmten Mathematikers Felix Klein, Ludwig Prandtl zum Direktor der Abteilung Technische Physik und zum außerordentlichen Professor an die Universität Göttingen berufen. Ludwig Prandtl war von Hause aus Ingenieur und deswegen besonders geeignet, die Leitung des Instituts für Maschinenwesen zu übernehmen. Eine rein akademische Behandlung von Luftschiff- und Flugwesen wäre sicherlich nicht im Sinne von Ludwig Prandtl gewesen. So nahm er an der Gründung des Niedersächsischen Vereins für Luftschifffahrt in Göttingen im Jahre 1907 aktiven Anteil. Als sich am 26. Juli 1907 etwa 100 Flugsportinteressierte im kleinen Saal des "Englischen Hofs" trafen, hielt Prandtl einen Vortrag über "Motorluftschiffe", wobei er das unstarre System des Majors v. Parseval, das starre Luftschiff des Grafen von Zeppelin und das halbstarre System der Franzosen Lebaudy und Julliot einander gegenüberstellte [1]. Auf der gleichen Sitzung wurden auch die Kosten für vom Verein unterstützte Freiballonfahrten festgelegt. Sie betrugen bei nur einem Teilnehmer 285,-- M, bei zweien je 127,50 M und bei drei Teilnehmern je 75,-- M. Die ersten noch inoffiziellen Fahrten wurden bereits im August 1907 mit dem Ballon "Tschudi" des Berliner Vereins für Luftschifffahrt durchgeführt und vom Göttinger Bürgerpark gestartet.

---

[*] Deutsches Zentrum für Luft- und Raumfahrt e.V., Göttingen

Am 8. Januar 1908 nahm Prof. Prandtl an einem ziemlich dramatischen Ballonflug nach Berlin teil. Über diesen Flug wird folgendes berichtet: "Von Göttingen nach Berlin gelangten am 8.1. 1908 vier Mitglieder des neugegründeten Niedersächsischen Vereins für Luftschifffahrt. Sie waren mit dem Ballon "Ziegler" um 9 Uhr morgens in Göttingen aufgestiegen und landeten um 4 Uhr nachmittags in der Nähe von Rahnsdorf. Führer des Ballons war Dr. Linke, Mitfahrer Prof. Prandtl, Dr. Pütter und Dr. Bestelmeyer. Die Landung erfolgte in den ersten Böen des am Abend einsetzenden Sturms und war alles andere als leicht. Die Luftschiffer kamen zu der am selben Abend stattfindenden Sitzung des Berliner Vereins für Luftschifffahrt gerade noch zurecht."

In der Vereinssitzung vom 30.1. 1908 wurde beschlossen, bei der Firma Riedlinger in Augsburg einen Ballon für den ungefähren Preis von 7.600,-- M zu bestellen. Er sollte den Namen "Segler" tragen. Der Erstaufstieg dieses Ballons fand am 30. März 1908 in Braunschweig zu Ehren des Ehrenpräsidenten Seine Hoheit des Herzogregenten mit einer großen Zahl geladener Gäste des Hofes, des Staates und der Stadt statt [2]. An einer späteren Nachtfahrt des "Seglers" vom 3./4. Juli 1909 nahm Ludwig Prandtl als "Aspirant" teil und erwarb damit die Lizenz zum Führen eines Freiballons. Von dieser Fahrt ist noch der von dem verantwortlichen Führer, Dr. Trommsdorff verfasste Fahrtbericht vorhanden (Bild1).

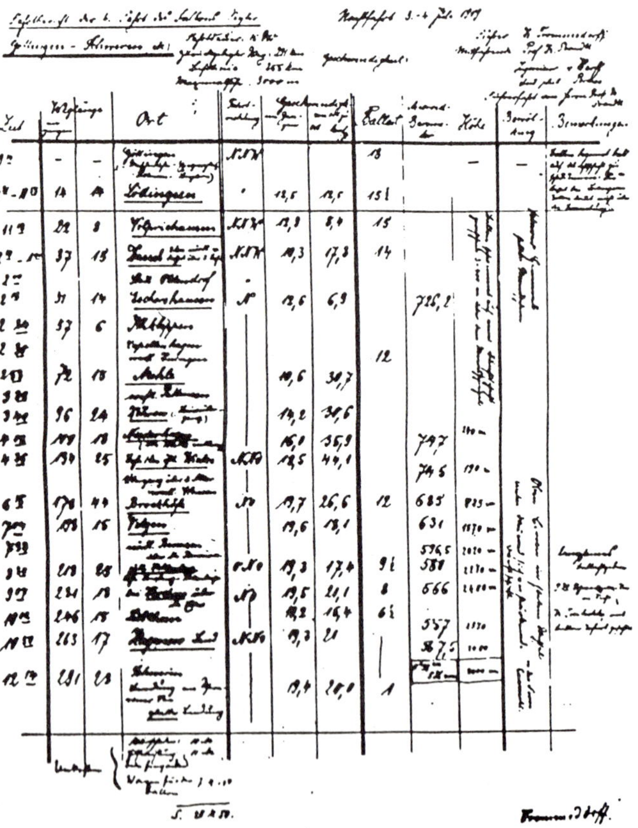

Bild 1   Fahrtbericht der 4. Fahrt des Ballons "Segler" vom 3./4.7.1909 nach Schwerin mit Ludwig Prandtl als "Aspirant"

Danach war die Fahrtdauer 16 Stunden und es wurde eine Höhe von 3000 m erreicht. Die Fahrt ging zunächst über den Solling und die Ithklippen, wobei der Ballon auf einer Inversionsschicht von 300 - 400 m "schwamm". Nach klarer Nacht und hellem Mondschein stieg der Ballon erst bei beginnendem Morgen und flog über die östliche Lüneburger Heide auf Höhen über 2000 m. Kurz vor der Landung am Schweriner See wurde noch aus 1800 m Höhe das erste Luftbild der Stadt geschossen, das die Schweriner sehr begeisterte. Für den Flurschaden, die Hilfeleistung beim Bergen des Ballons und den Wagen zum Transport des Ballons mussten nach dem Fahrtbericht insgesamt 28,50 M bezahlt werden [3].

Am 23. Oktober 1909 unternahm Prandtl die erste und wohl einzige Ballonfahrt als verantwortlicher Führer. Es war die 51. Fahrt des Göttinger Freiballons "Segler" und führte bis 2 km nördlich von Bernau bei Berlin. Von dieser Fahrt ist noch ein Bordbuch mit der Unterschrift von Prandtl erhalten (Bild 2). Bis Ausbruch des 1. Weltkriegs hatte der Ballon "Segler" rund 10 Fahrten hinter sich. Dann wurde auch er "eingezogen".

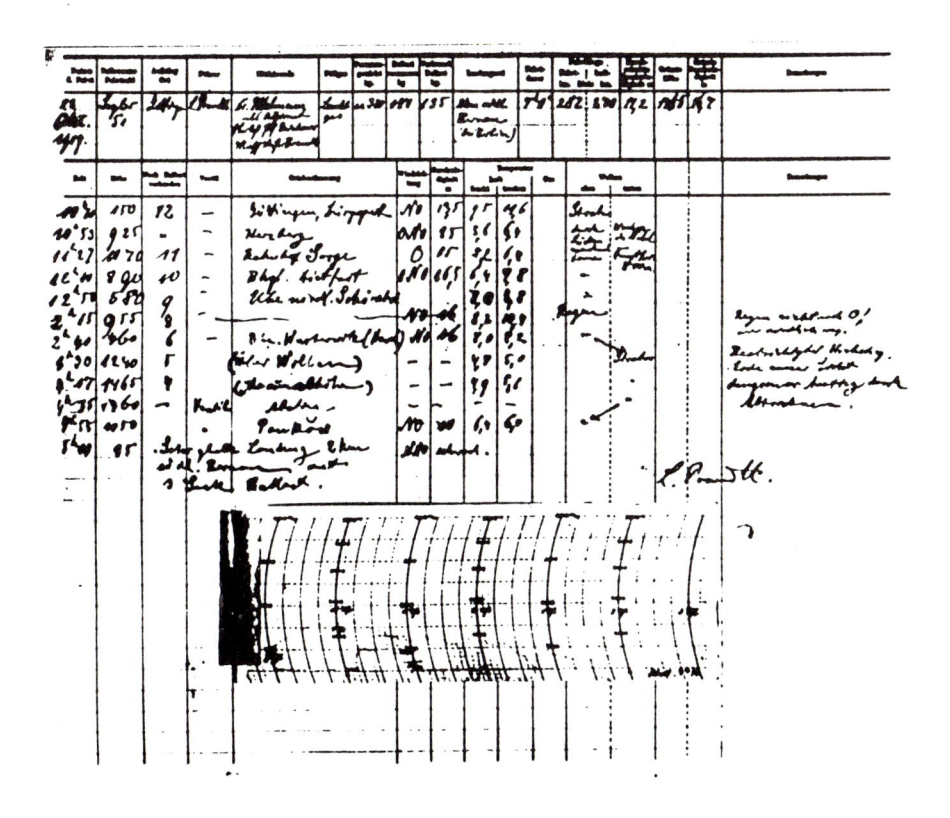

Bild 2 Handschriftlicher Fahrtbericht von Ludwig Prandtl anlässlich einer Freiballonfahrt von Göttingen nach Berlin am 23.10.1909 mit Ludwig Prandtl als verantwortlichem Führer

2. Erster Göttinger Flugtag 1911

Da Deutschland im Bau von Flugmaschinen vor allem hinter Frankreich sehr im Rückstand war, sollte sowohl die Flugindustrie als auch die Flugwissenschaft eine starke Förderung erfahren. In diesem Zusammenhang lud Ludwig Prandtl für die Zeit vom 3. - 5 November 1911 zu einer Versammlung der Flugwissenschaft ein. Schon frühzeitig hatte Prandtl daran gedacht, diese wissenschaftliche Versammlung durch praktische Flugvorführungen zu ergänzen und hatte sich bereits in einem Schreiben vom 10. März 1911 an den Flugmaschinen-Erbauer August Euler in Frankfurt gewandt [4]. Eulers Antwort an Prandtl: " Ich bin bereit, Ihrem Wunsch

zu entsprechen und mit ein oder zwei Flugmaschinen, eventuell noch mit einem meiner Schüler, nach Göttingen zu kommen, dort entsprechende Vorträge zu halten und im Anschluss an die Vorträge durch Flüge praktisch zu veranschaulichen. Wenn derartige Vorführungen einen wissenschaftlichen Wert haben sollen, so ist es mehr wie je notwendig, um die einzelnen Momente in der Luft praktisch zeigen zu können, dass solche Vorführungen bei sehr ruhigem Wetter stattfinden, da sonst der Wind sehr viel verdirbt oder man durch solche unbeabsichtigten Schwankungen des Apparates nicht das sieht, was gezeigt werden soll. Ich werde aus diesem Grunde 2 - 5 Tage in Göttingen bleiben, um einige Stunden vollständiger Windstille herauszusuchen. Diese Stunden liegen fast ausschließlich 2 Stunden vor Sonnenuntergang." Über den Verlauf der Flugvorführungen schreibt dann Prandtl [5]: "Am Nachmittag um 1/2 4 Uhr fanden dann auf dem zum Flugplatz umgewandelten Exerzierplatz, dem "kleinen Hagen", Flugvorführungen durch Herrn August Euler (Frankfurt a. M.) statt. Die Flugmaschinen wurden erst in der Halle demonstriert, und es erfolgten dann mehrere Aufstiege, teils mit, teils ohne Passagier, die nach einigen Runden um den Platz immer mit einer meisterhaft durchgeführten Gleitfluglandung endeten. Leider konnte wegen des windigen Wetters die ursprüngliche Absicht des Herrn Eulers, verschiedene Steuermanöver und sonstige Besonderheiten des Flugs in der Luft zu demonstrieren, nicht ausgeführt werden."

3. Erste Gleitflugversuche am Faßberg

Im Dezember 1911 kaufte der Niedersächsische Verein für Luftschifffahrt ein Gleitflugzeug eulerscher Bauart alt vom entsprechenden Frankfurter Verein [6]. Am Fuß des Faßbergs (im Volksmund "Eulenspiegelberg" genannt) unterhalb von Nikolausberg bei Göttingen wurde ein Schuppen für das Flugzeug gebaut. Der Schlüssel für den Schuppen konnte in der nahegelegenen Wirtschaft Hoffmannshof gegen Vorzeigen der Mitgliedskarte abgeholt werden. Der Apparat durfte nur unter Aufsicht eines Mitglieds der Gleitzeug-Kommission zusammengesetzt und benutzt werden. Bei günstigem Wetter wurde Sonnabendnachmittag und sonntags geflogen. Die Wochentage wurden zum Reparieren des Apparats verwendet. Am ersten Flugtag fiel bei steiler Landung der Apparat auf den Flieger und zerdrückte diesem 1 1/2 Rippen. An den folgenden Wochenenden kamen wegen geringen Windes nur Gleitflüge bis zu 5 m zustande und mancher enttäuschte Zuschauer mag wohl Eulenspiegels gedacht haben [7].

Der Weltkrieg brachte die Aktivitäten des Neidersächsischen Vereins für Luftschifffahrt zum Erliegen. Die militärischen Bedürfnisse führten zu einer schnellen Entwicklung der Motorfliegerei und verdrängten Luftschiff und Freiballon weitgehend.

4. Neubelebung der Gleitfliegerei in Göttingen ab 1926

Nach dem Versailler Diktat war die Motorfliegerei in Deutschland bis zum Jahre 1926 verboten. Die Segelfliegerei war von diesem Verbot nicht betroffen und es entstanden in vielen deutschen Städten Modell- und Gleitflugvereine, so dass bereits 1920 zum ersten Wettbewerb auf der Wasserkuppe eingeladen werden konnte. In Göttingen kam es erst durch die Initiative von Ludwig Prandtl zur Neubelebung des Flugsports. Zwei führende Mitglieder des ehemaligen Niedersächsischen Vereins für Luftschifffahrt, Prof. Prandtl und Prof. Trommsdorf fanden 1926 die Unterstützung des damaligen Direktors des Instituts für Leibesübungen an der Universität Göttingen und des Universitätskurators zur Gründung einer "Gleitflugabteilung des Instituts für Leibesübungen". Am 15. Mai versammelten sich erstmalig flugbegeisterte Studenten in einer Baracke am Brauweg, und es wurde auch unverzüglich mit dem Bau von vier Hängegleitern und anschließend mit praktischen Flugversuchen begonnen [8].

Wie Prandtl's Tocher Johanna Vogel-Prandtl berichtet [9] erhielt Prandtl am 25 Juli 1926 von den Veranstaltern des Rhönwettbewerbs eine Einladung zur Wasserkuppe zusammen mit einer Dauerausweiskarte und einer Rosette als Mitglied des Ehrenausschusses. Prandtl folgte dieser Einladung und machte mit der ganzen Familie einen Pfingstausflug zur Wasserkuppe, wobei er bis Gersfeld die Eisenbahn benützte, da er nie ein Auto besaß. Von Gersfeld ging es zu Fuß zur Wasserkuppe, wo gerade ein Segelflieger mit dem Gummiseil gestartet wurde. Nach der Landung ließ sich der Segelflieger von Prandtl beraten.

Bild 3   Erstflug des "Schorse Szültenbürger" auf der Weper am 20.9.1931

Am 8. November 1929 wurde aus der Gleitflugabteilung die selbständige "Akademische Fliegergruppe Göttingen e.V. (Akaflieg)", die sich aber weiterhin in ihrer Satzung als Abteilung des Instituts für Leibesübungen bezeichnete, und deren erster Vorsitzender der jeweilige Direktor des Instituts war. Die dadurch bedingte selbstverantwortliche Geschäftsführung ermöglichte eine Erweiterung der Aufgaben, die nun auch Motorfliegerei, Freiballonsport und wissenschaftliche Luftschifffahrt umfasste. Prandtl erreichte übrigens, dass die Stadt Göttingen die Kosten für die Errichtung einer Füllanlage für Ballonaufstiege übernahm [10]. So konnte am 6. Juli 1930 der erste Ballonaufstieg vom Sportplatz des I. Sportclubs Göttingen 05 stattfinden. Die Startkommandos übernahm natürlich der erfahrene Ballonführer Prof. Prandtl. Die Gruppe nahm 1930 mit Erfolg am Rhönwettbewerb teil. Der Ehrenvorsitzende der Akaflieg Ludwig Prandtl erreichte, dass der preußische Verkehrsminister der Gruppe ein Kleinmotorflugzeug schenkte, das am 25. Februar 1931 von Frau Prandtl mit einer Flasche flüssiger Luft auf den Namen "Göttingen" getauft wurde, aber mangels eines Flugplatzes in Kassel-Waldau stationiert war. [11].

Im Herbst 1930 wurde von einigen Angestellten der Aerodynamischen Versuchsanstalt Göttingen eine eigene Segelfliegertruppe gegründet, die abgekürzt FLAVAG genannt wurde. Prof. Betz zeigte der Gruppe sein ganzes Wohlwollen, indem er einen Werkstattraum nebst Werkzeug zur Verfügung stellte. Die Akaflieg Göttingen stellte Bauunterlagen zur Verfügung, so dass mit frischer Kraft begonnen werden konnte, einen Schulgleiter des Typs "Zögling" zu bauen. Alle waren im Flugzeugbau unerfahren. Die Materialkosten waren anfangs gering, stiegen aber an und mussten zunächst von den Mitgliedern getragen werden. Am 20. September 1931 wurde der Schulgleiter, der inzwischen auf den Namen "Schorse Szültenbürger" getauft war, auf der als Fluggelände neuentdeckten Weper eingeflogen [12]. Das Gelände war vom Sportleiter der AVA-Fliegergruppe als für Segelflugübungen vorzüglich geeignet bezeichnet worden. Auch die Akademische Fliegergruppe beteiligte sich an der Einweihung dieses Geländes, dessen Benutzung vom Pächter Oberamtmann Uibeleisen in entgegenkommender Weise gestattet wurde. Der Akaflieg gelang noch am gleichen Tag mit dem Segelflugzeug "Hol's der Teufel" ein Zweistundenflug.

Bild 4   Einfliegen der FLAVAG I (Uhu) auf dem Kerstlingeröder Feld

Während der Wintermonate wurde an den Wochenenden eifrig mit dem Schulgleiter geübt. Im Frühjahr 1932 wurde jedoch der Hang wieder als Weidegelände genutzt, und es konnten nur noch Hangflüge von ausgebildeten Piloten durchgeführt werden. Als Gleitflug-Übungsgelände für Anfänger wurde von der FLAVAG das Kerstlingeröder Feld ausersehen und am 17. April 1932 mit dem Gleiter "Schorse Szültenbürger" erprobt [13]. Sie fanden dabei die Unterstützung des Kommandeurs des Göttinger Reichswehrinfanterie-Bataillons, Oberstleutnant Mummentey. Zu den Piloten, die auf dem Kerstlingeröder Feld mit dem "Schorse Szültenbürger" die A-Prüfung ablegten, gehörte auch Prof. Prandtl. Prandtl's ältere Tochter trat als Lyzeumsschülerin der FLAVAG als aktives Mitglied bei.

Die FLAVAG war inzwischen auf etwa 30 Mitglieder angewachsen und es gehörten ihr wissenschaftliche Assistenten, Ingenieure, Techniker und Zeichner der Aerodynamischen Versuchsanstalt und des Kaiser-Wilhelm-Instituts für Strömungsforschung an. Diese eigenartige Zusammensetzung der Mitglieder bot günstige Voraussetzungen für die Entwicklung von Neukonstruktionen. Neben einem Zögling mit vergrößerter Spannweite wurde ein C-Flugzeug mit Namen "Kurumu Kutiti" (auch "Uhu" genannt) gebaut und erwies sich als so gut, dass es zum Thermikflug an der Weper eingesetzt werden konnte. Mit diesem Flugzeug wurden im Juli 1932 drei von der Göttinger Zeitung ausgesetzte Preise gewonnen (Einstundenflug, Flug Göttingen- Nörten und zurück, Flug von der Weper nach Göttingen) [14]. Das nächste Ziel war der Bau einer für den Rhönwettbewerb geeigneten Hochleistungsmaschine. Diese Maschine wurde am 29. Juli 1933 in Anwesenheit von Prof. Prandtl und Hauptmann a.D. Kratz auf den Namen "Weper" getauft (15). Beim Einsatz auf der Wasserkuppe konnte sich allerdings die "Weper" bei den schwachen Windverhältnissen nicht gegen die Konkurrenzmaschinen großer Spannweite durchsetzen (16).

Inzwischen wurde aber im Zuge der nationalsozialistischen Machtübernahme die FLAVAG als privater Verein aufgelöst und die Mitglieder mussten sich im Oktober 1933 dem neugegründeten "Deutschen Luftsportverband (DLV)" anschließen [14]. Dies führte dazu, dass die kaufmännische Leitung der Aerodynamischen Versuchsanstalt alle Zuschüsse an die FLAVAG strich, wodurch es zu einem erregten Briefwechsel kam, an dem auch Prandtl beteiligt war.

Trotz dieser Schwierigkeiten ging der Bau einer Hochleistungsmaschine weiter und in Tag- und Nachtarbeit wurde die später "Niedersachsen" getaufte Maschine rechtzeitig zum Rhönwettbewerb 1933 fertiggestellt und von Fluglehrer Wöckner zur Wasserkuppe geflogen, wo sie dann mehrere Geldpreise errang.

Bild 5   Die "Niedersachsen" auf der Wasserkuppe

1933/34 verstärkten sich an den deutschen Hochschulen die Tendenzen, die Segelflugschulung in den Ausbildungsplan der Sportstudenten einzubeziehen. So kam es an der Universität Göttingen zur Neugründung einer "Abteilung Luftfahrt des Hochschulinstituts für Leibesübungen", welche die Arbeiten der früheren Akaflieg fortsetzte.

Auch auf dem Gebiet der wissenschaftlich-technisch tätigen Gruppen regte sich 1934/35 neues Leben. Im Zusammenwirken mit der Deutschen Versuchsanstalt für Luftfahrt in Berlin-Adlershof und dem Deutschen Forschungsinstitut für Segelflug in Darmstadt wurden an mehreren Hochschulen "Flugtechnische Fachgruppen" eingerichtet, davon eine in Göttingen in Zusammenarbeit mit der Aerodynamischen Versuchsanstalt. In einem Schreiben vom 4. Februar 1935 wurde Herr Fabricius (Doktorand bei Prof. Prandtl) zum Leiter der im April 1935 neu gegründeten Flugtechnischen Fachgruppe Göttingen vorgeschlagen.

Mehrere weitere Doktoranden von Prof. Prandtl gehörten dieser Gruppe an. Neben der Flugausbildung war das Hauptziel der neuen Fachgruppe die Konstruktion und der Bau neuer Segelflugzeugmuster. Das erste Ganzmetall-Segelflugzeug G1 wurde wegen mannigfacher Schwierigkeiten erst während des Krieges fertiggestellt. Ein nach modernen aerodynamischen Grundsätzen gebautes Segelflugzeug in Holzbauweise wurde von H. Multhopp konstruiert und 1938 fertiggestellt. In ihrer Auslegung entsprach die G2 einer Richtung, die sich erst in der Nachkriegszeit bei der Konstruktion von Hochleistungssegelflugzeugen durchgesetzt hat. Die zweisitzige G3 lag bei Kriegsbeginn im Entwurf vor, konnte aber nicht mehr gebaut werden. Stattdessen wurde gemeinsam mit den Fachgruppen Chemnitz und München das Versuchsflugzeug G4 gebaut, das als einziges nicht von der englischen Besatzungsmacht zerstört, sondern nach England abtransportiert wurde.

Bild 6   Das von Multhopp konstruierte Hochleistungssegelflugzeug G2 vor der ersten Landung auf dem Göttinger Flugplatz

5. Schrifttum

[1] Mitteilung in der "Göttinger Zeitung" vom Sonnabend 3. August 1907

[2] Mitteilung in der Deutschen Zeitschrift für Luftschifffahrt 1908, S.202 - 203

[3] Mitteilung in der Sonntagsbeilage der Mecklenburgischen Zeitung, Schwerin, 1. August 1909

[4] Briefwechsel von August Euler mit Ludwig Prandtl anlässlich der Versammlung von Vertretern der Flugwissenschaft in Göttingen 3. - 5 November 1911, Prandtl-Archiv des DLR

[5] L. Prandtl: Verhandlungen der Versammlung von Vertretern der Flugwissenschaft am 3. - 5. November zu Göttingen, Verlag R. Oldenbourg München und Berlin, 1912

[6] Mitteilung in der Deutschen Luftfahrerzeitschrift 1912, S. 118

[7] Mitteilung in der Deutschen Luftfahrerzeitschrift 1912, S. 70/71

[8] Berthold Petersen: 50 Jahre Göttinger Luftsport 1907 - 1957 (unveröffentlichtes Manuskript)

[9] Johanna Vogel-Prandtl: Ludwig Prandtl - Ein Lebensbild - Mitt. Max-Planck-Inst. für Strömungsforschung Nr. 107, 1993

[10] Schreiben von Prof. Prandtl an den Göttinger Oberbürgermeister Dr. Jung vom 20.5. 1930 (Prandtl-Archiv der DLR)

[11] Flugzeug "Göttingen" wurde auf dem Kasseler Flugplatz getauft, Göttinger Tageblatt, 26.2.1931

[12] Segelflugzeug "Schorse Szültenbürger", Göttinger Tageblatt, 21.9.1931

[13] Gleitflugübungsstelle Kerstlingeröder Feld, Göttinger Tageblatt, 18.4.1932

[14] Segelflugpreis der Göttinger Zeitung, Göttinger Zeitung, Juli 1932

[15] Die Taufe von FLAVAG III (Weper), Göttinger Tageblatt, 29.7.1933

[16] Rhönwettbewerb 1933, Bericht von der Wasserkuppe, Göttinger Tageblatt, August 1933

[17] Schreiben von A. Baeumker (Reichsministerium der Luftfahrt) vom 3.11.1934 an die Universität Göttingen (Prandtl-Archiv des DLR)

[18] Flugtechnische Fachgruppe an der Universität Göttingen, Tätigkeitsbericht für das Jahr 1939/40

Ludwig Prandtl und die Erfinder

G.E.A.Meier*

1. Vorbemerkungen

Nachdem Ludwig Prandtl in den ersten beiden Jahrzehnten des 20. Jahrhunderts in Deutschland als der führende Strömungsmechaniker und Aerodynamiker bekannt geworden war, haben sich zahlreiche Erfinder ratsuchend, aber auch um Bestätigung ihrer teilweise skurilen Erfindungen bittend, an ihn gewandt. Uns liegt eine Sammlung des Schriftverkehrs mit den Erfindern vom Jahre 1926 bis zum Jahre 1955 vor.

Ludwig Prandtl hat - wie es seiner persönlichen Art und seinem sanften, aber auch geradlinigen und strikten Wesen entsprach - stets verständnisvoll und geduldig mit den Erfindern korrespondiert. Lediglich in solchen Fällen, wo die Erfinder seine Ratschläge und Hinweise unbeachtet ließen und weiterhin auf physikalisch und technisch falschen Gedankengängen beharrten, lassen seine Antwortbriefe auch Anzeichen von Ungeduld erkennen. Die ausführlichen Antwortschreiben lassen jedoch in jedem Fall seine menschliche Größe, seine Geduld, aber auch sein großes fachliches Einfühlungsvermögen und sein breites Wissensspektrum erkennen. Über dies ist es auch heute noch erstaunlich, wie ein so stark belasteter Leiter einer in dieser Zeit schon recht großen Forschungsanstalt die Geduld und den Zeitaufwand erbracht hat, um sich mit den zum Teil skurrilen Vorschlägen der Erfinder auseinanderzusetzen.

Um diese Facette seines Lebens etwas zu beleuchten, sollen nachfolgend einige typische Fälle geschildert, und die entsprechenden Dokumente im Original wiedergegeben werden.

---

* DLR Institut für Strömungsmechanik

2. Ausgewählte Korrespondenz Prandtl's mit Erfindern

Im Jahre 1927 beantwortet Prandtl am 18.10. eine Anfrage von einem F.W. Volpert, der seine Erfindung beim Verkehrsministerium in Berlin, Abteilung Luftfahrt eingereicht hat und Ludwig Prandtl um eine „herzhafte Befürwortung" bittet, wie folgt:

Sehr geehrter Herr Volpert !

Ihre beiden Schreiben vom 13. und 15. Oktober sind hier richtig eingegangen. In dem zweiten bitten Sie um eine Befürwortung beim Verkehrsministerium. Dabei ist mir aber nicht klar geworden, um welche Versuche es sich dabei handeln soll. Auch aus Ihrem Schriftwechsel vom Juli mit der Aerodynamischen Versuchsanstalt geht dies nicht genügend hervor.

Im übrigen möchte ich zu Ihren Ausführungen, die ich gelesen habe, das folgende bemerken:

Die Versuche mit dem Torpedorumpf, den Sie an einer Taube angebracht haben, mußten aus zwei Gründen für die Taube ungünstig ausgehen: Erstens konnte Sie ihren Schwanz nicht wie sonst zum Steuern verwenden, und hatte so kein Mittel, die Rumpflage zu korrigieren. Zweitens ist bekannt, daß ein Torpedorumpf ohne Stabilisierungsflächen sich in der Luft quer zu stellen sucht und in der Querlage natürlich einen großen Luftwiderstand hat.

Der Rumpf trägt ungefähr so viel als das Stück Tragfläche tragen würde, das man an der Stelle des Rumpfes einfügen müßte, um aus den beiden Flügeln eine durchlaufende Tragfläche zu machen, ohne daß die Spannweite sich ändert.

Die Auftriebsverteilung braucht nicht notwendig elliptisch zu sein, sondern kann auch etwas mehr nach der Mitte konzentriert werden, doch keinesfalls so, wie Sie es zeichnen. Würde man den Versuch mit den Wattebäuschchen an einer Tragfläche ohne Rumpf machen, so würde man auch hier die Strömung zerstören.

Zu den Ergebnissen mit den auf die Flügel gesetzten Celluloidplatten vermag ich nicht Stellung zu nehmen, weil nicht klar ist, in welcher Weise diese sonst die Luftströmung im Flug behindert haben. Alles in allem besteht kein Grund, die Anschauungen der Tragflügeltheorie zu ändern. Am lehrreichsten wäre wohl die Druckverteilungsmessung an einem dem Vogel nachgebildeten hohlen Metallmodell, doch würde dieser Versuch sehr kostspielig sein und nur theoretisches Interesse haben, da die für die Flugtechnik wesentlichen Gesichtspunkte genügend geklärt sind.

Hochachtungsvoll
Kaiser Wilhelm-Institut
für Strömungsforschung
Der Direktor

Das Prandtl's Ruf in den zwanziger Jahren schon weit über die Grenzen Deutschlands hinausgedrungen war, zeigt ein Brief, den er am 26.07.1927 an einen Erfinder G. A. Eagles richtet. Dieser hatte offensichtlich eine Anordnung von vielen Einzelflügeln hintereinander als Konstruktion für ein Flugzeug vorgeschlagen.

Dear Sir,

I have studied your papers. Unfortunately I believe, that your project cannot be realised. It is to difficult for me, to explain this in English to you. I think, that you may have translated the following German explanation.

Die Anordnung von vielen Flügeln hinter einander hat sich immer als schlecht erwiesen, weil die hinteren Flügel in einem Strom stehen, der von den vorderen Flügeln schon nach unten abgelenkt ist. Eine langsame auf- und ab-schwingende Bewegung ändert daran garnichts. Auch ist es nicht möglich, durch die schwingende Bewegung den Reibungswiderstand zu verkleinern. Der von Ihnen als „Jamming" bezeichnete Effekt langt nicht im Entferntesten aus, um das Flugzeug vom Boden weg zu bekommen. Die Konstruktion hat also keinerlei Aussichten.

If you wish to get back your papers, please sent 1 Mark 20 Pfennig to the Kaiser Wilhelm-Institut für Strömungsforschung, Göttingen, Böttingerstr. 6-8, for postage and package.

Yours respectfully

Einem Herrn Arsenius Fischer aus München, der Prandtl offensichtlich schon länger mit anfechtbaren Theorien über Windeinfluß und Widerstandsverminderung bedrängt hatte, antwortet er am 29.07.1926 relativ entschieden in folgender Weise:

> Sehr geehrter Herr Fischer !
>
> Zu Ihren Zuschriften vom 6. und 20. ds. Mts. möchte ich zunächst ausdrücklich betonen, daß ich die prinzipielle Möglichkeit des Segelflugs auf der von Ihnen bezeichneten Grundlage keineswegs zugegeben habe und ich möchte nur kurz die Bemerkung machen, daß das Verhalten Ihres in die Luft geworfenen Segelflugzeuges bei gleichmässigem Wind von der Richtung I sich in nichts unterscheidet von dem Verhalten desselben Objekts, wenn es in ruhiger Luft in der Richtung entgegengesetzt dem Pfeil II in Ihrer Figur 1 geworfen wird. Es hat dann denselben relativen Wind, wie in dem von Ihnen betrachteten Fall und Sie müssen sich nun selbst überlegen, ob es dann in ruhiger Luft in Bewegung erhalten werden kann. Wenn Sie richtig rechnen, werden Sie finden, daß dies ohne Höhenverlust nicht möglich ist.
>
> Zu Ihren Ausführungen über Verminderung des Flächenwiderstandes eines Motorflugzeuges möchte ich nur bemerken, daß Ihre Annahme, die Luftkräfte stünden senkrecht zur Sehne des Tragflügels, irrig ist. Die Luftkraft hat in allen Fällen eine Komponente in Richtung des relativen Windes (einen Widerstand), während Sie bei Ihren Annahmen einen Vortrieb voraussetzen. Unter Ihren Annahmen hätten Sie es nicht nötig, den Flügel seitlich zu verdrehen, sondern würden bei beispielsweise $-3°$ Anstellung auch beim unverdrehten Flügel einen Vortrieb bekommen, was natürlich den Beobachtungen durchaus widerspricht. Es ist also auf diese Weise keine Verbesserung zu erreichen. Ich möchte damit meinerseits die Diskussion über diese Angelegenheit abschliessen.
>
> Hochachtungsvoll !

Zur Theorie des Vogelfluges war Prandtl ein Schreiben einer Frau Hedwig Jordan aus Spittal in Österreich zugegangen. Auf ihre Vorschläge antwortet Prandtl am 22.02.1928 wie folgt:

Ihr Schreiben vom 4. II. ist hier richtig eingegangen und ich habe es auch durchgelesen. Es ist nicht von der Hand zu weisen, daß beim abwechselnden Aufblähen und wieder Niederlegen des Federkleides eines Vogels die Luft nach hinten in Bewegung gesetzt wird, jedoch ist einerseits sehr wenig sicher, ob derartige Federbewegungen beim Fluge in größerem Ausmaße auftreten und auch, wenn dies der Fall ist, werden wahrscheinlich die Austrittsgeschwindigkeiten der Luft kleiner bleiben als die Fluggeschwindigkeit. In diesem Fall ist dann von einer Propulsionswirkung nicht die Rede. Ich glaube auch nicht, daß man technisch sehr viel damit anfangen kann, da bestenfalls ein schmaler Luftbezirk um den Körper herum in Bewegung gesetzt wird, während man für die Propulsion anstreben muß, möglichst breite Luftmassen zu erfassen. Mit anderen Worten ich erwarte mir von der technischen Verwertung der Idee keinen praktischen Erfolg.

Hochachtungsvoll
Kaiser Wilhelm-Institut
für Strömungsforschung
Der Direktor

Einem Herrn P.Low aus Göttingen, der Prandtl umfangreiche Darlegungen über neue Vortriebsmechanismen mit Hilfe von Gasstrahlen zugeschickt hatte, und außerdem auch noch neue Ideen zu Windkraftmaschinen vortrug, antwortete er am 29.02.1928 in der für ihn typischen kurzen aber präzisen Weise folgendermaßen:

Sehr geehrter Herr Low !

Wie ich Ihnen schon mündlich sagte, bin ich durch große Arbeitsüberhäufung bis vor kurzem nicht dazu gekommen, Ihre Darlegungen zu studieren. Ich habe das jetzt aber getan. Was die Erzeugung von Luftströmen mit Hilfe von Gasstrahlen, die aus Schlitzen ausströmen, betrifft, so sind die Bedingungen bei der Art, die Ihrer Skizze auf Seite 4 Ihres Briefes entspricht, sehr genau der Impuls (momentum) der Luft nach der Mischung gleich dem Impuls der Gasstrahlen. Die Differenz der kinetischen Energie vor und nach der Mischung wird durch Wirbelbildung und Reibung in Wärme verwandelt. Diese Vorgänge sind also sehr ungünstig für die praktische Ausnutzung.

Was nun die Windkraftmaschine betrifft, so kann ich Ihren qualitativen Betrachtungen durchaus Recht geben. Daß die bisherigen Windkraftmaschinen mit vertikaler Achse so wenig leisten, kommt hauptsächlich davon her, daß nur in einem Teil des Umfangs die Schaufeln günstig für die Windarbeit stehen, in den übrigen Teilen aber große Widerstände für den Wind entstehen, sodaß dieser wie um ein Hindernis nach der

Einem Medizinalrat Dr. Anton Nagy aus Innsbruck/Österreich, der Prandtl Ideen zu einem Hubschrauber vorgelegt hatte, hat er am 21.03.1928 in folgender Weise geantwortet: es ist dabei interessant, daß Prandtl schon 1928 auf eine theoretische Arbeit seines Schülers Theodor von Karman hinweist, der damals bereits an der Technischen Hochschule in Aachen als Professor tätig war:

Sehr geehrter Herr Medizinalrat !

Zu Ihrem Projekt eines Schraubenfliegers möchte ich zunächst sagen, daß eine Hauptschwierigkeit in der Stabilisierung der Apparate steckt, und eine andere darin, daß Hubschrauben notwendigerweise groß gemacht werden müssen und deshalb kleine Drehzahlen haben. Sie werden kaum rechnen können, eine höhere Drehzahl als 300 pro Minute wirtschaftlich verwenden zu können, während die Drehzahlen von Gasturbinen ganz enorm hoch sind. Daraus ergibt sich die zweite Schwierigkeit, die in dem Uebersetzungsgetriebe liegt. Dasselbe Ding einmal als Hubschraube und dann wieder als Propeller verwenden zu können, erscheint wegen der verschiedenartigen Bedingungen ausgeschlossen. Was Ihre Fragen nach Versuchen betrifft, so sind bei uns Versuche mit Hubschrauben in Tandem-Anordnung nicht gemacht worden. Dagegen hat Margoulis 2 Modell-Hubschrauben in Tandem-Anordnung bei gegenläufigem Drehsinn untersucht und unter anderem die Schraubenanordnung am Stand und im Wind bei Schräganblasung gemessen und eine experimentelle Prüfung der statischen Stabilität vorgenommen. Die beiden Propeller hatten gleichen Durchmesser und gleiche Drehgeschwindigkeit. Untersuchungen über gegenläufige Hubpropeller mit verschiedenen Durchmessern und verschiedenen Drehzahlen sind uns von keiner

Seite bekannt geworden. Die einzigen uns bekannten theoretischen Untersuchungen über Tragfähigkeit und Stabilität der Doppel-Hubschraube hat Kármán angestellt.

Literaturnachweis:

    W. Margoulis. Les hélicoptères: Recherches expérimentales sur le fonctionnement le plus générale des hélices. Etudes sur la mécanique de l'hélicoptère. (Gauthier-Villers, Paris 1922).

    W. Margoulis. Nouvelles recherches expérimentales sur les hélices d'hélicoptères. (Comptes rendus 184, Paris 1927, S. 735/37).

    Th. v. Kármán. Theoretische Bemerkungen zur Frage des Schraubenfliegers (ZFM 1921, Heft 24, auch Heft 2 der Abhandlungen aus d. Aerodyn. Inst. a. d. Techn. Hochschule Aachen, J. Springer, Berlin o. J.).

Hoffend, Ihnen mit Vorstehendem gedient zu haben, bin ich

                                    Ihr

                              sehr ergebener

Die Arbeitsüberlastung Prandtls und seine trotzdem nicht zu überbietende Geduld mit Erfindern wird besonders in einem Brief vom 28.06.1928 an einen Herrn Otto Reiter in Salzburg/Österreich deutlich, der ihm neuartige geschlitzte Profile zur Verminderung des induzierten Widerstands vorgeschlagen hatte:

Sehr geehrter Herr Reiter !

Die Beantwortung Ihres Schreibens vom 29. Mai hat sich zu meinem lebhaften Bedauern stark verzögert dadurch, daß ich um diese Zeit auf Reisen war. Ich hatte es aber bereits studiert, als ich Ihr neues Schreiben vom 20. 6. bekam. Durch Arbeitsüberhäufung komme ich leider erst heute zu einer Antwort. Im übrigen sind Sie nicht der Einzige, den ich gezwungenerweise warten lasse. Ich habe augenblicklich gerade noch etwa 300 Seiten Manuskripte liegen, die ich alle neben der sonstigen Arbeit noch studieren soll, und einiges davon ist sogar früher bei mir abgeliefert als Ihre Abhandlung.

Mit dem, was ich Ihnen nun zu sagen habe, muß ich Ihre Hoffnungen leider enttäuschen. Aber es hilft ja nichts, sich Dinge vorzugaukeln, die keine Realität haben. Mit dem induzierten Widerstand ist es so, daß er innerlich und ursächlich mit dem Auftrieb verknüpft ist. Ohne induzierten Widerstand ist kein Auftrieb möglich. Das ist natürlich aus der kurzen Veranschaulichung, die ich in der I. Lieferung der "Ergebnisse der Aerodynamischen Versuchsanstalt zu Göttingen" gebracht habe, nicht so klar zu sehen, wie aus den strengen Beweisen. Diese liegen aber vor, vgl. z. B. meine "Vier Abhandlungen zur Hydrodynamik und Aerodynamik", die von der Verlagsbuchhandlung J. Springer bezogen werden können (allerdings stark theoretisch!). Die Beweise sind inzwischen von den besten Leuten in England, Frankreich und Amerika nachgeprüft und für richtig befunden worden, und auch die experimentellen Prüfungen sind sehr befriedigend ausgefallen.

Es bleibt jetzt die Frage, ob mit den von Ihnen vorgeschlagenen Profilen irgendwelche neue Wirkungen erzielt werden können. Das muß leider verneint werden. Die nicht geschlitzten Profile I und IIIa sind vielleicht nicht sehr viel schlechter als manches der hier gemessenen Profile aber bestimmt nicht besser. Die geschlitzten Profile IIIb, IIIc usw. sind aber bestimmt schlechter als die üblichen und sie würden einen Versuch, der immer ein paar Hundert Mark kostet, nicht lohnen. Bei der Beurteilung der von uns gemessenen Profile bitte ich Sie, nicht zu übersehen, daß die allermeisten davon Auftragsmessungen der Flugzeugindustrie sind und nur wenige Serien von uns selbst unternommen. Auch diese sind meist auf Grund von Mitteln durchgeführt, die von irgendeiner, ~~durch~~ die Forschung unterstützenden Instanz gewährt werden. Was das von Ihnen beanstandete Profil 531 betrifft, so hatte dieses einen ganz vernünftigen Hintergrund. Es sollte nämlich aus 530 durch Verbiegung des Flügels erhalten werden, und es war gefragt, wie hoch man dabei mit dem Auftrieb kommt.

Ihr
sehr ergebener
L. P.

Einem Herrn Walter Koller aus Zürich/Schweiz antwortet Prandtl am 23.05.1930 in kurzer und präziser Weise auf dessen Vorschlag Schiffe mit einem Reaktionsantrieb zu versehen:

Zu der mir übersandten Patentanmeldung erwidere ich, daß Reaktionsschiffe schon vielfach vorgeschlagen und einige Male auch ausgeführt worden sind. Theorie und Erfahrung ergeben aber übereinstimmend, daß der übliche Propellerantrieb rationeller ist. Dadurch, daß das Wasser durch Kanäle strömen muß, werden unnütze Reibungen hervorgerufen, die beim Propeller gespart werden, und ein Gewinn gegenüber dem Propeller ist in keiner Weise vorhanden. Es hat deshalb keinen Zweck, der Sache irgendwie näher zu treten. Ich verweise Sie im übrigen auf einen Vortrag von Rabbeno im Jahrbuch der Schiffbautechnischen Gesellschaft 1930, S. 215.

Hochachtungsvoll

L.P.

Dem Herrn Hermann Rieseler aus Cadiz in Spanien, der den Widerstand von Torpedos und Unterseebooten durch Ausblasen verringern möchte, antwortet Prandtl am 08.01.1931 in seiner auch sehr ehrlichen Weise mit dem folgenden Brief:

> Sehr geehrter Herr Rieseler !
>
> Durch Ausströmenlassen von Luft am Vorderteil eines Torpedo- oder Unterseebootes wird man gegebenenfalls eine Verringerung der Oberflächenreibung erreichen können. Für einen guten Druckwiedergewinn am hinteren Teil wird sie aber nach meiner Ansicht eher hinderlich als förderlich sein. Außerdem würde die Luft durch den Auftrieb des Wassers wohl sehr schnell nach oben hin entführt, daß sie garnicht auf eine sehr lange Strecke an der Oberfläche des Körpers verweilen würde. Die letztere Bemerkung gilt natürlich stärker für die im Verhältnis zu ihrer Größe langsamen Unterseeboote als für die Torpedos. Ob die Verringerung der Oberflächenreibung sehr merklich sein wird oder nicht, vermag ich mangels von Versuchen nicht zu sagen.
>
> Mit vorzüglicher Hochachtung
>
> L P.

Einem Herrn Strippel, der durch Pendel, die mit den Steuerflächen eines Flugzeuges gekoppelt sind, dasselbe stabilisieren möchte, antwortet er am 18.09.1931 kurz und bündig so:

> Auf die Einsendung vom 14. September erwidere ich, daß bereits seit langem klargestellt ist, daß man mit Pendelgewichten ein Flugzeug nicht stabilisieren kann. Die Sache kommt daher, daß das nicht in Gleichgewicht befindliche Flugzeug Beschleunigungen ausführt und ein in einem beschleunigten Körper aufgehängtes Pendel nicht lotrecht hängen bleibt. Eine mündliche Besprechung wäre zwecklos.
>
> Hochachtungsvoll
>
> L P.

Leichte Ungeduld läßt Prandtl mit einem allzu eifrigen Erfinder, dem Herrn G.H. Buse aus Juist erkennen, wenn er ihm am 28.09.1931 das folgende mitteilt:

Sehr geehrter Herr Buse !

Bei meiner Rückkehr von der Urlaubsreise fand ich 8 Briefe von Ihnen vor, seitdem sind noch einmal 2 eingetroffen. Es ist bei meiner sonstigen Inanspruchnahme durchaus unmöglich, alles das zu lesen. Vielleicht geben Sie mir auf einer Karte denjenigen an, der nach Ihrer Ansicht den Kernpunkt Ihrer Ideen am besten trifft. Dann werde ich diesen studieren und Ihnen Antwort geben.

Hochachtungsvoll

L. P.

Einem Herrn W. Dengjel aus Hermannstadt in Rumänien, der sich im Jahr 1931 bereits mit dem Problem des Überschallflugs beschäftigt, antwortet Prandtl am 08.12.1931 wie folgt:

Sehr geehrter Herr Dengjel !

Ich kann Ihnen das Kompliment machen, daß Sie mit Ihrer Idee eines mit Ueberschallgeschwindigkeit bewegten Körpers ohne "Wellenwiderstand" etwas gefunden haben, was in der Fachliteratur meines Erachtens noch nicht bekannt war. Allerdings lassen die näheren Berechnungen erkennen, daß praktisch aus der Sache wohl kaum etwas herauszuholen ist, es sei denn, daß es gelingen sollte, mit solchen Körpern zu schießen. Als Flugzeug gemäß Ihrer Abbildung 8 geht die Sache deshalb nicht, weil zwischen den beiden Tragflächen sehr große Ueberdrücke auftreten (die nach ganzen Atmosphären gehen) und deshalb kaum eine ausreichende Festigkeit geschaffen werden könnte. Die ganze Einrichtung hat in der Tat die Eigenschaft, daß bei einer bestimmten Geschwindigkeit, die größer ist als die Schallgeschwindigkeit, der Formwiderstand dieses Körpers verschwindet. Die Ausrechnung gibt aber verhältnismäßig große Mittelöffnungen. Bei kleinerer Oeffnung kann die von vorn kommende Luftmenge nicht mehr durch die

Oeffnung hindurch. Unterhalb einer gewissen Grenzgeschwindigkeit, die oberhalb der Schallgeschwindigkeit liegt, werden die Verhältnisse sehr ungünstig, und man erhält hier größere Widerstände als mit den gewöhnlichen Ausführungsformen. Es erscheint deshalb sehr zweifelhaft, ob es je gelingen würde, einen Körper anders als durch Schießen auf diejenige Geschwindigkeiten zu bringen, bei denen er sich günstig verhält.

Wenn Sie sich über das, was die zünftige Wissenschaft zu den Dingen zu sagen hat, näher orientieren wollen, dann kann ich Ihnen ein kürzlich von mir erschienenes Buch "Abriß der Strömungslehre", Verlag von Friedr. Vieweg u. Sohn Braunschweig 1931, nennen, wo die Dinge im II Kapitel (verhältnismäßig populär dargestellt sind. Wenn Ihr Wissensdurst weiter geht, empfehle ich Ihnen Band IV, Teil 1, des Handbuchs der Experimentalphysik, Artikel von Busemann. Diesen Band würden Sie sich wohl von irgendeiner rumänischen Bibliothek leihen müssen, da er zur Anschaffung wohl zu teuer ist.

Mitvorzüglicher Hochachtung

In den Kriegsjahren schreibt Prandtl am 26.01.1944 einem Herrn Georg Hille, der sich zur Zeit im Lazarett befindet, und sich dort offensichtlich mit dem Schwingenflug, angetrieben durch menschliche Muskelkraft beschäftigt hat, den folgenden liebenswürdigen aber doch sehr deutlichen Brief:

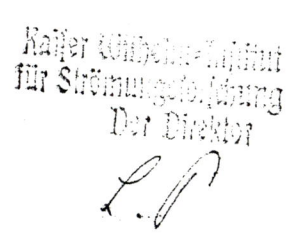

> Sehr geehrter Herr Hille!
>
> Ihre beiden maschinengeschriebenen Briefe vom 18.12. und "Weihnachten" sowie den handgeschriebenen aus dem Lazarett ohne Datum sind richtig in meine Hände gelangt. Zu meinem Bedauern muß ich Ihnen jedoch antworten, daß auf dem von Ihnen in Aussicht genommenen Wege kein Erfolg zu erzielen sein wird. Um eine gegebene Last in der Luft schwebend zu erhalten, /gleichviel, wie man es baut./ ist dauernd eine bestimmte Arbeit zu leisten, die man kennt, und es hat sich gezeigt, daß die menschliche Muskelkraft nicht dafür ausreicht, ein bemanntes Fluggerät im Fliegen zu erhalten. Sie haben sich in einen schönen Traum hineingedacht, und ich habe für diesen Zustand durchaus auch Verständnis, aber technische Dinge müssen gänzlich nüchtern mit rechnendem Verstande bearbeitet werden und da ergibt sich eben leider, daß bei Ihrem Projekt die Rechnung nicht aufgeht. Sie müssen sich den Gedanken schon aus dem Kopf schlagen und sich nebenher sagen, daß nun seit bald 40 Jahren eine große Anzahl von sehr fähigen Köpfen aller Länder an diesen Problemen arbeitet und man deshalb mit solchen Wunschbildern heute nichts mehr ausrichten kann, was nicht längst schon von anderen durchdacht ist.
>
> Neue Lösungen werden daher in der Regel nur von den gut unterrichteten Fachleuten gefunden werden.
>
> Wenn meine Antwort auch negativ ist, so wird sie vielleicht Ihnen die innere Ruhe wiedergeben. Für Ihr gebrochenes Bein wünsche ich Ihnen eine gute Heilung.
>
> Kaiser Wilhelm-Institut
> für Strömungsforschung
> Der Direktor

Mit dem Problem der Windmühle beschäftigt sich ein Brief an Herrn E. Ploompuu aus Reval in Estland vom 28.04.1944:

Sehr geehrter Herr Ploompuu!

Ihren Windmühlenentwurf Atro habe ich mir angesehen. Bei richtiger Steuerung der Flächen entsprechend einer Voith-Schneider-Propeller wird der Apparat sicher einen garnicht schlechten Wirkungsgrad haben, obwohl der Widerstand der Verspannungsdrähte die Sache weniger günstig macht als ein Schraubenrad ohne äußere Verspannung.

Es gibt aber zwei Forderungen, die man an eine praktisch verwendbare Windmühle stellen muß. Das ist einmal die <u>Sturmsicherheit</u>. Das Rad darf im Sturm keine unzulässig hohe Drehzahl erreichen, und es muß auch sein horizontaler Luftwiderstand verkleinert werden können, so daß es nicht umstürzt. Eine weitere Forderung ergibt sich aus der <u>Vereisungsgefahr</u> im Winter. Es kann sehr leicht sein, daß bei Ihrer Konstruktion solche Eisbelastungen auftreten, daß die Spanndrähte abreißen. Diese Dinge müssen sehr wohl durchgedacht werden. Es gab im Anfang eine Reihe aerodynamisch richtiger Windmühlenkonstruktionen, die regelmäßig im Winter durch Eislast heruntergefallen sind. Das einfache glatte Rad ist in diesem Punkt/etwas/günstiger, besonders wenn eine elektrische Auftauvorrichtung angebracht ist.

<u>bitte wenden!</u>

Ihre Zeichnungen und Schriftstücke sende ich Ihnen in der Anlage wieder zu.

Ihr ergebener

Nach dem Krieg, als Ludwig Prandtl schon in der Max-Planck-Gesellschaft wirkte, schreibt er am 16.09.1949 an einen Herrn Hans Landau in Berlin-Wilmersdorf, der eine Analogie von Elektronenbewegung und Strömungen vorträgt, den folgenden Brief:

Sehr geehrter Herr Landau!

Der Präsident der Max Planck-Gesellschaft, Professor Dr. Otto H a h n, hat mich gebeten, auf Ihren Brief vom 4.9.49 zu antworten, weil Sie darin die Strömungslehre als eine der Ihren Überlegungen zugrundegelegten Wissenschaften bezeichnet haben. Ich habe Ihren Ausführungen entnommen, daß Sie glauben, aus irgendwelchen Strömungsgesetzen, also Magnuseffekt, Flettner-Rotor und ähnliche Dinge, irgendwelche Gesetze für die allerkleinsten Bausteine unserer Welt herleiten zu können. Das ist bestimmt nicht der Fall, denn diese Gesetze gelten ja schon garnicht mehr, wenn es sich um Körper in Luft oder Wasser handelt, wenn die Größen dieser Körper unter gewisse garnicht so kleine Abmessungen heruntergehen. Ich kann Ihnen daher nur raten, derartige mit echter Wissenschaft in keiner vernünftigen Beziehung stehende Überlegungen künftig ganz zu lassen, weil bestimmt garnichts dabei herauskommt.

Wenn Sie aber wirklich einmal eine klare, vernünftige Idee haben sollten, die Sie einem Wissenschaftler mitteilen wollen, so schreiben Sie ihm nicht 10 Seiten mit je 70 Zeilen auf der Seite, weil so etwas niemand lesen will. Sie brauchen sich also garnicht wundern, daß Professor Heisenberg Ihnen nicht geantwortet hat.

Wenn Sie von einem Wissenschaftler etwas wollen, dann schreiben Sie mit vernünftigem Rand des Papiers und vernünftigen Abständen der einzelnen Zeilen von einander ein oder zwei Seiten zu höchstens 40 Zeilen und beschränken sich auf das, was nach Ihrer Ansicht neu ist. Das, was er schon weiß, brauchen Sie dem Wissenschaftler nicht erst zuschreiben. Sonst dürfen Sie sich nicht wundern, daß Ihre Abhandlungen in den Papierkorb wandern. Daß ich nicht selbst so gehandelt habe, verdanken Sie der Fürsprache von Präsident Hahn.

Ihr sehr ergebener

Es ist hierbei interessant, daß Prandtl dem Briefschreiber am 03.11.1949 durchaus auch Hinweise auf eine sinnvolle Betätigung im Bereich der Elementarteilchen gibt:

> Sehr geehrter Herr Landau!
>
> Auf Ihren Brief vom 16.10.49 möchte ich zunächst eine Sache richtigstellen. Meine Antwort an Sie erfolgte† auf Ansuchen von Professor Hahn, der mir die Bearbeitung Ihres Briefes an ihn weitergegeben hat, weil der Briefinhalt auf Strömungslehre Bezug hat. Ihr erster Brief an mich hat sich mit diesem Briefe an Sie gekreuzt und diesen habe ich, da er ja nur eine Teilabschrift des Briefes an Professor Hahn darstellte, nicht weiter beantwortet.
>
> Ihr neuer Brief bringt mir an neuen Dingen nur solche, die mir schon bekannt sind und die Sie mir gemäß meinem ersten Briefe nicht erst noch zu schreiben nötig gehabt hätten. Im ganzen erledigt meine erste Antwort auch diesen neuen Brief in ausreichendem Maße. Es ist keine Rede davon, daß ein Strömungsvorgang, zu dessen Zustandekommen viele Millionen von Luftteilchen nötig sind, etwas zu tun haben sollte mit den Bewegungen eines isolierten elektrisch geladenen Teilchens im leeren Raum. Die Bewegungen, die an den positiven und negativen Elektronen beobachtet werden, sind Bewegungen geladener Teilchen in einem Magnetfeld, die ohne weiteres aus den Gesetzen der Elektrodynamik folgen. Jedes elektrisch geladene Teilchen, das sich mit einer gewissen Geschwindigkeit in einem Magnetfeld bewegt, führt, wenn es frei beweglich ist, genau ebensolche Kreisbewegungen aus nach den Gesetzen, die man nun bald schon hundert Jahre
>
> † nicht auf Ihren Brief an mich, sondern
>
> b.w.
>
> lang kennt. Infolgedessen ist mit Ihrer angeblichen Entdeckung wirklich kein Staat zu machen.
>
> Merkwürdig genug sind natürlich die neuentdeckten Vorgänge, bei denen aus einem Röntgenstrahl ein positives und ein negatives Elektron entsteht. Darüber machen Sie aber keine Aussagen. Begründete Aussagen dieser Art wären wirklich etwas, von dem ein Heutiger noch Ruhm ernten könnte.
>
> Ihr ergebener
>
> gz. L. Prandtl.

Einem Freiherrn von Seld, der Prandtl wieder einmal eine neue Konstruktion für eine Windmühle vorschlägt, antwortet er am 11.10.1949 und am 8.3.1950 mit den folgenden Briefen:

Sehr geehrter Herr v. Seld!

Auf Ihren Brief vom 6.10. zunächst die Bemerkung, daß meine Angaben in meinem ersten Briefe von Umfangsgeschwindigkeit = 2/3 der Windgeschwindigkeit auf einer bloßen Mutmassung beruhten. Die neuere Angabe, daß das arbeitende Rad mit 1/6 der Windgeschwindigkeit umläuft, beruhte dagegen auf einer Rechnung. Sie müssen also, solange keine Versuche vorliegen, mit dieser letzteren Zahl rechnen. Das gibt bei 24 m Raddurchmesser laut Ihrer Zeichnung <u>eine</u> Umdrehung in der Minute für die sehr anständige Windgeschwindigkeit von 12,6 m/s, die man zu vielen Zeiten garnicht einmal haben wird. Sie müssen also ein Getriebe haben, das von einer Umdrehung pro Minute auf 500 oder 600 pro Minute oder mehr übersetzt. Bei dieser Übersetzung geht erfahrungsgemäß viel Leistung verloren. Das ist der eine Punkt.

Ein anderer Punkt ist der statische Aufbau, der so sein muß, daß er auch schweren Stürmen standhält und deshalb nicht so aussehen kann wie Ihre Skizze. Ich rate zu etwa 4 starken Stahlsäulen, die durch eine Vergitterung und mindestens bei jedem zweiten oder dritten Zwischenbogen eine kräftige waagrechte Versteifung trägt. Die Welle muß aus mehreren Stücken zusammengesetzt werden, damit sie die nötige Gelenkigkeit bekommt, um bei Verbiegungen des Gerüsts nicht selbst verbogen zu werden. Kurzum, es wird ein Bauwerk, das nur eine erstklassige Eisenkonstruktionsfirma auszuführen imstande ist. Wenn Sie eine Aussichtsplattform bauen wollen, so muß eine dieser Säulen, die natürlich geradlinig zu laufen hat, damit der Fahrstuhl sich darin nicht klemmt, den nötigen Innendurchmesser haben. Die Fahrkosten von 20 Pfennig o.dgl. werden höchstens dazu ausreichen, die Fahrstuhlanlage im Laufe von 10 Jahren abzubezahlen, aber nicht den Turm.

Für die einzelnen Schaufeln mag gerne eine Holzkonstruktion angewendet werden und ein Loch in der Mitte der hohlen Fläche wie bei dem Spinaker-Segel halte ich für gut. Ich habe aber selbst keine Erfahrung darüber. Die Räder müssen im übrigen so stark gebaut werden, daß sie nicht herunterbrechen, wenn die Schaufeln armdick vereist sind.

Alles in allem wird es kein billiges Bauwerk. Wenn meine bisherigen Bemerkungen Sie von Ihrem Projekt noch nicht abgehalten haben, so empfehle ich Ihnen dringend, zuerst ein Modellbauwerk, etwa im Maßstab 1:10 vielleicht auch 1:20 zu machen, natürlich mit Einrichtungen für die Messung des durch den Wind gewonnenen Drehmoments, und an diesem die einzelnen Fragen zu studieren. Die Leistung der Großausführung würde dann mit der Fläche wachsen, also mit dem Quadrat des Maßstabsverhältnisses, so daß man aus dem Versuch mit Modell ein unmittelbares Maß für die am Großbauwerk zu erzielende Leistung gewinnen kann.

Ich nehme an, daß Ihnen diese Ausführungen, zu denen ich noch eine Konstruktionsskizze beifüge, vorerst genügen werden.

Sie fragten noch nach der Anschrift von Professor Betz. Er ist jetzt Direktor des Max Planck-Instituts für Strömungsforschung, dessen Anschrift Sie auf meinem Briefbogen finden.

Mit freundlichen Empfehlungen
Ihr ergebener
gez. L. Prandtl

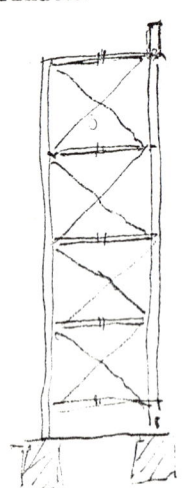

Grundriß

Sehr geehrter Herr v. Seld!

Vor/liegen noch Ihre umfänglichen Schreiben vom 12.2. und
17.2. sowie ein mir zur Beantwortung übergebenes Schreiben an
Präsident Hahn vom 15.2. Ich habe die Beantwortung dieses letzteren Schreibens mit übernommen und muß Ihnen da mitteilen, daß
die Max Planck-Gesellschaft in keiner Weise in der Lage ist, Ihnen Mittel für die Durchführung eines Modellversuchs zu gewähren.
Sie ist nur mit größter Mühe in der Lage, von den von den verschiedenen Behörden ihr anvertrauten Mitteln die große Anzahl der
Forschungsinstitute an Arbeiten zu halten; zum Teil müssen sich
die Mitarbeiter der Institute dabei gefallen lassen, unter dem
Tarif bezahlt zu werden, weil die Mittel für mehr nicht reichen.
Es ist deshalb gänzlich ausgeschlossen, daß von diesen Geldern
etwas nach außen weggegeben wird.

Von mir selbst aus möchte ich aus meinen früheren Briefen
betonen, daß ich nicht erwarte, daß mit Ihrem System die gleiche
elektrische Leistung mit geringeren Baukosten zu erreichen wäre
als mit den großen Windkraftwerken der üblichen Radanordnung.
Sie würden, damit Ihr Rad einen Sturm von 30 m/s mit Sicherheit
übersteht, so schwer bauen müssen, daß das aufgewandte Baustoff-
gewicht wesentlich höher ist als das der üblichen Bauart, denn
bei dieser kann durch Verstellung des Rades dieses dem Angriff
des Sturmes bis zu einem erheblichen Grade entzogen werden. Es
kann also wesentlich leichter gebaut werden, da es nicht durch-

geht. Bei Ihrer Anordnung ist Derartiges nicht möglich und da
muß die Konstruktion eben so schwer gemacht werden, daß sie
die hohen Drehzahlen bei einem Sturm und die zugehörigen
Winddrucke aushält. Dadurch und durch den geringen Wirkungsgrad der Schalenkreuzräder verteuert sich die Bauart gewaltig.
Das ist wenigstens meine Meinung.

     Wenn Sie etwas tun wollen, so wäre es, daß Sie ein
kleines Modell von solcher Größe, daß Sie selbst es bezahlen
können, mit eigenen Händen oder unter Zuhilfenahme von ein
paar Handwerkern bauen, um damit Messungen im freien Wind zu
machen. Natürlich müssen Sie sich die entsprechenden Meßgeräte
(Windmesser, Zugkraftmesser, Stoppuhr usw.) von irgendwoher
leihen. Der Zugkraftmesser müßte an einem Seil angebracht werden, das um eine an der Windradachse befindliche Rolle ge-
schlungen wird und das vom Wind erzeugte Drehmoment zu messen
gestattet. Man kann natürlich auch mit dem Seil ein Gewichts-
stück heben lassen, das solange passend ausgewechselt wird,
bis man sieht, daß das Rad im Wind richtig arbeitet. Ich gebe
Ihnen diesen Rat nur deshalb, weil Sie vielleicht nur auf diese Weise sich überzeugen können, was Ihr Rad leistet und was
nicht.

     Ich möchte Ihnen hiermit erklären, daß ich mit die-
sem Brief die Angelegenheit als erledigt ansehe.

                                        Hochachtungsvoll

                                           L. P.

Einer der letzten Briefe von Prandtl an einen Erfinder, der uns überliefert ist, stammt vom 19.12.1951 und ist an einen Herrn Martin Bieder aus Duisburg-Meiderich gerichtet, der Prandtl ein mit Wasserkraft angetriebenes „perpetuum mobile" vorgeschlagen hatte.

        Sehr geehrter Herr Bieder!

        Ihr Schreiben vom 10.12.51 (Schreiben an die Physikalisch-Technische Bundesanstalt in Braunschweig) ist mir vom Präsidium der Max Planck-Gesellschaft zur Erledigung übergeben worden.

        Das Max Planck-Institut für Strömungsforschung hat die Aufgabe, irgendwelche noch nicht fertig erforschte Fragen der Strömungslehre zu bearbeiten. Außerdem erteilt das Institut auch in geeigneten Fällen Auskünfte über konkrete Einzelfragen. Alle Fragen, die sich auf Konstruktionen des alten griechischen Fachmannes Heron beziehen, sind seit verschiedenen Hunderten von Jahren völlig aufgeklärt und bedürfen keiner neuen Forschungsarbeit. Es handelt sich dabei meistens um Zusammenwirken von Wasser in Gefäßen mit abgesperrter Luft, die auf die jeweilige Oberfläche des Wassers Drücke ausübt, wobei die Drücke durch das Eigengewicht des Wassers in anderen Gefäßen erzeugt werden. Die Konstruktion, durch die ein kleiner Springbrunnen über einem Aquarium durch zwei Gefäße erzeugt wird, die um eine Achse umgewendet werden können und bei denen natürlich die von dem bedienenden Menschen beim Umkehren der Gefäße geleistete Muskelarbeit das treibende Agens für den Springbrunnen darstellt, ist durchaus bekannt.

        Es wird zugegeben, daß es neben guten Lehrbüchern auch mangelhafte gibt und deshalb die Möglichkeit einer mangelhaften Belehrung bei einem Leser nicht abgeleugnet zu werden braucht. Es ist aber nicht die Aufgabe des Max Planck-Instituts für Strömungsforschung, alle Lehrbücher durchzukorrigieren. Aber es werden auch von den

Mitarbeitern des Max Planck-Instituts selbst Lehrbücher geschrieben, die allerdings meistens sich an vorgebildete Fachleute wenden und deshalb nicht unbedingt laienverständlich sind.

Es wird bemerkt, daß es durchaus unzweckmäßig ist, bei dem Verkehr mit Behörden wie dem Patentamt und der Physikalisch-Technischen Bundesanstalt, wo doch in beiden Anstalten gute und erfahrene Mitarbeiter vorhanden sind, in gereiztem Ton zu antworten, weil dadurch die Behörden gegen den Gesuchsteller eingenommen werden, und es empfiehlt sich auch durchaus nicht, irgendwelche anerkannten Lehrsätze dabei anzuzweifeln, weil dadurch nur ein Bildungsmangel des Fragestellers zutage tritt und die Neigung zu einer sachlichen Beratung sehr vermindert wird.

Max Planck-Institut
für Strömungsforschung

L. P.

Aus vielen Briefen wird besonders deutlich, wie Prandtl selbst völlig irrige Anschauungen in humorvoller Weise korrigiert und die oft beharrlichen und unduldsamen Erfinder in seiner väterlichen Art auf ihre Fehler aufmerksam machte und auf den rechten Weg zurückzubringen versuchte.

Die hier gebrachte Auswahl von Briefen konnte nicht das vollständige Spektrum der Prandtl'schen Erfinderkorrespondenz abdecken. Es ist aber sicher so, daß diese Auswahl das menschenfreundliche Wesen von Ludwig Prandtl und auch seine hilfreiche aber doch stets kompromisslos korrekte Wesensart erkennen läßt.